# 大语言模型在情报分析中的革新应用

郭　磊　王岳青　张　鹏　周生睿　赵佳宁　赵悦彤　白佳鑫　著

国防工業出版社
·北京·

# 内 容 简 介

本书旨在引导读者探索和理解大语言模型在军事技术情报分析中的应用。全书共分6章，内容丰富，实用性强。

第1章为绪论部分，为读者提供全书的整体框架，引导读者进入大语言模型和军事技术情报分析的世界。

第2章介绍大语言模型的发展历程、背景和工作原理，帮助读者建立对大语言模型的基础理解。

第3章探讨大语言模型的应用开发，为读者提供编程实践的操作指南。

第4章详述如何在云端搭建一个基于大语言模型的军事情报分析系统，包括程序的后端逻辑编写和前端界面编写。

第5章展示两个构建大语言模型情报分析应用的案例。案例一介绍大语言模型在民用航空安全文档的数据挖掘分析中的应用，案例二探索基于大语言模型的自治代理情报分析能力。

第6章探讨大语言模型在低轨卫星情报分析中的应用。

本书将理论与实践相结合，深入浅出，帮助数据与情报分析人员、软件开发人员以及对人工智能和大语言模型感兴趣的普通读者理解和掌握大语言模型在军事技术情报分析中的应用，开启一种全新高效的情报分析方式。

**图书在版编目(CIP)数据**

大语言模型在情报分析中的革新应用/郭磊等著.
北京:国防工业出版社,2025.1.—ISBN 978-7-118-13504-6

Ⅰ. E87

中国国家版本馆CIP数据核字第2024E63U89号

※

国防工业出版社出版发行
(北京市海淀区紫竹院南路23号 邮政编码100048)
雅迪云印(天津)科技有限公司印刷
新华书店经售

*

开本 710×1000 1/16 印张 27½ 字数 481千字
2025年1月第1版第1次印刷 印数 1—3000册 定价 198.00元

---

**(本书如有印装错误,我社负责调换)**

国防书店:(010)88540777 书店传真:(010)88540776
发行业务:(010)88540717 发行传真:(010)88540762

PREFACE

# 前　言

在我们生活的这个时代，人工智能（Artificial Intelligence, AI）以前所未有的速度和规模改变着我们的世界，已经成为推动科技进步的重要力量。从自动驾驶汽车到智能家居，从医疗诊断到金融交易，人工智能已经深入到社会生产和人们生活的各个领域。它不仅极大地提高了生产效率，也丰富了我们的生活方式。例如，OpenAI 的 GPT－3 和 GPT－4 这种大语言模型（Large Language Model, LLM）的横空出世，标志着人工智能的发展进入了全新的阶段。这些大语言模型不仅在商业、教育、医疗等领域产生了深远影响，也在军事领域展现出巨大潜力。

军事情报分析是一个复杂且关键的领域，它需要处理和分析大量的数据，包括文本、图像、音频等多种类型的情报。然而，传统的情报分析方法往往需要大量的人力和时间，且难以处理复杂和含义模糊的信息。在这种背景下，大语言模型的应用优势显得尤为突出。首先，大语言模型能够理解大量文本以及语音、图像、视频等多模态数据中的语义信息，从海量的情报中提取出有价值的部分，进行高度凝练的总结和概括。其次，大语言模型是在海量的语言语料库上完成了预训练，能够理解复杂的语言结构和含义；而且，我们可以在一些特定领域知识数据的基础上对大语言模型继续进行微调训练，让它既能够理解通用的语言含义，又能够理解专业领域内的技术信息，从而理解和解释情报中复杂的技术细节和战略意图。最后，大语言模型可以生成人类语言，从而可以生成清晰、准确的情报报告，甚至可以预测未来的技术发展和战略变化，充分协助情报分析人员提高信息获取、处理、情报分析与总结的效率。

本书由电子科技大学郭磊老师牵头主编，从基础知识开始，介绍大语言模型的原理和工作方式，然后探索如何将这些模型应用于军事技术情报分析。我们将介绍一系列的实践案例，包括如何使用大语言模型进行情报收集、信息提取、情报分析等工作。

第 1 章主要由赵佳宁、白佳鑫、赵悦彤编写，作为本书的绪论，介绍了大语言模型与科技情报分析的结合，并阐述了本书的整体框架，对每一小节的主要内容进行了概括。

第 2 章主要由赵佳宁编写，介绍了大语言模型的背景知识，包括发展历史、工作原理等部分，让初次涉猎大语言模型或者人工智能领域的读者有一个初步的认识。

第 3 章主要由白佳鑫编写，探讨了大语言模型的应用开发，包括提示工程、思维链推理、LangChain 开源框架的使用等方面，为读者提供了实践的编程指南。

第 4 章主要由赵佳宁编写，详述了如何在云端搭建一个基于大语言模型的军事情报分析系统，包括前端 Panel 组件库的使用方法、后端基于 LangChain 框架的功能实现以及前后端交互的过程。

第 5 章主要由白佳鑫编写，展示了两个构建大语言模型情报分析应用的案例。案例一介绍了大语言模型在民用航空安全文档的数据挖掘分析中的应用，基于 ChatGPT 的私人微调模型对飞机事故报告进行分析，挖掘出事故的潜在因素等有用信息。案例二探索了基于大语言模型的自治代理情报分析能力，从自治代理的背景概念到 AutoGen 框架的使用，详细介绍了如何利用大语言模型的自治代理分析美国国防部提出的“联合全域指挥与控制”相关情报，提供了实际的案例和操作步骤。

第 6 章主要由赵悦彤编写，展示了大语言模型在低轨卫星的情报分析中的应用案例，通过背景和需求构建基于 LangChain 框架和大语言模型的应用，展示了大语言模型在处理分析复杂的结构化和非结构化情报数据中的强大功能。

在本书的编写过程中，我们得到了多位专家学者、多个单位的大力支持和帮助。在此，我们由衷感谢周生睿老师以及东航技术应用研发中心提供了本书第 5 章中的飞行事故报告文档数据，感谢贺梅老师以及电子科技大学长三角研究院(湖州)，为本书的实验开展、内容编写与校对提供了莫大支持。

我们希望，本书能够让读者了解大语言模型这一人工智能时代最前沿的技术背后的一些基本概念和原理，同时对于基于大语言模型的应用程序构建的过程有一个清晰的认识，看到大语言模型在军事技术情报分析领域中的强大功能，一起学习和探索更深层次的应用。

作者

2024 年 1 月

CONTENTS

# 目　录

# 第 1 章 绪 论

# 1.1 大语言模型与军事科技情报分析

随着科技的进步,我们已经步入了大数据的时代。信息如潮水般涌入,每时每刻都有海量的数据在网络中流动。在大数据的背景下,如何从中挖掘有价值的信息、进行深入的分析与研究,已经成为众多领域,特别是情报分析领域,亟待解决的问题。

## 1.1.1 大语言模型的简介

语言模型是计算机用来理解和生成人类语言的算法和模型。早期的语言模型基于简单的统计方法,如 $N$ - gram 模型,它是基于一段文本中词语的出现频率来预测下一个词的可能性。但随着技术的进步,神经网络模型,尤其是深度学习,逐渐在语言处理领域取得了显著的进展。

近年来,得益于计算能力的显著增强及数据资源的快速积累,语言模型的参数量及其复杂性已经达到前所未有的规模。以 OpenAI 的 GPT 系列为例,其模型参数已经增长到数百亿甚至数千亿的量级。参数量很大的语言模型也简称为大模型。这些高度先进的模型在大规模文本数据集上训练,成功地揭示了人类语言的复杂性和内在模式,从而能够生成结构严谨、质量卓越的文本内容。特别地,ChatGPT 的推出,确保了这种尖端技术为广大用户所接触和利用,同时也验证了其在自然语言处理领域的卓越表现。

大语言模型就是一个能够理解和生成语言的巨大的计算机程序,它的优势在于其强大的信息处理和生成能力,不仅可以完成简单的文本生成任务,还可以回答问题、编写文章、进行代码编写,甚至参与更为复杂的思考和决策任务。大语言模型在一些特定任务上具备接近人类表现的能力,远远超越了传统方法。

尽管大语言模型具有非常卓越的表现,但是我们也必须认识到其存在潜在的问题,如存在幻觉问题,它是指当模型在处理某些输入或问题时,可能会生成看似合理、连贯,但实际上是不准确或误导性的答案。这种情况的出现,往往是因为模型在训练过程中对某些模式过度拟合,而忽视了真实的语义深度。值得注意的是,这并非由于模型本身的缺陷,而是因为它完全依赖于其在训练阶段接触到的数据,缺乏真正的"常识"或"世界知识"。此外,大语言模型在生成内容时并不总是基于真实的事实或数据,而是基于其训练数据中的统计模式。因此,在解读大模型的输出时，我们需要小心谨慎，结合实际情境和专业知识进行评估，避免盲目地接受其提供的任何答案或建议。

### 1.1.2 情报分析的重要性与挑战

什么是"情报"？情报并不只是简单的数据或信息，而是经过筛选、分析和解释后的有用知识。例如，一家公司可能想要了解其竞争对手的最新策略，或一个国家可能想要了解其他国家的政策动态。这些情报往往隐藏在大量的文本、新闻、报告、社交媒体等中，需要我们有能力从中提取、分析和解释。

情报分析是对收集来的信息进行深入研究和解读的过程。在政府、军事、企业等多个领域，情报分析都有着举足轻重的地位。正确的情报分析能够帮助机构做出明智的决策，预防潜在的风险，以及捕捉到重要的机会。

但是，随着信息量的爆炸性增长，传统的情报分析方法和工具面临着巨大的挑战。首先，信息过载使得分析人员难以快速筛选出有价值的数据。其次，传统方法往往依赖人工操作，效率低下、易出错。再者，众多的信息中可能蕴含着复杂的关联和模式，单靠人工很难发现。

### 1.1.3 大语言模型与情报分析的结合

大语言模型具备处理、分析和理解大规模文本数据的能力，可以快速从中提炼关键信息、识别模式和建立关联，这正是情报分析所追求的目标：从海量数据中筛选出有价值的信息并为决策提供依据。因此，将大模型与情报分析相结合，可以有效地增强情报分析的速度和准确性，实现更为高效和深入的数据解读。正是在这样的背景下，大模型的应用成了一种新的可能性。以下是一些可能显著改进情报分析流程的使用案例。

#### 1. 生产力助手

大模型目前最好的用途是作为"生产力助手"，自动编写文案、校对电子邮件以及自动完成某些重复性任务。与其他大型组织一样，这些都将为情报部门的工作人员带来宝贵的效率收益。

#### 2. 自动化软件开发和网络安全

使用大型语言模型来实现软件开发自动化也很有意义。国家安全部门部署的生产软件系统必须在可靠性、安全性和可用性方面达到很高的标准。英国政府通信总部(GCHQ)现在鼓励网络安全分析师从漏洞角度研究大模型编写的代码,这样才能完成提供建议和指导的使命,使其免受网络安全威胁。在未来(只要网络安全风险能够得到适当管理),大模型的使用可以大大提高情报界软件开发的效率。

### 3. 自动生成情报报告

情报产品的核心是情报报告,它代表了训练有素的分析师、语言学家和数据科学家的工作成果,他们分析收集到的数据,为决策者和实地行动人员提供对世界的洞察力。情报报告是极具影响力的文件,必须达到很高的准确性标准。因此,在可预见的未来,大模型不太可能被信任来生成成品报告。不过,大语言模型在报告起草的早期阶段也许可以发挥作用,这就好比把大语言模型当作一个非常初级的分析员:一个团队成员,其工作在适当的监督下是有价值的,但其产品在没有大量修改和验证的情况下不会作为成品发布。

### 4. 知识搜索

虽然从生成文本模型中可以获得一些有趣的见解,但能够以自我监督的方式从海量信息库中提取知识才是改变游戏规则的能力。知识不仅涉及文字,还涉及行为和实体、世界的状态以及各国之间的关系。这种理论系统可以从大量文本中提炼事实,确定“事实”在哪里、如何随时间演变,以及哪些实体(个人和组织)最有影响力。

### 5. 文本分析

事实证明,语言模型善于识别文本中的模式,并将关键实体重新组合成有用的摘要。这对经常需要阅读和理解大量信息的分析人员来说意义重大。总结大量文本的能力有可能大大提高分析师的工作效率,同样的能力还包括提出源文本中认为有答案的问题,以及识别多个文档中的主题或话题。目前已经有许多用于这些任务的分析方法,但将大模型应用于这些任务的优势在于:它们有可能提高分析质量;能够即时部署这些分析方法,而无须漫长的开发周期;分析师能够接收文档摘要,通过要求大模型提供更多细节或提取目标主题的进一步摘要,参与迭代推理过程。

## 1.1.4 大语言模型应用在军事情报分析需要做出的改进

虽然当前大型模型具有强大的潜在能力,但要完全发挥其在情报工作中的潜力，仍需在以下几个方面做出改进。

### 1. 可解释性

模型应能为其判断提供可靠的证据，并明确说明其如何得出某一结论。在国家安全领域，一个基于虚假信息的模型是不可取的。任何分析型模型都应为用户提供其所依赖的确切信息来源，解释为何信任这些信息，以及存在的支持或反驳其结论的证据。现有的基于文本的模型，如 GPT，仅在概率层面编码了单词间的关系，而并未真正理解其语义。

### 2. 快速更新与定制

模型应能快速吸收新信息。鉴于现有模型大多在大量语料库上经长时间训练，必须设计一种能够实时更新的机制。针对特定数据源进行微调和训练的趋势正在蓬勃发展。许多研究努力致力于使模型能够直接访问本地数据和网络资源。此外，有关如何有效更新模型的研究也在进行中。

### 3. 复杂推理

模型需要支持复杂的、多模式的推理链。大型模型的目标应该是维持对推理过程的持续关注。在情报分析中，模型需要支持复杂和可能的反事实推理。目前的模型可能难以满足这一需求，因为反事实推理需要对实体之间关系进行深度建模。将神经网络的统计推理与符号处理逻辑相结合的混合架构可能是一种解决方案。

### 4. 抗篡改能力

可信赖的机器学习模型不仅需要可解释和有引证，还应具备防篡改能力。这在国家安全环境中尤为关键，因为基于模型输出的决策可能会产生广泛的社会影响。

可以发现，大语言模型虽然现在有很好的应用前景，并且也在实际当中进行了尝试性的应用，但今后还需要在多个方面进行进一步的改进，以便更好地适应军事情报的发展。要使大语言模型在国家安全领域中真正起到作用，还需要进一步的技术改进和研究。

随着人工智能技术的发展，我们相信大语言模型在情报分析领域的应用将越来越广泛，潜力也越来越大。然而，这也带来了新的挑战，如模型的可解释性、数据的真实性和偏见问题等。但无论如何，大语言模型为我们提供了一个全新的、高效的、强大的工具,帮助我们更好地对复杂的情报世界进行深入理解。

随着本书的深入,我们将探索更多大语言模型在情报分析中的应用案例、技术和策略。希望读者能够通过本书,不仅了解技术的前沿,还能够思考如何更好地应用这些技术,为情报分析领域带来革命性的改变。

## 1.2 大模型的发展历史、背景和工作原理

在第 2 章中,为了便于读者能够更深入的了解大语言模型,我们将对大语言模型在语言模型领域的发展历程,背景及其工作原理进行简要介绍,通过第 2 章的阅读,读者将对大语言模型有一个较深入和全面的理解。

### 1.2.1 语言模型发展历史

语言模型的主要任务是预测给定一系列词后的下一个词。困惑度是一个用于评价语言模型能力的关键评价指标,一个困惑度较低的模型意味着它在测试数据上的预测更为准确,因此通常认为是更好的模型。

在语言模型的发展历史中,最开始出现的是统计语言模型。在这一时期,最典型的模型就是 $N$-gram,它通过统计文本中词汇的出现频率来预测下一个词,这一模型更多地依赖于统计方法。

随着技术的进步和深度学习的兴起,神经网络语言模型逐渐崭露头角。首先是词向量模型,如 Word2Vec,它将词语转化为高维空间中的向量。紧接着,前馈神经网络语言模型尝试捕捉词与词之间的关系。但实现巨大突破的是循环神经网络语言模型,它能够处理序列数据并捕获时间依赖关系。在这之中,长短期记忆循环神经网络(Long Short - Term Memory, LSTM)和门控循环单元(Gated Recurrent Unit, GRU)因其出色的记忆能力和避免梯度消失的特点取得了很好的效果。

语言模型进入预训练语言模型的时代后,ELMO(Embeddings from Language Models)表现出了良好的性能,它利用深层双向 LSTM 来捕获上下文信息。接着是 Transformer 结构,它通过自注意力机制改进了序列处理。基于 Transformer 的 BERT 和 GPT - 2 模型几乎定义了这个时代,其中,BERT(Bidirectional Encoder Represetations from Transformers)重视双向上下文,而 GPT - 2 强调生成能力。BART 模型结合了前两者的特点,进行双向训练和生成。

GPT-3.5 和 GPT-4 等模型的出现,标志着语言模型进入了大模型的发展阶段,通过数百亿甚至数千亿的参数,它们在多种任务上均展现出惊人的性能,进一步推进了语言模型的发展。

随着深入的探讨,我们将清晰地看到,从早期的统计方法到现在的大模型,语言模型的发展是一个螺旋上升的过程,每一个新模型都在前者的基础上进行优化和创新,性能也不断提升。

### 1.2.2 大模型的关键技术

大模型的发展不仅仅是计算能力的提升,而更多地体现在一系列关键技术的进步。这些技术使得模型能够更好地理解、学习和应用知识。从模型的基础工作原理到如何有效地训练和微调,再到在特定应用如情报分析中的优势,每一环都是为了最大化其能力和实用性。

大模型工作的核心技术包括词向量和注意力机制。词向量是将文本数据转化为数值型向量,这些向量能捕获词与词之间的关系和语义信息。而注意力机制则是近年来深度学习的重要进展,它允许模型在处理信息时,能够更加聚焦关键部分,从而提高处理长文本和复杂任务的能力。

大模型的涌现能力表现为在没有明确指令的情况下,模型也可以产生符合人类预期的行为。上下文学习使模型能够理解和考虑语言上下文的信息,指令遵循能力让模型能够根据给定的指令执行任务,而逐步推理则是模型在处理问题时具备类似于人类逻辑推导的思考过程。

预训练是大语言模型能力的基石,而语言数据是预训练的基础。数据收集确保模型有足够的样本来学习,架构设计则是模型的"骨架",决定了它的处理能力和学习方式。分布式训练技术使得在海量语言数据上训练成为可能。

在预训练的基础上,对齐微调确保模型输出的质量。模型的输出需要与人类的期望对齐,这包括有用性、无害性和诚实性。人类反馈是调整模型行为的关键,而基于这些反馈,强化学习和参数微调可以进一步优化模型的性能。

提示词工程是指导模型行为的方法。通过给模型提供特定的提示,我们可以获得更具针对性的输出。这涉及如何设计提示词、评估其效果等多方面的问题。

大模型在情报分析领域展现出了独特的优势。文本生成能力使模型能够创造新的内容,语言理解则让模型能够深入挖掘文本中的信息,知识问答和逻辑推理使模型能够应用在数据分析和预测等复杂任务中。

大语言模型的关键技术主要包括词向量、注意力机制、预训练、微调和提示词工程等关键技术，这些关键技术不仅提供了理论上的支持，也为实际应用中的挑战提供了解决方案，让我们得以充分发挥大语言模型强大的潜力。

### 1.2.3 大模型的能力评测

在情报分析领域，对大模型的能力评测是关键的一步，以确保它们能够准确、高效地支持分析师进行决策。评估工作涉及模型的基本与高级能力，以及公开基准的对比和综合分析，确保其可靠性与适用性。

基础评测任务主要关注模型的基本表现。例如，语言生成考察模型如何准确并流畅地产生文字，这不仅仅是简单句子的生成，更关乎其在特定主题或背景下的内容创作。知识利用涉及模型从其训练数据中抽取并应用信息的能力，这在情报分析中尤为重要，因为信息的准确性直接关系到分析的效果。而复杂推理则体现了模型在面临逻辑难题时的表现，如对策略的评估或预测可能的事件发展。

对于高级能力，模型需要展现出更为复杂的技能集。与人类对齐意味着在某些任务中，模型的表现应当接近，甚至超越专家水平。外部环境的互动考验模型的适应性，例如，在实时情报收集中，模型如何快速调整策略以响应新的信息输入。工具的使用则突出了模型的扩展性，例如，使用图形分析工具来辅助数据解读。

最后，公开基准与经验性分析确保模型评估的客观性与全面性。MMLU（大规模多任务语言理解，一种大模型测评基准）和 BIG - bench（谷歌发布的一种大模型基准）等基准提供了统一的评估标准，而对模型的通用与专业能力的综合考察，更能够揭示其在实际情报工作中的潜在价值。

通过这种深入而全面的评估，我们可以确保选择的模型不仅技术先进，而且真正适应情报分析的实际需求。

### 1.2.4 大模型的典型应用

在当今的技术驱动世界中，大模型在各个领域发挥着关键作用，尤其是在处理和分析数据时。从内容生成到文本翻译，具有非常广泛的应用场景。

内容生成不仅仅是简单的文本创作，还能够模仿专家的知识和风格，为用户提供深入、具体的分析和建议。例如，新闻稿件、小说创作或市场预测报告都可以依赖大模型的此功能来完成。

文本分析的重要性更是不言而喻。大模型可以自动识别和提取文本中的关键信息、情感倾向以及隐含的模式和关系。这为各种应用,如市场分析、客户反馈解读等,提供了强大的支持。智能搜索再次提升了信息检索的层次。不同于传统的基于关键词的搜索,大模型能够更好地理解用户的真实需求,从而返回更加相关和精确的结果。文本翻译的需求在全球化的今天愈发明显。大模型能够实现多种语言之间即时、高质量的翻译,这不仅推动了跨文化交流,同时也为国际商务和旅行提供了便利。多模态信息提取与分析进一步拓宽了大模型的应用视野。它能够综合处理文本、图像、声音甚至视频数据,从中挖掘出有价值的信息,为各种复杂任务提供数据支持。在数学方面,大模型的应用也不可小觑。它可以进行复杂的数学计算、数据建模和预测分析,为科研、金融和工程等领域提供关键的技术支撑。

总之,大模型的经典应用为现代社会的多个领域提供了强大的工具和方法,推动了技术和知识的进步。

第 2 章旨在为读者提供一个全面、深入的视角,了解大模型的发展历史、工作原理,并能够掌握一些训练和微调大模型的知识及评测大模型能力的标准,最后通过一些大模型的典型应用让读者能够直观地感受到大模型的强大能力,在后面的章节中我们将深入了解大模型如何与情报分析结合。

## 1.3 大语言模型的开发应用

大型语言模型(LLM)是深度学习的一种应用,尤其在自然语言处理(NLP)领域起着重要作用。这些模型能够处理大量自然语言数据,理解和生成人类语言,从而在众多领域中展现出了巨大的潜力。掌握大型语言模型(如基于 GPT 的模型)对个人或组织的开发应用来说都非常重要,例如,通过自动化处理大量的文本数据和任务,能够显著提升工作效率,减少人工劳动的需求,能够将精力集中在更有价值的工作上,大型语言模型强大的自然语言处理能力能够为创新和问题解决提供支持,大型语言模型都能够独具特色地提供视角和解决方案,促进创新和效率的提升,掌握大型语言模型的开发和应用能力可以更好地分析数据、生成内容、提供服务。

在第 3 章中,我们将介绍大语言模型的开发应用,共包含三个部分,分别是关于军事情报分析的提示工程、使用 ChatGPT 语言模型来进行情报分析、用于军事情报分析的 LangChain 框架开发。

### 1.3.1 关于军事情报分析的提示工程

提示工程(Prompt Engineering)是指在使用大型语言模型时,设计输入提示(Prompts)以引导模型生成期望的输出。提示是连接用户与模型的桥梁,一个准确合理的提示设计极大地决定了模型能力的上限与下限。通过准确、明确地提示设计,可以提高语言生成结果的准确性。准确地提示能够引导模型提供与用户查询最相关的信息,能够提升用户的满意度和信任度,可以避免或减少潜在的有害表达,有助于提高模型输出的公正性和安全性,能够减少试错的提示次数,提高模型的响应速度,降低计算资源的消耗从而降低成本。

因此,提示工程在使用大型语言模型时发挥关键的作用,它不仅能够显著提升模型的性能和用户体验,还能增强模型的可控性和透明度,扩展应用场景,节省时间和资源。所以掌握提示工程的技巧和方法,是能够有效利用大语言模型的一项重要能力。

我们将从五个方面来说明如何合理设计军事情报分析的提示并通过代码示例来展示结果,分别是提示工程的定义和介绍;提示工程的两条原则,编写清晰具体的指令和给模型时间思考;军事情报文本的概括包括单一文本概括和多条文本概括;军事情报文本的扩展包括定制文本内容、温度系数和文本转换;军事情报聊天对话。

### 1.3.2 使用 ChatGPT 模型进行情报分析

ChatGPT 的出现,使真正的智能问答成为可能。强大的指令理解能力、自然语言生成能力是大语言模型的核心,支持以人类的方式去思考、执行并完成用户的任务。它能够快速处理和分析大量文本数据,包括新闻、社交媒体、文档等,帮助人们快速获取信息;它能够通过对语言的深刻理解,识别出文本中的关键信息,提供更准确的分析;它支持多语种的分析,有利于跨语言和跨文化的情报工作;它能够基于历史数据和现有信息,进行趋势预测,帮助决策者做出更明智的选择;它能够快速适应外部环境的变化,保持其分析的准确性和相关性。

大语言模型如 ChatGPT 在情报分析中的作用越来越重要,它们通过强大的数据处理能力、深刻的语言理解、模式识别和预测能力,以及对决策制定的支持,显著提升了情报工作的效率。

基于 ChatGPT API,我们可以快速、便捷地搭建真正的智能问答系统。要搭建基于 ChatGPT 的完整问答系统,除了完成如何构建提示工程外,还需要完成多个额外的步骤。例如,处理用户输入提升系统处理能力,使用思维链、提示链来提升问答效果,检查输入保证系统反馈稳定,对系统效果进行评估以实现进一步优化等。当 ChatGPT API 提供了足够的智能性,系统的重要性就更充分地展现在保证全面、稳定的效果之上。

我们将从四个方面介绍如何使用 ChatGPT 模型来构建问答系统,分别为:语言模型、提问范式与 Token 的定义及使用;输入评估、输入分类、输入审核;输入思维链推理和链式输入;基于 ChatGPT 的军事情报问答系统。

### 1.3.3 用于军事情报分析的 LangChain 框架开发

LangChain 是一个开源的 Python 库,它提供了构建基于大模型的 AI 应用所需的各类模块和工具。它可以帮助我们轻松地与 LLM 集成,实现文本生成、问答、翻译、对话等任务。LangChain 的出现大大降低了 AI 应用开发的门槛,使得任何人都可以基于 LLM 构建自己的创意应用。它的特性及优点有:LangChain 采用了模块化的设计,可以自由组合不同的模块实现自定义的 AI 应用。例如,可以选择不同的语言模型、提示模板、回调函数等;LangChain 支持将多个语言模型链式调用,一个模型的输出可以作为另一个模型的输入,实现更复杂的功能;LangChain 有记忆机制来存储信息,在不同的提示调用之间共享上下文;LangChain 支持流式处理,可以实时获取语言模型生成的文本;LangChain 提供了 Python 式的 API,使用装饰器将普通函数转换为调用语言模型的函数;LangChain 具有很好的扩展性,可以轻松集成不同的语言模型、提示模板等;LangChain 内置了如输出解析、可选参数渲染等高级功能来简化开发等。

在 LangChain 中,Component 是一种模块化的构建块,可以相互组合以构建强大的应用程序。而链(Chain)则是由一系列模块(Component)或其他链(Chain)组合而成的,用于完成特定的任务。例如,一个链(Chain)可能包括一个提示(Prompt)模板、一个语言模型和一个输出解析器,它们协同工作以处理用户输入、生成响应并处理输出。

我们将从七个方面介绍基于 LangChain 框架军事情报分析系统的开发,分别是 LangChain 框架的介绍、LangChain 框架的诞生与发展、LangChain 框架的使用、LangChain 框架的储存、LangChain 框架的模型链、LangChain 框架的代理、基于文档的 LangChain 框架问答,LangChain 框架介绍图如图 1-1 所示。

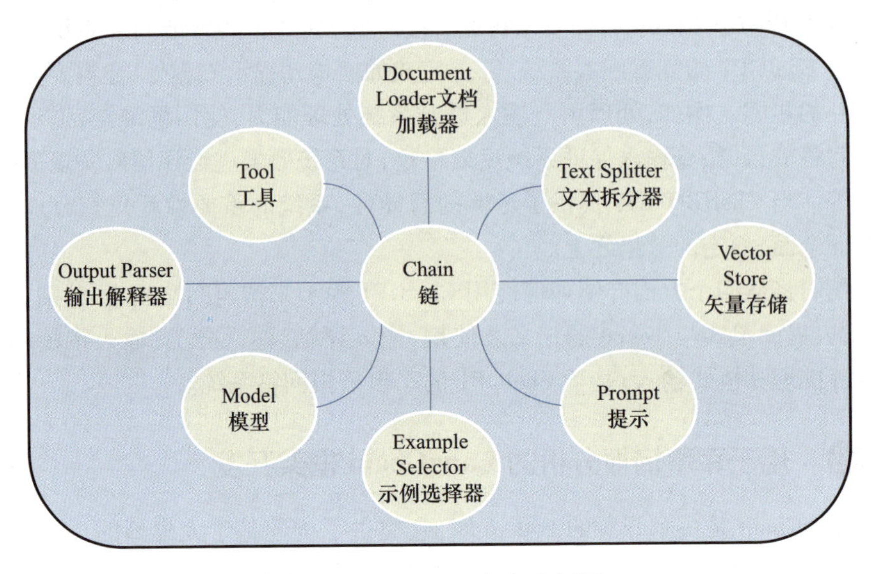


图 1-1　LangChain 框架介绍图

## 1.4 云端搭建军事情报分析系统

在第 4 章中,我们将详细探讨如何在云端环境中搭建一个高效的军事情报分析系统。此系统专门为处理、分析用户提供的军事情报相关私有数据而设计,如 PDF、Markdown 等格式的文件。首先,系统会运用文档加载、分割以及词向量技术,对这些私有数据进行处理,将其转化为可以被识别和检索的向量格式,并存储在专门的向量数据库中,从而形成一个全面且动态更新的军事情报知识库。

当用户向大模型提出问题时,该模型将利用已存储在私有知识库中的数据进行检索,结合检索到的信息为用户提供精准答案。这种基于向量数据库的系统设计不仅确保了大模型能够获得那些传统方法无法访问的私有数据,同时也避免了模型产生错误或幻觉的回答。更为重要的是,这种设计允许管理员随时更新、增加或删除知识库中的内容,确保情报数据的实时性和准确性。

该军事情报分析系统的实现主要包括三个核心模块:向量数据库、前端用户界面和后端处理机制。完成对各模块的深入探讨后,我们将借助一个美军的指挥控制系统运用的实际案例来演示如何充分利用已搭建的军事情报分析系统，从而为用户提供更为丰富和精准的军事情报分析服务。

### 1.4.1 向量数据库

向量是一种在数学和物理学中广泛使用的知识，用于表示量的方向和大小。在机器学习和数据科学领域，向量通常用来表示数据点或特征，使我们能够在多维空间中对其进行比较和操作。

与此相对应，向量数据库是一种特定的数据存储系统，专门为存储和管理向量数据而设计。它与传统的关系数据库不同，提供了针对高维数据的优化存储和检索解决方案。

深入了解向量数据库的技术内核，不仅是数据的存储和检索，它的背后是一系列为高效运算、快速检索和实时更新而优化的算法和数据结构。例如，为了减少向量间的距离计算，数据库可能会采用树结构，如 KD 树或 Ball 树。这样可以确保即使在高维空间中，也能迅速找到与给定向量最近的邻居。与此同时，考虑到大规模数据集可能会占用大量存储空间，一些先进的压缩技术被应用于数据库中。这不仅可以节省存储空间，还可以减少 IO 操作，从而提高查询速度。例如，一些向量数据库采用了量化技术，将原始的浮点数向量转化为更紧凑的二进制或多比特表示。

目前有很多开源的向量数据库如 Faiss、Milvus 和 Annoy 等，已经在许多应用中展现出了其强大的性能和灵活性。这些数据库不仅支持大规模数据的存储和检索，而且提供了丰富的 API 和工具，使得开发者可以轻松地将它们集成到自己的应用中。更重要的是，开源社区的活跃度意味着这些数据库会持续地得到更新和优化，确保它们始终处于技术前沿。

向量数据库在处理现代数据科学和 AI 挑战中扮演着至关重要的角色。了解其背后的原理和技术，对于选择合适的工具并充分发挥其潜力至关重要。

### 1.4.2 前端用户界面

在构建军事情报分析系统时，还需要设计前端用户界面，我们选择使用Panel这个高效、简单且灵活的框架来实现，Panel 使得用户无须深入研究 Web 开发细节，就能快速创建和部署交互式 Web 应用，极大地简化了开发流程。

我们通过一个实例来了解 Panel 的核心概念，在 Panel 中基础的滑动条、下拉菜单等控件都可以为用户提供各种参数调整的能力。这些交互组件可以直接与后端的分析函数或模型相连接,确保用户每次调整参数后,都能实时地得到更新的分析结果。此外,Panel 的高度自定义性使得我们可以根据需求为前端界面添加更多的复杂功能,如文本搜索、地图可视化等。

Panel 为军事情报分析系统的前端界面提供了一个高效且功能丰富的解决方案,使得系统对用户更加友好,互动性更强,从而确保用户能够得到最佳的使用体验。

### 1.4.3 后端逻辑处理

后端逻辑处理是军事情报分析系统的核心,它涉及的技术环节从文档的加载到向量数据库与词向量的应用,再到检索与问答,最后与前端页面协同工作,共同为用户提供准确、快速的分析结果。这里我们使用 LangChain 这个框架来实现后端处理的任务。

文档在军事情报分析系统中是不可或缺的基础资料。为了有效管理和分析大量的文档,首先需要对其进行加载。这里的加载不仅是简单的读入,还涉及格式转换、预处理等关键步骤,以确保后续的处理更为顺畅。

随着文档成功加载进系统,文档分割环节成为紧接其后的一个重要步骤。通过专业的分割算法,一个大型文档可以被细分为多个独立的、可管理的片段。这不仅有助于信息的快速定位,而且便于进行深入的内容分析。

在文档分割完成后,向量数据库与词向量的技术将发挥重要作用。文档内容经过向量化处理,可以在高维空间中进行比较、分类和聚类。这种技术手段不仅增强了文档的可检索性,也大幅度提高了匹配的精度。

在检索环节,借助 LangChain 的强大检索能力,系统可以对大量的数据进行快速、精确地查找,从而为用户呈现出他们想要的信息。此外,问答系统作为另一大亮点,允许用户直接提出问题,并由系统根据已有的数据库进行智能回答。

为了确保整个系统界面友好,易于交互,前端页面的设计和搭建也显得至关重要。它与后端处理机制紧密合作,确保了数据的准确传递与展示,使得整个系统既实用又人性化。

整体而言,军事情报分析系统的后端处理机制集多种技术于一身,相互支撑,为用户提供了一个全面、高效的信息分析平台。

### 1.4.4 美军指挥与控制技术情报案例

在第4章的前文中,我们已经对向量数据库的灵活查询功能、前端设计的友好界面以及后端处理的高效数据流进行了深入探讨,成功搭建了一个能够处理PDF、Markdown等多种格式情报文件并进行分析的军事情报分析系统。4.4节将进入了一个更为实际的操作阶段。首先,上传一个涉及战术部署的样本PDF文件。系统会立即进行自动文本提取和分析,识别出关键信息。接着,用户可以基于这些信息向系统提出具体问题。

在第4章中,我们将深入探讨在云端环境中搭建一个高效的军事情报分析系统的核心原理和实践方法。向量数据库的设计为大型模型提供了一个独特的、私有的数据源,确保模型的答案既精确又具备实时性。同时,前端的用户界面为用户提供了简洁直观的操作体验,而后端处理机制则确保数据处理的流畅和稳定。加上实际使用的案例,使我们更具体、更深入地了解如何运用这个系统为军事领域决策提供有力的数据支撑。

为确保军事情报的实时性、准确性和私密性,此系统的搭建和应用显得尤为关键。随着技术的进步和军事情报需求的日益增长,相信此类系统将会在未来的军事领域中发挥更大的作用。

## 1.5 大语言模型应用案例

## 案例一 民用航空安全文档数据挖掘与分析

### 1.5.1 案例目的和数据介绍

在本案例中我们使用自己建立的封闭数据源,首先,通过LangChain框架的对话检索连来构建一个自有数据的对话系统,通过此系统我们可以获得事故编号、事故时间、事件类型、事故原因以及事故的潜在因素等信息。然后使用基于chatGPT的私有微调模型获取对应的飞行员能力以及威胁与差错管理(TEM)模型。通过这两个技术,可以实现对民用航空安全文档的数据挖掘和分析。然后,我们将挖掘出来的信息用Excel表格进行汇总(见表1-1),汇总之后,可以使用这些数据来进一步进行分析,可作为飞行员知识培训的数据。

表 1－1　获取的消息表格

| 事件编号 | 事件类型 | 关键词 | 潜在因素(原文内容) | 对应九项能力 | TEM 一级 | TEM 二级 |
| --- | --- | --- | --- | --- | --- | --- |
| DCA15MA029－20141208 | 空中失控 | icing | About 6 minutes later, a recording from theautomated weather observing system (AWOS) atGAI began transmitting over the pilot's audiochannel, containing sufficient information to weather. | Knowledge | Environmental Threats | Meteorology |
| | | deice system | The NTSBs investigation found that the pilot's failure to use the wing and horizontal stabilizer deice system during the approach. | Application of Procedures | Procedural Errors | Checklist |
| | | stall | The pilot carried out the landing in the frezzing conditions of the structure, but did not open the aircrafts wing and horizontal stabilizer deicing system. | Application of Procedures | Procedural Errors | Checklist |
| | | workload | thus, it is possible that the pilot forgot to activate the wing and horizontal stabilizer deice system during the approach (a relatively high workload phase of flight) to GAI. | Application of Procedural Errors | Procedures | Checklist |
| | | low ground entry speed | The pilot's use of the slower landing speeds in preparation for the approach to Montgomery County Airpark is consistent with his referencing the Normal(non－icing) checklist. | Flight Path Management, Manual Control | Aircraft Maneuvering Errors | Manual Maneuvering_ Flight Control |
| | | weekness abilities | the poilt's mistake during the accident flight revealed a significant weakness in his abilities. | Knowledge | Procedural Errors | SOP Compliance_ Crosscheck |

我们使用的数据是闭源的 PDF 文档，此文档是由中国东方航空股份有限公司提供的一篇 2014 年 12 月 8 日巴西航空工业公司 EMB－500 的一场飞机事故报告文档。这篇文档共 71 页，包含九个部分，分别为图像（Figures）、缩略词（Abbreviations）、执行摘要（Excutive Summary）、事实信息（Factual Information）、分析（Analysis）、结论（Conclusions）、建议（Recommendations）、引用（References）和附录（Appendix）。

### 1.5.2　基于 LangChain 框架自有数据对话系统的实现

因为 LangChain 提供了众多结合大模型开发的工具与功能，提供了强大的访问个人数据的能力。所以本案例我们使用 LangChain 框架中的向量数据库和对话检索链来构建对话系统，挖掘出需要的信息。

向量数据库是一种专为存储和检索而设计的数据库。因为我们使用的 PDF 文档比较大，还包含大量的图像和表格文件，检索也比较困难。所以我们要使用向量数据库，将 PDF 文档转换为向量，这样既可以减少存储空间的需要，也可以更快速、更精准地进行内容检索。

对话检索链（Conversation Retrieval Chain）是一种利用检索方法来增强对话系统性能的技术。在本案例中我们使用对话检索链的原因是：它在普通链的基础上提供了历史记录的功能，使它能够记住并考虑整个对话的上下文，并且它将所有检索到的分块放入同一个上下文窗口中，只需要对语言模型进行一次调用即可。除此之外，它将聊天历史记录和提问组合成另一个独立的问题，然后从检索器中查找相关文档，提升回答的精确性。

### 1.5.3　基于 ChatGPT 的私有微调模型

我们通过向量数据库和对话检索连构建的对话系统可以提取比较简单的情报信息（如事故编号、事故原因等），但是对于更加深层次的情报获取效果不是很理想。例如，我们无法根据事故发生的潜在因素来获取对应的飞行员能力（图 1－2）和 TEM（图 1－3）。

为了解决上述问题，我们采用基于 ChatGPT 的微调模型来解决。微调模型是在预训练的大型语言模型基础上进一步训练得到的，它既可以利用预训练模型的强大能力，同时也能通过额外的训练设置更好地适应具体任务。基于 ChatGPT 的微调模型通过在特定任务的数据上进行额外的训练，可以更准确地执行相关任务。本案例中我们使用的是特定领域的数据集，因此通过调整可以使模型更好地理解并生成该领域的专业术语和表达方式。相比于从头训练一个全新的模型,模拟器已经预制好的模型通常需要更少的计算资源和时间。

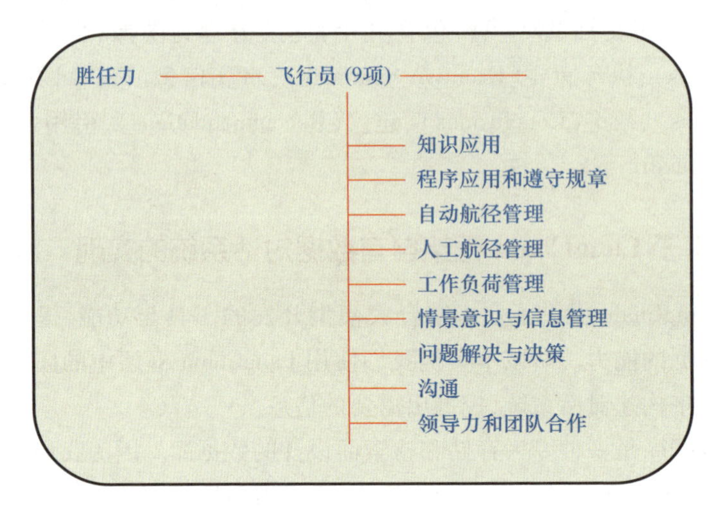


图 1－2　飞行员能力(胜任力)

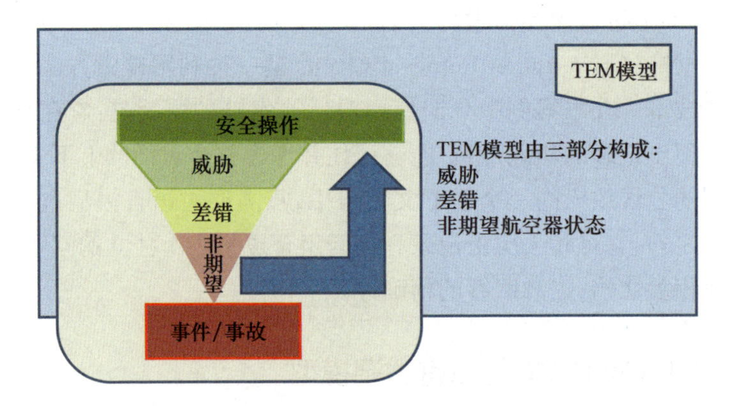


图 1－3　TEM 模型

在本案例中,我们将 30 条已有的数据通过训练生成一个私有的微调模型。然后我们将此模型放入已经构建好的对话系统中。使用的数据格式为 openAI 官方规定的标准格式{"prompt":"Summary:XXXXXX","completion":"XXXXX."}。数据内容 Prompt 中填写的为飞机发生事故的潜在因素,completion 中填写的为对应的飞行员能力和 TEM 模型(数据示例{"prompt":"Nine competencies and TEM:The first officer said they did not have to calculate landing distance before each landing. ","completion":"ABILITY is Application of procedures,TEM LEVEL is Procedural errors,TEMLEVEL2 is Checklists"})。

# 案例二 基于大语言模型的自治代理情报分析

## 1.5.4 案例目的和数据介绍

本案例中我们将使用 AutoGen 框架提供的自治代理对文档内容进行情报挖掘与分析。文档为三篇开源的关于 JADC 2(联合全域指挥与控制)的英文 PDF,分别为《T1 - IE_JADC 2 全域联合指挥控制策略综述》《进入 JADC 2:以相关速度进行实时决策》《使命司令部:陆军部队的指挥和控制》。

《T1 - IE_JADC 2 全域联合指挥控制策略综述》主要介绍全域联合指挥控制指挥的定义和目标、指挥控制体系的详细内容、JADC 2 的重要决策支持系统以及数据共享和集成。《进入 JADC 2:以相关速度进行实时决策》主要介绍 JADC 2 定义、参与者、系统构建、如何进行数据推动 JADC 2 等内容。《使命司令部:陆军部队的指挥和控制》主要介绍使命指挥部的建设、指挥控制系统的定义和结构、指挥控制的性质和元素等。

## 1.5.5 基于 AutoGen 框架的情报分析

AutoGen 是 Microsoft 团队开发的一种开源框架,它使我们能够利用 LLM 的强大功能,使用多个代理来创建应用程序,这些代理可以相互对话以成功执行所需的任务。它可以轻松构建基于多对话的下一代 LLM 应用程序,简化了复杂的 LLM 工作流程的编排、自动化和优化。借助可定制和可对话的代理,可以构建各种涉及对话自主性、代理数量和代理对话拓扑的对话模式。此外,它提供增强的 LLM 推理,提供 API 缓存等实用程序,以及错误处理、多配置推理、上下文编程等高级使用模式。

在本案例中,我们首先使用 LangChain 框架的提供的问答检索链定义一个问答函数,然后使用 AutoGen 提供的助手代理(Assistant)和用户代理(User Proxy Agent)。助手代理充当人工智能助手,可以编写代码来回复用户的问题。用户代理充当用户,默认情况下在每次交互时征求人类输入作为代理的回复,并且具有执行代码和调用函数的能力。因此,我们将前面定义的问答函数交付给用户代理,使得能够对文档的内容进行挖掘和分析,AutoGen 简易框架如图 1 - 4 所示。

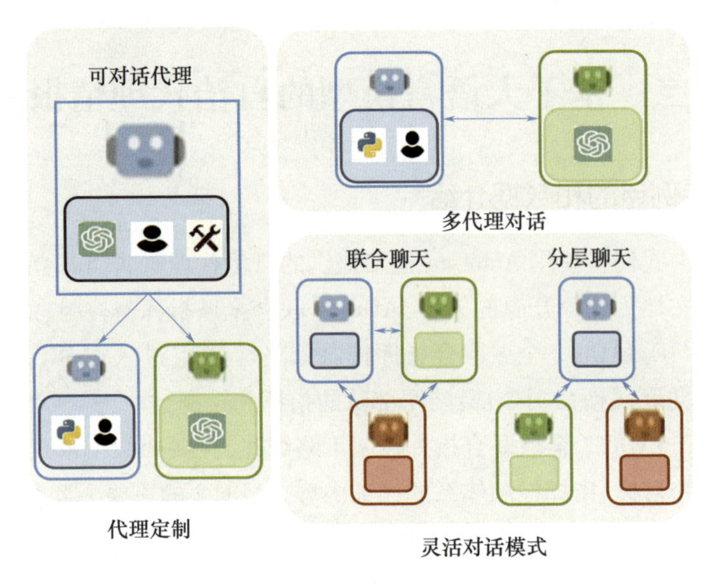


图 1-4　AutoGen 简易框架

## 1.6 低轨卫星情报分析

本书的第 6 章将低轨卫星的情报分析作为一个大语言模型科技情报分析的另一个案例，通过本案例使读者了解如何在大语言模型的辅助下，进行开源情报网页与技术论文的收集，同时也说明了如何对结构化数据与非结构化的语言数据进行整理与分析。最后，我们通过 Python 的 Panel 图形组件，构建出一个低轨卫星情报分析交互平台。

### 1.6.1 背景介绍

低轨卫星全称为低地球轨道（Low Earth Orbit，LEO）人造卫星，它们大部分运行在距离地面 160～1500 千米的低地球轨道上，覆盖范围相对较小，但可以通过增加数量来弥补覆盖。通常情况下，多颗低轨卫星可以一同发射，通过协同，形成一个卫星星座网络，从而提供更大的数据传输容量、更低的时延和更高的网络速率。

近年来，随着小型卫星和可重复使用火箭技术的出现，各国相继提出了大规模的商用低轨卫星星座建设计划，空间中的低轨卫星数量迎来了爆发式增长。

例如,目前星链(Starlink)是迄今为止发展建设最为成功的低轨卫星星座,它由美国SpaceX公司提出,目前在轨活跃卫星有4721颗,已部署共计7个壳层。除了应用于商业的卫星互联网通信,Starlink还在俄乌冲突中表现出了强大的军事应用能力。Starlink卫星通信为乌克兰军方提供了重要的情报收集渠道和通信保障,使乌克兰军方在战场上能够更好地进行指挥和部署。另外,乌克兰军队借助Starlink对无人作战系统的武器进行导航,动态引导、调整导弹的发射和飞行轨迹,成功地对俄罗斯的目标实施了精确打击。

可见,低轨卫星星座的建设能够带来巨大的经济和军事效益,因此最近十年内各科技大国积极开展对低轨卫星的研究,技术迅速发展。于是我们想通过大语言模型对其进行跟踪与分析,使得科技人员能够了解到最新的技术发展的动态,并能够给出技术发展路线的建议。

### 1.6.2 低轨卫星多源技术数据获取

传统的低轨卫星情报分析工作中,情报数据的获取是一个非常大的挑战,一方面,低轨卫星情报的种类较多,另一方面这些开源情报分布广泛,很难通过人工进行完整地收集。

本节将借助LangChain框架和大语言模型,对各类低轨卫星情报数据进行自动化获取和初步处理。我们根据数据的类型不同,将低轨卫星情报分为两类:①结构化数据;②非结构化数据。

首先,我们介绍了低轨卫星结构化情报的数据来源和预处理。我们使用UCS网站提供的在轨卫星信息汇总Excel文件,并过滤掉不是低轨类型的卫星信息和冗余的数据属性,最后将数据读取到本地,形成在轨低轨卫星基本信息数据库。

其次,相比于结构化数据,开源的非结构化数据的数量更多且种类更为丰富,收集难度较大。我们经过调研,将低轨卫星的非结构化数据进一步细分为两个部分:低轨卫星技术文档和特定低轨卫星星座项目进展报告。

(1)低轨卫星技术文档:我们利用LangChain,将大语言模型和一些网页内容抓取工具整合起来,检索arXiv.org这个权威且庞大的收录科学文献预印本的在线数据库,得到低轨卫星相关技术的PDF格式的学术论文,将文档内容进行文本分割、词向量化,保存到本地的向量数据库。

(2)特定低轨卫星星座项目进展报告:我们选择美国SpaceX公司的Starlink计划作为特定项目分析的研究对象,利用LangChain整合搜索引擎的API,搜索网络中对星链的相关分析和报道，提取 html 网页中的文本内容，进行分割、词向量转化，同样保存在本地的向量数据库中，便于后续使用大语言模型进行进一步分析。

## 1.6.3 低轨卫星数据与项目情报分析

### 1. 低轨卫星结构化基本信息分析

我们将结构化的低轨卫星基本信息存储到本地数据库，再利用 LangChain 的组件，实现使用自然语言与 SQL 数据库进行交互的功能，分析得到情报信息。大语言模型首先接收用户输入的问题，并使用与数据库交互的工具，观察得到数据库中的表结构，然后将自然语言的问题转化为对应的数据库查询语句并执行。最后，大语言模型根据查询的结果生成自然语言分析结果，基于 LangChain 的数据库交互如图 1-5 所示。

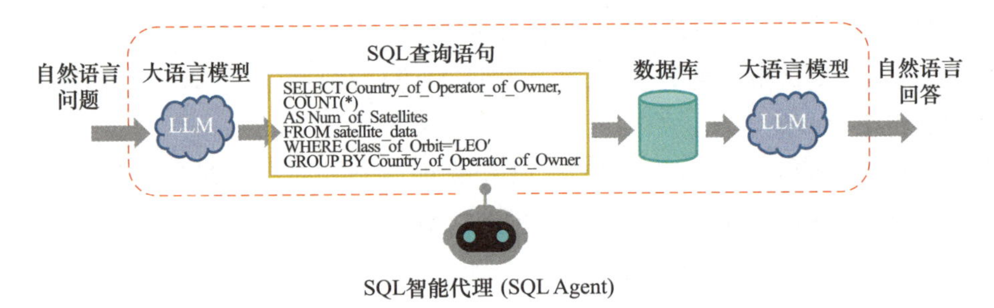


图 1-5　基于 LangChain 的数据库交互

我们尝试两种具体的实现方式。首先，我们使用 LangChain 提供的 SQLDatabaseChain 组件，通过问答链的方式，建立和数据库的连接，创建并执行 SQL 查询；此外，我们还使用了 LangChain 的另一种更灵活的组件——SQL Agent 来实现与本地数据库的交互，让大语言模型可以用交替的方式生成推理追踪和任务特定的行动，同时调用外部工具来获取额外信息。进一步地，我们改进了 SQL 代理的默认提示词，让大语言模型能够返回中文的结果。

### 2. 低轨卫星技术论文分析

我们使用 LangChain 对低轨卫星技术文档进行进一步分析和统计。首先我们加载本地的低轨卫星技术知识库。然后定义一个对话检索链来处理用户输入的问题。我们在对话检索链中使用相似性检索，先从向量数据库中检索出一部分与用户问题相近的记录,允许对话链使用记忆功能,用户之前的问题和答案都会作为上下文信息。最后,将用户问题、检索结果和上下文信息一起发送给大语言模型,由大语言模型来分析和整合。

#### 3. 低轨卫星项目开源情报分析

我们基于 LangChain 框架重点分析低轨卫星星座的特定项目的情报信息。选择美国 SpaceX 公司的 Starlink 计划的相关进展情况的开源网站新闻,进行有用信息挖掘。首先加载情报获取阶段形成的 Starlink 计划报道的向量数据库,然后定义要使用的相似性检索器、大语言模型,并制定提示模板。利用 LangChain 的 RetrievalQA 组件,声明一个检索式问答链,让大语言模型接收用户对星链计划的相关提问,检索向量数据库后给出回答。

### 1.6.4 综合应用展示

在 6.4 节中,我们将上述情报分析的全部功能集成在一起,并优化完善,构成一个完整的系统;同时使用 Python 的 Panel 图形库,构建一个用户友好的前端交互界面。具体功能如下:

(1)低轨卫星基本信息问答模块:我们实现一个问答机器人,用户使用自然语言对数据库中的低轨卫星基本信息进行提问,机器人将自动查询对应的数据库,返回分析得到的结果。另外,用户可以上传自己低轨卫星基本信息的 Excel 文件,重新初始化基本信息数据库。

(2)低轨卫星技术情报分析模块:用户可以配置要检索的低轨卫星技术的关键词,系统根据关键词检索论文网站,提炼并返回论文的标题、摘要等基本信息。另外,用户可以选择对自己的特定技术文档进行问答,并将新的文档添加进已形成的本地数据库中,也可以让大语言模型检索本地的技术知识库进行问答。

(3)低轨卫星特定项目情报分析模块:实现对 Starlink 项目进展情况的搜索和情报分析。用户可以指定大语言模型分析某个网页,或是加载已有的新闻知识库,解答特定问题。

通过构建本情报分析系统,读者可以了解到如何使用大语言模型对开源军事技术情报进行收集、分析,并完整地构造成一个系统,便于对开源情报进行实时跟踪分析,以便了解到最新的发展情况。

# 第 2 章

# 大语言模型基础

02

在 NLP 的发展历程中,研究者一直追求使计算机更好地处理、理解和生成人类语言。早期的 NLP 任务如文本分类和命名实体识别,主要依赖简单的统计方法和词袋模型,但这些模型常常忽略了文本中的上下文信息。随后,序列到序列模型和递归神经网络开始主导机器翻译和情感分析领域,但在长句和复杂语境的处理上仍存在不足。直到 2017 年,Transformer 架构的出现对 BERT、GPT 等大型语言模型的发展起了关键的作用,这些模型不仅大大提高了在各种 NLP 任务上的表现能力,如阅读理解、文本摘要和对话系统,还推动了新任务的产生,如计算机程序的编写、机器人控制等。但是,这些强大的模型背后的工作机制是什么?为什么它们能够在各种 NLP 任务中表现得如此出色?本章将探讨这些问题,详细解析大型语言模型的发展历程、工作原理及其在 NLP 中的变革性影响。

## 2.1 语言模型

### 2.1.1 什么是语言模型

语言模型试图回答这样一个问题:如果我给你一串词,这串词像一个句子的可能性有多大?例如,“我吃饭了”听起来更像是一个正常的句子,而“吃我饭了”就不那么像了。语言模型的任务就是对这种“像不像一个句子”的可能性进行打分或评估。用数学语言表示这个问题,想要计算一个词序列 $w_1, w_2, \cdots, w_m$ 作为一个句子的概率,即 $P(w_1, w_2, \cdots, w_m)$。

存在的问题是,如果考虑所有可能的词组合,模型需要的参数量会非常大,达到天文数字!例如,一个英汉词典有 185,000 个单词,如果考虑平均一个句子有 15 个词,那么所有可能的句子组合数量就是 $185,000^{15}$,这个数字与宇宙中的原子数量相当,是一个难以想象的巨大数字。

为了处理这个问题,研究者采用了一种技巧:不直接计算整个句子的概率,而是将其分解为每个词出现的概率。这意味着句子的生成是一个从左到右的过程,每次预测下一个词是基于前面的词。

具体的数学表示如下:

一个语言模型通常构建为字符串 $s$ 的概率分布 $p(s)$,这里 $p(s)$ 试图反映的是字符串 $s$ 作为一个句子出现的频率。

对于一个由 $m$ 个词构成的句子 $s = w_1, w_2, \cdots, w_m$，其概率计算公式可以表示为

$$P(s) = P(w_1, w_2, \cdots, w_m) = P(w_1)P(w_2 \mid w_1)P(w_3 \mid w_1, w_2)\cdots P(w_m \mid w_1, \cdots, w_{m-1}) = \prod_{i=1}^{m} P(w_i \mid w_1, \cdots, w_{i-1})$$

式中：$P(w_i | w_1, \cdots, w_{i-1})$ 表示产生第 $i(1 \leqslant i \leqslant m)$ 个词的概率是由已经产生的 $i-1$ 个词$w_1, w_2, \cdots, w_{i-1}$决定的。如果能对这一项建模，那么只需把每个位置的条件概率相乘，就能计算出 $P(s)$。当看待词序列 $w_1, w_2, \cdots, w_m$ 的生成时，可以想象成每个词是一个接一个出现的。也就是说，当要预测第 $i$ 个词时，会参考前 $i-1$个已经出现的词。尽管这种方式听起来像是简化了问题，但实际上模型所需的参数量还是没有减少。不过，这种按顺序生成词的方法可以引导研究者找到一种简化模型的方法。

### 2.1.2 评价指标

困惑度（Perplexity）是一种衡量语言模型预测一个样本好坏的指标。简单地说，如果一个语言模型为给定的文本数据赋予了更高的概率，那么这个模型的困惑度会更低，表示它在这个数据上的预测效果较好。

具体地说，对于一个测试集，困惑度可以定义为语言模型对该测试集的负对数似然的指数。数学上，如果有一个测试集 $S$，其由词 $w_1, w_2, \cdots, w_N$ 组成，而模型的似然函数为 $P(w_1, w_2, \cdots, w_N)$，那么困惑度 PP($S$) 可以定义为

$$\mathrm{PP}(S) = \left[\frac{1}{P(w_1, w_2, \cdots, w_N)}\right]^{\frac{1}{N}}$$

通常，这可以进一步简化为对每一个词的条件概率的乘积，取 $N$ 次根，即

$$\mathrm{PP}(S) = \sqrt[N]{\prod_{i=1}^{N} \frac{1}{P(w_i \mid w_1, \cdots, w_{i-1})}}$$

从直观上讲，如果把困惑度看作一个多项选择测试，那么它代表模型预测下一个词时平均需要从多少个词中进行选择。例如，如果一个模型的困惑度为100，那么意味着当模型尝试预测下一个词时，它感觉就像是在 100 个词中随机选择一个词那样。

困惑度提供了一个量化的方式来比较不同的语言模型。一个困惑度较低的模型意味着它在测试数据上的预测更为准确，因此通常认为是更好的模型。

语言模型就像一个预测游戏。想象一下，当输入一个词或一句话的开头，语

言模型会尝试猜测下一个词是什么。例如，对于“我今天吃了一个……”，语言模型可能会预测“苹果”或“三明治”作为下一个词。这就是因为它已经从大量的文本中学到了人们通常会如何继续这句话。简而言之，语言模型是通过学习人们如何说话和写作，来预测下一个词或帮助生成连贯的文本。

## 2.2 语言模型的发展历程

自计算机科学诞生以来，如何让机器理解并使用人类语言一直是研究者面临的核心挑战。语言模型是这个探索过程中产生的关键工具，其主要任务是预测语言序列的可能性。从早期基于规则的系统到后来的统计模型，再到近年来的深度学习模型，语言模型的发展反映了技术的进步和对语言本质更深入地理解。

在最初的尝试中，语言模型往往基于一套固定的语法规则和字典来生成或理解文本。但这种方法受限于预定义的规则，难以处理复杂、多变的真实世界语言。随着时间的推进，研究者逐渐转向统计方法，利用大量的文本数据来学习语言的模式和结构。然而，真正的转折点来自深度学习的兴起，神经网络模型特别是循环神经网络（RNN）和变换器（Transformer）架构，为语言模型开辟了全新的发展路径，也带来了今天所见的高度复杂且强大的大语言模型。这一历程不仅是技术的演变，更是一个充满探索与突破、从理论到实践的旅程。

语言模型（Language Model，LM）在自然语言处理中占有重要的地位，它的任务是对词序列的生成概率进行建模，以预测未来 Tokens（文本中的一个基本的、不可分割的单位，简单理解就是单词）的概率。截至目前，语言模型的发展先后经历了统计语言模型、神经语言模型、预训练语言模型和大规模语言模型四个发展阶段，如图 2－1 所示。

图 2－1　语言模型的发展阶段

### 2.2.1 统计语言模型

在早期,计算机处理语言的方法主要基于简单规则和统计方法。这种方法的核心思想是建立一组明确的、预定义的规则,以解析和生成语言。

在早期的计算机语言学中,语法分析是一个核心任务,研究者经常使用形式文法描述和解析语言结构。这些文法通常包含一系列的产生式规则,定义了如何从更高级的符号构建句子。一个典型的例子是查特斯基文法,它提供了一个框架,描述了如何从"句子"构建出名词短语和动词短语,再进一步分解为更具体的词汇项。然而,依靠预定义规则的方法有其局限性:它需要大量的人工输入,且很难覆盖自然语言的所有复杂性和多变性。

随着计算机技术的进步和大数据的出现,统计方法开始在 NLP 中兴起。通过对大量语料库进行统计分析,模型可以学习词汇、短语甚至句子出现的频率和模式,而无须依赖于预先定义的规则。例如,一个简单的统计模型可能会计算某个词后面出现另一个词的概率,从而预测句子中的下一个词。这种转变的好处是巨大的。首先,统计方法减少了对人工规则定义的依赖,使模型更为灵活和健壮。其次,基于大数据的方法能够捕捉到语言中的细微差异和模式,这些在手工规则中很难描述。

随着大量文本数据的可用性和计算能力的提升,统计方法逐渐成为自然语言处理的主流。统计语言模型在许多 NLP 任务中都发挥了作用,如机器翻译、语音识别、拼写检查和自动文本生成等。统计语言模型中最常用的是 $N$ - gram 模型。

例如,想象您正在玩一个叫作"完成这句话"的游戏。在这个游戏中,您会获得一个部分完成的句子,如"我今天想吃……",然后您需要猜测接下来最可能的词是什么。一个简单的方法就是回想过去您读过或听过的句子,然后基于那些经验来猜测。

$N$ - gram 模型的工作原理与此类似。它回顾过去的"$N-1$"个词,然后尝试预测下一个词。例如,一个 2 - gram(也称为 Bigram)只考虑之前的 1 个词,对于 3 - gram(也叫 Trigram),模型会看前两个词来预测第三个词。

当 $N$ 越大,历史信息也越完整,但是参数量也会增大。实际应用中,$N$ 通常不大于 3。

$N=1$ 时,每个词的概率独立于历史,称为一元语法(Unigram)。

$N=2$ 时,词的概率只依赖前一个词,称为二元语法(Bigram)或一阶马尔可夫链。

$N=3$ 时候，称为三元语法（Trigram）或者二阶马尔科夫链。

用数学语言表示，给定前面的 $N-1$ 个词，$N$ – gram 模型试图预测下一个词的概率。公式可以表示为

$$P(w_i|w_1,w_2,\cdots,w_{i-1})=P(w_i|w_{i-(n-1)},w_{i-(n-2)},\cdots,w_{i-1})$$

式中：$w_i$ 是我们想要预测的词；$w_{i-(N-1)},\cdots,w_{i-1}$ 是前面的 $N-1$ 个词。$N$ – gram 的示例如图 2 – 2 所示。

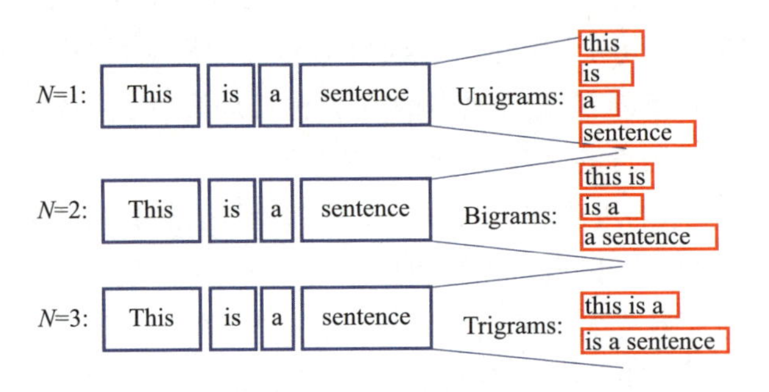


图 2 – 2　$N$ – gram 的示例

$N$ – gram 模型的主要优势在于其简单性与效率。只需计算词组的频率并存储在一个查找表中，这使得模型非常快速且易于实施。此外，$N$ – gram 能够捕捉文本中的局部结构和连续性，为许多 NLP 任务提供有用的信息，如拼写检查、语音识别和机器翻译。然而，$N$ – gram 模型也存在明显的局限性。

（1）记忆短暂（过于简化的假设）：$N$ – gram 只会回想前 $N-1$ 个词。如果“$N$”很小，可能会错过句子的大部分内容。就像在“完成这句话”游戏中只记得前两三个词，可能会忘记句子开始的部分。

（2）巨大的“词库”（计算和存储需求）：想象试图记住每一个读过或听过的词组合。如果考虑的词的数量多，那这个“词库”会非常大，需要很多的存储空间。

（3）新句子的问题（数据稀疏性问题）：当遇到一个从未听过的词组合时，$N$ – gram可能会感到困惑，因为它主要依赖过去的经验。

（4）不能捕捉远处的词（不能捕捉长距离依赖）：如果一个句子开始的词影响了句子的结尾，但这两个词之间的距离超过了“$N$”，$N$ – gram 就捕捉不到这种关系。

因为这些局限性，尽管 $N$ – gram 模型在许多早期的 NLP 应用中取得了成功，但现代的 NLP 系统更倾向于使用基于深度学习的方法，如递归神经网络和

Transformer 架构,来捕捉文本中更复杂的模式。

简而言之,$N$ - gram 就像一个试图通过记忆过去的句子来完成新句子的游戏玩家。尽管它有时能做得很好,但由于它的记忆和视野有限,所以在某些情况下可能不够准确。

### 2.2.2 神经网络语言模型

神经网络语言模型(Neural Network Language Model,NNLM)使用一种新的方法来进行语言建模。在此之前,统计模型如 $N$ - gram,虽然简单易用,但无法处理未在训练数据中见过的词组合。此外,统计模型需要存储每个 $N$ - gram 组合的频率或概率,这带来了大量的参数。NNLM 通过使用神经网络学习词的稠密表示,通常我们称为"词向量"或"嵌入"来解决这些问题。

词向量这种表示的好处在于,即使模型没见过某个特定的词组,它仍可以通过相似的词向量来推测其意思。不仅如此,NNLM 避免了海量的参数存储,因为它为每个词使用固定大小的词向量,而不是用一个巨大的表来存储概率。

更进一步,当考虑句子中的词与词之间的关系时,统计模型常常被其固定窗口大小所束缚,难以捕捉长距离的词间关系。然而,NNLM 尤其是某些复杂的版本如递归神经网络,可以巧妙地捕捉这些长距离的依赖。

NNLM 使得模型有了更丰富的词义表示,这对于文本分类、情感分析和命名实体识别等任务中是非常重要的。通过 NNLM,序列到序列的翻译模型更为精准,机器翻译的效果得到很大提升。与早期的模型相比,NNLM 可以生成更加连贯、更具人类风格的文本,因为它能够根据整个句子的上下文来预测下一个词,而不仅仅是前几个词。

神经网络语言模型通过学习词的稠密表示和使用灵活的神经网络结构,解决了统计语言模型的多个问题,为各种 NLP 任务提供了更强大的工具。

#### 1. 词向量模型

在自然语言处理的早期,文本数据通常表示为高维、稀疏的向量。这些向量大多数元素为 0,仅少数位置的值为 1,表示特定的单词或短语是否出现。然而,这种表示法存在一些固有的限制,最大的问题是它无法捕捉到单词之间的语义相似性。这个问题的出现为词嵌入模型提供了研究契机。

(1)Word2Vec:语义的向量空间模型。

2013 年,一个名为 Word2Vec 的模型被 Mikolov 等提出。这一模型的目标是为每个单词分配一个固定大小的向量，这些向量能够捕捉语义信息和词汇关系。

Word2Vec 的核心思想是：相似的词应该在向量空间中有相似的位置。为了达到这一目的，它使用了两种方法：Skip - Gram 和 CBOW。在 Skip - Gram 中，给定一个词，模型试图预测其上下文；而在 CBOW 中，给定一个上下文，模型则尝试预测中间的词。

经过大量文本数据的训练，Word2Vec 能够为每个词生成一个稠密的向量，这些向量之间的距离和角度可以表示词语之间的语义关系，如近义词、反义词、多义词等。

（2）GloVe：全局向量的语言表示。

Pennington 等于 2014 年提出了 GloVe（全局向量）模型。与 Word2Vec 略有不同，GloVe 旨在捕捉单词共现统计信息中的结构，并将其编码为低维向量。

GloVe 的基本思想是：对于任意两个单词，它们的嵌入向量的点积应该与这两个单词共同出现的概率成正比。为了达到这个目标，GloVe 构建了一个共现矩阵，并使用了一种特定的加权最小二乘法来优化词向量。

这两种词嵌入方法的提出，标志着自然语言处理中从稀疏表示到稠密向量的转变。这种转变不仅是为了降维，更重要的是为了捕捉到词汇和语义之间的微妙关系，这对于许多 NLP 任务（如情感分析、问答系统等）都至关重要。

词嵌入技术的革命性发展提供了更为丰富的语言表示，为自然语言处理的各个方面提供了强大的支持。

### 2. 前馈神经网络语言模型

前馈神经网络语言模型使用神经网络来估计词序列的概率，而不再依赖传统的 *N* - gram 方法。核心思想是将词转换为向量，也就是词嵌入或词向量。这些向量捕捉了词的语义信息，允许模型在处理语言时更加灵活。

当考虑预测一个词序列中的下一个词时，例如，在一个 3 - gram 模型中，会使用前两个词作为上下文。这些词首先被转换为词向量，然后送入神经网络的隐藏层。这些隐藏层处理信息，并将其传递到输出层，这里的每个神经元都代表词汇表中可能的下一个词。最终，模型通过对输出层进行 softmax 运算来预测下一个词的概率。

一个重要的特点是：前馈神经网络模型为词提供了稠密的表示。这意味着模型可以更好地处理那些在训练数据中很少出现或根本没有出现的词组合。这种自然的平滑性是 *N* - gram 模型难以实现的。此外，词向量的引入意味着语义上相似的词在向量空间中也会彼此靠近，允许模型共享在某些词上学到的知识，前馈神经网络语言模型如图 2－3 所示。

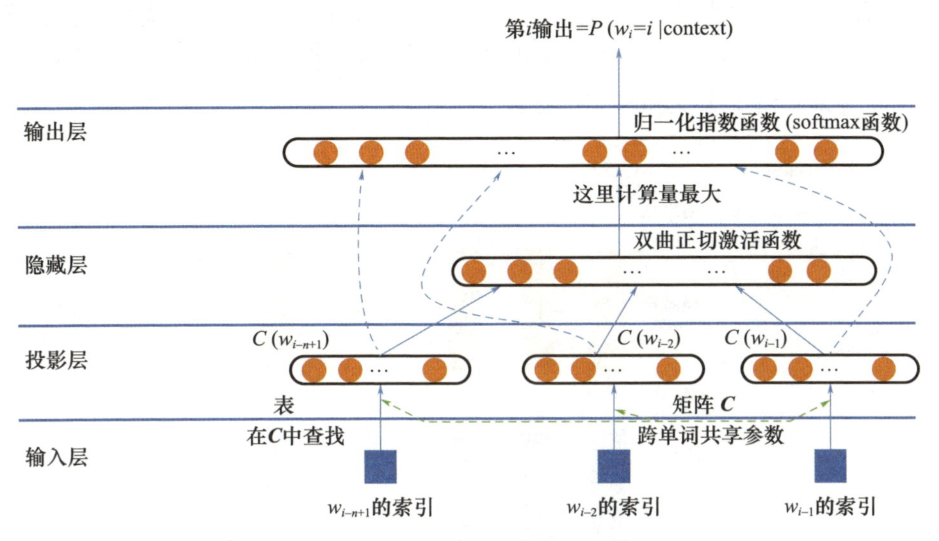


图 2－3 前馈神经网络语言模型

但是，前馈神经网络也有其局限性。首先，与传统的 $N$－gram 模型相比，它的计算要求更高。其次，它的输入窗口大小是固定的，这可能限制了模型从更广泛的上下文中获得信息的能力。最后，与其他模型如 RNN 和 Transformer 相比，它没有显式的记忆机制，这可能在处理长句子时造成问题。

尽管前馈神经网络语言模型已经为语言建模领域带来了进步，但其他模型，如 RNNs、LSTMs 和 Transformers，进一步扩展了这一领域的边界，为更复杂的序列和任务提供了更强大的工具。

### 3. 循环神经网络语言模型

当深入研究自然语言处理时，会发现自然语言经常处理一种具有特殊结构的数据：序列数据。与传统的、结构化的数据不同，序列数据内部有一个固有的顺序性，每个元素都与它前面和后面的元素有着某种关联。处理这种数据结构的主要挑战是如何捕捉和理解其中的时间依赖性。

在自然语言中，每个词不仅仅是单独存在的，它们之间还存在着关联和上下文的关系。例如，如果一个句子："小李告诉小王一个秘密，因为他相信他。"在这里，"他"指的是谁？如果只看单独的词，很难判断。传统的神经网络结构并没有为这种序列中的长期关系和上下文建模提供有效的手段，它们主要是为固定大小的输入设计的，且不能很好地处理数据之间的时间依赖性。

循环神经网络(RNN)是为了解决这种问题而设计的,其核心机制是"记忆"。RNN 模型结构示意图如图 2-4 所示,每一步的处理不仅取决于当前的输入,还取决于前一步的"记忆"。这使得 RNN 可以捕捉和维护序列中的信息流,从而更好地理解上下文和时间依赖性。

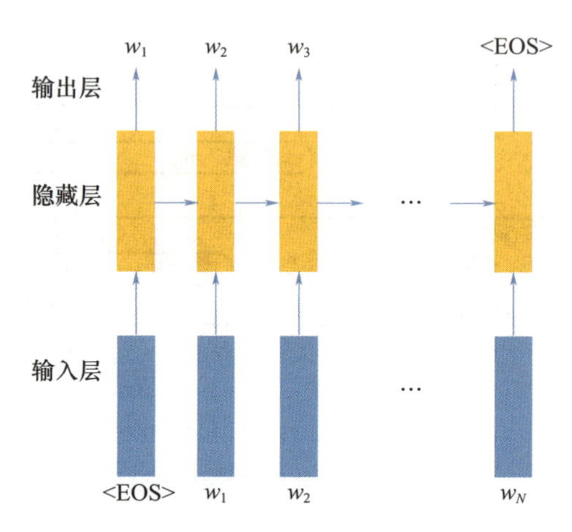


图 2-4　RNN 模型结构示意图

具体地说,RNN 的每一个时间步骤都会维护一个隐藏的状态,这个状态包含了到目前为止的所有历史信息。这种维护历史信息的能力使得 RNN 非常适合于处理如机器翻译、情感分析和文本生成等任务。

虽然 RNN 具有记忆能力,但它在捕捉长期依赖性时面临挑战。简而言之,很长的序列可能导致"记忆"变得模糊,使得早期的信息在多个时间步骤后变得难以获取。这在技术上称为梯度消失问题。此外,梯度爆炸也可能成为问题,这是指网络的权重在训练期间急剧增加,导致不稳定。

为了克服 RNN 的这些局限性,研究者提出其他网络结构,如 LSTM 和 GRU,这些网络结构使用了特殊的门控机制来更精确地控制信息的流动,从而更好地捕捉长期的依赖性。

### 4. 长短期记忆循环神经网络语言模型

长短期记忆神经网络(LSTM)是一种特殊的循环神经网络,特别适合处理序列数据中的长期依赖关系。它的独特之处在于其内部结构,与传统的 RNN 不同,LSTM 通过一系列的门来控制信息的流动,从而可以有效地管理其内部状态。

打一个比较通俗的比方,RNN 就像只依靠记忆,对最近发生的事情印象深刻，但很容易遗忘过去的事情。LSTM 就像借助一个日记本来辅助记忆，可以把想要记住的信息写在日记里（输入门），但是由于本子的大小有限，因此需要擦除一些不必要的记忆（遗忘门），这样来维持长期的记忆。

具体来说，LSTM 中有一个特殊的状态叫作“细胞状态”，可以将其看作是 LSTM 的记忆。为了管理这个“细胞状态”，LSTM 引入了三个门。

（1）输入门：这个门决定什么新的信息会加入到细胞状态中。它可以视为决定记录哪些新事物到日记中的过程。

（2）遗忘门：随着时间的推移，一些信息可能变得不再重要。遗忘门的任务就是决定从细胞状态中删除哪些信息。例如，可能会决定擦掉日记中的某些旧内容，为新的重要内容腾出空间。

（3）输出门：在给定的时间点，可能想知道基于记忆，应该采取什么行动。输出门决定了根据细胞状态和当前输入，应该输出哪些信息。

这三个门结合起来，使得 LSTM 能够决定哪些信息重要、应该记住，哪些信息应该被忘记，以及在特定的时间点应该基于记忆采取什么行动。这种结构为 LSTM 提供了捕捉长期依赖关系的能力，使其在处理如机器翻译、语音识别等任务时，表现优于传统的 RNN，见图 2－5。

简而言之，LSTM 就是一个高度有选择性的记忆系统，它学会了何时接收新信息、何时忘记不必要的信息，以及何时利用其累积的知识来做出反应。

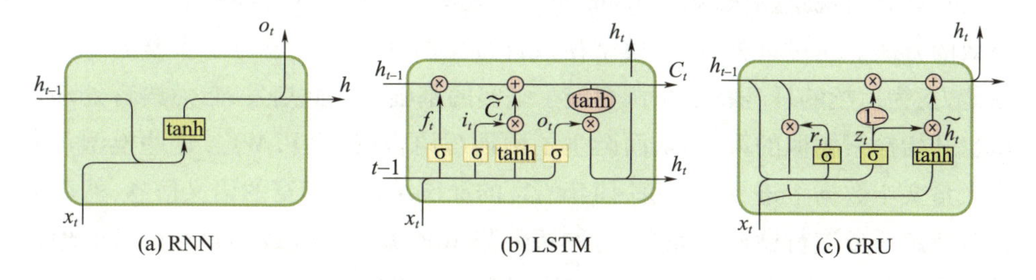


图 2－5　RNN、LSTM 和门控循环单元（GRU）的结构示意图

### 5. 门控循环单元

门控循环单元（GRU）是 RNN 的一种高效变体，它优化了网络的长期依赖性能力，同时减少了模型的复杂性。

传统的 RNN 存在梯度消失的问题，难以捕捉长序列中的依赖关系。LSTM 通过其三个门的结构对这一问题进行改进，而 GRU 进一步简化了这种设计，仅采用两个门：更新门和重置门。

(1)更新门:这个门帮助模型决定何时更新或保留过去的信息。例如,如果当前的信息与之前的信息高度相关,则更新门可能会选择保留过去的状态。这与 LSTM 中的遗忘门和输入门的组合相似,但更为简洁。

(2)重置门:重置门决定了在计算当前时间步的候选隐藏状态时,应该使用多少过去的信息。它实际上允许模型在必要时"忽略"某些过去的信息,以便更加关注新的输入。

GRU 的运作机制基于这两个门的交互。在每一个时间步,更新门首先决定应该在多大程度上保留之前的隐藏状态。接着,重置门帮助决定当前的输入和过去的隐藏状态如何结合,以计算一个候选的隐藏状态。最后,结合更新门的输出和候选隐藏状态,得到新的隐藏状态。RNN、LSTM 和 GRU 的结构示意图如图 2-5 所示。

简单来说,GRU 的工作原理是通过两个门的相互作用,有效地平衡新的输入和过去的记忆。这种结构使得 GRU 可以更有效地捕捉长序列中的依赖关系,同时减少了模型的计算复杂性和参数数量。这也是为什么在某些应用中,尽管它的结构相对简单,但 GRU 的性能却与 LSTM 相当甚至更好。

### 2.2.3 预训练语言模型

在计算机视觉领域,利用 ImageNet 对模型进行预训练已经证明是一种非常有效的方法。通过这种方式,模型在数百万张图片上预先学习了丰富的特征提取能力,为后续的任务特定精调奠定了坚实的基础。受此启发,自然语言处理领域也开始探索相似的策略,从而诞生了预训练语言模型(PLM)。这些模型首先在大量文本数据上进行预训练,捕获语言的深层结构和丰富的语义信息,然后再针对特定任务进行微调。如今,这种基于 PLM 的方法已经成为自然语言处理领域的核心范式,为多种任务带来了前所未有的性能提升。

#### 1. ELMo

ELMo(Embeddings from Language Model)是为了解决一个核心问题:单词在不同的语境下可能有不同的含义。传统的词向量,如 Word2Vec 或 GloVe,为每个单词提供一个固定的向量表示,而不考虑上下文。例如,"打"这个词,不论是在"他打了一个电话给我"还是"他打了那个人一拳"中,都会有相同的表示,ELMo试图解决这个问题。

在第一句中,"打"是指拨打电话;而在第二句中,"打"表示用力击打某物或某人。为了确保能够正确理解“打”的意义,需要考虑其周围的上下文。

ELMo 的操作方式很巧妙,其结构示意图如图 2-6 所示,它首先使用字符级编码为每个单词生成表示。这意味着即使某个词不在训练词汇中,ELMo 也可以为它生成一个向量。接着,它使用卷积神经网络来组合字符级表示,并通过一系列转换得到单词的最终输入表示。

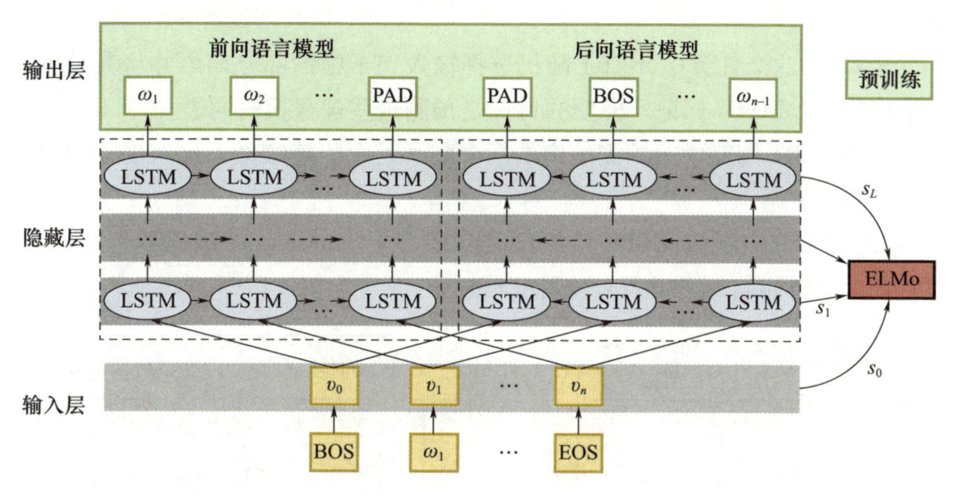


图 2-6 ELMo 结构示意图

接下来,ELMo 使用两个 LSTM 网络:一个从左到右读取文本,另一个从右到左。允许每个词都获得其上下文的信息。例如,对于“打”这个词,前向 LSTM 可能会捕获“他”的上下文,而后向 LSTM 则会捕获“电话”或“一拳”的上下文。这样,就有了一个更全面的“打”的表示。

重要的是,这些 LSTM 层可以捕获不同级别的信息。底层可能关注词序和语法,而高层更加关注上下文语义。最终,ELMo 会结合这些层来为单词生成一个动态的、上下文相关的词向量。

ELMo 是一个为单词生成上下文相关词向量的模型,确保在不同语境下为单词提供不同的表示,从而更准确地捕获其意义。

### 2. BERT

BERT 是 2018 年由 GoogleAI 研究院推出的预训练深度双向 Transformer,其核心思想是利用大量的文本数据进行无监督预训练,再针对特定的任务进行微调,以此来应对各种 NLP 任务。

BERT 示意图如图 2-7 所示,其工作原理为:

(1)双向编码:与传统的单向(从左到右或从右到左)语言模型不同,BERT 使用了 Transformer 的双向编码器结构,这意味着它可以同时考虑一个词的左右上下文。因此,BERT 能够更为精准地捕获语言中的语义关系。

(2)预训练任务:BERT 的预训练过程包括两个任务,即掩码语言模型(Masked Language Modeling, MLM)和下一句预测(Next Sentence Prediction, NSP)。

MLM:在这个任务中,BERT 随机选择输入句子中的部分词语并将其替换为一个特殊的"MASK"标记。模型的目标是预测这些被替换的词语。

NSP:BERT 同时学习预测给定的两个句子是否为连续的。这有助于模型理解句子间的关系。

(3)深度双向结构:BERT 的模型结构由多层 Transformer 编码器组成,这允许它在编码时捕获句子中所有位置的信息。

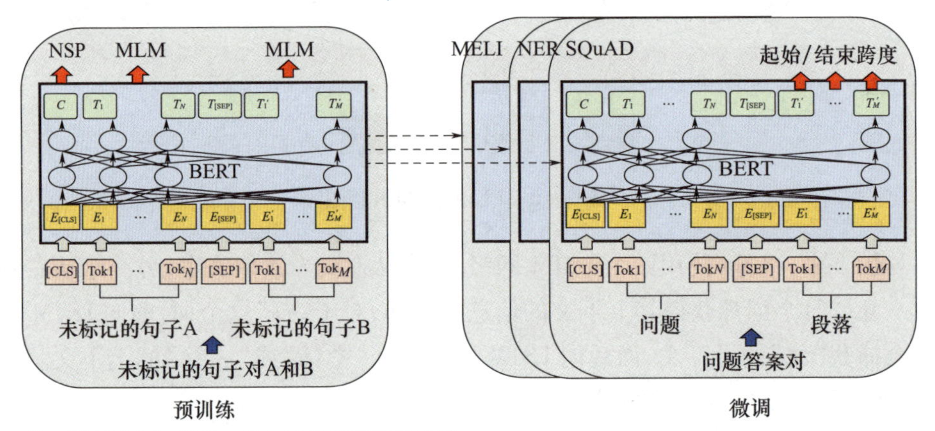


图 2-7 BERT 示意图

以下为 BERT 的主要特点。

(1)双向上下文理解:由于其双向编码的特性,BERT 能够捕捉到一个词在其上下文中的所有信息,而不仅仅是基于其前面或后面的词。

(2)通用与特定结合:通过在大规模文本上的无监督预训练,BERT 获取了丰富的语言表示。而通过微调,BERT 可以很好地适应各种特定任务。

(3)预训练与微调范式:BERT 首先在大量无标签文本数据上进行预训练,学习语言的通用特性,然后为了适应某个具体任务(如文本分类、命名实体识别等),模型进行微调,这时只需要少量标注数据即可。

BERT 的成功不仅在于其出色的性能,更重要的是它提出了一种新的"预训练+微调”的范式,为后续的NLP研究提供了新的方向和启示。这种方法的思想是,先在大量文本数据上学习语言的基本模式和结构,再针对特定任务进行微调,以获得高性能的模型。

### 3. GPT-2

GPT(Generative Pre-training Transformer)是OpenAI在2018年发布的,它是生成式预训练模型的一个重要代表。GPT的基本方法是通过大量的文本数据来预训练一个语言模型,将这个预训练的模型适应于解决下游任务。这种无监督的预训练方法让模型能够在没有人类标签的情况下学习语言的基本结构和语义。

在2019年,OpenAI发布了GPT-2模型,这是GPT系列模型的第2个版本。GPT-2有着惊人的15亿参数,远超过GPT-1的参数规模,这使得它能够更好地理解和生成文本。它沿袭了GPT的基础,也是基于Transformer架构的语言模型。GPT-2不仅保留了GPT模型使用大规模无标注文本数据进行训练的能力,而且引入了FineTune技术来优化模型的表现,将所学知识迁移到不同的下游任务。这种FineTune技术使得模型可以根据特定任务的数据进行参数上的优化。

GPT-2的训练是自监督的,意味着它是在原始文本上进行预训练的,没有人类的标签。这使得GPT-2能够利用大量公开可用的数据。通过这种自监督训练,模型能够自动从文本中生成输入和标签,从而在没有人类干预的情况下学习语言的规律。

GPT-2的一个显著特点是它能够在0-shot的设定下工作,也就是说,它能够在没有针对特定任务进行训练或微调的情况下,根据给定的指令理解并完成任务。这种能力展示了GPT-2在通用性和灵活性方面的强大潜力。

结构上,GPT-2是由多层Transformer构成的单向语言模型,主要包括输入层、编码层和输出层三部分。所谓的单向,是指模型在处理文本序列时只能从左到右或从右到左进行,而且由于采用了Transformer结构,使得模型在处理文本的每个位置时,只能依赖过去时刻的信息,GPT-2结构示意图如图2-8所示。

GPT系列模型的训练可以分为两个主要步骤:无监督预训练和有监督的参数微调。在无监督预训练阶段,GPT模型通过大量的文本数据学习到了一定的通用语义表示能力。在参数微调阶段,模型在这种通用语义表示的基础上,根据下游任务的特性进行适配,以优化模型的表现。这种两步训练的方法为GPT模型提供了强大的通用性和适应性,使其能够在多种NLP任务中表现出色。

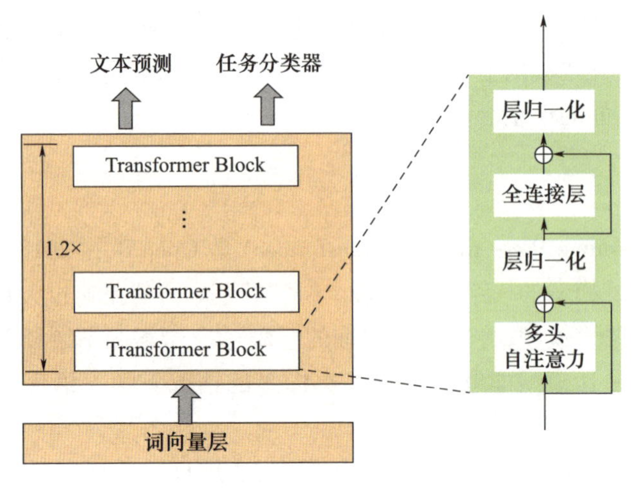


图 2－8　GPT－2 结构示意图

### 4. BART

在 2019 年 10 月，Facebook 推出名为双向和自回归转换器（Bidirectional and Auto－Regressive Transformers，BART）的新型自然语言处理模型，该模型在论文“*BART: Denoising sequence－to－sequence pre－training for natural language generation, translation and comprehension*”中得以展现。BART 不仅集成了过去成功模型的优点，还通过独特的预训练策略，为解决多种自然语言处理任务提供了强有力的基础。

BART 采用了所谓的序列到序列（Seq2Seq）架构，这种架构是为了处理那些输入和输出都是序列形式，但长度可能不同的任务，如机器翻译、文本摘要和问答系统。在这种架构中，BART 由两部分组成：编码器和解码器，BART 结构示意图如图 2－9 所示。

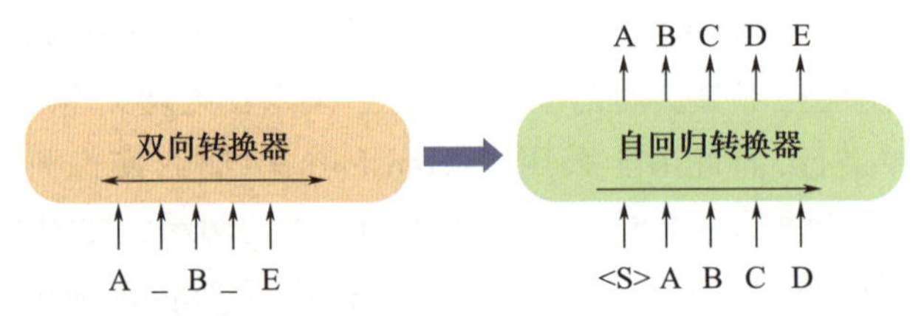


图 2－9　BART 结构示意图

（1）编码器是双向的，能够从左至右和从右至左读取输入文本，以便捕捉每个单词的上下文信息。这种双向结构有助于模型深入理解文本中的语义关系，类似于 BERT 模型的工作机制。

(2)解码器是自回归的,它一次生成一个单词,同时利用已生成的单词作为额外的上下文信息,类似于 GPT 模型的工作方式。

这种编解码结构使 BART 能够在理解输入文本的同时,有效地生成高质量的输出文本。

BART 的预训练过程相当独特。它首先通过一个特定的噪声函数,对原始文本进行“污染”,然后训练模型学会从被“污染”的文本中恢复原始文本。具体来说,这个噪声函数可能会打乱句子的顺序,或者用掩码符号替换文本中的某些片段。通过这种方式,BART 不仅学会了理解文本的语义,还学会了如何重构文本,为后续的特定任务提供坚实的基础。

经过预训练后,BART 可以针对特定的任务进行微调,如文本生成、翻译和理解。它在微调后,尤其擅长文本生成任务,但也非常适用于文本理解任务。实验证明,BART 在多项自然语言处理任务上都取得了优异的性能,例如,在 GLUE 和 SQuAD 基准测试中匹配了 RoBERTa 模型的性能,并在一系列抽象对话、问答和摘要任务上取得了新的最先进结果。

BART 模型借鉴并整合了其他 Transformer 模型的优点,它的双向编码器来自 BERT,而自回归解码器则借鉴了 GPT。通过这种融合,BART 不仅继承了这些模型的优势,还通过独特的去噪预训练策略,进一步提升了模型的性能和通用性。

### 2.2.4 大语言模型

在探讨自然语言处理(NLP)领域的进步时,不能忽略一个核心元素:模型的规模。随着时间的推进和技术的进步,研究者开始将目光聚焦于大规模语言模型(LLM),以期通过增加模型参数的数量来提升模型的性能和能力。

早在 2020 年 1 月 23 日,OpenAI 就在论文“*Scaling laws for neural language models*”中探讨了模型规模对性能的影响。该论文主要研究了基于交叉熵损失的语言模型性能的经验尺度法则,并发现大模型在使用样本方面的效率显著提高。这一发现建议在中等数据集上训练超大模型并在显著收敛前停止,可能是一种最优的、高效的训练方法。

在这个基础上,OpenAI 投入了大量精力研究大规模语言模型,并在 2020 年 5 月 28 日,推出了具有 1750 亿参数的 GPT - 3 模型。GPT - 3 的发布论文“*Language models are few - shot learners*”,在该论文中,OpenAI 展示了 GPT - 3 在各种

NLP 任务上的卓越性能。这篇长达 72 页的论文,成为自然语言处理领域的里程碑。

GPT－3 的特点不仅在于其庞大的参数规模,还在于其所展示出的“少样本学习”(Few－Shot Learning)能力,以及通过“上下文学习”(in－Context Learning)解决小样本任务的能力,相比之下,先前的模型如 GPT－2 在这方面的表现并不突出。

GPT－3 的成功开启了大语言模型的新时代,激发了整个行业对大规模预训练语言模型的探索热情。例如,随后出现的 5400 亿参数的 PaLM 模型,进一步推动了大语言模型的研究。与此同时,不同于 GPT－3 的单向结构,其他模型如 BERT 和它的 3.3 亿参数,以及 GPT－2 和它的 15 亿参数,虽然参数规模较小,但也在自然语言处理领域展现出了不同的优势。

大语言模型的崛起不仅是参数数量的增加,更是对自然语言处理能力的一种全新诠释。以 ChatGPT 为例,它将 GPT 系列的大语言模型应用于对话场景,展现出令人惊讶的与人类对话的能力。这种模型不仅可以理解和生成自然语言,还能在与人类的交互中持续学习和进步。

### 1. 大语言模型的分类

在大语言模型(LLM)的发展中,主要识别出三种基本架构:编解码(Encoder－Decoder)架构、仅解码(Decoder－Only)架构和仅编码(Encoder－Only)架构。这些架构的发展和应用反映了自然语言处理(NLP)领域的研究和技术进步,大语言模型的代表模型示意图如图 2－10 所示。以下将分别深入探讨这三种架构的发展、代表模型及其各自的原理和优缺点。

首先介绍 Encoder－Decoder 架构。这种架构的早期发展主要集中在序列到序列(Seq2Seq)的任务上,如机器翻译和文本摘要。编解码架构包含两个主要组件:编码器和解码器。编码器负责将输入序列转换为中间表示,而解码器则负责基于这个中间表示生成输出序列。Transformer 模型是编解码架构的典型代表,它通过自注意力机制和位置编码来处理序列数据。编解码架构的优点在于其能够很好地理解和处理输入序列的上下文信息,为解码器生成准确输出提供了有力支持。但同时,这种架构的缺点也很明显,由于包含两个组件,模型的复杂度较高,需要更多的计算资源和训练时间。

接下来介绍 Decoder－Only 架构,其架构示意图如图 2－11 所示。GPT 系列模型是仅解码架构的代表。GPT 所使用的方式是将 Decoder 中输入与输出之间差出一个位置,主要目的是使模型能够通过上文预测下文,这种方式称为

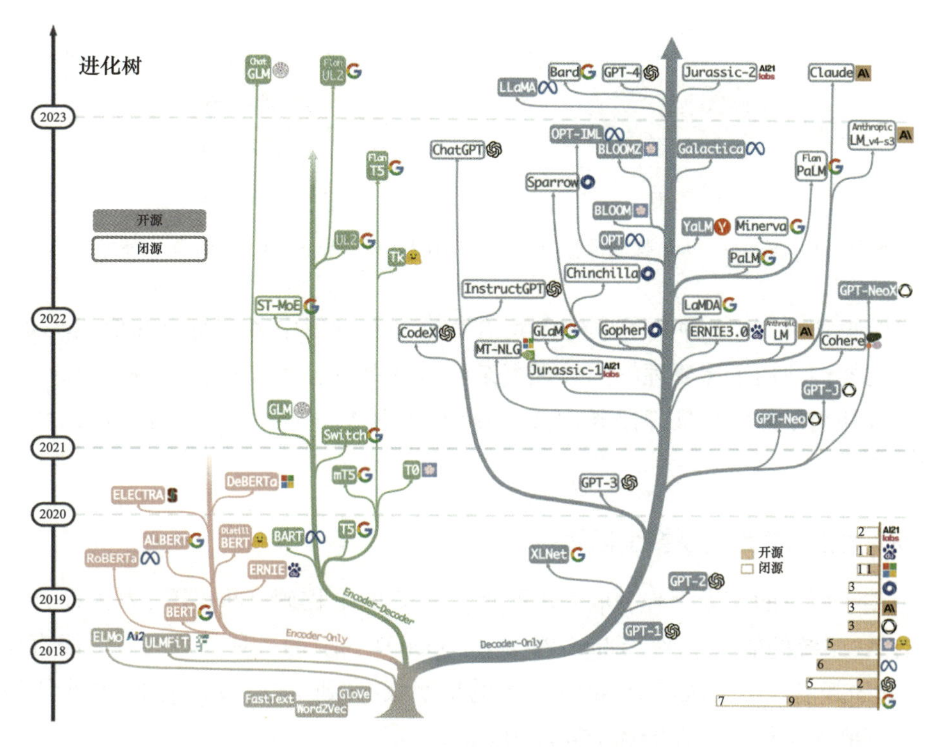


图 2－10　大语言模型的代表模型示意图

Autoregressive（自回归）。此类模型只利用 Decoder，主要用来做序列生成。与 Encoder－Decoder 架构不同，Decoder－Only 架构只包括一个解码器，它直接从给定的输入生成输出，而不需要一个中间表示。这种架构的优点在于其简单和高效，可以在大量未标记的文本数据上进行预训练，同时减少了模型的大小和计算需求。然而，它的缺点是信息只能从左到右单向流动，模型只知“上文”而不知“下文”，缺乏双向交互，可能缺乏对输入数据的深入理解和处理，特别是在需要理解复杂上下文关系的任务中。

最后介绍 Encoder－Only 架构。BERT 是这种架构的代表模型。Encoder－Only 架构主要关注如何更好地理解和表示输入数据，而不是生成新的输出。BERT 通过双向自注意力机制深入理解输入序列的上下文关系，并为下游任务提供丰富的表示。这种架构的优势在于它能够提供深层次和丰富的输入表示，对于需要理解输入数据的任务非常有价值，如文本分类和实体识别。但它的缺点是不适用于生成任务，因为它缺乏一个解码器来生成输出，无法进行可变长度的生成。Decode－Only、Encoder－Only 架构示意图如图 2－11、图 2－12 所示。

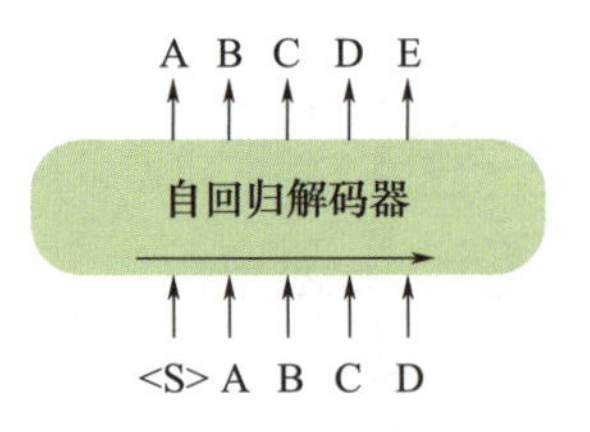


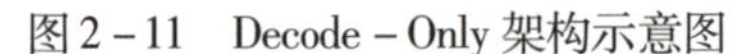
图 2-11 Decode-Only 架构示意图

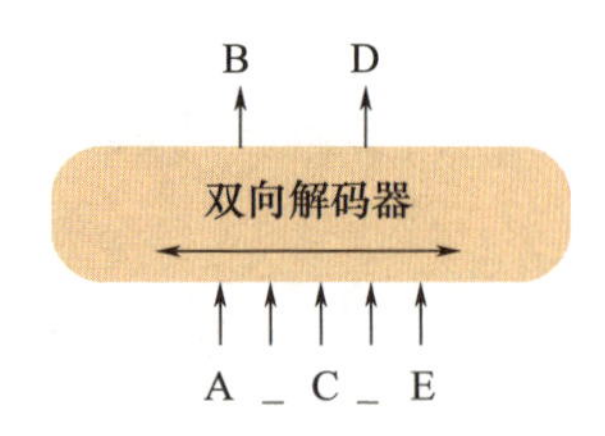


图 2-12 Encoder-Only 架构示意图

综上所述,这三种基本架构在大语言模型的发展中各有特点和应用场景。编解码架构适用于需要理解和处理复杂输入序列的任务,仅解码架构适用于文本生成和简单的序列处理任务,而仅编码架构则适用于需要深入理解输入数据的任务。

### 2. 大语言模型的重要里程碑

基于所有的探索工作,OpenAI 取得了重要的里程碑:ChatGPT,大大提升了现有 AI 系统的能力水平。ChatGPT 是由 OpenAI 开发的一种先进的对话语言模型,它的开发经历了从基于 GPT-3.5 的早期版本,到 GPT-4 的升级,每个阶段都在不断优化模型的性能和交互能力。

1)GPT-3.5 阶段

ChatGPT 的早期开发基于 GPT-3.5 模型,目的是为了创建一个能够与人类自然交流的对话系统。此阶段的训练方式与另一个模型 InstructGPT 相似,但是 ChatGPT 更加侧重于对话能力的优化。训练数据主要包括人类生成的对话和 InstructGPT 的数据集,通过这些数据,ChatGPT 学会了理解和响应用户的需求,特别是在多轮对话和特定领域问题解决方面表现出卓越的能力。

2)GPT-4 阶段

随着 GPT 模型升级到 GPT-4,ChatGPT 也得到了相应的优化。在这个阶段,ChatGPT 不仅继续优化了文本对话能力,还开始尝试引入多模态交互,如允许用户通过图像和文本与模型交互。GPT-4 的插件应用也为 ChatGPT 带来了更多的功能和优化。

ChatGPT 的发展展示了大语言模型在不断迭代和优化中,如何在文本理解、对话交互以及多模态交互方面取得显著进步。通过从早期的文本对话,到后期的多模态交互,ChatGPT 不仅展现了 AI 对话系统的强大潜力,也为未来多模态 AI 系统的发展提供了宝贵的经验和参考。

### 3. 大语言模型和预训练语言模型的主要区别

大语言模型和预训练语言模型的主要区别表现为以下三个方面：

(1)大语言模型的“涌现”能力(Emergent Ability)。主要指的是，当模型的参数规模增大到一定程度时，模型能够展现出前所未有的性能提升或新能力的现象。这种能力的涌现源于模型参数的大规模，它能够捕获更多的数据特征和模式，使得模型在处理复杂任务时表现出高效和强大的性能。

(2)大语言模型对人类与 AI 交互方式的影响。随着大语言模型的发展，人类与 AI 的交互方式正逐渐改变。现在，通过 APIs(如 GPT－4 API)访问大型语言模型成为主流，用户需要理解大语言模型的基本工作原理，以便以模型可以理解的方式指导它们完成特定任务。

(3)研究与工程实现的交融。在大语言模型的开发过程中，研究与工程实现之间的界限变得模糊。为了训练出高效的大语言模型，研究人员需要处理大量数据和分布式并行训练的挑战，这要求他们解决复杂的工程问题，甚至需要具备一定的工程专长或与工程师紧密合作。

这三个方面突显了大语言模型在人工智能领域的重要地位和独特价值，也揭示了它对未来人工智能研究和应用的深远影响。

# 2.3 大语言模型的关键技术

## 2.3.1 大语言模型是如何工作的

### 1. 词向量

要理解语言模型的运作原理，首先需要明白它们是如何表示单词的。人类使用字母序列来表述英文单词，如用 B－I－R－D 来表示“鸟”。然而，语言模型采用了一种称为词向量的数字串来表达单词。举例来说，下面是一种将“鸟”表示为向量的方法，即

[0.0054，0.0020，－0.0085，0.0622，0.0645，－0.0009，0.0225，0.0086，0.0151，0.0028，－0.0388，－0.0182，0.0071，0.0020，－0.0483，－0.0336，－0.0858，－0.0676，…，0.0001](注：完整的向量长度实际上有 300 个数字。)

为什么会采用如此复杂的表示法呢？我们可以通过一个简单的类比来理解。假设我们用坐标来表示地理位置，可以利用向量表示：

洛杉矶的坐标是[34.05，-118.24]；

旧金山的坐标是[37.77，-122.42]；

西雅图的坐标是[47.61，-122.33]；

芝加哥的坐标是[41.88，-87.63]。

通过这样的坐标，我们能清楚地看出空间中的关系。例如，旧金山和洛杉矶相对接近，因为它们的坐标值相近。而西雅图离芝加哥相对较远。

语言模型采用相似的方法。每个词向量在“词空间”中代表一个点，含义相似的词会在空间中彼此接近。例如，在向量空间中，与“鸟”最接近的词可能包括“鸡”“翅膀”和“飞”。使用实数向量来表示单词（相对于“B-I-R-D”这样的字母序列）的主要优势是，数字可以进行字母无法进行的计算。

由于单词的复杂性，不能仅用二维空间表示，因此语言模型采用了具有数百甚至数千维度的向量空间。虽然人类无法想象如此高维度的空间，但计算机可以很好地处理它们，从而产生有用的结果。

词向量的研究已有很长时间，在2013年得到了广泛关注，当时Google公司发布了Word2Vec项目。Google分析了从网络上收集的大量文档，以找出哪些单词倾向于出现在相似的上下文中。随着时间的推移，经过训练的神经网络学会了将相似类别的单词（如“鸟”和“鸡”）放置在向量空间中的相邻位置。

Google的词向量还有一个有趣的特点，即可以通过向量运算来“推理”单词关系。例如，如果从“高的”（Tall）向量中减去“高”（High）向量，然后加上“短”（Short）向量，就会得到一个与“短的”（Shorter）向量非常接近的结果。词向量示意图如图2-13所示。

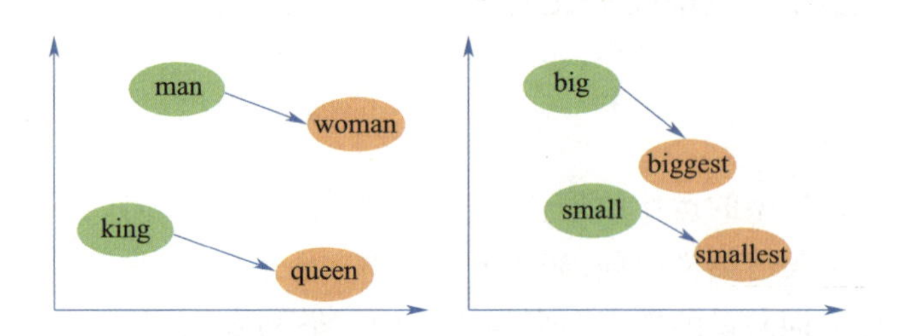


图2-13　词向量示意图

向量运算可以用来进行类比。在这个例子中，“高”（High）之于“高的”（Tall）的关系，类似于“短”（Short）之于“短的”（Shorter）的关系。Google的词向量捕捉了许多其他的关系，如：

美国人与美国类似于日本人与日本。(国籍)

华盛顿与美国类似于东京与日本。(首都)

善与恶类似于可能与不可能。(反义词)

cat(猫)与 cats(猫的复数)类似于 dog(狗)与 dogs(狗的复数)。(复数形式)

父亲与母亲类似于国王与女王。(性别角色)

由于这些向量是从人们使用语言的方式中构建的,它们也反映了许多存在于人类语言中的偏见。例如,在某些词向量模型中,(医生)减去(男人)再加上(女人)等于(护士)。如何减少这种偏见是一个需要深入研究的课题。

总的来说,词向量是语言模型的基础,它们编码了词之间微妙但重要的关系信息。如果一个语言模型学到了关于"鸟"的一些知识(如它们可以飞),那同样的知识很可能也适用于"鸡"或"鹰"。如果模型学到了关于东京和日本之间的关系(如它们共用一种语言),那么首尔和韩国以及罗马和意大利的关系可能也是相似的。

### 2. 词的意义取决于上下文

简单的词向量方案往往不能捕获自然语言的一个重要特点:单词通常具有多重含义。例如,单词"book"可以指代一本书,也可以指代预定。考虑下列句子:

- Tom reads a book(汤姆读了一本书)。
- Jenny wants to book a flight(珍妮想要预定一个航班)。

在这些句子中,"book"的含义有所不同。汤姆读的是一本实体书,而珍妮想要预订飞机票。大语言模型如 ChatGPT 能够根据单词出现的上下文以不同的向量表示同一个词。存在一个针对"book"(书)的向量,也存在一个针对"book"(预定)的向量。

传统的软件设计用于处理明确的数据。如果让计算机计算"2 + 3",关于 2、+ 或 3 的含义不能存在歧义。但自然语言中的歧义远不止多义词:

- 在"The boss asked the assistant to file the documents(老板要求助理归档文件)"中,"file"是指动词还是名词?
- 在"The teacher told the student to study the case(老师告诉学生研究这个案例)"中,"case"是指案件还是实例?
- 在"time flies like an arrow"中,"flies"是一个动词(时间飞逝如箭)还是一个名词(像箭一样飞的苍蝇)?

人们根据上下文来解决这类歧义,但并没有简单或明确的规则。相反,这需要理解实际世界的情况。您需要知道助理通常会归档文件,学生通常会研究案例,时间不会飞。

词向量为语言模型提供了一种灵活的方式，以在特定段落的上下文中表示每个词的准确含义。下面分析一下它们是如何做到的。

### 3. 将词向量转化为词预测

GPT－3 模型作为 ChatGPT 的基础，由多层神经网络构成，它通过逐层处理输入文本中的词向量，不断增加上下文信息，以更准确地理解文本含义和预测接下来的词。以一个简化的实例为例，探讨大语言模型（LLM）的工作机制。

在这个实例中，每个 LLM 的层都采用了 Transformer 结构，该结构最初由 Google 在 2017 年的一篇重要论文中提出。模型的输入文本是“John wants his bank to cash the（约翰想让他的银行兑现）”，这些词被转换为 word2vec 风格的向量，传递给第一个 Transformer。第一个 Transformer 识别出“wants”和“cash”都是动词。这种附加的上下文信息，虽然在图表中用红色文本表示，实际上是通过修改词向量的方式存储的，这些修改后的向量称为隐藏状态，它们会被传递给下一个 Transformer。

第二个 Transformer 进一步添加上下文信息，澄清了“bank”是指金融机构而非河岸，并且“his”是指 John 的代词。这一层生成了新的隐藏状态向量，携带着模型至此为止所学习到的所有信息，LLM 处理词向量的示意图如图 2－14 所示。

虽然图 2－14 是基于假设的 LLM 绘制的，但真实的 LLM 通常包含更多的层。例如，GPT－3 的最强大版本包含 96 层。研究指出，模型的前几层主要负责理解句子的语法和解决歧义，而后面的层则致力于对整个段落的高层次理解。

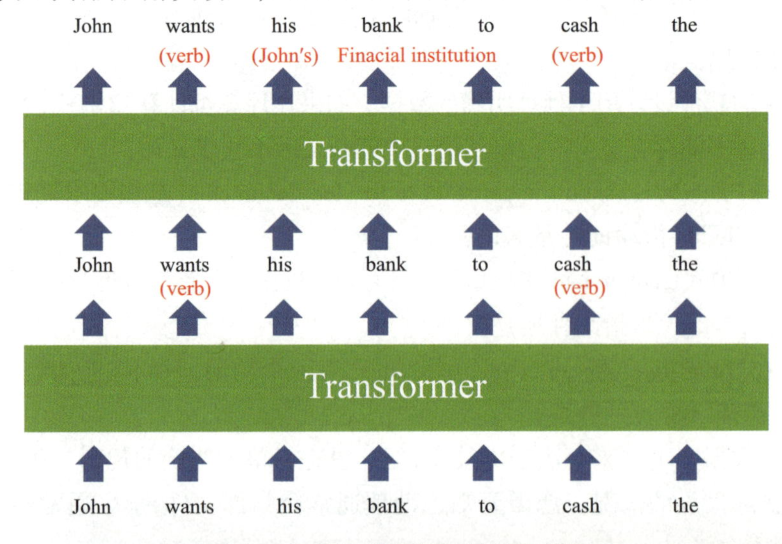


图 2－14　LLM 处理词向量的示意图

例如,在模型"阅读"一篇短篇小说时,它似乎能记住关于故事角色的各种信息,如性别、年龄、与其他角色的关系等。虽然研究人员还不完全明白 LLM 是如何跟踪这些信息的,但从逻辑上看,这些信息必须通过在各层之间传递和修改隐藏状态向量来实现。

大语言模型的向量维度非常庞大,例如,GPT-3 的最强版本使用的词向量有 12,288 个维度,这使得模型能够表达更丰富的语义信息。这比 2013 年 Google 提出的 Word2Vec 方案的维度大了 20 倍,为 GPT-3 提供了更多的"暂存空间"来记录每个词的上下文。通过这种方式,早期层的信息可以被后续的层读取和修改,使模型逐渐加深对整篇文章的理解。

为了说明,我们假设将图 2-14 改为描述一个 96 层的语言模型来解读一个 1000 字的故事。在第 60 层,可能会有一个向量代表 John,附带着关于 John 的各种信息,例如,他是主角、男性、与谢丽尔结婚、是唐纳德的表弟、来自明尼苏达州、目前在博伊西,正在寻找他丢失的钱包等。所有这些信息都会以一种对人类来说难以解释的方式编码在一个包含 12,288 个数字的列表中,这些数字对应于词 John。或者,故事中的某些信息可能会编码在其他词的 12,288 维向量中,如谢丽尔、唐纳德、博伊西、钱包等。

最终,通过这种逐层处理和信息传递的方式,网络的第 96 层和最后一层能输出一个包含所有必要信息的隐藏状态,以预测下一个单词。

### 4. 注意力机制

在 Transformer 模型中,每个单词的隐藏状态的更新涵盖了两个核心过程:注意力步骤和前馈步骤。下面分别解释这两个步骤,并通过实例来说明它们如何在 Transformer 内部运作。

1)注意力步骤

在注意力步骤中,每个单词会"寻找"周围的单词,以获取和共享相关的上下文信息。虽然实际上是网络在操作,但可以将其想象成每个单词在"观察"周围的环境。注意力机制可以看作是一种单词间的"匹配服务"。每个单词都创建一个查询向量,描述它想要找的词的特征,同时也创建一个关键向量,描述自己的特征。网络通过比较每个查询向量和关键向量(通过计算它们的点积)来寻找最佳匹配的单词,并将关键向量的单词的信息传递给查询向量的单词。

例如,考虑句子"John wants his bank to cash the"。在这种情况下,"his"可能生成一个查询向量,表示它正在寻找一个描述男性的名词。同时,"John"会生成一个关键向量,表示它是一个描述男性的名词。网络识别这两个向量之间的匹配，并将“John”的信息传递给“his”的向量。

2）前馈步骤

在前馈步骤中，每个单词会“处理”在注意力步骤中收集到的信息，尝试根据这些信息来预测下一个可能出现的单词。虽然表述方式如此，但实际上是网络在处理和预测过程中进行操作。

每个 Transformer 层中包含多个“注意力头”，意味着在每一层中，信息交换过程会并行多次执行。每个注意力头都负责不同的任务，例如：

（1）有的注意力头专注于将代词与名词匹配；

（2）有的可能专注于解析单词的多义性，如“bank”；

（3）还有的可能专注于将多单词短语，如“Joe Biden”链接在一起。

这些注意力头通常按序操作，上一层的注意力操作结果会成为下一层注意力头的输入。实际上，上述每个任务可能需要多个注意力头的协作，而非单独一个。

在 GPT－3 的最大版本中，有 96 层，每层含有 96 个注意力头，这意味着在预测新词时，GPT－3 会执行总共 9216 个注意力操作。

这种结构使得 LLM 能够充分利用现代 GPU 芯片的大规模并行处理能力，并允许模型扩展到处理包含成千上万个词的长段落，这解决了早期语言模型面临的一些挑战，强调了 Transformer 是以单词为基本分析单元，而非整个句子或段落。

### 5. 一个真实世界的例子

在探索语言模型的内部运作时，研究人员通过深入分析了 GPT－2（ChatGPT 的前身）在处理特定文本时的行为来揭示其注意力头的作用。他们研究了 GPT－2如何处理段落“When Mary and John went to the store, John gave a drink to”并预测下一个词“Mary”。从中，研究人员发现了三种不同类型的注意力头共同协作以做出正确的预测：

1）名称移动头（Name Mover Head）

三个名称移动头将信息从“Mary”向量复制到最终的输入向量（与“to”这个词对应）。GPT－2 利用这个最终向量来预测下一个单词。

2）主语抑制头（Subject Inhibition Head）

研究人员通过逆向推导 GPT－2 的计算过程，发现了四个主语抑制头。这些头标记了第二个“John”向量，阻止名称移动头复制“John”这个名字。

3）重复标记头（Duplicate Token Heads）

进一步的推导发现，两个重复标记头将第二个“John”向量标记为第一个“John”向量的重复副本，从而帮助主语抑制头决定不应复制“John”。

通过这种方式，这九个注意力头协助 GPT－2 理解“John gave a drink to John”是无意义的，而“John gave a drink to Mary”是正确的预测。

这个例子突显了完全理解语言模型的困难程度。Redwood 的研究团队由五名研究人员组成，其编写了一篇 25 页的论文来解释如何识别和验证这些注意力头的功能。尽管如此我们离全面理解 GPT－2 为何预测“Mary”为下一个单词还有很长的路要走。

例如，仍然不清楚模型如何知道下一个单词应该是一个人名而不是其他类型的词。在不同的上下文中，“Mary”可能不是最佳的预测。例如，在句子“when Mary and John went to the restaurant, John gave his keys to”中，逻辑上下一个词应该是“the valet”。

通过充分的研究，计算机科学家可能会逐步揭示和解释 GPT－2 的推理过程，但要完全理解如何预测单个单词可能需要数月甚至数年的努力。

与 GPT－2 相比，ChatGPT 背后的语言模型（GPT－3 和 GPT－4）更为庞大和复杂，能处理更复杂的推理任务。因此，全面解释这些系统的运作将是一个巨大的项目，短期内人类可能难以完成。这也突显了语言模型的复杂性和未来研究的挑战性。

### 6. 前馈网络

在 Transformer 模型的操作中，前馈网络阶段紧随注意力头阶段，对每个词向量进行独立“思考”，尝试预测下一个词。在这个过程中，单词之间不再交换信息，但前馈层可以访问由注意力头之前复制的任何信息。以下是对 GPT－3 最大版本的前馈层结构的描述。

前馈网络示意图如图 2－15 所示，前馈网络由神经元组成，图 2－15 中绿色和蓝色的圆圈代表神经元，它们计算输入的加权和。前馈层之所以强大，主要因为它具有庞大的连接数量。虽然图 2－15 中使用了 3 个神经元作为输出层，6 个神经元作为隐藏层，但实际的 GPT－3 前馈层规模要大得多：输出层有 12,288 个神经元（对应于模型的 12,288 维词向量），隐藏层有 49,152 个神经元。

在 GPT－3 的最大版本中，每个隐藏层神经元接收 12288 个输入值，每个输出层神经元接收 49,152 个输入值。每个前馈层包含的权重参数数量是相当大的的，具体来说，每个前馈层有 49,152 × 12,288 + 12,288 × 49,152 = 12 亿个权重参数。而 GPT－3 总共有 96 个这样的前馈层，总参数数量为 12 亿×96＝1160 亿个参数，几乎占到了 GPT－3 总参数量（1750 亿）的 2/3。

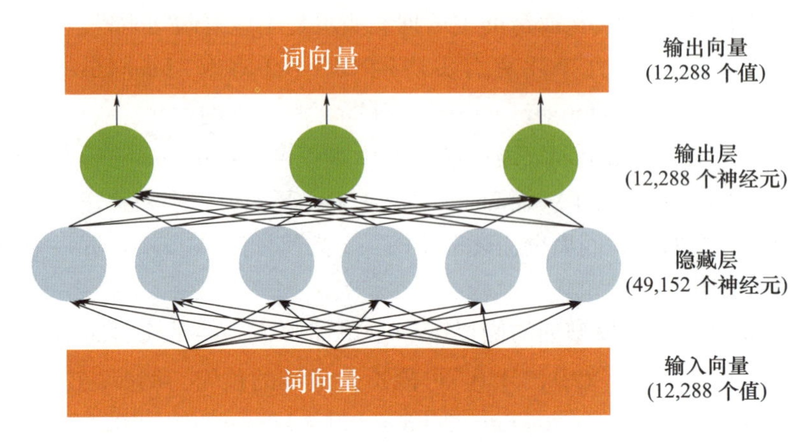


图 2－15　前馈网络示意图

2020 年的一项研究发现，前馈层主要通过模式匹配的方式来工作，其中每个神经元能匹配输入文本中的特定模式。例如，在 16 层版本的 GPT－2 中，不同层的神经元匹配不同的模式，如第 1 层神经元匹配以“substitutes”结尾的词序列，第 6 层神经元匹配与军事相关的词序列，以及第 13 层和第 16 层神经元分别匹配时间范围和与电视节目相关的序列。随着层次的深入，匹配的模式变得更为抽象，从特定单词转向更广泛的语义类别，如时间间隔和电视节目。

这种模式匹配特别有趣，因为尽管前馈层每次只能检查一个单词，但它仍能识别出与更广泛语义类别相关的模式。例如，在将“已存档”识别为与电视节目相关时，前馈层只能访问“已存档”这个词的向量，但由于先前的注意力头将相关上下文移动到了“已存档”的向量中，前馈层能够正确地识别它是电视节目相关序列的一部分。

当神经元与其识别的模式匹配时，它会向词向量中添加信息，虽然这些信息不总是容易解释，但在很多情况下，它们可以被看作是对下一个词的临时预测。这种机制允许模型逐步构建对输入文本的理解，并为预测下一个词提供必要的信息。

### 7. 使用向量运算进行前馈网络的推理

近期，布朗大学的一项研究展现了前馈层在预测下一个词方面的作用。我们曾讨论过 Google 的 Word2Vec 研究，它展示了如何通过向量运算进行类比推理，如“柏林－德国＋法国＝巴黎”。布朗大学的研究人员发现，前馈层有时候采取了类似的策略来预测下一个词。他们以 GPT-2 模型为研究对象,探讨了模型是如何响应以下提示的,即“问题:法国的首都是什么? 回答:巴黎。问题:波兰的首都是什么? 回答:华沙。”

研究人员调查了一个包含 24 个层的 GPT-2 模型,通过在每个层后检查模型,观察它对下一个词条的最佳猜测。结果显示,在前 15 层,最高可能性的猜测通常是一个看起来随机的词。然而,在第 16~19 层之间,模型开始猜测下一个词可能是“波兰”,虽然不正确,但越来越接近正确答案。到了第 20 层,最高可能性的猜测转变为“华沙”——正确的答案,并在接下来的 4 层中保持不变。

研究人员发现,是第 20 个前馈层通过应用一种向量运算,将“波兰”映射到其对应的首都“华沙”,实现了这个转换。他们还发现,将相同的向量运算应用到“中国”时,得到的答案是“北京”。

此外,该模型中的前馈层也能够通过向量运算实现其他类型的转换,如将小写单词转换为大写单词,或将现在时的单词转换为其过去时形式。

布朗大学的这项研究为我们提供了一个深入了解如何利用向量运算在前馈网络中实现词预测的窗口,揭示了神经网络在处理语言任务时的一种优雅而高效的策略。

### 8. 注意力层和前馈层有不同的功能

至今为止,我们已经通过两个具体示例探讨了 GPT-2 在预测单词方面的工作机制:一方面,注意力头协助预测了“John gave a drink to Mary(约翰给了玛丽一杯饮料)”的场景;另一方面,前馈层有助于预测“Warsaw(华沙)”是 Poland(波兰)的首都。

在第一个示例中,“Mary(玛丽)”这个名字是由用户在提示中提供的。然而,在第二个示例中,“Warsaw(华沙)”并没有在提示中出现,GPT-2 必须依赖于其从训练数据中学到的知识来“记住”华沙是波兰的首都。

当布朗大学的研究人员尝试禁用实现“波兰”到“华沙”转换的前馈层时,模型不再能预测下一个词是“华沙”。然而,有趣的是,当他们在提示开头添加了句子“波兰的首都是华沙”时,GPT-2 又能再次正确回答这个问题。这可能是因为 GPT-2 利用了注意力机制从提示中提取了“华沙”这个名字。

这种分工在更宽泛的层面上反映了两种不同的机制:注意力机制负责从提示的早期部分检索信息,而前馈层使语言模型能够“记住”那些未在提示中出现的信息。

实际上,可以将前馈层视为模型从训练数据中学到的信息的一个数据库。

位于前面的前馈层可能更倾向于编码与特定单词相关的简单事实，例如，“‘Trump’often follows‘Donald’（‘特朗普’常常出现在‘唐纳德’之后）”。而位于后面的层则可能编码了更为复杂的关系，如“加上这个向量可以将一个国家映射到其首都”。

通过这些机制，GPT-2 能够以一种高度结构化和信息化的方式处理和理解语言，展现出其在处理各种语言任务时的强大能力和灵活性。

### 9. 语言模型的训练方式

很多初期的机器学习算法依赖于人工标记的训练样本。例如，训练数据可能包括带有标签（如“狗”或“猫”）的狗或猫的照片。然而，为了创建足够大的数据集以训练强大的模型，标记数据的需求使得过程变得困难和昂贵。

与此不同，LLM 的一项核心创新是，它们不依赖于显式标记的数据。相反，它们通过尝试预测文本中下一个单词来学习。几乎所有的书面材料，从维基百科页面到新闻文章，甚至是计算机代码，都适用于训练这些模型。

举例来说，LLM 可能会接收到输入“I like my coffee with cream and（我喜欢加奶油和____的咖啡）”，并尝试预测“sugar（糖）”作为下一个词。一个新初始化的语言模型可能会在此任务上表现不佳，因为其所有的权重参数，例如，GPT-3 最强大的版本拥有高达 1750 亿个参数，初始时基本上都是随机设定的。但随着模型接触更多的样例，如数千亿个单词，这些权重逐渐调整，以做出更准确预测。

为了解释这个过程，我们可以用一个类比。假设您想洗个澡，希望水温适中。您从未使用过这个水龙头，因此您随机调整了水龙头，并感觉水的温度。如果水太热或太冷，你会向相反方向转动把手，直至水温适宜，随着水温接近理想状态，你的调整幅度也会变得更微小。

现在，对这个类比做些修改。首先，想象有 50257 个水龙头，每个对应一个不同的单词，如“the”“cat”或“bank”。您的目标是只让与序列中下一个单词相对应的水龙头流水。

其次，所有的水龙头都通过复杂的管道网络连接，管道上还有许多阀门。如果水从错误的水龙头流出，你不仅要调整水龙头，还需要派遣一队聪明的松鼠沿管道调整阀门。

这个场景变得极其复杂，因为一条管道通常供应多个水龙头，所以确定要调整哪些阀门及调整的程度成了一项仔细的任务。

虽然实际构建一个拥有 1750 亿个阀门的管道网络不现实，但由于摩尔定律,计算机能够以这种规模运行。

到目前为止,我们讨论的 LLM 的所有组成部分——前馈层的神经元和注意力头,都是通过一系列简单的数学函数(主要是矩阵乘法)实现的,它们的行为由可调整的权重参数控制。就像故事中的松鼠调整阀门控制水流一样,训练算法通过增加或减少语言模型的权重参数来控制信息在神经网络中的流动。

训练过程主要包括两个步骤:首先进行“前向传播”,打开水源并检查水是否从正确的水龙头流出;然后关闭水源,进行“反向传播”,松鼠沿着管道赛跑,拧紧或松开阀门。在数字神经网络中,松鼠的角色由一个名为反向传播的算法扮演,该算法“逆向”穿越网络,使用微积分来估计需要改变每个权重参数的程度。

完成这个过程,即对一个示例进行前向传播,然后进行反向传播以提高网络在该示例上的性能,需要数百亿次数学运算。而对于 GPT-3 这种大型模型,这个过程需要重复数十亿次——对每个训练数据的每个词进行训练。据 OpenAI 估计,训练 GPT-3 需要超过 3000 万亿次浮点计算,这需要数十个高端计算机芯片运行数月来完成。

### 2.3.2 大语言模型的涌现能力

2022 年 6 月 15 日,Google 联合斯坦福大学在 arXiv 上发表了论文“*Emergent abilities of large language models*”,正式提出“涌现能力”,定义为“如果一种能力不存在于较小的模型中,而存在于较大的模型中,那么这种能力就是涌现出来的。”

图 2-16 展示了涌现能力的三个例子:运算能力、参加大学水平的考试(多任务 NLU),以及识别一个词的语境含义的能力。在每种情况下,语言模型最初表现很差,并且与模型大小基本无关,但当模型规模达到一个阈值时,语言模型的表现能力突然提高。

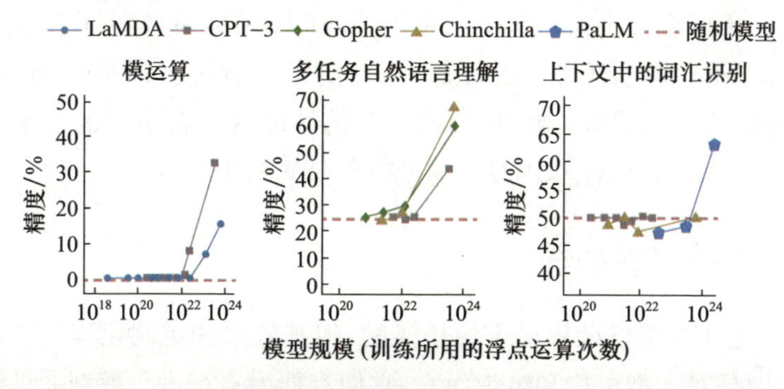


图 2-16 涌现能力的例子

类比而言,这种涌现模式与物理学中的相变现象有密切联系。原则上,涌现能力可以与一些复杂任务相关联,但我们更关注可以用来解决各种任务的普遍能力。在这里,我们简要介绍 LLM 的三种典型涌现能力和具备这种能力的代表性模型。

(1)上下文学习(In Context Learning,ICL):ICL 能力是由 GPT-3 正式引入的,假设已经为语言模型提供了一个自然语言指令和/或几个任务演示,它可以通过完成输入文本的单词序列的方式来为测试实例生成预期的输出,而无须额外的训练或梯度更新。在 GPT 系列模型中,1750 亿的 GPT-3 模型在一般情况下表现出强大的 ICL 能力,但 GPT-1 和 GPT-2 模型则没有。然而,这种能力还取决于具体的下游任务。例如,130 亿参数的 GPT-3 可以在算术任务(如 3 位数的加减法)上展现出 ICL 能力,但 1750 亿参数的 GPT-3 在波斯语问答任务上甚至无法很好地工作。

(2)指令遵循:通过使用自然语言描述的混合多任务数据集进行微调(称为指令微调),LLM 在未见过的以指令形式描述的任务上表现出色。通过指令微调,LLM 能够在没有使用显式示例的情况下遵循新的任务指令,因此它具有更好的泛化能力。实验证明,当模型大小达到 680 亿时,经过指令微调的 LaMDA-PT 开始在未见过的任务上著优于未微调的模型,但对于 80 亿或更小的模型大小则不会如此。最近的一项研究发现,PaLM 至少在 620 亿的模型大小上才能在四个评估基准(即 MMLU、BBH、TyDiQA 和 MGSM)的各种任务上表现良好,尽管较小的模型可能足够完成某些特定任务(如 MMLU)。

(3)逐步推理:对于小型语言模型而言,通常很难解决涉及多个推理步骤的复杂任务,如数学问题。然而,通过使用思维链(Chain-of-Thought,CoT)提示策略,LLM 可以通过利用包含中间推理步骤的提示机制来解决这类任务,从而得出最终答案。这种能力可能是通过在代码上进行训练而获得。一项实证研究表明,当应用于模型大小大于 600 亿的 PaLM 和 LaMDA 变体时,CoT 提示可以提高模型在算术推理基准任务上的性能,而当模型大小超过 1000 亿时,其相对于标准提示的优势更加明显。此外,CoT 提示的性能改进在不同的任务也存在差异,例如,对于 PaLM 来说,GSM8K > MAWPS > SWAMP。

### 2.3.3 大模型的预训练

虽然通过 API 接口调用是方便快捷的,但其效果和定制化程度往往无法满足期望,特别是对大型机构和组织而言,它们有能力自行进行模型的训练。

### 1. 数据收集

与小规模语言模型相比,大语言模型对数据的质量和数量都有更高的要求。实际上,模型的最终能力在很大程度上依赖于预训练数据集的质量以及数据预处理的方法。

1)数据来源

构建一个强大的 LLM 的关键是从多样化的数据来源中采集大量的自然语言文本。现阶段的 LLM 主要通过整合各种公开的文本数据集来构建其预训练语料库。

预训练语料库的数据主要来自两大类:通用文本数据和特定领域文本数据。通用文本数据包括网页内容、书籍和日常对话等,由于其广泛、多样且相对容易获取,成了大多数 LLM 的主要数据来源,这有助于提升 LLM 的语言建模能力和泛化性能。然而,考虑到 LLM 已展示出的令人瞩目的泛化能力,研究人员也开始尝试将预训练数据集拓展到更为特定的领域,例如,多语言数据、科学领域数据和编程代码等,以期赋予 LLM 更强大、更专业的任务解决能力。

通过这种方式不仅可以确保 LLM 具备强大的基本语言处理能力,还可以针对特定的应用场景和任务需求,为 LLM 赋予更为深刻和精准的理解和应用能力。

2)数据预处理

在收集丰富文本数据后,预处理数据,特别是消除噪音、冗余、无关和潜在有害的数据,对于构建预训练语料库至关重要,因为这些数据可能极大影响 LLM 的能力和性能,预处理预训练数据的流程图如图 2-17 所示。

图 2-17　预处理预训练数据的流程图

(1)质量过滤。去除低质量数据有两种常用方法:基于分类器的方法和基于启发式的方法。前者通过训练分类器来识别和过滤低质量数据,通常使用高质量文本(如维基百科页面)作为正样本,而后者如 BLOOM 和 Gopher 等研究,利用一组设计精良的规则来消除低质量文本。

(2)去重。重复数据会降低模型多样性,可能导致训练过程不稳定,从而影响模型性能。可以在句子级、文档级和数据集级等不同层次进行去重处理,每个层次的去重都证明能改善 LLM 的训练效果。

(3)隐私移除。由于大部分预训练文本数据来自网络,含有敏感或个人信息的用户生成内容可能增加隐私泄露风险。可通过基于规则的方法,如关键字识别,来检测和删除可识别个人信息,同时也能在一定程度上降低隐私泄露风险。

(4)分词。分词是将原始文本分割成词序列,作为 LLM 输入的关键步骤。尽管可以直接利用现有的分词器,但为预训练语料库定制分词器可能更有效,特别是面对多领域、多语言和多格式的语料库。近期的一些 LLM 使用 SentencePiece 为预训练语料库训练定制分词器,同时利用字节级的 Byte Pair Encoding (BPE)算法确保分词后信息不丢失,但需注意,BPE 中的归一化技术可能降低分词性能。

3)预训练数据对大模型的影响

与小型的预训练语言模型(PLM)不同,由于巨大的计算资源需求,进行多次预训练迭代对于 LLM 通常不切实际。因此,在训练 LLM 之前,构建一个充分准备好的预训练语料库显得尤为重要。预训练语料库的质量和分布可能会潜在地影响 LLM 的性能。

(1)混合来源。不同领域或场景的预训练数据拥有各自独特的语言特征或语义知识。通过对来自多元来源的文本数据进行预训练,LLM 能够积累广泛的知识,从而可能展现出强大的泛化能力。当混合不同来源的数据时,需细心设置预训练数据的分布,因为这可能会影响 LLM 在下游任务上的表现。例如,Gopher 项目通过消融实验检验了混合来源对下游任务的影响,发现增加书籍数据的比例可以提升模型捕获长期依赖的能力,而增加 C4 数据集的比例则有助于提升模型在 C4 验证数据集上的性能。然而,过度训练某一领域的数据可能会影响 LLM 在其他领域的泛化能力,因此,建议研究者仔细确定不同领域数据在预训练语料库中的比例,以便开发出更符合特定需求的 LLM。

(2)预训练数据的数量。为了预训练一个有效的 LLM,收集足够多的高质量数据以满足 LLM 的数据量需求非常重要。随着 LLM 参数规模的增加,训练模型也需要更多的数据。例如,Chinchilla 项目指出,许多现有的 LLM 由于缺乏充分的预训练数据而面临次优训练的问题。近期的 LLaMA 项目显示,通过使用更多的数据和进行更长时间的训练,即使是较小的模型也能实现良好的性能,从而强调了高质量数据数量的重要性。

(3)预训练数据的质量。一些现有的研究如 T5、GLaM 和 Gopher,已经探讨了数据质量对下游任务性能的影响,并共同发现,在经过清理的数据上进行预训练可以提升 LLM 的性能。更具体地说,数据的重复可能导致模型性能下降,甚至可能使训练过程变得不稳定。同时,有研究显示重复的数据会降低 LLM 从上下文中复制的能力,进而可能影响其在上下文学习中的泛化能力。因此,如一些现有研究所建议,研究者需仔细预处理预训练语料库,以提高训练过程的稳定性并避免对模型性能的负面影响。

### 2. 架构设计

一般来说,现有 LLM 的主流架构可以大致分为三种类型,即编码器 - 解码器、因果解码器和前缀解码器,如图 2 - 18 所示。在选择架构前,首先明确模型的目标和需求是至关重要的。例如,若目标是处理序列到序列的任务,可能会倾向选择编码器 - 解码器架构;若目标是生成文本,则可能会选择因果解码器架构。

图 2 - 18 为三种主流架构的注意力模式比较。蓝色、绿色、黄色和灰色的圆角矩形分别表示前缀 token 之间的注意力、前缀 token 和目标 token 之间的注意力、目标 token 之间的注意力以及掩码注意力。

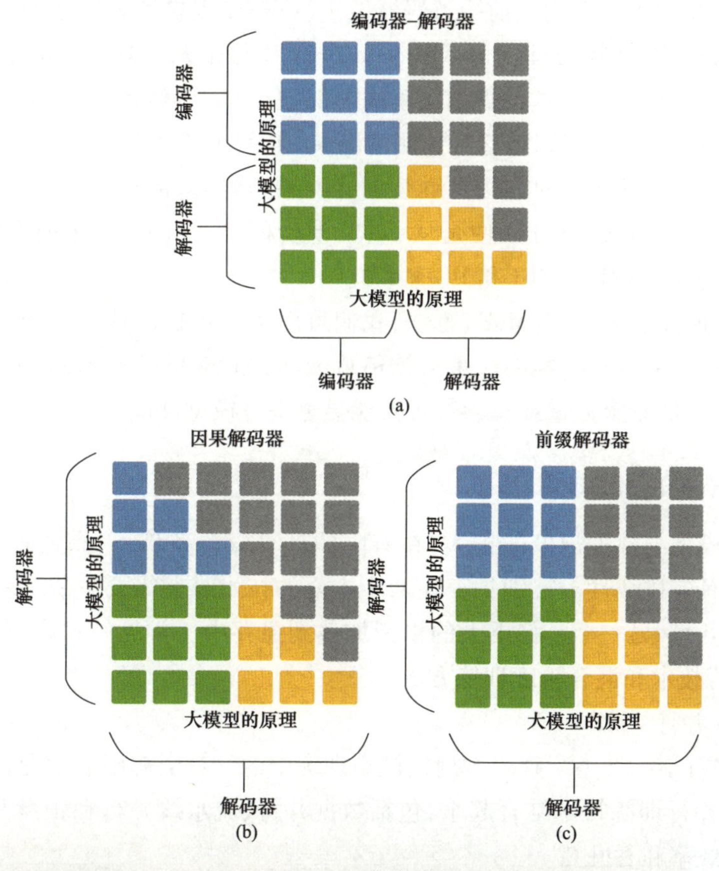


图 2 - 18 LLM 的架构示意图

(1)编码器－解码器架构。传统的 Transformer 模型基于编码器－解码器架构构建,由两个 Transformer 模块分别作为编码器和解码器。编码器通过堆叠的多头自注意力层对输入序列进行编码,生成潜在表示,而解码器利用这些表示进行交叉注意力处理,并自回归地生成目标序列。编码器－解码器预训练模型(PLM)如 T5 和 BART,已证明能有效处理多种 NLP 任务。尽管如此,目前只有少数基于此架构的 LLM,如 Flan－T5。

(2)因果解码器架构。因果解码器架构采用单向注意力掩码,确保每个输入 token 只能关注其之前的 token 和它本身。这种架构中的输入和输出 token 在解码器中以相同方式处理。GPT 系列模型作为此架构的代表,特别是 GPT－3,成功展现了此架构的效果,同时 LLM 在 ICL 能力上也有惊人表现。而 GPT－1 和 GPT－2 并未展现出与 GPT－3 相同的卓越能力,揭示了模型规模扩大对增强此类模型能力的重要性。至今,如 OPT、BLOOM 和 Gopher 等多种现有 LLM 均采用了因果解码器架构。

(3)前缀解码器架构。前缀解码器架构(或称非因果解码器架构)调整了因果解码器的掩码机制,允许对前缀 token 进行双向注意力处理,而仅对生成的token执行单向注意力。这使得前缀解码器能够类似于编码器－解码器架构,双向编码前缀序列可自回归地逐个预测输出 token,同时在编码和解码过程中共享相同的参数。一种实用的方法是继续训练因果解码器,将其转换为前缀解码器以加速收敛,例如,U－PaLM 便是从 PaLM 演变而来。目前,基于前缀解码器架构的 LLM 包括 GLM－130B 和 U－PaLM。

此外,通过混合专家(MoE)方法,我们可以进一步扩展这三种架构,其中每个输入的一小部分神经网络权重会被稀疏激活,如 Switch Transformer 和 GLaM。研究显示,增加专家数量或总参数规模能显著提升模型性能。

### 3. 可拓展的训练技术

随着模型与数据规模的扩大,在有限的计算资源条件下,高效地训练 LLM 变得越发具有挑战性。特别是存在两个主要的技术难题需要解决,一个是提升训练的吞吐量,另一个是将更大的模型加载到显存中。常见的解决方案包括采用 3D 并行技术和混合精度训练方法。

1)3D 并行

3D 并行是一种为了解决大规模模型训练中的计算资源限制而提出的技术,它将三种并行训练技术结合起来,包括数据并行、流水线并行和张量并行,以提高训练的效率和吞吐量。

数据并行。数据并行技术通过将模型参数和优化器状态复制到多个 GPU 上,并将整个训练数据集分配给这些 GPU,以增加训练的吞吐量。每个 GPU 只需处理分配给它的数据,并执行前向和反向传播以计算梯度。不同 GPU 上计算的梯度将被聚合以获得整个批次的梯度,用于更新所有 GPU 上的模型。由于各 GPU 上的梯度计算是独立进行的,数据并行具有很高的可扩展性,可以通过增加 GPU 数量来进一步提高训练吞吐量。

流水线并行。流水线并行技术的目的是将大型语言模型的不同层分配给多个 GPU。在 Transformer 模型中,连续的层会被加载到同一 GPU 上,以减少在 GPU 之间传输已计算的隐藏状态或梯度的开销。然而,流水线并行的朴素实现可能会降低 GPU 的利用率,因为每个 GPU 都必须等待前一个 GPU 完成计算,从而产生不必要的空闲时间。为了减少这些空闲时间,GPipe 和 PipeDream 提出了使用多个数据批次和异步梯度更新技术,以提高流水线效率。

张量并行。张量并行是另一种常见的技术,目的是将大型语言模型分解为多 GPU 加载。不同于流水线并行,张量并行专注于分解模型的张量(参数矩阵)。例如,在矩阵乘法操作 $\boldsymbol{Y}=\boldsymbol{XA}$ 中,参数矩阵 $\boldsymbol{A}$ 可以按列分成两个子矩阵 $\boldsymbol{A}_1$ 和 $\boldsymbol{A}_2$,从而将原式表示为 $\boldsymbol{Y}=[\boldsymbol{XA}_1,\boldsymbol{XA}_2]$。通过将矩阵 $\boldsymbol{A}_1$ 和 $\boldsymbol{A}_2$ 放置在不同的 GPU 上,可以在两个 GPU 上并行执行矩阵乘法操作,并通过跨 GPU 通信将两个 GPU 的输出合并为最终结果。张量并行已经在一些开源库如 Megatron - LM 中得到支持,并可以扩展到更高维度的张量。

3D 并行技术可以很好地适应工作负载需求的变化,为训练超大型模型提供了强大的支持,如能够支持超过一万亿参数的模型。尽管如此,3D 并行技术也有缺点,如可能会遇到较高的节点间通信开销问题。同时,Merak 框架的 3D 并行运行时引擎采用了多种技术,包括改变关键路径管道计划以提高计算利用率、阶段感知重计算以利用空闲工作器内存,以及子流水线张量模型并行等,以充分利用可用的训练资源。

2)混合精度训练

混合精度训练利用了 16 位(FP16)和 32 位(FP32)浮点类型来进行模型训练,以在计算效率和数值稳定性之间取得平衡。工作原理为:主要使用 FP16 有助于更快地进行模型训练和更低的内存消耗,因为其比特表示更小。然而,在模型的关键部分,数值精度至关重要,因此仍然使用 32 位浮点类型,以防止重要信息的丢失。这种精度类型的混合使训练时间更快,而不会牺牲模型的准确性或稳定性。此外,当使用像 NVIDIA 的 A100 这样的 GPU 时,它具有的 FP16 计算单元是 FP32 的两倍,从而进一步提高 FP16 计算效率。然而,值得注意的是,完全依赖16位精度可能会损害模型的准确性,因此需要采用混合精度方法。此外,除了FP16,还出现了一种名为Brain Floating Point(BF16)的替代方案,该方案在指数表示方面分配更多位数,相比FP16提供了更好的精度和动态范围平衡。这在大模型的预训练阶段(如BERT)中特别有益,通常在准确性方面优于FP16。

3)ZeRO

ZeRO(Zero Redundancy Optimizer)技术是由DeepSpeed库提出的一项技术,旨在解决数据并行中的内存冗余问题。在传统的数据并行中,每个GPU都保留了LLM的完整副本,包括模型参数、梯度和优化器状态。然而,ZeRO挑战了这一传统,通过将这三个模型状态战略性地分布到多个GPU上,确保每个GPU仅持有数据的一部分。这种分区包括优化器状态分区(ZeRO-1)、梯度分区(ZeRO-2)和参数分区(ZeRO-3),每个分区解决了不同方面的冗余问题。通过这样做,ZeRO显著降低了每个GPU的内存占用,同时仍保持了低通信量和高计算粒度。结果是,模型的可扩展性大大提高,可以更加高效地利用多个GPU进行训练,实现了以更少的资源训练具有万亿参数的模型。

在实际应用中,通常会结合使用上述训练技术,特别是3D并行技术,以提高训练吞吐量和加载大模型。例如,研究人员已经成功将8路数据并行、4路张量并行和12路流水线并行应用于BLOOM,在384个A100 GPU上进行训练。当前,开源库如DeepSpeed、Colossal-AI和Alpa已经很好地支持了这三种并行训练方法。为了减少内存冗余,可以采用ZeRO、FSDP和激活检查点计算技术来训练LLM,这些技术已经整合到DeepSpeed、PyTorch和Megatron-LM中。此外,混合精度训练技术,例如,BF16也可以用来提高训练效率和减少显存使用,不过需要硬件的支持,如A100 GPU。鉴于训练大模型是一个耗时的过程,在早期阶段进行性能预测和异常问题检测非常有用。最近,GPT-4引入了一种新的基于深度学习堆栈的机制,称为可预测扩展,它可以使用较小的模型对大模型进行性能预测,这对于LLM的开发非常有帮助。此外,在实际应用中,还可以充分利用主流深度学习框架支持的训练技术。例如,PyTorch支持完全分片数据并行训练算法FSDP,可以将部分训练计算卸载到CPU上。

除了上述的训练策略,提高LLM推理速度也至关重要。通常,量化技术广泛用于减少LLM推理阶段的时间和空间开销。虽然量化可能会导致一定程度模型性能的损失,但量化语言模型通常具有更小的模型尺寸和更快的推理速度。对于模型量化,INT8量化是一种常见的选择。此外,一些研究工作正在探索更激进的INT4量化方法。最近,一些公开可用的语言模型,包括BLOOM、GPT-J

和 ChatGLM 等，已将量化模型版本发布到 Hugging Face 上，可提供更快的推理速度。

## 2.3.4 大模型的对齐微调

### 1. 对齐微调的背景和标准

大语言模型在多个自然语言处理任务中展示出惊人的能力，但有时它们可能表现出意外的行为，如编造虚假信息、追求不准确的目标以及产生有害、误导和带有偏见的表达。对于这些 LLM，它们的预训练过程主要依赖于语言建模任务，即根据给定的单词预测下一个单词，但并未考虑人类的价值观或偏好。为了避免这些预期外的行为，一些研究提出了人类对齐的概念，以使 LLM 的行为更符合人类的期望。然而，与传统的预训练和提示工程不同，对齐微调需要考虑不同的标准，如有用性、诚实性和无害性。已有研究表明，对齐微调可能会在一定程度上损害 LLM 的通用能力，这一现象称为对齐税。

关于对齐标准，最近的研究越来越多地致力于制定多样化的规范，以规范 LLM 的行为。在这方面，我们选择三个典型的对齐标准作为示例进行讨论，即有用性、诚实性和无害性，这些标准已在现有文献中得到广泛采纳。此外，从不同的视角出发，还有其他在本质上相似，或使用相似的对齐技术的对齐标准，涵盖了 LLM 的行为、意图、激励和模型内在层面。根据具体需求，可以修改上述三个对齐标准，例如将诚实性替换为正确性，或者关注某些特定的标准。以下是对上述三个典型对齐标准的简要解释：

（1）有用性。有用性是 LLM 的重要对齐标准之一，它涉及模型以简洁、高效的方式协助用户的能力。LLM 应努力解决任务和回答问题，同时展现出敏感性、洞察力和审慎。当需要时，LLM 通过获取额外的信息，并理解用户的意图，以符合有用的行为。然而，由于精确定义和衡量用户意图的困难，实现有用性的对齐可能会面临挑战。

（2）无害性。无害性要求模型生成的语言不得具有冒犯性或歧视性。在最大限度地发挥其能力的前提下，模型应能够检测到隐蔽的恶意请求。理想情况下，当模型被诱导执行危险行为（如犯罪）时，LLM 应礼貌地拒绝。然而，哪些行为认为是有害的以及在多大程度上有害通常依赖于使用 LLM 的个人、社会和背景。

(3)诚实性。诚实性是另一个重要的 LLM 对齐标准,重点关注模型输出的准确性和透明度。与诚实性相对齐的 LLM 应为用户提供真实的信息,并避免编造内容。此外,模型应适当地表达不确定性,并承认其局限性,以防止欺骗或误传。理解其能力和识别未知知识领域("知道未知")对于实现诚实性对齐至关重要。与有用性和无害性相比,诚实性认为是更为客观的标准,因此诚实性对齐可能需要更少的人工干预。

为了对齐这些标准,研究者和实践者采用了多种方法,包括使用文本提示和收集高质量的人类反馈。例如,通过将有助、诚实和无害的文本提示注入模型,可以改善对齐并减少毒性。在预训练阶段,收集高质量的人类反馈至关重要,以确保 LLM 与人类的偏好和价值观相一致。

在实际应用中,确保 LLM 的对齐成为在部署 LLM 之前的关键任务,而实践者面临的主要挑战是缺乏明确的指导来评估模型的对齐程度。例如,OpenAI 在 GPT-4 的发布前花费 6 个月的时间来反复进行对齐。尽管对齐可能会在一定程度上损害 LLM 的通用能力,但它是至关重要的,以确保模型的行为与人类的期望和价值观相一致。

### 2. 人类反馈的收集

在预训练阶段,LLM 通常使用大规模语料库,并以语言建模为目标进行训练。然而,此训练目标缺乏对 LLM 输出的人类主观和定性评估(人类反馈)。高质量的人类反馈对于将 LLM 与人类的偏好和价值观对齐至关重要。为了生成人类反馈数据,主要的方法是人工标注。现有的工作主要提供了三种从人类标注者中收集反馈和偏好数据的方法,分别是基于排序的方法、基于问题的方法和基于规则的方法。以下是对这些方法的详细说明和补充:

(1)基于排序的方法。通过比较所有候选输出结果来生成偏好排序,通常使用 Elo 评分系统来实现。候选输出的排序将用于调整模型更倾向的输出,从而产生更可靠和更安全的结果。

(2)基于问题的方法。通过回答研究人员设计的特定问题,标注人员可以提供更详细的反馈。这些问题可以覆盖不同的对齐标准和其他对 LLM 的约束条件,例如,WebGPT 中的标注人员需要回答关于检索到的文档对于回答给定输入是否有帮助的选择题。

(3)基于规则的方法:通过定义一系列规则来收集更详细的人类反馈,例如,Sparrow 不仅选择了标注人员挑选的最佳回复,还设计了一系列规则来测试模型生成的回复是否符合有用、正确和无害的对齐标准。通过这种方式,研究人员可以获得两种类型的人类反馈数据,通过一一比较模型输出结果的质量来获得偏好反馈和通过收集人类标注者的评估(即针对输规则反馈)。此外,GPT-4利用一组基于其本身的零样本分类器作为基于规则的奖励模型,可以自动确定模型生成的输出是否违反了一组人类编写的规则。

### 3. 基于人类反馈的强化学习

为了使 LLM 与人类的价值观保持一致,研究者提出基于强化学习的人类反馈(RLHF)系统,通过收集人类反馈数据微调 LLM,以改进模型的对齐指标,如有用性、诚实性和无害性。RLHF 采用强化学习(RL)算法,例如,近端策略优化(Proximal Policy Optimization,PPO)通过学习奖励模型使 LLM 适配人类反馈。这种方法通过将人类纳入训练循环中来开发对齐得良好的 LLM,如 OpenAI 公司的 InstructGPT 模型。

基于人类反馈的强化学习系统——RLHF 系统主要包括三个核心组件。

(1)预训练的语言模型(PLM)。PLM 是生成模型,通常使用现有的参数进行初始化。例如,OpenAI 公司在其首个主流的 RLHF 模型 InstructGPT 中使用了拥有 1750 亿参数的 GPT-3,而 DeepMind 公司在其 GopherCite 模型中使用了2800 亿参数的 Gopher 模型。

(2)从人类反馈中学习的奖励模型。奖励模型(RM)提供了指导信号,这些信号反映了人类对 LM 生成文本的偏好,通常以标量值的形式表示。奖励模型可以有两种形式:微调过的 LM 或使用人类偏好数据重新训练的 LM。通常,奖励模型和要对齐的 LM 具有不同的参数规模。例如,OpenAI 公司使用了拥有 60 亿参数的 GPT-3 作为奖励模型,而 DeepMind 公司使用了拥有 70 亿参数的 Gopher 作为奖励模型。

(3)训练 LM 的强化学习算法。为了使用奖励模型的信号优化 PLM,研究者设计了特定的强化学习算法以微调大规模模型。具体而言,PPO 是一种在现有研究中广泛应用的 RL 对齐算法。

通过这三个核心组件,RLHF 系统为将大型语言模型与人类价值观对齐提供了一个实用的框架。通过持续收集人类反馈,并利用强化学习算法优化模型的参数,RLHF 为实现使模型生成的文本更有用、更诚实和更无害提供了可能。

RLHF 的关键步骤如图 2－19 所示。

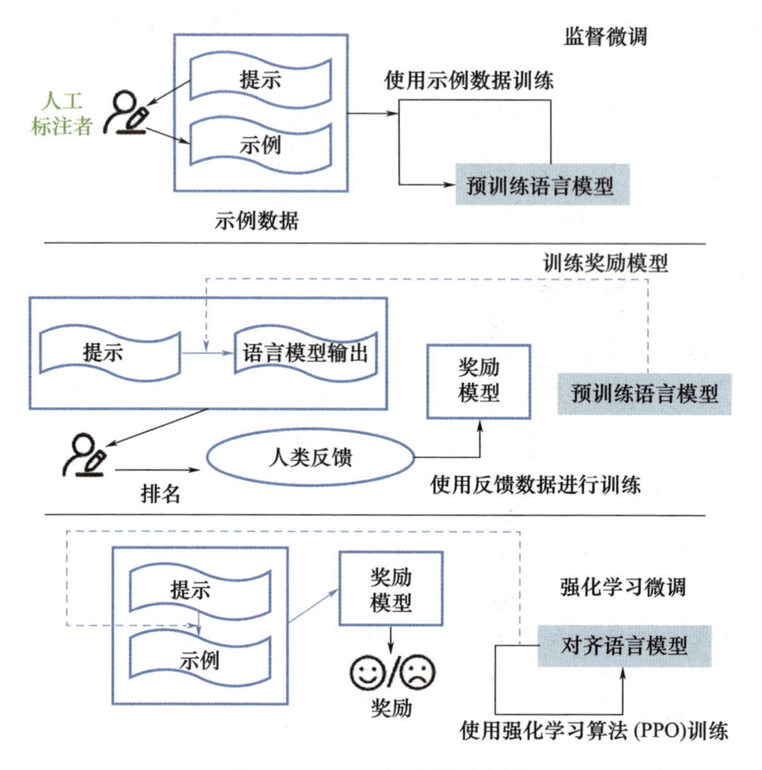


图 2－19　RLHF 步骤示意图

（1）监督微调。为了使 LM 具有初步执行所需行为的能力，通常需要收集一个包含输入提示（指令）和所需输出的监督数据集，以对 LM 进行微调。这些提示和输出可以在确保任务多样性的情况下由人工标注人员针对某些特定任务编写。例如，InstructGPT 要求人工标注者编写提示（如“列出五个关于我如何重拾对职业热情的想法”）和一些生成式任务（如开放域问答、头脑风暴、聊天和重写）的期望输出。请注意，第一步在特定的场景中是可选的。

（2）训练奖励模型。第二步是使用人类反馈的数据训练 RM。具体来说，我们向 LM 中输入采样的提示（来自监督数据集或人类生成的提示），生成一定数量的输出文本，邀请人工标注员为这些输入－输出对标注偏好。标注过程可以以多种形式进行，常见的做法是对生成的候选文本进行排序标注，这样可以减少因标注者不同带来的差异。最后，训练 RM 预测人类偏好的输出。在 InstructGPT 中，标注员将模型生成的输出从最好到最差进行排名，然后训练 RM（即 60 亿参数量的 GPT－3）来预测排名。

(3)强化学习微调。在这一步骤中,LM 的对齐微调可以形式化为 RL 问题。在这种情况中,RL 问题的策略(Policy)由 PLM 给出(将提示作为输入并返回输出文本),行动空间(Action Space)是 LM 的词表,状态(State)是目前生成的token 序列,奖励(Reward)则由 RM 提供。为了避免 LM 显著偏离初始(微调前)的模型,通常在奖励函数中纳入一项惩罚项。例如,InstructGPT 在使用 PPO 算法对抗 RM 来优化 LM 时,对于每个输入提示,InstructGPT 计算当前 LM 和初始 LM 生成的结果之间的 KL 散度作为惩罚项。值得注意的是,可以通过多次迭代第二步和最后一步来更好地对齐 LLM。

### 4. 参数高效微调

虽然通过对齐微调的方法,可以使得 LLM 适应特定的目标,但由于 LLM 包含大量的模型参数,进行全参微调将会有较大开销。另一种可行的办法是参数高效微调(Parameter - Efficient Fine - Tuning),旨在减少可训练参数的数量,同时尽可能保持良好的性能。接下来将简要回顾四种用于 Transformer 语言模型的参数高效微调方法,包括适配器微调(Adapter Tuning)、前缀微调(Prefix Tuning)、提示微调(Prompt Tuning)和低秩适配(LoRA)。

(1)适配器微调。适配器微调在 Transformer 模型中引入了小型神经网络模块(称为适配器)。为了实现适配器模块提出了一个瓶颈架构,它首先将原始特征向量压缩到较小的维度(进行非线性变换),然后将其恢复到原始维度。适配器模块将集成到每个 Transformer 层中,通常使用串行插入的方式,分别在 Transformer 层的两个核心部分(注意力层和前馈层)之后。另外,在 Transformer 层中也可以使用并行适配器,其将两个适配器模块与注意力层和前馈层并行放置。在微调过程中,适配器模块将根据特定的任务目标进行优化,而原始语言模型的参数将在此过程中保持不变。通过这种方式,我们可以在微调过程中有效地减少可训练参数的数量。

(2)前缀微调。前缀微调在语言模型的每个 Transformer 层前添加了一系列前缀,这些前缀是一组可训练的连续向量。这些前缀向量具有任务的特异性,可以视为虚拟的 token 嵌入。为了优化前缀向量,提出了一种重参数化技巧,即学习一个将较小矩阵映射到前缀参数矩阵的 MLP 函数,而不是直接优化前缀。经证明,该技巧对于稳定训练很有帮助。优化后,映射函数将被舍弃,只保留派生的前缀向量以增强与特定任务相关的性能。由于只有前缀参数会被训练,因此可以实现参数高效的模型优化。类似于前缀微调,P - tuning 2 特别为自然语言理解而在 Transformer 架构中引入了逐层提示向量,并且还利用多任务学习来联合优化共享的提示。已经证明,它能有效提高不同参数规模的模型在自然语言理解任务上的性能。

(3)提示微调。与前缀微调不同,提示微调主要是在输入层中加入可训练的提示向量。基于离散提示方法,它通过包含一组软提示 token(以自由形式或前缀形式)来扩充输入文本,然后将扩充后的输入用于解决特定的下游任务。在实现中,任务特定的提示嵌入与输入文本嵌入相结合,然后输入到语言模型中。P-tuning 提出了一种自由形式来组合上下文、提示和目标 token,适用于自然语言理解和生成的架构,还通过双向 LSTM 学习了软提示 token 的表示。另一种称为提示微调的代表性方法,直接在输入前加入前缀提示。在训练过程中,只有提示嵌入会根据特定任务的监督进行学习。然而,由于该方法在输入层只包含少量可训练参数,已发现其性能高度依赖底层语言模型的能力。

(4)低秩适配。低秩适配(LoRA)通过添加低秩约束来近似每层的更新矩阵,以减少适配下游任务的可训练参数。考虑优化参数矩阵 $\boldsymbol{W}$ 的情况。更新过程可以写成一般形式:$\boldsymbol{W} \leftarrow \boldsymbol{W} + \Delta\boldsymbol{W}$。LoRA 的基本思想是冻结原始矩阵 $\boldsymbol{W} \in \boldsymbol{R}^{m \times n}$,同时通过低秩分解矩阵来近似参数更新矩阵 $\Delta\boldsymbol{W} = \boldsymbol{A} \cdot \boldsymbol{B}^{\mathrm{T}}$,其中,$\boldsymbol{A} \in \boldsymbol{R}^{m \times k}$ 和 $\boldsymbol{B} \in \boldsymbol{R}^{n \times k}$ 是用于任务适配的可训练参数,$r \ll \min(m,n)$ 是降低后的秩。LoRA 的主要优点是可以大大节省内存和存储使用(如 VRAM)。而且,人们可以只保留一个大型模型副本,同时保留多个用于适配不同下游任务的特定低秩分解矩阵。此外,还有几项研究讨论了如何以更有原则的方法设置秩,例如,基于重要性分数的分配和无须搜索的最优秩选择。

随着 LLM 的兴起,高效微调吸引了越来越多的研究关注以开发一种更轻量级的下游任务适配方法。特别地,LoRA 已广泛应用于开源 LLM(如 LLaMA 和 BLOOM)以实现参数高效微调。在这些研究尝试中,LLaMA 及其变体因其参数高效微调而受到广泛关注。例如,Alpaca-LoRA 是通过 LoRA 训练出的 Alpaca(一个经过微调的 70 亿 LLaMA 模型,包含 5.2 万个人类指示遵循演示)的轻量级微调版本。在不同语言或模型大小方面,都有对 Alpaca-LoRA 广泛的探索。此外,LLaMA-Adapter 将可学习的提示向量插入每个 Transformer 层中,其中提出了零初始化的注意力,通过减轻欠拟合提示向量的影响以改善训练。此外,他们还将此方法扩展到多模态设置,如视觉问答。

此外,一项实证研究检验了不同微调方法对语言模型的影响。他们比较了 4 种高效微调方法,包括串行适配器微调、并行适配器微调和 LoRA,在 3 个开源 LLM(GPT-J(6B)、BLOOM(7.1B)和 LLaMA(7B))上进行评估。根据在 6 个数学推理数据集上的实验结果，他们发现这些高效微调方法在困难任务上表现不如参考基准模型 GPT-3.5，但在简单任务上表现相当。总体而言，LoRA 在这些比较方法中表现相对较好，同时使用的可训练参数明显较少。

### 2.3.5 大模型的能力引导

尽管大语言模型具有令人印象深刻的自然语言生成和理解能力，但如何引导这些模型输出更准确、有针对性的内容是一个备受关注的问题。我们将讨论用户如何通过提示词工程技术，用更精确和定制化的方式与大模型互动，以满足各种需求和应用。

提示词工程是一种通过设计和优化文本输入来与 LLM 进行交互的技术，目的是指导 LLM 生成高质量的文本并输出。文本输入称为提示(Prompt)，它是与 LLM 进行交互的方式，用来告诉 LLM 要完成什么样的任务，如翻译、摘要、分类、问答等。提示词工程要考虑用户的目标和偏好，以及模型的能力和限制来设计和优化提示。提示词工程需要通过实验和评估来寻找与模型进行有效交流和获得高质量输出的最佳方法。

#### 1. 基本原理

提示词工程的基本原理是利用 LLM 的内部学习能力，即 LLM 能够根据输入的文本暂时地学习一些知识和规则，从而完成特定的任务。提示词工程的核心是设计合适的提示，即输入给 LLM 的文本。提示可以包含以下元素。

任务说明：告诉 LLM 要完成什么样的任务，如问答、分类、摘要等。

任务示例：给 LLM 提供一些已知的输入和输出的对应关系，让 LLM 学习其中的模式和逻辑。

任务上下文：给 LLM 提供一些与任务相关的背景信息，让 LLM 更好地理解任务的含义和目标。

任务约束：给 LLM 提供一些限制条件，让 LLM 生成符合要求的输出，如输出的长度、格式、风格等。

#### 2. 常用方法

随着 GPT-4、LLAMA 等 LLM 的出现，研究者发现当模型参数量达到一定程度时，模型会表现出涌现的能力，即模型可以通过少量的示例学习到特定任务的知识，并在该任务上达到较高的性能。这种能力使得研究者可以使用提示词直接微调大模型，而不需要进行昂贵的端到端训练，这也成了当前大模型领域新的的编程范式。

提示词是一种特殊的输入格式，它可以引导模型在特定任务上发挥其潜力。最初的提示词需要人工精心设计，以期望提高模型在特定任务上的表现，这也被称为直接提示。对于一些简单的任务，如文本分类、命名实体识别等，通过提供少量相关的示例，LLM 可以具有很好的效果。但是，如果任务类型涉及更多的推理步骤，如数学计算、逻辑推理等，直接提示会遇到困难，因为这些任务需要模型进行多步运算和记忆。

为了解决这个问题，研究者提出思维链技术，它可以将复杂问题分解为简单问题，并给予模型更多的时间去思考。思维链技术最简单的实现方法是在输入中加入“请一步一步思考”这样的语句，就可以激活模型的推理能力，并提高其在复杂任务上的表现。思维链技术有不同形式的变形，例如，使用自然语言或符号语言来表示问题和答案，或者使用多轮对话来交互式地解决问题。思维链技术的总体思想都是给大模型更多的时间去思考，并利用其强大的生成能力来产生中间结果。

除了思维链技术，另一个提高大模型性能的方法是利用外部知识库和工具 API。由于大模型在预训练后无法获得更新的知识，所以通过外部知识库可以使得大模型能够实时更新自己的知识，并且通过调用外部的工具 API，也可以辅助大模型进行推理，减少幻觉。代表性的方法有检索增强生成和 ReAct 等方法。这些方法都是通过将外部信息与模型输入结合起来，形成一个增强后的输入，从而提高模型在特定任务上的表现。

随着以大模型为核心的系统快速发展，人工精心构造的提示词已不能满足大规模的需求，而且容易出错。因此，最新研究是借助一些自动化或半自动化的框架来构造提示词，以获得更好的效果。这些框架可以根据任务类型和数据集来自动搜索或优化最佳的提示词，或者使用元学习或强化学习等技术来学习通用的提示词。这些框架可以大大减少人工干预，提高提示词的质量和效率。

1）直接提示

直接提示是一种常用的提示词工程方法，它通过指令来引导 LLM 完成特定的任务。指令需要准确描述任务的目标和要求，句法要规范和简洁。为了优化指令的效果，可以使用以下两种策略。

（1）代理。代理是一种借助 LLM 的拟人化功能来提升回答质量的策略。它让 LLM 仿照某个人或某类人的语言风格来回答问题。例如，如果要询问一个关于人工智能的问题,可以在问题前加上“假设你是一位人工智能领域的专家,请你回答下面的问题”。

(2)示例。示例是一种通过提供少量输入和输出的匹配关系来引导 LLM 生成结果的策略。它让 LLM 从中学习任务的模式和逻辑,然后根据新的输入,生成相应的输出。这种策略称为少样本提示词。对于简单的任务,少样本提示词可以达到很好的效果。但对于需要更多推理步骤的任务,如数学计算,少样本提示词可能不太有效。

2)思维链

《思考,快与慢》这本书介绍了人类大脑的两种思考模式:系统 1 和系统 2。系统 1 是快速、直觉、无意识的思考方式,它可以帮助我们迅速应对日常生活中的各种情境,但也容易受到各种偏见和干扰的影响,导致错误的判断。系统 2 是缓慢、理性、有意识的思考方式,它可以让我们进行深入的分析和推理,得出更可靠的结论,但也需要更多的时间和精力。在默认情况下,LLM 就像是一个系统 1,它利用已掌握的知识,快速给出答案,但并不能保证结果的正确性。为了让 LLM 给出的答案更加靠谱,需要通过思维链(Chain - of - Thought)的技术,把 LLM 的系统 2 调动起来,也就是“给 LLM 更多时间去思考”,引导 LLM 通过推理中间步骤实现复杂的推理功能。

(1)少样本思维链(Few - shot - Chain - of - Thought)。使用思维链最直接的方式是不提供样本,只是在提示词后加上“请一步一步思考”,但这种方式只有在模型足够大的时候才能有显著的效果。更好的办法是结合直接提示中的示例法,通过给提示词提供一些思维链的示例,来让 LLM 能够参考示例将问题分解,然后进行推理。少样本思维链效果示意图如图 2 -20 所示。

问题:小王有5个网球。他又买了2罐网球,每罐有3个网球。现在他总共有多少个网球?
回答:答案是11。

问题:一个杂耍者可以同时玩弄16个球。其中一半是高尔夫球,高尔夫球的一半是蓝色的。有多少个蓝色的高尔夫球?
回答:

输出:答案是8×。

(a) 少样本

问题:小王有5个网球。他又买了2罐网球,每罐有3个网球。现在他总共有多少个网球?
回答:小王起初有5个球。2罐网球,每罐3个,共6个网球。5+6=11。答案是11。

问题:一个杂耍者可以同时玩弄16个球。其中一半是高尔夫球,高尔夫球的一半是蓝色的。有多少个蓝色的高尔夫球?
回答:

输出:杂耍者可以同时玩弄16个球。其中一半是高尔夫球。所以有16/2=8个高尔夫球。高尔夫球的一半是蓝色的。所以有8/2=4个蓝色高尔夫球。答案是4√。

(b) 少样本思维链

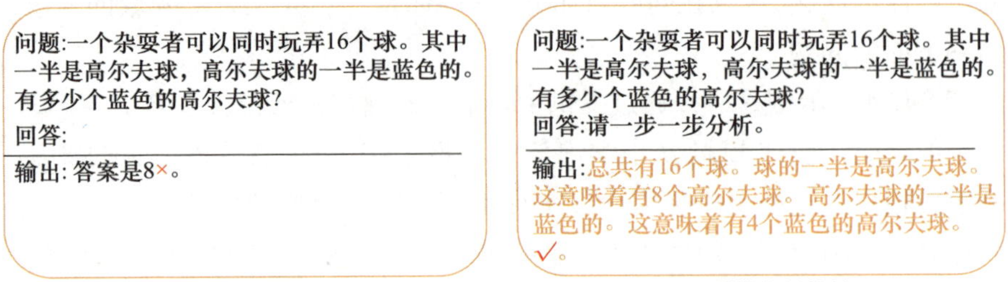

问题:一个杂耍者可以同时玩弄16个球。其中一半是高尔夫球，高尔夫球的一半是蓝色的。有多少个蓝色的高尔夫球?
回答:

输出: 答案是8×。

(c) 零样本

问题:一个杂耍者可以同时玩弄16个球。其中一半是高尔夫球，高尔夫球的一半是蓝色的。有多少个蓝色的高尔夫球?
回答:请一步一步分析。

输出:总共有16个球。球的一半是高尔夫球。这意味着有8个高尔夫球。高尔夫球的一半是蓝色的。这意味着有4个蓝色的高尔夫球。✓。

(d) 零样本思维链

图 2－20　少样本思维链效果示意图

(2)自动思维链(Automatic Chain－of－Thought)。少样本思维链的效果受到给出示例的质量影响,因此需要人工挑选合适的示例。自动思维链是一种无须人工参与的方法,它先将问题进行聚类,然后从每个聚类中抽取一个有代表性的问题,并使用无样本思维链生成回答,然后将问题和回答作为示例创建少样本思维链。这样可以保证少样本思维链的示例具有多样性和全面性,从而提高提示词的适应性和答案的正确率。自动思维链原理示意图如图 2－21 所示。

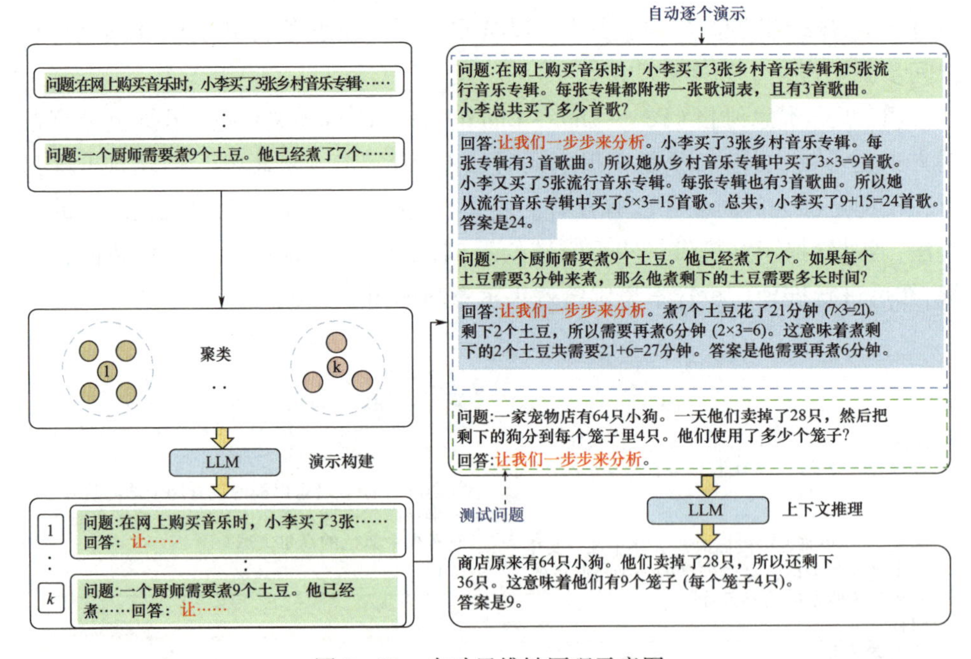


图 2－21　自动思维链原理示意图

(3)自一致性(Self－Consistency)。自一致性技术是在思维链技术的基础上进行优化,目的是增强 LLM 的推理能力。思维链技术贪心地假设当前推理路径是最优的(但不一定是正确的),而自一致性技术利用了一个复杂推理问题通常有多种不同的思考方式但只有一个正确答案的规律。自一致性技术的原理是:①利用思维链技术,构造提示词;②不仅让 LLM 生成最合适的唯一一个结果,而且利用 LLM 结果的多样性,生成多种不同推理路径所得的结果集合;③从结果集合中投票选择,选出投票最多的结果,作为最终答案。

通过少样本思维链对多个不同推理路径进行采样,然后选择最一致答案,可以提高思维链提示在涉及算术和常识推理任务中的效果。自一致性原理示意图如图 2-22 所示。

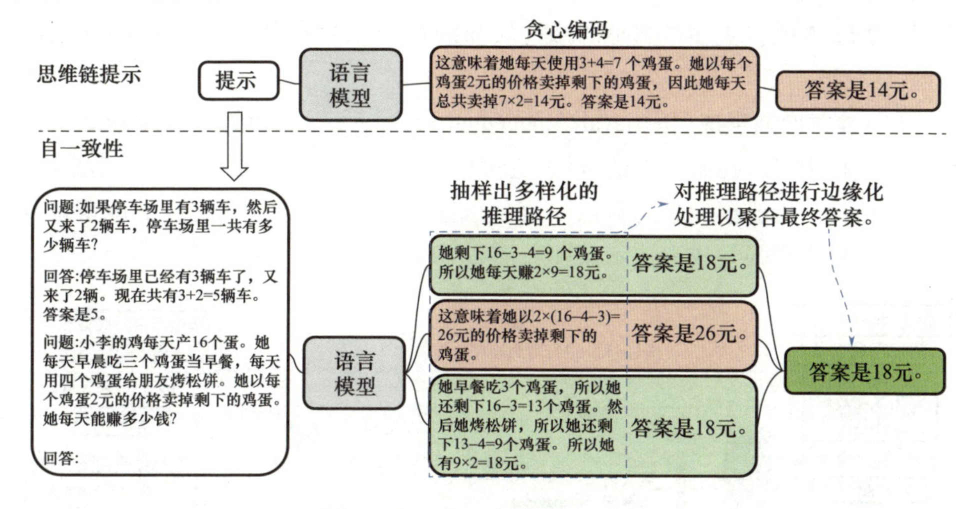


图 2-22 自一致性原理示意图

(4)思维树(Tree-of-Thought,ToT)。思维树是在自一致性技术的基础上进行的优化,目的是增强 LLM 的推理能力。思维树原理示意图如图 2-23 所

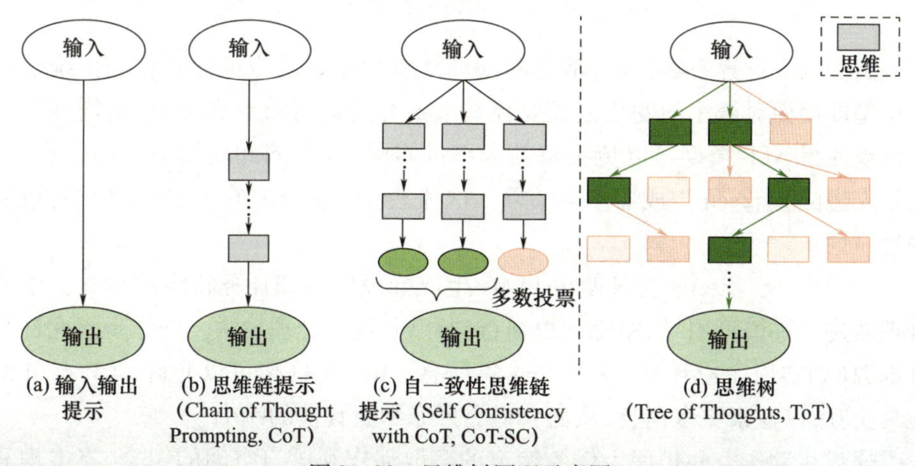


图 2-23 思维树原理示意图

示。思维树构建一棵树状结构,其中树的每个节点代表一个连贯的语言序列,作为解决问题的中间步骤。这种方法使 LLM 能够自我评估当前中间步骤对于解决问题的效果。然后,LLM 生成和评估中间步骤的能力与搜索算法(如广度优先搜索和深度优先搜索)相结合,以通过前瞻和回溯来系统地探索不同的解决方案。

3)借助外部工具

由于 LLM 的训练成本极高,模型参数不会经常更新,导致 LLM 无法利用最新和私有的数据进行学习。为了解决这个问题,可以使用外部的数据库和工具,为 LLM 提供更多的知识来源,从而降低模型生成错误或虚构的文本的风险。

(1)检索增强生成(Retrieval Augmented Generation)。检索增强生成是一种在生成过程中引入检索组件的方法,它可以从已知的知识库中检索相关信息,并将这些信息与生成模型中的自然语言生成能力结合,从而提高生成的准确性和可靠性。检索增强生成方法示意图如图 2-24 所示。

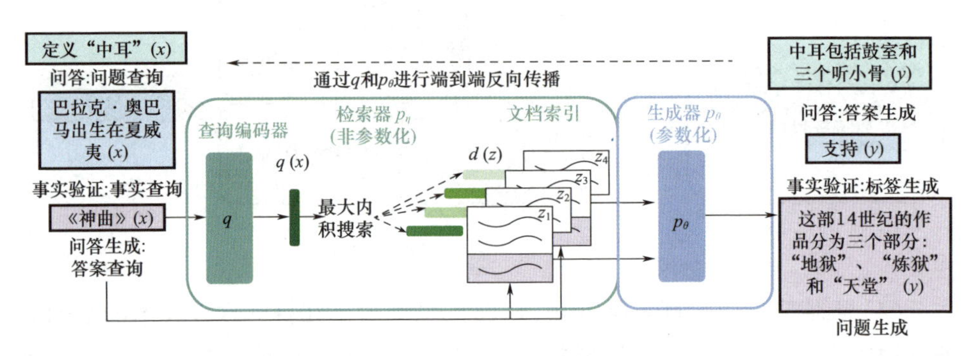


图 2-24　检索增强生成方法示意图

由于真实世界不断变化,常见的预训练模型很难适应这种变化。传统预训练模型即使面对微小的变化也需要耗费大量算力进行重新训练,检索增强生成的出现使得 NLP 模型可以免去重新训练的步骤,并访问和获取最新的信息,再使用先进的 seq2seq 生成器生成结果。这种融合将使未来的 NLP 模型具有更强的适应性。

(2)ReAct。ReAct 交替使用 LLMs 生成推理轨迹和任务特定的动作。生成推理轨迹允许模型引导、跟踪和更新行动计划,甚至处理异常。操作步骤允许与外部源(如知识库或环境)交互并收集信息。ReAct 框架可以允许 LLM 与外部工具交互,以检索更多信息,从而获得更可靠和更真实的响应。

通过将动作空间扩展为任务特定的离散动作和语言空间的组合,将推理和行动融合到LLM中。前者(任务特定的离散动作)使LLM能够与环境进行交互,如使用维基百科搜索API,而后者(语言空间)则促使LLM生成自然语言的推理轨迹。ReAct方法示意图如图2-25所示。

实验结果表明,ReAct在语言和决策任务方面的表现可以优于多种最先进的策略。ReAct还可以提高LLM的可解释性和可信度。此外,更好的方法是使用ReAct与思维链(CoT)相结合,允许同时使用内部知识和在推理过程中从外部获得的信息。

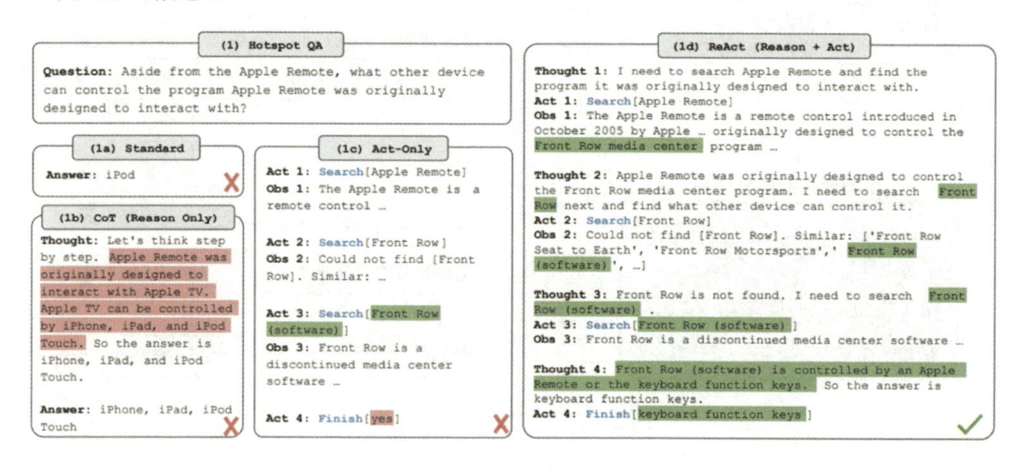


图2-25 ReAct方法示意图

4)提示优化

(1)自动提示工程师(Automatic Prompt Engineer,APE)不同于人工构造提示词,APE可以自动生成和选择自然语言指令,以控制LLM的行为,其原理示意图如图2-26所示。APE借鉴了经典的程序合成和人类的提示工程方法,将指令视为“程序”,并通过LLM生成的候选指令池来寻找最优指令。APE使用另一个LLM的零样本性能来评估指令的质量,从而避免对人工标注数据的依赖。APE在多种任务上显著超越了先前的基准LLM,并与人类标注的指令相比具有更好或相当的性能。APE可以提高少样本学习、链式思维推理和真实性等方面的表现,从而展示了LLM作为通用计算机的强大能力。APE为使用自然语言界面的通用人工智能打下了基础。

(2)Reflexion。Reflexion是一个使得LLM具有动态记忆和自我反思能力,从而提高推理能力的框架,其原理示意图如图2-27所示。该框架采用标准的强化学习设置,其中,奖励模型提供简单的二元奖励(0/1),同时基于特定任务的行动空间,使用语言增强功能,以实现复杂的推理步骤。在每个动作之后,会计算一个启发式值，并根据自我反思的结果来选择是否重置环境以开始新的实验。

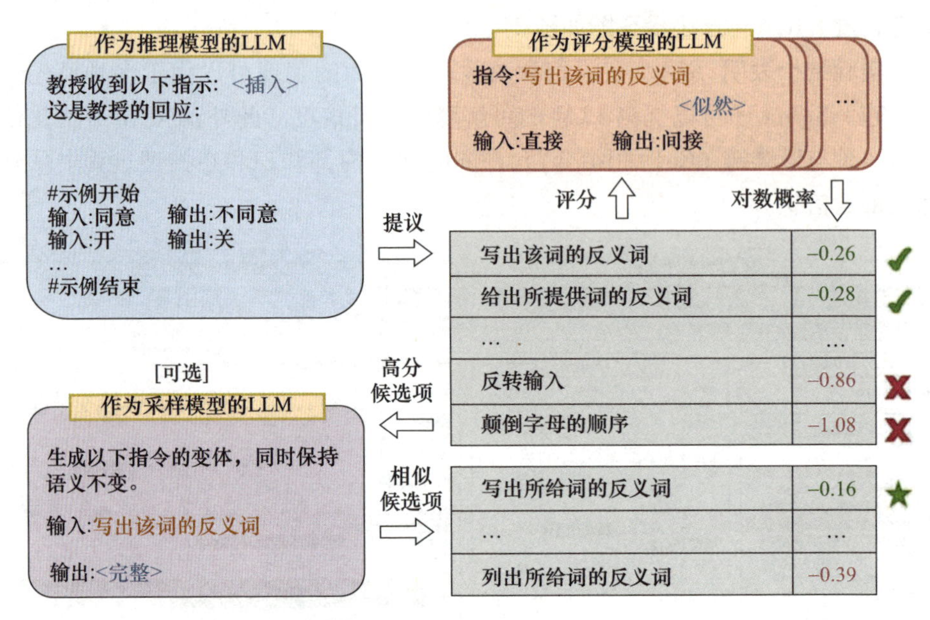


图 2-26 APE 原理示意图

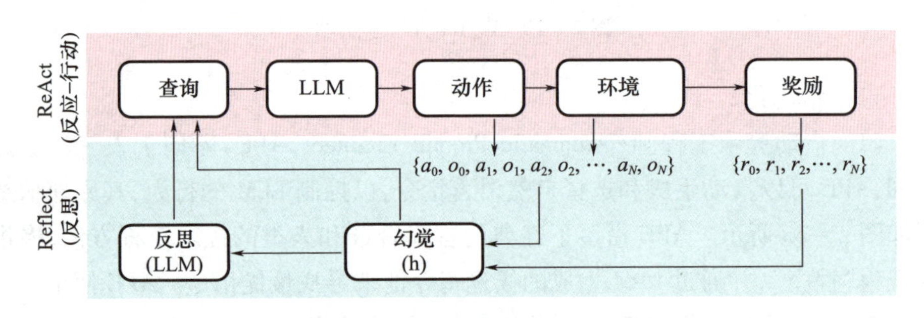


图 2-27 Reflexition 原理示意图

在 Reflexition 框架下，可以通过语言反馈而非更新权重的方式来强化 Language Agent。具体实现上，Reflexition Agent 会通过口头反馈信号来反映任务情况，并在情景记忆缓冲中保留自己的反射文本，这些反馈推动着在下一次实验中做出更好的决策。该方法具有足够的灵活性，可以合并各种类型（标量值或自由形式的语言）和反馈信号的来源（外部或内部模拟），并在不同的任务（顺序决策、编码、语言推理）中获得比基准 Agent 更显著的改进。

### 3. 设计原则

(1)领域知识。编写一个适合特定领域任务的提示需要该领域的知识,例如,推断医学诊断,需要医学知识。

(2)迭代方法与质量评估。提出理想的提示通常是一个试错过程。关键是要有一种有效且可量化的衡量输出质量的方式,特别是如果提示是用于规模化使用的。

(3)规模化提示设计。这通常涉及设计元提示(生成提示的提示)和提示模板(可以在运行时实例化的参数化提示)。

(4)工具设计和集成。提示可以包括需要集成的外部工具或数据源的结果。

(5)工作流程、计划和提示管理。LLM 应用程序(如聊天机器人)需要管理不同场景下的多个提示库、计划、选择策略和工具等。

(6)评估和质量保证提示的方法。这将包括定义度量标准和评估过程,既可以自动进行,也可以与人员配合进行。

(7)提示优化:成本和延迟取决于模型选择和提示(令牌长度)。

### 4. 评估指标

提示词工程的评估指标是用来衡量提示的有效性和质量的标准,通常包括以下几个方面。

(1)输出质量。评估 LLM 生成的文本输出是否符合预期的目标,如准确性、相关性、一致性、流畅性、创造性等。这些指标可以通过人工评估或者自动评估来实现。人工评估是让一些专家或者普通用户对 LLM 的输出进行打分或者排序。自动评估是利用一些算法或者模型来计算 LLM 的输出与参考答案之间的相似度或者差异度。

(2)输入效率。评估提示词的长度和复杂度是否合理,是否能够最大化利用 LLM 的内部学习能力,是否能够最小化输入的信息冗余。这些指标可以通过计算提示词的信息熵或者信息增益来实现。信息熵是衡量提示词包含的信息量的指标。信息增益是衡量提示词对 LLM 输出质量提升的贡献的指标。

(3)泛化能力。评估提示词是否能够适应不同的 LLM 和不同的任务,是否能够抵抗 LLM 的幻觉现象,是否能够提高 LLM 的可解释性和用户友好性。这些指标可以通过进行跨模型和跨任务的实验来实现。跨模型实验是在不同规模和结构的 LLM 上测试同一个提示词的效果,跨任务实验是在不同领域和类型的任务上测试同一个提示词的效果。

## 2.3.6 大模型与情报分析相关的显著能力

大语言模型经过大量的数据训练，使其能够生成连贯和与上下文相关的文本，理解语言的微妙细节，根据广泛的知识库回答问题，并从给定的前提中推断出逻辑结论。这种能力的融合使得 LLM 特别适用于情报分析领域，其中信息综合、理解上下文和进行逻辑推理至关重要。

### 1. 文本生成能力

大语言模型的文本生成能力基于模型对大量文本的训练，使其能够理解、生成和转述文本。这不仅仅是简单地复制或重组已知的句子，而是根据给定的上下文和指示，创造性地生成新的、连贯的文本。这种能力的核心在于模型的巨大规模和其对语言的深入理解，使其能够在各种情境下生成高质量的文本。

下面将通过两个具体的应用场景来详细探讨这种能力在情报分析领域的价值。

1）自动摘要生成

场景：情报分析人员通常会面临大量的数据，从冗长的技术报告到广泛的监控记录。手动筛选这些数据以提取关键要点不仅耗时，而且容易出现疏漏。

LLM 的应用：LLM 可以训练用于识别和提取大量文本中的关键要点，生成能够捕捉原始内容精髓的简洁摘要。例如，如果分析人员收到一份关于潜在对手网络活动的 50 页报告，LLM 可以生成一页摘要，突出主要行动者、使用的方法、目标和潜在影响。

好处：这种能力使分析人员能够快速掌握核心内容，而无须阅读整个文档。它确保即使在面对信息过载的情况下，关键细节也不会被忽视。此外，这些摘要可以根据分析人员的具体需求或问题进行定制，确保相关性。

2）报告撰写辅助

场景：在收集和分析数据后，情报分析人员必须将他们的发现编写成全面的报告。这些报告需要清晰、连贯，并且适应受众，无论是决策者、军事指挥官还是其他情报专业人员。

LLM 的应用：当分析人员准备报告时，他们可以将原始发现和观察结果输入 LLM。模型可以生成一个结构良好的草稿，逻辑地组织信息，提供背景，并根据数据建议。如果分析人员对报告有具体的指南或首选结构，他们可以向 LLM 提供这些信息以指导生成过程。

好处:这种辅助可以简化报告撰写过程。分析人员不再需要从头开始,而是得到一个连贯的草稿,可以进行修改、调整或扩展。这不仅节省时间,还确保报告能够从 LLM 已经训练过的大量数据中受益,可能突出分析人员最初没有考虑到的联系或影响。

总之,LLM 的文本生成能力在情报分析领域提供了重要优势。通过自动化摘要生成和报告起草等任务,这些模型使分析人员能够专注于深入分析、战略制定和决策,确保情报分析在信息丰富的时代高效运作。

### 2. 语言理解能力

LLM 的语言理解能力是指模型能够理解和解释文本数据的细微差别、上下文和语义的能力。与简单的基于关键词的系统不同,LLM 能够抓住文本背后的含义、情感和意图。这是通过对多样化数据集广泛训练实现的,使模型能够识别语言中的模式、关系和结构。这种能力最显著的优势是模型能够处理和解释大量的非结构化数据,并以上下文相关和有意义的方式去理解。

在情报分析中的应用如下。

1)上下文数据解释

场景:想象一下,一个情报分析员试图理解来自潜在对抗组织的通信背后的情感和意图。这些通信可能充满了习语、文化参考或编码语言。

LLM 的应用:凭借其语言理解能力,LLM 可以帮助分析员解读这些通信背后的真正含义。它可以确定特定短语是文化习语还是潜在的密码。它还可以判断通信的情感,确定它是具有攻击性、和解性还是中立的。

好处:这有助于分析员更清楚地了解该组织的意图和计划,从而做出更明智的决策。

2)从社交媒体中进行自动威胁分析

场景:在数字通信时代,社交媒体平台可以是情报的宝库。然而,数据量的庞大和使用的非正式语言构造对分析员来说具有不小的挑战。

LLM 的应用:LLM 可以扫描社交媒体帖子,识别针对特定实体或国家的潜在威胁或情感。它可以理解俚语、表情符号和其他非正式的语言结构,确定帖子的上下文和情感。

好处:这为情报机构提供了一个主动工具,用于识别新兴威胁或公众情绪,使他们能够及时采取行动或调整策略。

总之,LLM 的语言理解能力为情报分析提供了一种变革性的方法。通过理解上下文和语义,这些模型可以提供更深入的洞察、更准确的数据检索和对威胁识别的主动方法。

### 3. 知识问答能力

知识问答能力指的是 LLM 通过利用其所训练的大量信息来回答问题的能力。与简单的关键词匹配搜索引擎不同,LLM 能够理解问题的上下文和细微差别,并提供不仅事实准确而且在上下文中相关的答案。这是因为 LLM 已经在各种数据集上进行了训练,涵盖了广泛的主题,使它们能够在回应查询时“回忆”和“综合”信息。这种能力最重要的优势是模型能够在众多主题上提供即时专业知识,弥合知识差距,并提供基于各种信息源的洞察力。

在情报分析中的应用如下。

1) 历史背景和回溯

场景:一位情报分析员正在调查一个新兴的地区武装组织。为了了解该组织的起源、动机和潜在盟友,分析员需要全面了解该地区的历史、过去的冲突和关键人物。

LLM 的应用:分析员可以向 LLM 提出一系列关于该地区历史、重大事件、重要人物和过去的武装组织的问题。LLM 可以根据其广泛的训练数据提供详细答案,提供历史概述,突出潜在模式,并与过去的组织或事件进行类比。

好处:这种由 LLM 促成的对历史的深入研究为分析员提供更丰富的背景。了解过去可以洞察现在,帮助分析员预测该组织的未来行动、潜在联盟和威胁。

2) 技术解释和阐述

情景:一家情报机构截获了一种讨论新型无人机技术的通信。分析员需要了解这种技术、其能力、潜在应用场景和影响。

LLM 的应用:分析员可以向 LLM 查询关于这种特定无人机技术的问题。LLM 可以阐述其技术方面,将其与已知技术进行比较,甚至根据其知识推测其潜在应用。如果无人机技术用于监视,LLM 可以详细介绍其潜在范围、可能收集的数据类型以及在情报行动中的部署方式。

好处:借助 LLM 作为即时技术顾问,情报机构可以迅速掌握新技术的重要性,评估其威胁水平,并制定应对措施或战略。

总之,LLM 的基于知识的查询能力为情报分析提供了革命性的优势。通过充当即时知识库和专家,这些模型可以提供更深入的上下文洞察、技术理解和综合视角,使分析员能够做出更明智和战略性的决策。

### 4. 逻辑推理能力

LLM 中的逻辑推理是指模型从一组前提中推断出结论、识别模式，并根据提供的信息进行推理的能力。这种能力超越了简单的事实检索或文本生成，它涉及综合信息、识别关系，并根据现有知识预测结果。这种能力的优势在于 LLM 在各种数据集上进行广泛训练，使其能够模拟类似人类的推理过程。最重要的优点是模型能够快速处理大量信息，并发现人类分析师可能忽视的联系，确保分析全面且细致。

情报分析中的应用如下。

1）威胁评估和情景分析

情景：一个情报机构截获的通信表明两个先前敌对的激进组织可能结盟，该机构需要了解这个联盟的意义。

LLM 的应用：分析员可以向 LLM 输入有关每个组织的历史数据，包括实力、战略、领土和目标。利用其逻辑推理能力，LLM 可以推断联盟的潜在实力，根据过去的活动预测他们可能攻击的地区，并评估增加的威胁水平。此外，该模型可以模拟各种情景，例如，潜在目标、联合组织可能采取的策略以及他们对措施的可能反应。

好处：LLM 所提供的详细情景分析为情报机构提供了未来潜在事件的路线图，使他们能够制定积极策略、有效分配资源并预测联盟的行动。

2）虚假信息和宣传分析

情景：在信息战的时代，一个情报机构发现社交媒体平台上传播的一系列叙述，可能是有害的宣传或虚假信息活动。

LLM 的应用：该机构可以使用 LLM 分析这些叙述，追踪它们的起源并识别模式。LLM 利用其逻辑推理能力可以推断这些叙述背后的潜在目标，例如，破坏一个地区的稳定、影响选举或抹黑一个国家的形象。通过将这些叙述与已知的宣传技术和模式进行比较，LLM 还可以预测下一步的宣传活动，并提出对抗虚假信息的反叙述或策略。

好处：在快节奏的信息战世界中，速度至关重要。LLM 快速分析和推断虚假信息活动的目标能力使情报机构能够迅速回应，遏制有害叙述的传播和影响。

总之，LLM 的逻辑推理能力为情报分析提供了重要优势。通过以规模和速度模拟类似人类的推理，这些模型提供了更深入的洞察力，预测威胁，并实现积极的策略，确保情报机构在日益复杂的全球格局中保持领先。

# 2.4 大模型的能力评测

为了评估 LLM 的效能和优势，众多研究已经采纳了各种任务和基准数据集来进行实证评估和分析。首先，我们将探讨 LLM 在语言生成和语言理解两个方面的三种基础评估任务，随后，我们将深入了解 LLM 在几个更为复杂的情境或目标下的高级任务。最后，我们将讨论现有的基准和实证分析。

## 2.4.1 基础评测任务

本节主要关注 LLM 的三种评估任务，即语言生成、知识利用和复杂推理。需要注意的是，我们并不打算对所有相关任务进行完整覆盖，而是只关注 LLM 领域中最广泛讨论或研究的任务。接下来，我们将详细介绍这些任务。

### 1. 语言生成

根据任务的定义，目前存在着几种主要的语言生成任务，包括语言建模、条件文本生成以及代码合成。需要特别注意的是，代码合成虽然不是典型的自然语言处理任务，但可以通过使用经过代码数据训练的 LLM 来解决，方法与自然语言文本生成类似，因此也值得考虑。

语言建模。语言建模是 LLM 的基本能力之一，其主要目标是根据前一个标记(Token)来预测下一个标记，重点关注基本的语言理解和生成能力。一些经典的语言建模数据集包括 Penn Treebank、WikiText－103 以及 Pile，其中常用的性能评估指标是困惑度(Perplexity)，它通常用于衡量模型在未见数据上的性能表现。实际研究表明，LLM 在这些评估数据集上相较于以往的方法取得了显著的性能提升。为了更全面地测试模型对文本中的长距离依赖关系的建模能力，还有 LAMBADA 数据集，它要求 LLM 基于一段上下文来预测句子的最后一个单词，然后使用预测的最后一个单词的准确性和困惑度来评估 LLM 的性能。正如研究所示，语言建模任务的性能通常遵循扩展法则，这意味着增加 LLM 的参数量将提高模型的准确性并降低困惑度。

条件文本生成。条件文本生成是语言生成领域的重要议题，其目标是根据给定的条件生成满足特定任务需求的文本，典型应用包括机器翻译、文本摘要和问答系统等。为了评估生成文本的质量，通常使用自动化指标(如准确率、BLEU

和 ROUGE）以及人类评分来评估性能。由于 LLM 具有强大的文本生成能力，它们在现有数据集上表现出色，甚至在某些情况下超越了人类表现（在特定测试数据上）。例如，GPT-3 仅通过提供 32 个示例作为输入，在 ICL 下能够超过使用完整数据进行微调的 BERT-Large 的平均得分。在 MMLU 指标上，一个包含 5 个样本的 Chinchilla 模型的准确率几乎是人类平均准确率的两倍。而在 5 个样本的情况下，GPT-4 在各方面表现出色，平均准确率超过之前最佳模型，提高了 10% 以上。因此，人们开始关注现有的条件文本生成任务，以确定它们是否拥有足以评估和反映 LLM 的能力。考虑到这个问题，研究人员试图通过收集那些当前 LLM 难以处理的任务（即 LLM 无法表现良好的任务）或者创建更富挑战性的任务（如超长文本生成），以建立新的评估基准，如 BIG-bench Hard。此外，最新研究还发现自动化指标可能会低估 LLM 的生成质量。例如，在 OpenDialKG 中，ChatGPT 在 BLEU 和 ROUGE-L 指标上可能不如经过微调的 GPT-2 表现出色，但在人类评分中获得了更多的好评。因此，需要更多努力来开发更符合人类偏好的新指标。

代码合成。除了在生成高质量的自然语言文本方面表现出色外，现有的 LLM 还展现出强大的形式语言生成能力，特别是能够生成满足特定条件的计算机程序，这一技能称为代码合成。与自然语言生成不同，生成的代码可以直接通过相应的编译器或解释器执行。目前的研究主要通过计算测试用例的通过率（即 pass@k）来评估 LLM 生成的代码的质量。最近，一些工作提出了专注于功能正确性的代码合成基准，用于评估 LLM 的代码合成能力，如 APPS、HumanEval 和 MBPP。这些基准通常由各种编程问题组成，包括问题描述以及用于验证正确性的测试用例。提高代码合成能力的关键在于通过代码数据对 LLM 进行微调（或预训练），这可以有效地使 LLM 适应代码合成任务。此外，现有的工作还提出了新的代码生成策略，例如，采样多个候选解和由规划引导的解码，这类似于模仿程序员修复错误和进行代码规划的过程。值得注意的是，LLM 最近在程序竞赛平台 Codeforces 上表现出色，取得了排名前 28% 的成绩，与人类表现相当。此外，已经发布的 GitHub Copilot 可以在编程集成开发环境（如 Visual Studio 和 JetBrains IDE）中辅助编程，支持多种编程语言，包括 Python、JavaScript 和 Java 等。在 ACM 通讯中的一篇观点文章“*The end of programming*”中讨论了人工智能编程对计算机科学领域的影响，并强调了一个重要的变革，即将经过高度适应微调的 LLM 视为新的计算基本单位。

主要问题：尽管 LLM 在生成类似于人类的文本方面表现出色，但它们面临以下两个主要语言生成方面的问题。

(1)可控生成。当前主流的方法是通过自然语言指令或提示来引导 LLM 生成给定条件下的文本。尽管这一方法简单易用,但在对模型生成的输出进行细粒度或结构化的约束时仍然面临重大挑战。已有研究表明,在对生成文本施加复杂的结构约束时,LLM 通常能够良好处理局部关系,如相邻句子之间的交互,但在解决全局关系(即长程相关性)方面可能存在困难。例如,要生成一个由多个段落组成的复杂长文,仍然难以直接在全局上保证指定的文本结构,如概念的顺序和逻辑流。对于需要遵循结构化规则或语法的生成任务,如代码合成,挑战更为复杂。

为了解决这个问题,一个潜在的解决方案是将 LLM 从一次性生成(即直接生成目标输出)扩展到迭代提示。这种方法模拟了人类写作过程,将语言生成过程分解为多个步骤,如规划、起草、重写和编辑。几项研究已经证明,迭代提示可以引导出相关的知识,从而在子任务中实现更好的性能。本质上,迭代提示的思想是将复杂任务拆解为多个逻辑步骤的推理链条。

此外,在实际部署中,对生成文本的安全控制至关重要。研究指出,LLM 有可能生成包含敏感信息或冒犯性表达的文本。尽管强化学习和人类反馈(RLHF)算法在一定程度上可以缓解这一问题,但它们仍然需要大量的人工标注数据来微调 LLM,同时缺乏客观的优化目标。因此,寻找有效的方法来克服这些限制,以实现对 LLM 输出的更安全约束,具有极其重要的意义。这可能包括开发可靠的过滤机制和自动检测工具,以减少不当内容的生成,以及建立伦理和政策框架,以确保 LLM 在生成文本时遵守社会和法律准则。

(2)专业化生成。虽然 LLM 已经学习到了一般的语言模式,并能够生成连贯的文本,但在处理专业领域或特定任务时,它们的生成能力可能会受到限制。例如,一个在一般类型网络文章上训练的 LLM,在生成涉及大量医学术语和方法的医学报告时可能会遇到挑战。直观来说,领域知识对于模型的专业化至关重要。然而,将这种专业知识注入 LLM 并不是一件容易的事情。

当训练 LLM 以展现特定领域的出色表现时,它们可能会在其他领域遇到困难。这个问题与神经网络训练中的灾难性遗忘有关,这指的是整合新旧知识时发生冲突的现象。类似的情况也出现在 LLM 的人类对齐微调中,当要将模型与人类的价值观和需求对齐时,可能需要支付一定的“对齐税”,如可能在某些方面损失模型的性能。因此,开发有效的模型专业化方法至关重要,以使 LLM 能够灵活地适应各种任务场景,并尽可能保留其原有的通用能力。这涉及研究如何在不同领域之间平衡模型的能力,以便在特定领域取得更好的性能,同时不牺牲在其他领域的表现。

### 2. 知识利用

知识利用是智能系统在执行知识密集型任务时基于实际事实和证据的关键能力。这些任务包括但不限于常识问题回答和事实补全。具体而言,知识利用要求 LLM 在必要时恰当地利用来自预训练语料库的丰富事实知识,或者在需要时检索外部数据。问答和知识补全是评估这一能力的两种常见任务。根据评估任务(问答或知识补全)以及评估设置(是否允许使用外部资源),我们将知识利用任务分为三种主要类型,即闭卷问答,开卷问答和知识补全。

闭卷问答。闭卷问答任务旨在测试 LLM 在预训练语料库中学到的事实知识。在这种任务中,LLM 只能根据提供的上下文回答问题,而不能借助外部资源。为了评估这一能力可以利用多个数据集,包括 Natural Questions、Web Questions 和 TriviaQA 等。通常,准确性是广泛用于评估的指标。

实验证明,LLM 在闭卷问答任务中表现出色,甚至与当前效果最好的开放领域问答系统相媲美。此外,LLM 在闭卷问答任务上的性能也遵循扩展法则的模式,这包括模型大小和数据量的扩展法则,即增加参数数量和训练 Token 数量可以增加 LLM 的容量,有助于它们从预训练数据中学习(或记忆)更多的知识。此外,在相似的参数规模下,使用更多与评估任务相关的数据来训练 LLM 将获得更好的性能。

值得注意的是,闭卷问答任务设置提供了一种测试 LLM 编码事实知识准确性的平台,在需要精细知识的问答任务中,即使在预训练数据中存在相关知识,LLM 的表现仍然可能相对较差。

开卷问答。开卷问答任务与闭卷问答不同,它允许 LLM 从外部知识库或文档集合中提取有用的证据,然后基于这些提取的证据来回答问题。一些典型的开卷问答数据集,如 NaturalQuestions、OpenBookQA 和 SQuAD,与闭卷问答数据集有一定的重叠,但前者包含了外部数据源,如维基百科。在开卷问答任务中,常见的评估指标包括准确性和 F1 分数。

为了从外部资源中选择相关知识,LLM 通常与一个文本检索器(甚至可能是一个搜索引擎)结合使用,这个检索器可以与 LLM 独立或联合训练。在评估过程中,现有研究主要关注 LLM 如何有效地利用提取到的知识来回答问题。研究表明,检索到的证据可以显著提高生成答案的准确性,甚至使较小参数的 LLM 能够击败具有更大参数量的 LLM。

此外,开卷问答任务还可以用来评估知识信息的时效性。从过时的知识资源进行预训练或检索可能导致 LLM 在时间敏感的问题上生成不正确的答案。

因此,有效管理知识的新旧程度对于开卷问答任务尤为重要。

知识补全。在知识补全任务中,可以将 LLM 视为一个知识库,用于填补或预测知识单元(如知识图谱中的三元组)的缺失部分。这种任务可以用来探索和评估 LLM 从预训练数据中学到的知识的种类和数量。目前的知识补全任务主要可分为两类:知识图谱补全任务(如 FB15k - 237 和 WN18RR)和事实补全任务(如 WikiFact)。前者旨在补全知识图谱中的三元组,而后者旨在补充有关特定事实的句子。

实验证明,对于涉及特定关系类型的知识补全任务,现有的 LLM 可能面临挑战。在 WikiFact 的评估中,LLM 在一些在预训练数据中出现频率较高的关系类型(如通货和作者)上表现良好,但在出现频率较低的关系类型(如发现或发明者和出生地)上表现不佳。值得注意的是,在相同的评估设置下(如 ICL),InstructGPT(如 text - davinci - 002)在 WikiFact 的所有子测试集中都表现优于 GPT - 3。这表明指令微调有助于 LLM 在知识补全任务上取得更好的表现。

主要问题:尽管 LLM 在捕获和利用知识信息方面取得了重要进展,但它们存在以下两个主要问题。

(1)幻觉(Hallucination)。在生成事实文本时,一个具有挑战性的问题是幻觉生成,即生成的信息与现有来源相冲突(内在幻觉)或无法通过现有来源验证(外在幻觉)。图 2 - 28 展示了这两种幻觉的例子。幻觉在现有的 LLM 中广泛存在,甚至包括 GPT - 4 等最优秀的 LLM。从本质上讲,LLM 似乎在解决任务的过程中"无意识地"利用这些知识,缺乏对内部或外部知识的精准控制能力。幻觉可能会误导 LLM 生成非预期的输出,大部分情况下会降低其性能,为部署 LLM 到实际应用中带来潜在风险。

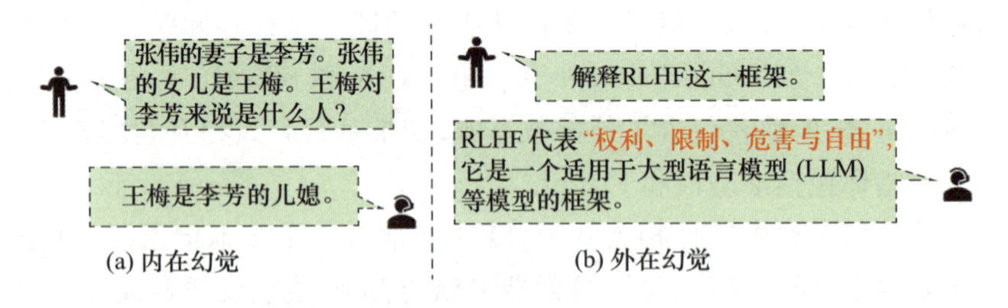


图 2 - 28　开放 LLM 的内在和外在幻觉的例子

为了缓解这个问题,现有的工作广泛使用了对齐调整策略。这种策略依赖于在高质量的数据上对 LLM 进行微调,或者使用人类反馈对 LLM 进行微调。为了评估幻觉问题,已经提出了一系列幻觉检测任务,如 TruthfulQA,旨在检测模型是否会模仿人类的虚假言论。

(2)知识实时性。另一个主要挑战是,对于需要使用比训练数据更新了知识的任务,LLM 在解决这些任务时会遇到困难。一个直接的方法是定期用新数据更新 LLM,但是微调 LLM 的成本非常昂贵,而且增量训练 LLM 很可能导致灾难性遗忘问题。因此,有必要开发高效有效的方法,将新知识融入现有的 LLM 中,以使其保持最新状态。

现有的研究已经探索了如何利用外部知识源(如搜索引擎)来补充 LLM,这既可以是与 LLM 一起优化的,也可以是作为一种即插即用的模块。例如,ChatGPT 使用了搜索插件来访问最新的信息源。通过将提取的相关信息融入上下文,LLM 可以获取新的事实知识,并在相关任务上有更好的表现。然而,这种方法似乎仍然停留在表面层次。一些实验揭示,直接修改内在知识或将特定的知识注入 LLM 是很困难的,这仍然是一个值得研究的问题。

### 3. 复杂推理

复杂推理是指理解和应用相关的证据或逻辑来推导结论或做出决策的能力。根据推理过程中涉及的逻辑和证据类型,可以将现有的评估任务分为三个主要类别,即知识推理、符号推理和数学推理。

知识推理。依赖于逻辑关系和事实知识的证据来回答给定的问题。目前的研究主要使用特定的数据集来评估不同类型的知识推理能力,例如,CSQA/StrategyQA 用于常识推理,ScienceQA 用于科学知识推理。除了生成正确答案的准确性外,现有的研究还通过自动化评估(如 BLEU)或人工评估来评估生成的推理过程的质量。通常,这些任务要求 LLM 根据事实知识逐步推理,直到回答给定的问题。

为了激发逐步推理的能力,研究人员提出了 CoT(Compositional Tasks)提示策略,以增强 LLM 的复杂推理能力。CoT 包括中间推理步骤,通过手动创建或自动生成的方式嵌入到提示中,指导 LLM 进行多步推理。这种方法显著提高了 LLM 的推理性能,使其在多个复杂知识推理任务上取得了目前最佳的效果。

此外,将知识推理任务转化为代码生成任务后,研究人员发现可以进一步提高 LLM 的性能,特别是对于在代码上预训练的 LLM。然而,由于知识推理任务的复杂性,当前 LLM 在某些任务上仍然落后于人类表现。其中一个最常见的错误是 LLM 可能会基于错误的事实知识生成不准确的中间推理步骤,导致最终答案不正确。为了解决这个问题,现有的工作提出了特定的解码策略和集成策略(针对多个推理路径),以提高整个推理链的准确性。最近的实证研究表明,LLM 可能难以明确推断出特定任务所需的常识知识,尽管它们可以成功地解决该任务。此外,该研究进一步表明,依赖自动生成的知识可能不利于提高推理性能。

符号推理。关注点在于使用形式化规则和操作符号来实现特定目标,这些规则和操作可能在 LLM 预训练期间未曾见过。通常,这类任务的评估采用了尾字母拼接和硬币反转等示例任务,这些任务要求 LLM 在给定的上下文中执行推理步骤,包括领域内测试(与上下文示例的推理步骤相同)和领域外测试(包含更多推理步骤)。评估通常基于 LLM 生成正确符号操作的准确性。

在符号推理任务中,LLM 需要理解符号操作之间的语义关系以及它们如何在复杂情境中组合。然而,在领域外测试中,由于 LLM 没有接触到复杂的符号操作和规则组合,如增加推理步骤的数量,因此难以准确理解其含义。

为了解决这个问题,研究人员提出了一些方法。其中一种方法结合了草稿板(Scratchpad)和导师(Tutor)策略,帮助 LLM 更好地处理符号操作,生成更长、更复杂的推理过程。另一条研究路线则采用了形式化编程语言来表示符号操作和规则,要求 LLM 生成代码并通过外部解释器执行推理过程。这种方法将复杂的推理过程分解为 LLM 的代码合成和解释器的程序执行,从而简化推理过程并获得更准确的结果。

数学推理。需要综合运用数学知识、逻辑和计算来解决问题或生成证明过程。这些任务可以分为两大类:数学问题求解和自动定理证明。

在数学问题求解任务中,LLM 需要回答数学问题,通常需要输出准确的数字或方程。一些常见的评估数据集包括 SVAMP、GSM8k 和 MATH 数据集。这些任务通常需要多步推理,因此常采用 CoT 提示策略来提高 LLM 的推理性能。此外,持续在大规模数学语料库上对 LLM 进行预训练可以显著提升其在数学推理任务上的性能。还有一个多语言数学问题基准测试,用于评估 LLM 在多语言数学推理方面的能力。

另一方面,自动定理证明(ATP)任务要求 LLM 严格遵循推理逻辑和数学技能,以证明数学定理。评估时使用的数据集包括 PISA 和 miniF2F 证明成功率是主要的评估指标。目前,ATP 的研究常常依赖于 LLM 辅助交互式定理证明器(如 Lean、Metamath 和 Isabelle)进行证明搜索。不过,ATP 研究的一个主要限制是缺乏相关的形式化语料库。一些研究尝试通过将非形式化表述转换为形式化证明,或生成草稿和证明草图来克服这一问题,以减少证明搜索的复杂性。

主要问题:尽管 LLM 在解决复杂推理的任务方面有所进展,但仍存在一些限制。

1)不一致性

通过改进推理策略(如使用 CoT),LLM 可以基于逻辑和支撑性证据逐步执行推理过程，从而解决一些复杂的推理任务。尽管这种方法是有效的，但在推理过程中经常出现不一致性的问题。具体而言，LLM 可能会在错误的推理路径下仍生成正确答案，或者在正确的推理过程之后产生错误答案，导致得到的答案与推理过程之间存在不一致性。为了解决这个问题，现有的工作提出了通过外部工具或模型指导 LLM 的整个生成过程，或者重新检查推理过程和最终答案以进行纠正的方法。作为一种有前景的解决方案，目前的方法将复杂的推理任务重新形式化为代码生成任务，而生成的代码会被严格执行，从而确保了推理过程和结果之间的一致性。此外，研究还发现，相近输入的任务之间也可能存在不一致性，即任务描述中微小的变化可能导致模型产生不同的结果。为了解决这个问题，可以集成多个推理路径来增强 LLM 的解码过程。

2）数值计算

数值计算是复杂推理任务中的一个挑战，尤其是在处理 LLM 在预训练阶段很少遇到的符号时，如大数字的算术运算。为了克服这个问题，研究者采用了多种方法：

（1）微调和特殊训练。一种直接的方法是在合成的算术问题上对 LLM 进行微调。这种方法需要特殊的训练和推理策略，如使用草稿纸推演。通过这些训练策略，LLM 可以更好地执行数值计算任务，并提高性能。

（2）外部工具的使用。另一种方法是使用外部工具，如计算器，来处理算术运算。例如，ChatGPT 提供了一个插件机制，可以与外部工具进行交互。这要求 LLM 学习如何正确地操作这些工具。为此，研究人员可能需要调整 LLM 的示例或修改指令和示例以适应外部工具的使用。

需要注意的是，尽管外部工具可以帮助解决数值计算问题，LLM 仍然依赖于从文本上下文中捕捉数学符号的语义含义，这对于数值计算可能并不是最佳的解决方案。因此，研究人员仍在探索更好的方法来提高 LLM 在数值计算任务上的性能。

### 2.4.2 高级能力评估

除了上述基本评测任务，LLM 还展现出一些需要特殊考虑的高级能力。在本节中，我们将探讨几种代表性的高级能力以及相应的评测方法，包括与人类对齐、与外部环境的互动、使用工具等。

#### 1. 与人类对齐

与人类对齐（Human Alignment）是指使 LLM 能够与人类的价值观和需求相

契合,这是广泛应用 LLM 于现实世界应用的关键能力。

为了评估这种能力,目前的研究考虑了多个人类对齐的标准,包括有益性、真实性和安全性。对于有益性和真实性,可以利用对抗性问答任务(如 TruthfulQA)来测试 LLM 在检测文本中可能存在的虚假信息方面的能力。此外,有害性也可以通过多个现有基准测试来评估,如 CrowS - Pairs 和 Winogender。尽管存在基于这些数据集的自动评估方法,但人工评估仍然是一种更直接有效测试 LLM 与人类对齐能力的方式。

OpenAI 邀请了众多与 AI 风险相关的领域专家来评估和改进 GPT - 4 在处理风险内容时的表现。此外,对于人类对齐的其他方面(如真实性),一些研究提出了使用具体指令和设计标注规则来引导评估过程。实际研究表明,这些策略可以显著提高 LLM 的人类对齐能力。例如,在与专家进行互动收集数据的对齐调整之后,GPT - 4 在处理敏感或不允许提示时的错误行为率大大降低。此外,高质量的预训练数据可以减少实现对齐所需的工作量。举例来说,Galactica 模型是在包含较少偏见内容的科学语料库上进行预训练的,因此可能更加无害。

### 2. 与外部环境的互动

除了标准评估任务,LLM 还展现出从外部环境接收反馈并根据行为指令执行操作的能力,如生成自然语言行动计划以操纵智能体。这种能力在 LLM 中逐渐显现,它可以生成详细且高度切实可行的行动计划,而较小的模型(如 GPT - 2)通常倾向于生成较短或无意义的计划。

为了测试这种能力,研究者提出了一些具体 AI 环境和评价基准,如下所述。

VirtualHome:VirtualHome 构建了一个 3D 模拟器,用于家务任务(如清洁和烹饪),代理人可以执行 LLM 生成的自然语言行动。

ALFRED:ALFRED 包括更具挑战性的任务,需要 LLM 完成组合目标,这要求更高的规划和执行能力。

BEHAVIOR:BEHAVIOR 侧重于在模拟环境中进行日常杂务,要求 LLM 生成复杂的解决方案,如更改对象的内部状态。

对于 LLM 生成的行动计划,现有的工作要么采用基准测试中的常规指标(如生成的行动计划的可执行性和正确性),要么直接根据现实世界执行的成功率来评估这种能力。现有的工作已经显示出 LLM 在与外部环境的互动时生成准确行动计划方面的有效性。目前,一些研究提出了几种改进方法来增强 LLM 的交互能力,例如,设计类似代码的提示和提供真实世界的反馈。这些方法有助于进一步提高 LLM 在复杂任务和现实世界应用中的表现。

### 3. 使用工具

在解决复杂问题时，LLM 可以根据需要利用外部工具，这为其在特定任务上增加了灵活性。通过调用外部工具的 API，现有研究已经考虑了各种工具，如搜索引擎、计算器和编译器等，以增强 LLM 在特定任务上的表现。最近，OpenAI 支持在 ChatGPT 中使用插件，使 LLM 不仅仅局限于语言建模，而具备更广泛的功能。例如，网页浏览器插件使 ChatGPT 能够访问实时信息，这为解决实际问题提供了便利。此外，整合第三方插件对于创建基于 LLM 的应用程序生态系统非常重要。

为了测试 LLM 的工具使用能力，现有研究通常采用复杂的推理任务进行评估，例如，数学问题求解(如 GSM8k 和 SVAMP)或知识问答(如 TruthfulQA)。这些任务要求 LLM 能够有效使用外部工具，尤其是在处理数值计算等领域。通过这种方式，任务的评估性能可以反映 LLM 在工具使用方面的能力。为了让 LLM 学会使用工具，研究人员通常在上下文中提供示例，或者通过微调 LLM 基于与工具使用相关的数据。已有研究发现，在工具的帮助下，LLM 更有能力解决其不擅长的问题，如进行方程计算或获取实时信息，从而最终提高性能。

上述三种高级能力对于 LLM 在实际应用中的表现具有重要意义：与人类价值和需求相一致(人类对齐)、在实际环境中采取正确行动(与外部环境互动)以及扩展其能力范围(工具操作)。除了这三种高级能力，LLM 还可能具备其他与特定任务(如数据标注)或学习机制(如自我改进)相关的高级能力。发现、衡量和评估这些新兴能力将是一个持续开放的研究方向，以更好地利用和提升 LLM 的潜力。

## 2.4.3 公开基准和经验性分析

我们已经讨论了 LLM 的评估任务及其相应的设置。接下来，将介绍现有的 LLM 评测基准和实证分析，从总体视角对大模型的能力进行更全面讨论。

### 1. 评测基准

下面介绍几个具有代表性且广泛使用的 LLM 评测基准，包括 MMLU(Multi - Modal Language Understanding)、BIG - bench 和 HELM(Holistic Evaluation of Language Models)。

(1)MMLU。MMLU 是一个通用评测基准，旨在全面评估 LLM 的多任务知识理解能力。它涵盖了广泛的领域,包括数学、计算机科学、人文社会科学等,任务难度从基础到进阶各不相同。已有研究表明,通常情况下,LLM 在这一基准上的性能明显高于小型模型,这突显了模型规模扩展的优势。近期,GPT-4 在 MMLU 上取得了显著进展,例如在 5-shot 设置下,正确率达到了 86.4%,远超以往最佳模型。

(2)BIG-bench。BIG-bench 是一个由社区协作收集的评测基准,旨在全面测试现有 LLM 的能力。它包含了 204 个任务,涵盖语言学、儿童发展、数学、常识推理、生物学、物理学、社会偏见、软件开发等多个主题。通过扩展模型规模,小样本设置下的 LLM 甚至可以在 65% 的 BIG-bench 任务中超越人类的平均表现。鉴于 BIG-bench 的高评估成本,研究者提出轻量级版本的 BIG-bench-Lite,其中包含来自 BIG-bench 的 24 个小型、多样化且具有挑战性的任务。此外,研究人员从 BIG-bench 中选择了 LLM 表现较差的挑战性任务,提出 BIG-bench hard(BBH)基准,用于测试 LLM 当前无法解决的任务。实验结果显示,随着任务难度的提高,大多数小型模型的性能接近于随机猜测,但 CoT 提示可以增强性能,使其在 BBH 中超越平均人类表现。

(3)HELM。HELM 是一个综合性评测基准,包括 16 个核心场景和 7 类指标。它构建在许多先前提出的评测基准之上,旨在全面评估 LLM。HELM 的实验结果显示,通过指令微调,LLM 的准确性、稳健性和公平性等性能得到提升。此外,在推理任务方面,基于代码语料库预训练的 LLM 表现出更出色的性能。

这些评测基准涵盖了广泛的 LLM 评估任务。此外,还有一些专门用于评估 LLM 在特定任务上能力的基准,如评估多语言知识利用能力的 TyDiQA 和评估多语言数学推理的 MGSM。研究人员可以根据其研究需求选择适合的评测基准。此外,开源评估框架如 Language Model Evaluation Harness 和 OpenAI Evals 可供研究人员在现有基准上进行 LLM 评估,或者在新任务上进行个性化评估。

### 2. 大语言模型能力的综合分析

1)通用能力

(1)精通度。为了评估 LLM 在解决通用任务方面的能力,研究通常收集一系列涵盖各种任务和领域的数据集,并在小样本或零样本设置下测试 LLM 的性能。结果表明,LLM 在通用任务上表现卓越。例如,GPT-4 在语言理解、常识推理和数学推理等任务中超越了先前在特定数据集上训练的模型。它还在为人类设计的真实考试中表现出色,如美国大学预修课程考试和研究生入学考试。最近的定性分析揭示了 GPT-4 在各个领域的多种具有挑战性的任务中接近人类水平,例如,数学、计算机视觉和编程被视为“通用人工智能系统的早期版本”。然而,这些令人鼓舞的结果也突显了LLM的局限性,如难以校准置信度和在情感相关任务中的挑战。

(2)稳健性。评估LLM对噪声或扰动的稳定性对于实际应用至关重要。为了评估LLM的稳健性,研究对输入进行对抗性攻击处理(如符号替换),然后根据输出结果的变化来评估LLM的稳定性。研究发现,LLM在各种任务中比小型LM更稳定,但也面临新问题,如稳健性的不一致性和对提示的敏感性。例如,LLM对于表达方式不同但含义相同的输入可能会提供不同的答案,甚至相互矛盾。这种问题也导致了在使用不同提示进行稳健性评估时出现不一致的结果,降低了稳定性分析的可靠性。

2)专业能力

由于LLM在大规模语料库上进行了预训练,因此它们具备从预训练数据中获取丰富知识的潜力,可以被用作特定领域的专家。以下是对医疗、教育和法律三个受到广泛关注的代表性领域的简要讨论。

(1)医疗领域。LLM已经应用于医疗领域,处理生物信息提取、医疗咨询、报告简化等多种医疗保健任务,甚至可以为专业医生设计的医疗执照考试提供支持。然而,LLM在医学方面可能出现错误,如错误解释医学术语并提供不一致的建议。此外,患者健康信息的上传也可能引发隐私泄露的问题。

(2)教育领域。研究表明,LLM可以在多个学科的标准化测试中达到学生水平的表现,并在写作或阅读方面提供支持。此外,LLM在不同学科之间生成逻辑一致且平衡深度和广度的答案。然而,LLM的广泛使用也引发了关于如何合理使用智能助手的担忧,包括防止作弊行为等问题。

(3)法律领域。最近的研究表明,LLM可用于法律文件分析、法律判决预测和法律文件撰写。LLM在法律解释和推理方面表现出强大的潜力,甚至在模拟律师考试中取得了高分。然而,LLM在法律领域的使用也引发了法律挑战,包括版权问题、个人信息泄露以及偏见和歧视等问题。

除了上述工作,一些研究还从其他角度分析了LLM的能力。这些分析包括LLM的类人特征,如自我意识、心理理论(Theory of Mind,ToM)和情感计算等方面的特征。

特别地,一些实验针对两个经典的错误信念任务研究了ToM的表现。结果显示,GPT-3.5系列模型在ToM任务中的表现相当于9岁儿童,这暗示LLM可能具备类似ToM的能力,即理解他人的信念和意图。

此外,还研究调查了当前LLM评估设置的公平性和准确性。这些分析关注了大规模的预训练数据可能包含测试集中的数据等问题,以确保 LLM 评估的可靠性和公平性。这些研究有助于更全面了解 LLM 的潜力和限制。

## 2.5 大语言模型的应用

目前,具有强大的通用性能力和逻辑推理能力的大语言模型正在迅速成为互联网时代最受关注的技术创新之一。由于在阅读理解、对话、文本生成等方面的优秀表现,大语言模型已经逐渐应用于各种行业领域中,并依托应用的行业背景不断优化调整,为我们的生产生活带来了极大的便利。本节将介绍现阶段大语言模型的一些典型应用,展示其强大的功能和广阔的应用前景。

### 2.5.1 内容生成

大语言模型的一个最成功、最为人们熟知的应用,可能莫过于文本内容生成。目前公开的各种大语言模型都具备可以按照用户想法,生成博客、长篇文章、短篇故事、摘要、总结报告等一系列文本内容的能力。而且,用户提供的想法越详细,模型输出内容的质量就越高。另外,用户也可以借助它们来帮助构思,例如,一些营销或策划人员可以使用大语言模型生成一些灵感或创意,给出一些活动策划的思路,甚至可以生成一套完整的方案,极大地提高了工作效率,如图 2-29 所示。

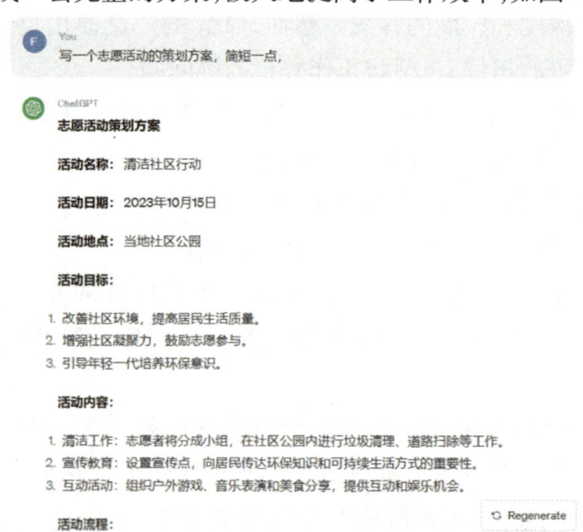


图 2-29 使用 ChatGPT 进行活动方案的生成,获取灵感

大语言模型不仅能生成自然语言，还能生成如 JavaScript、Python、PHP、Java、C/C＋＋、C#等编程语言的代码、Shell 脚本程序以及 SQL 语句。一方面，大语言模型的代码生成能力可以使得非技术用户也能生成一些基本的代码，减轻程序员重复编写一些简单代码段的工作量。另一方面，大语言模型还可用于帮助调试现有的代码，给出优化方案，甚至生成代码注释以及接口文档等，帮助程序员提高代码编写的效率。

除了文本文字内容的自动生成创作，大语言模型还可以用来生成图像、音频等多模态内容，例如生成带有图像和音频的视频、多媒体广告和虚拟现实内容等。图 2－30 展示了用户使用百度的"文心一言"大语言模型进行图像生成的例子，用户使用了文字来描述自己想要生成的图片内容，大语言模型可以根据用户提示自动进行创作，生成精美的图片。

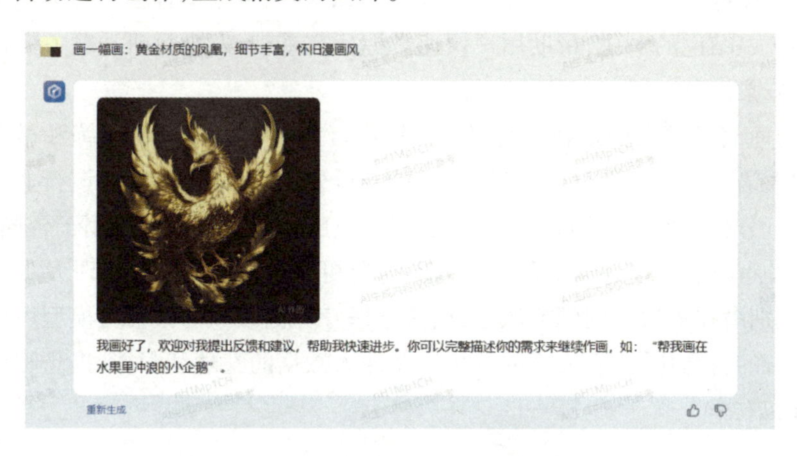


图 2－30　根据文字描述生成图像

## 2.5.2　文档分析

大语言模型在文档分析方面也展现出强大的能力。用户可以将一篇文档发给大语言模型应用，让它帮助分析出有用信息，现在很多协同办公平台也嵌入了大语言模型，借助其文档分析能力帮助用户提高办公效率。

具体来说，使用大语言模型进行文档分析可以实现以下的功能。

（1）信息提取和数据结构化。大语言模型可以帮助用户将非结构化数据转化为结构化数据，通过识别文档中的关键信息，如人名、地点、日期、事件等，模型能够自动提取这些信息并将其组织成数据库或表格，使之易于搜索和分析。这对于构建信息丰富的知识库、处理法律文档和管理企业数据等工作至关重要。

(2)自动摘要和文档归纳。大语言模型能够生成文档内容简明扼要的摘要,获取整篇文档的关键信息,从而减少人工阅读和处理文档的工作量,能够在需要快速浏览大量文本或获取关键内容的应用场中发挥重要作用,如新闻概括、研究文献的调研和商业报告的生成。

(3)情感分析和情感识别。大语言模型可以识别文档中的情感色彩,包括正面、负面和中性的情感,帮助企业更好地理解公众对其产品或服务的反应,因此可以应用在社交媒体监测、品牌声誉管理和市场调研等领域中。

(4)主题建模和主题分析。通过对文档进行主题建模,大语言模型可以帮助确定文档集合中的主题和趋势,从而帮助发现热门话题、关键问题和各篇文档之间的相关性,这对于新闻机构、学术研究和内容策略制定非常有用。例如,中国知网近期推出的 AI 学术研究助手,就可以对同一主题集合中的文献进行论文观点、方法、结论的对比,帮助用户快速掌握研究基础、发现科研选题方向以及设计研究方案。

(5)垂直领域文档处理。利用某个特定行业领域数据进行训练和微调之后得到的大语言模型,可以充分发挥其文档分析处理的强大能力,对该行业的特定文档进行分析和处理。例如,应用于法律行业的大语言模型可以用于合同分析、法律文件审核和案件研究,帮助律师事务所更快速、更准确地处理大量法律文档,并识别潜在的法律问题或风险;应用于医疗保健领域的大语言模型可以用于病例报告的自动化、医学文献的分析以及病人数据的整理和归档,提高临床决策的质量和效率。

### 2.5.3 智能搜索

许多刚开始接触大语言模型的用户会首先尝试将应用大语言模型的聊天机器人作为一种替代搜索的工具。用户只需要使用自然语言向聊天机器人提问,程序会立即回复,并提供关于相关话题的见解和“事实”。

现在市场面已经有一些搜索引擎引入大语言模型,给用户带来了更好的体验。例如,全球第二大搜索引擎微软 Bing 在 2023 年 3 月接入 ChatGPT,新的搜索引擎 New Bing 弥补了 ChatGPT 时效性的问题,能够实时联网搜索信息,在理解搜索内容语义后生成回复,具有网页信息总结功能,同时会引述其参考来源,展示参考网页的链接,让回答更全面且可信。

嵌入大语言模型后的搜索引擎将为用户带来诸多便利。第一,搜索形式和搜索结果呈现方式将不断升级,从传统的关键词式搜索转变为对话式搜索,从线性排列式结果转变为规范的篇章式结果,用户无须再根据结果进行梳理,即可得到具有清晰逻辑的有效内容和规范的参考源。第二,搜索的交互性与针对性得以增强。以 New Bing 的搜索功能为例,如图 2－31 所示,用户在搜索栏中最长可输入长达 1000 字符的问题,并可进行追问与反驳,以获取具有高准确度的搜索结果。

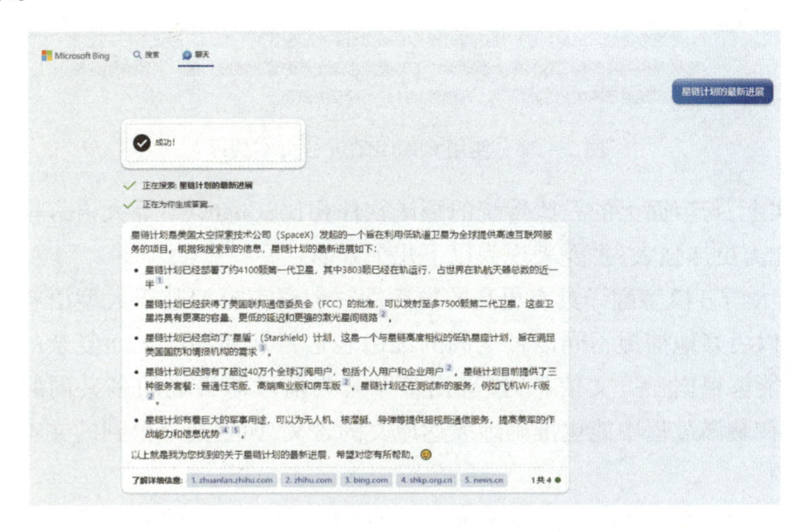


图 2－31　使用 New Bing 搜索引擎进行搜索

嵌入大语言模型的搜索引擎展现了强大的搜索能力,而且能对搜索结果进行分析、概括、总结。但必须注意,目前模型反馈给用户的搜索结果内容并非都准确无误。在特定情况下,大语言模型可能会被恶意调校,生成一些捏造的事实和数字。尽管以 New Bing 为代表的智能搜索引擎能够在回答中附带参考的网页链接,但也不能排除其对于网页信息的提炼总结存在错误以及网页本身信息有误的可能。因此,用户使用的时候,最好仔细核对语言模型提供的事实信息,以免被错误信息误导。

### 2.5.4　文本翻译

书面文本翻译是大语言模型最简单的实际应用之一。例如,用户可以向大语言模型的应用输入文本,或者是发送一份用某种语言编写的文档,并要求它翻译成另一种语言。然后,应用就会自动将原文本翻译成指定语言的、自然流畅的文本,如图 2－32 所示。

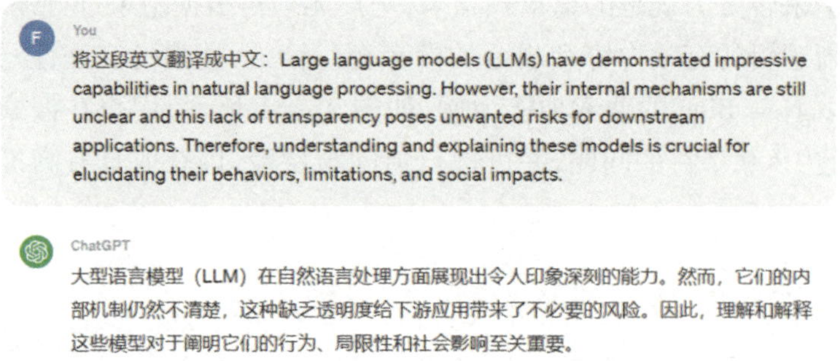

You

将这段英文翻译成中文：Large language models (LLMs) have demonstrated impressive capabilities in natural language processing. However, their internal mechanisms are still unclear and this lack of transparency poses unwanted risks for downstream applications. Therefore, understanding and explaining these models is crucial for elucidating their behaviors, limitations, and social impacts.

ChatGPT

大型语言模型（LLM）在自然语言处理方面展现出令人印象深刻的能力。然而，它们的内部机制仍然不清楚，这种缺乏透明度给下游应用带来了不必要的风险。因此，理解和解释这些模型对于阐明它们的行为、局限性和社会影响至关重要。

图 2－32　使用 ChatGPT 进行文本翻译

事实上，与市面上的一些传统的翻译软件相比，ChatGPT 等大语言模型应用的翻译能力更加强大，主要表现为以下几个方面。

(1)大语言模型翻译具有更高的准确性。大语言模型基于大型语料库训练而成，可以更好地捕捉不同语种之间的细微表达差别和词语之间复杂的语义信息，同时能够根据上下文信息，推理出最贴合当前段落语境的多义词的具体含义，因此在翻译过程中能更准确地表达原文的含义，而且翻译得到的文本也更加清晰通顺。

(2)大语言模型翻译具有更强的泛化能力。当模型使用了大量不同专业领域的语料库进行预训练后，模型可以理解更多领域的专有名词，并且学习到不同文化背景下单词和句子所表达的含义，能够在不同的领域和语境中进行翻译。这使得大语言模型在翻译复杂的文本或专业领域的内容时，能够保持更高的准确性和一致性。

(3)大语言模型翻译具有更快的推理速度，可以高效地处理大量的文本数据，并快速生成翻译结果。相比传统的翻译软件，更适用于实时翻译的场景。

(4)大语言模型翻译具有更多样的输入类型。传统的翻译软件往往只接收文字输入或文档作为翻译源，而大语言模型不仅可以翻译实时输入的文本和文档，还可以接收语音输入，识别出语音中的文本内容、语言种类，并根据用户的要求，快速翻译为其他语言。

然而，我们不能忽略大语言模型进行文本翻译所存在的不足之处。目前的大语言模型对于一些欧洲语言的翻译效果最好，但是对于中文、日文等语言，由于语料库资源较少、训练数据不足等问题，翻译的结果并不很准确。

### 2.5.5　多模态信息提取与分析

大语言模型在多模态信息提取方面的应用正在推动人工智能领域的创新，

并为多种媒体数据(如文本、图像和语音)的联合分析提供了新的可能性。

首先,大语言模型可以将图像与文本结合,对于用户输入的图像,自动生成详细的文字描述与概括。这种技术对于视觉内容的理解和标注非常有用,可应用于图像搜索、自动图像标注和虚拟导览等领域。使用"文心一言"大模型进行图像描述如图 2 – 33 所示。

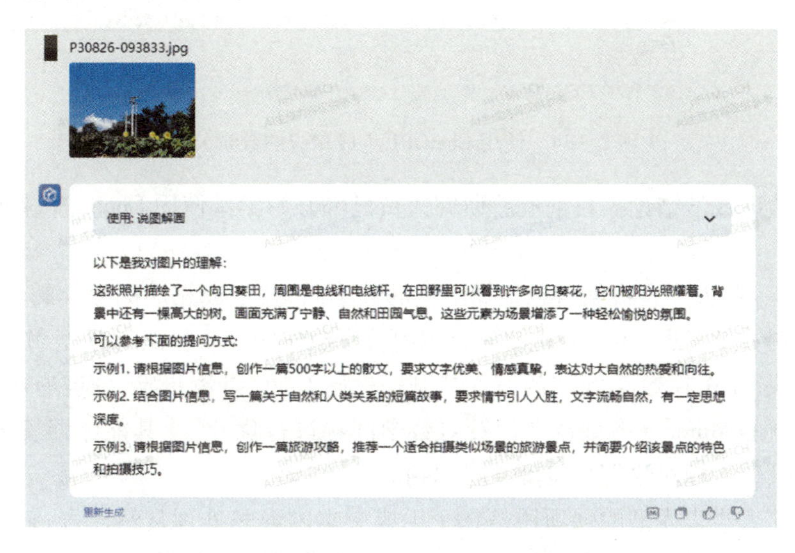


图 2 – 33 使用"文心一言"大模型进行图像描述

其次,大语言模型可以对视频内容进行分析,提取视频中的语音、字幕和图像,从而实现对视频内容的全面理解,这对于视频分类、内容推荐和监控系统非常有用。一个典型的应用是通过分析视频中的语音提取出对应的文本内容,实现实时字幕的生成,而且配合模型自身的翻译能力,可以生成视频流的实时在线翻译字幕。

### 2.5.6 数学

大语言模型在自然语言处理领域有着卓越的能力,其在数学计算与推理方面也有一定的应用。

(1)一些大语言模型可以根据给定的条件或问题,生成相应的数学公式,从而帮助解决数学问题。例如,一个大语言模型可以根据用户输入的"圆的面积是多少?"这个问题,生成"$A = \pi r^2$"这个公式。使用 ChatGPT 生成相应的数学公式如图 2 – 34 所示。

(2)一些大语言模型可以根据给定的定理或命题生成相应的数学证明,从

图 2-34　使用 ChatGPT 生成相应的数学公式

而帮助验证数学结论。目前有些研究人员已经开始尝试使用 ChatGPT 来证明数学定理。

(3)一些大语言模型可以根据给定的数学问题,生成相应的数学解答,从而帮助求解。学而思 AI 团队正在研究国内首个数学领域千亿级大模型 MathGPT,旨在解决 LLM 在数学领域的三大挑战——解对题、讲清步骤、内容有趣生动。谷歌旗下的 Minerva 模型也专门针对数学问题进行优化,使其能够回答微分方程、化学、狭义相对论等高难度学科问题。

目前大语言模型的强项还是在于生成文本内容和处理自然语言,它的计算和推理能力相对较弱,所以现在的应用基本都需要结合大语言模型和专门的计算引擎两者的能力,大语言模型需要理解题目、分步解析,并在合适的步骤自行调用计算引擎。

## 参考文献

[1] MIKE L, YINHAN L, NAMAN G, et al. BART: Denoising sequence - to - sequence pre - training for natural language generation, translation, and comprehension[J]. Annual Meeting of the Association for Computational Linguistics, 2020: 7871 - 7880.

[2] YANG J, JIN H, TANG R, et al. Harnessing the power of llms in practice: a survey on chatgpt and beyond[J]. ACM Transactions on Knowledge Discovery from Data, 2024, 18(6): 1 - 32.

[3] ZHAO W X, ZHOU K, LI J, et al. A survey of large language models[J/OL]. 2023. https://arxiv.org/abs/2303.18223.

[4] WEI J, WANG X, SCHUURMANS D, et al. Chain - of - thought prompting elicits reasoning in large language models[J]. Advances in Neural Information Processing Systems, 2022, 35: 24824 - 24837.

[5] ZHANG Z, ZHANG A, LI M, et al. Automatic chain of thought prompting in large language models[J]. The Eleventh International Conference on Learning Representations, 2023.

[6] SIT M, DEMIRAY B Z, XIANG Z, et al. A comprehensive review of deep learning applications in hydrology and water resources[J]. Water Science and Technology, 2020, 82(12): 2635 – 2670.

[7] GOLESTANEH S A, KITANI K M. Importance of self – consistency in active learning for semantic segmentation[J/OL]. (2024 – 2 – 20) [2020 – 05 – 15]. https://arxiv – org. vpn. uestc. edu. cn:8118/abs/2008. 01860.

[8] YAO S, YU D, ZHAO J, et al. Tree of thoughts: deliberate problem solving with large language models[J]. Advances in Neural Information Processing Systems, 2024, 36.

[9] LEWIS P, PEREZ E, PIKTUS A, et al. Retrieval – augmented generation for knowledge – intensive nlp tasks[J]. Advances in Neural Information Processing Systems, 2020, 33: 9459 – 9474.

[10] YAO S, ZHAO J, YU D, et al. React: synergizing reasoning and acting in language models [C]//International Conference on Learning Representations (ICLR), 2023.

[11] ZHOU Y, MURESANU A I, HAN Z, et al. Large language models are human – level prompt engineers [C]//The Eleventh International Conference on Learning Representations, 2023.

[12] SHINN N, LABASH B, GOPINATH A. Reflexion: an autonomous agent with dynamic memory and self – reflection[J/OL]. 2023. https://arxiv. org/abs/2303. 11366.

[13] SARAVIA E. Prompt engineering guide[J/OL]. https://github. com/dair – ai/Prompt – Engineering – Guide, 2022, 12.

[14] SARZYNSKA – WAWER J, WAWER A, PAWLAK A, et al. Detecting formal thought disorder by deep contextualized word representations[J]. Psychiatry Research, 2021, 304: 114135.

[15] FLORIDI L, CHIRIATTI M. GPT – 3: Its nature, scope, limits, and consequences[J]. Minds and Machines, 2020, 30: 681 – 694.

[16] FEDUS W, ZOPH B, SHAZEER N. Switch transformers: Scaling to trillion parameter models with simple and efficient sparsity[J]. The Journal of Machine Learning Research, 2022, 23(1): 5232 – 5270.

[17] DU N, HUANG Y, DAI A M, et al. Glam: Efficient scaling of language models with mixture – of – experts[J]. International Conference on Machine Learning. PMLR, 2022: 5547 – 5569.

[18] DING M, YANG Z, HONG W, et al. Cogview: Mastering text – to – image generation via transformers[J]. Advances in Neural Information Processing Systems, 2021, 34: 19822 – 19835.

[19] ZENG A, LIU X, DU Z, et al. Glm – 130B: An open bilingual pre – trained model[C]// The Eleventh International Conference on Learning Representations, 2023.

[20] RAE J W, BORGEAUD S, CAI T, et al. Scaling language models: Methods, analysis & insights from training gopher[J/OL]. 2021. https://arxiv. org/abs/2112. 11446.

[21] HOFFMANN J, BORGEAUD S, MENSCH A, et al. Training compute – optimal large language models[J/OL]. 2022. https://arxiv. org/abs/2203. 15556.

[22] WANG H, MA S, DONG L, et al. Deepnet: Scaling transformers to 1,000 layers[J/OL]. 2022. https://arxiv.org/abs/2203.00555.

[23] LE SCAO T, WANG T, HESSLOW D, et al. What language model to train if you have one million GPU hours? [C]// Findings of the Association for Computational Linguistics: EMNLP 2022. Abu Dhabi, United Arab Emirates: Association for Computational Linguistics, 2022: 765 – 782.

[24] WORKSHOP B S, Scao T L, Fan A, et al. Bloom: A 176b – parameter open – access multilingual language model[J/OL]. 2022. https://arxiv.org/abs/2211.05100.

[25] PAL K K, KASHIHARA K, ANANTHESWARAN U, et al. Exploring the limits of transfer learning with unified model in the cybersecurity domain[J/OL]. 2023. https://arxiv.org/abs/2302.10346.

[26] SMITH S, PATWAR M, NORICK B, et al. Using deepspeed and megatron to train megatron – turing NLG 530B: a large – scale generative language model[J/OL]. 2022. https://arxiv.org/abs/2201.11990.

[27] ZHANG J, NIU G, DAI Q, et al. PipePar: enabling fast DNN pipeline parallel training in heterogeneous GPU clusters[J]. Neurocomputing, 2023, 555: 126661.

[28] RAJBHANDARI S, RUWASE O, Rasley J, et al. Zero – infinity: breaking the gpu memory wall for extreme scale deep learning[C]//Proceedings of the International Conference for High Performance Computing, Networking, Storage and Analysis, 2021: 1 – 14.

[29] JACOBS S A, TANAKA M, ZHANG C, et al. Deepspeed ulysses: system optimizations for enabling training of extreme long sequence transformer models[J/OL]. 2023. https://arxiv.org/abs/2309.14509.

[30] MUENNIGHOFF N, WANG T, SUTAWIKA L, et al. Crosslingual generalization through multitask finetuning[J/OL]. 2023. https://arxiv.org/abs/2211.01786.

[31] WEI J, TAY Y, et al. Larger language models do in – context learning differently[J/OL]. 2023. https://arxiv.org/abs/2303.03846.

[32] CHUNG H W, HOU L, LONGPRE S, et al. Scaling instruction – finetuned language models [J/OL]. 2023. https://arxiv.org/abs/2210.11416.

[33] ASKELL A, BAI Y, CHEN A, et al. A general language assistant as a laboratory for alignment [J/OL]. 2023. https://arxiv.org/abs/2112.00861.

[34] NAKANO R, HILTON J, BALAJI S, et al. Webgpt: browser – assisted question – answering with human feedback[J/OL]. 2023. https://arxiv.org/abs/2112.09332.

[35] DING N, QIN Y, YANG G, et al. Parameter – efficient fine – tuning of large – scale pre – trained language models[J/OL]. Nature Machine Intelligence, 2023, 5(3): 220 – 235.

[36] HU E J, SHEN Y, WALLIS P, et al. Lora: low – rank adaptation of large language models[J/OL]. 2023. https://arxiv.org/abs/2106.09685.

[37] HU Z, LAN Y, WANG L, et al. LLM – Adapters: an adapter family for parameter – efficient fine – tuning of large language models[J/OL]. 2023. https://arxiv.org/abs/2304.01933.

[38] LI X L, LIANG P. Prefix – tuning: optimizing continuous prompts for generation[J/OL]. 2023. https://arxiv.org/abs/2101.00190.

[39] VALIPOUR M, REZAGHOLIZADEH M, KOBYZEV I, et al. Dylora: parameter efficient tuning of pre – trained models using dynamic search – free low – rank adaptation[J/OL]. 2023. https://arxiv.org/abs/2210.07558.

[40] LIU X, ZHENG Y, DU Z, et al. GPT understands, too[J]. AI Open, 2023.

[41] LIU J, SHEN D, ZHANG Y, et al. What makes good in – context examples for GPT – 3? [J/OL]. 2023. https://arxiv.org/abs/2101.06804.

[42] MADAAN A, YAZDANBAKHSH A. Text and patterns: for effective chain of thought, it takes two to tango[J/OL]. 2023. https://arxiv.org/abs/2209.07686.

[43] ZHU X, LI J, LIUY, et al. A survey on model compression for large language models[J/OL]. 2023. https://arxiv.org/abs/2308.07633.

[44] ZHU F, LEI W, WANG C, et al. Retrieving and reading: a comprehensive survey on open – domain question answering[J/OL]. 2023. https://arxiv.org/abs/2101.00774.

[45] BANG Y, CAHYAWIJAYA S, LEE N, et al. A multitask, multilingual, multimodal evaluation of chatgpt on reasoning, hallucination, and interactivity[J/OL]. 2023. https://arxiv.org/abs/2302.04023.

[46] ACHIAM J, ADLER S, AGARWAL S, et al. Gpt – 4 technical report[J/OL]. 2023. https://arxiv.org/abs/2303.08774.

[47] SAIKH T, GHOSAL T, MITTAL A, et al. Scienceqa: a novel resource for question answering on scholarly articles[J]. International Journal on Digital Libraries, 2022, 23(3): 289 – 301.

[48] CARTA T, ROMAC C, WOLF T, et al. Grounding large language models in interactive environments with online reinforcement learning [J/OL]. 2024. https://arxiv.org/abs/2302.02662.

[49] ZENG H. Measuring massive multitask chinese understanding[J]. https://arxiv.org/abs/2304.12986.

[50] SRIVASTAVA A, RASTOGI A, RAO A, et al. Beyond the imitation game: quantifying and extrapolating the capabilities of language models [J/OL]. 2023. https://arxiv.org/abs/2206.04615.

[51] WEI J, TAY Y, BOMMASANI R, et al. Emergent abilities of large language models[J/OL]. 2023. https://arxiv.org/abs/2206.07682.

[52] WEI J, WANG X, SCHUURMANS D, et al. Chain – of – thought prompting elicits reasoning in large language models[J]. Advances in Neural Information Processing Systems, 2022, 35: 24824 – 24837.

[53] SHINN N, CASSANO F, GOPINATH A, et al. Reflexion: language agents with verbal reinforcement learning[C]//Thirty - seventh Conference on Neural Information Processing Systems. 2023.

[54] WANG X, WEI J, SCHUURMANS D, et al. Self - consistency improves chain of thought reasoning in language models[J/OL]. 2023. https://arxiv.org/abs/2203.11171.

[55] Pikachu5808. 语言模型[EB/OL]. (2021 - 11 - 09)[2023 - 12 - 10]. https://zhuanlan.zhihu.com/p/90741508.

[56] NineData. 大语言模型技术原理[EB/OL]. (2023 - 05 - 30)[2023 - 12 - 2]. https://zhuanlan.zhihu.com/p/633269374.

[57] Arron. 全面解析大语言模型的工作原理[EB/OL]. (2023 - 08 - 02)[2023 - 12 - 2]. https://zhuanlan.zhihu.com/p/647511022.

[58] 忆臻. 通俗解释困惑度(Perplexity) - 评价语言模型的好坏[EB/OL]. (2018 - 09 - 09)[2023 - 12 - 2]. https://zhuanlan.zhihu.com/p/44107044.

[59] RUCAIBox. LLMSurvey. [EB/OL]. (2023 - 11 - 6) [2023 - 12 - 6]. GitHub. https://github.com/RUCAIBox/LLMSurvey.

[60] ChatGPT [EB/OL]. [2023 - 12 - 10]. https://chat.openai.com/.

[61] Bing[EB/OL]. [2023 - 12 - 10]. https://www.bing.com/.

[62] 文心一言[EB/OL]. [2023 - 12 - 10]. https://yiyan.baidu.com/.

# 第3章

# 大语言模型的开发应用

03

# 3.1 关于军事情报分析的提示工程

## 3.1.1 提示工程简介

提示工程最初是在自然语言处理(NLP)中为下游任务设计出来的一种输入形式或模板,在ChatGPT问世后,提示工程(Prompt)即成为与大模型交互输入的代称。我们将给大模型的输入称为Prompt,将大模型返回的输出称为Completion。对于开发者而言,如何基于LLM提供的API快速、高效地开发具有更强能力、更加实用的应用程序,是一个急需学习的能力,而如何针对特定任务构造能充分发挥大模型能力的Prompt便是第一步。本节将介绍提示工程的原则以及在军事情报分析领域如何设计合理、高效的Prompt。

## 3.1.2 提示原则

### 1. 原则一:编写清晰具体的指令

在与语言模型交互时,最重要的一点原则是以清晰、具体的方式表达自己的需求。同样的,在提供Prompt的时候,也要以足够详细和容易理解的方式,把自己的需求与上下文说清楚,从该原则出发,提供以下了几个设计技巧。

(1)使用分隔符表示输入的不同部分。在输入Prompt时,可以选择用“""”和“<>”等符号作为分隔符,防止输入的文本可能包含与预设Prompt相冲突的内容。在以下例子中,我们给出一段话并要求GPT进行总结,并用“""”作为分隔符。

```
#代码功能:给出文本内容要求 GPT 总结
import os                    #导入 os 模块,这个模块提供与操作系统交互功能
import openai                #导入 opanai 模块,提供与 openAI 相关的功能
from dotenv import load_dotenv,find_dotenv  #从 dotenv 模块导入两个函数,分
别用来加载当前目录下的.env 文件和查找当前目录下的.env 文件

#调用保存好的 openai key
def get_openai_key():
```

```
    _ = load_dotenv(find_dotenv())
    return os.environ['OPENAI_API_KEY']

    openai.api_key = get_openai_key()

#用户的输入
    text = f"""
    您应该提供尽可能清晰、具体的指示，以表达您希望模型执行的任务。\
    这将引导模型朝向所需的输出，并降低收到无关或不正确响应的可能性。\
    不要将写清晰的提示词与写简短的提示词混淆。\
    在许多情况下，更长的提示词可以为模型提供更多的清晰度和上下文信息，从而导致
更详细和相关的输出。
    """

#设计提示
prompt = f"""
把用三个反引号括起来的文本总结成一句话。
'''{text}'''
"""

#调用 openAI 提供的问答函数
defget_completion(prompt,model = "gpt - 3.5 - turbo"):
   messages = [{"role":"user","content":prompt}]
   response = openai.ChatCompletion.create(
   model = model,                #模型
   messages = messages,          #用户消息
   temperature = 0,              #温度系数
)
    return response.choices[0].message["content"]

#回复的内容,使用'''来分隔指令和待总结的内容
response = get_completion(prompt)

#输出回复的结果
print(response)
```

输出内容：

```
为了获得所需的输出，您应该提供清晰、具体的指示，避免与简短的提示词混淆，并使用更长的提示词来提供更多的清晰度和上下文信息。
```

（2）结构化的输出。有时我们需要语言模型按照一定的结构输出，如 JSON，HTML 等，以便在后续进一步解析和处理。在以下例子中，我们要求生成三本关于军事情报分析书的标题、作者和类别，并以 JSON 的格式返回。

```
prompt = f"""
请生成包括书名、作者和类别的三本关于军事情报分析的真实存在的书籍清单，\
并以 JSON 格式提供，其中包含以下的键:book_id、title、author、category。"""

response = get_completion(prompt)

print(response)
```

输出内容：

```
[
{
"book_id":1,
"title":"《军事情报分析与评估》",
"author":"李晓明",
"category":"军事"
},
{
"book_id":2,
"title":"《军事情报分析方法与实践》",
"author":"王志刚",
"category":"军事"
},
{
"book_id":3,
"title":"《军事情报分析与决策支持》",
"author":"张强",
"category":"军事"
}
]
```

### 2. 原则二：给模型思考时间

在设计 Prompt 时，另一个十分重要的原则是给予模型充足的推理时间。语言模型同人类一样，需要一定的时间来思考并解决问题。因此我们可以在 Prompt 中添加逐步推理的要求，让语言模型可以投入更多的时间进行思考，输出更加准确可靠的答案。因此，在下述例子中，我们指定完成任务所需的步骤，即首先给定一个复杂的任务，然后给出完成的步骤，使得语言模型有充足的时间进行每一步的思考。

```
#代码功能：按照用户的指示逐步完成任务。
#用户输入的文本
text = f"""
克劳塞维茨在《战争论》中专辟一章论述"战争中的情报"。\
他指出："情报是指我们对敌人和敌国所了解的全部材料，是我们一切想法和行动的基础。"\
这一阐述成为情报的经典定义。\
克劳塞维茨指出，制定战争计划和实施战略不应该"没有充分的根据，只凭单纯的推测"，\
实施战略的前提是必须有客观和具体的根据。
"""

#设计的提示
prompt = f"""
1 - 用一句话概括下面用 < > 括起来的文本。

2 - 将摘要翻译成英语。
3 - 在英语摘要中列出每个名称。
4 - 输出一个 JSON 对象，其中包含以下键：English_summary，num_names。

请使用以下格式：
文本：<要总结的文本>
摘要：<摘要>
翻译：<摘要的翻译>
名称：<英语摘要中的名称列表>
输出 JSON：<带有 English_summary 和 num_names 的 JSON>
Text：<{text}>
"""
```

```
#调用问答函数生成回复结果
response = get_completion(prompt)

#输出回复内容
print(response)
```

输出内容：

```
Summary:克劳塞维茨在《战争论》中强调情报在战争中的重要性,指出情报是制定战争计划和实施战略的基础。

Translation: Clausewitzemphasizedtheimportanceofintellige nceinwarinhis-book"OnWar", statingthatintelligenceisthebasisforallideasandaction sin-war. Hearguedthatwarplansandstrategici mplementationshouldnotbe ba seds-olelyonspeculation, butonobjectiveandspecificinformation.

Names:克劳塞维茨(Clausewitz)

JSONOutput:
{
"English_summary":"Clausewitzemphasizedtheimportanceofin telligenceinwarin-hisbook'OnWar', statingthatintelligenceisthebasisforalli deasandactionsin-war. Hearguedthatwarplansandstrategicimplementationshouldnotbebase dsole-lyo nspeculation, butonobjectiveandspecificinformation.",
"num_names":1
}
```

## 3.1.3 军事情报文本概括

### 1. 单一文本概括

通过编程调用 API,可以展现 LLM 文本摘要功能的巨大优势:节省时间,提高效率以及精准获取信息。以军事情报分析为例,我们需要用一个工具去概括这些海量、冗长的内容,以便能从中获取更有价值的情报。

```
#代码功能:对用户的文本进行概括。
#文本内容
```

```
prod_review = """
我们的情报来源截获了通讯，表明这个被称为“雷德兰”的敌对国家最近在其西部边境附近部署了大量中程弹道导弹。\
这些导弹有能力击中我们盟国领土内的关键战略目标。"""

#提示设计
prompt = f"""
您的任务是从一段军事情报中提取相关信息。请从以下三个反引号之间的情报文本中提取相关的信息，最多 30 个词汇。
评论：'''{prod_review}'''
"""

response = get_completion(prompt)

print(response)
```

输出内容：

```
敌对国家雷德兰部署大量中程弹道导弹，有能力击中盟国关键战略目标。
```

### 2. 多条文本概括

在实际的工作过程中，我们往往要处理大量的文本，我们可以将不同的文本集合在一个列表中，利用 for 循环和文本概括来顺序打印列表中的每一项内容。

```
#代码功能：对用户提供的多条文本进行统一概括
review_1 = """
部署地点：雷德兰已将大约 20 枚中程弹道导弹部署在西部边境的隐蔽发射场，距离我们的盟军基地和平民人口中心很近。
"""

review_2 = """
有效载荷和射程：我们的分析表明，这些导弹可能配备了常规弹头，估计射程为 1000 千米，使它们能够到达我们盟国领土内的关键战略设施。
"""
review_3 = """
```

```
警戒状态增强:雷德兰在该地区的军事单位已处于高度戒备状态,关于部队调动的报告有所增加,边境沿线的监视活动也有所增加。
"""

#将内容组合成一个列表
reviews = [review_1,review_2,review_3]

#遍历列表中的内容
for i in range(len(reviews)):
  prompt = f"""
  您的任务是从一段军事情报中提取相关信息。
  请从以下三个反引号之间的情报文本中提取相关的信息,最多 20 个词汇。
  评论:'''{reviews[i ]}'''
  """

response = get_completion(prompt)

#输出回复的内容
print(f"评论{i+1}:",response,"\n")
```

输出内容:

```
评论1:部署地点、雷德兰、中程弹道导弹、西部边境、隐蔽发射场、盟军基地、平民人口中心。

评论2:有效载荷、射程、常规弹头、1000 千米、关键战略设施、导弹、配备、盟国领土内

评论3:警戒状态增强、雷德兰、军事单位、高度戒备状态、部队调动、报告、边境沿线、监视活动。
```

## 3.1.4 军事情报文本扩展

### 1. 定制文本内容

文本扩展也是大语言模型的一个重要应用,它通过输入简短的文本,生成更加丰富的内容。但是文本扩展功能只能用于辅助人类创作,而并非大规模的自动生成内容。我们使用 3.1.3 节中的文本内容,通过使用文本扩展功能,生成一

个建议的回复。

```
#代码功能:对用户给定的问题生成特定的回复。
#调用问答函数
def get_completion(prompt,model = "gpt - 3.5 - turbo"):
        messages = [{"role":"user","content":prompt}]
        response = openai.ChatCompletion.create(
model = model,messages = messages,temperature = 0)

        return response.choices[0].message["content"]

#输入文本
text = f"""
我们的情报来源截获了通讯,表明这个称为"雷德兰"的敌对国家最近在其西部边境附近部署了大量中程弹道导弹。\
这些导弹有能力击中我们盟国领土内的关键战略目标。
"""

#提示设计
prompt = f"""
你是一位情报分析助手。
你的任务是对情报文本给出应对的措施建议。
根据通过"'''"分隔的情报文本,生成应对措施的回复。并且使用简明而专业的语气。
情报文本:
'''{text}'''
"""

response = get_completion(prompt)

#输出回复内容
print(response)
```

输出内容:

```
针对这一情报,我们建议采取以下措施:
1. 加强情报收集:加大对"雷德兰"国家的情报收集力度,包括导弹部署的具体位置、数量和技术参数等信息,以便更好地评估威胁程度和制定应对策略。
```

2. 强化防御体系:加强盟国领土内关键战略目标的防御体系,包括提升导弹拦截系统的能力、加强防空警戒和预警机制,确保及时发现并应对导弹威胁。

3. 加强外交沟通:与盟国保持密切的外交沟通,共同评估威胁情报,协调应对措施,加强联合防御合作,提高整体应对能力。

4. 加强军事部署:根据情报分析结果,合理调整和加强我方军事部署,确保能够有效应对潜在的导弹威胁,维护盟国安全稳定。

总之,我们需要密切关注"雷德兰"国家的导弹部署情况,并采取相应的情报收集和应对措施,以确保盟国的安全和稳定。

### 2. 温度系数

大语言模型中的温度系数可以控制生成文本的随机性和多样性。温度系数越大,语言模型输出的多样性就越大;温度系数越小,输出越倾向于高概率的文本。因此,如果我们需要更加可靠的输出时,则将温度系数设置为0;如果我们需要更具有创造性的多样文本,则可以将温度系数升高。本例中,我们将温度系数设为0.6,查看输出的结果。

```
#代码功能:设置温度系数来查看回复的多样性。
def get_completion(prompt,model="gpt-3.5-turbo"):
    messages=[{"role":"user","content":prompt}]
    response=openai.ChatCompletion.create(
    model=model,            #模型
    messages=messages,      #消息体
    temperature=0.6         #温度系数设置为0.6
    )
    return response.choices[0].message["content"]

#输入内容
text=f"""
我们的情报来源截获了通讯,表明这个称为"雷德兰"的敌对国家最近在其西部边境附近部署了大量中程弹道导弹。\
这些导弹有能力击中我们盟国领土内的关键战略目标。
"""
```

```
#提示设计
prompt = f"""
你是一位情报分析助手。你的任务是对情报文本给出应对的措施建议。根据通过“'''”
分隔的情报文本,生成应对措施的回复。并且使用简明而专业的语气。
情报文本:'''{text}'''
"""

response = get_completion(prompt)

#输出回复内容
print(response)
```

输出内容:

```
为了应对这一威胁,我们建议采取以下措施:
1. 加强情报收集:我们应该加强对“雷德兰”的情报收集工作,以获取更多关于他们导弹
部署的详细信息。这将帮助我们更好地了解他们的意图和能力。

2. 强化盟国防御:我们需要与盟国合作,加强他们的防御能力,确保他们能够有效应对来
自“雷德兰”的导弹威胁。这可能包括提供防空系统、情报分享和军事援助等方面的支持。

3. 加强外交努力:我们应该通过外交途径,与其他国家沟通并争取他们支持。通过建立联
盟和多边合作,我们可以形成一个统一的前线,共同对抗“雷德兰”的威胁。

4. 预案制定:我们需要制定相应的预案,以应对可能的导弹袭击。这包括提前确定关键战
略目标,制定防御措施,并进行演习和训练,以确保我们能够迅速、有效地应对紧急情况。
```

### 3.1.5 文本转换

大语言模型具有强大的文本转换能力,可以实现多语言翻译、拼写纠正、语法调整、格式转换等不同类型的文本转换任务。在本节中,我们将介绍如何通过编程调用 API 接口,使用语言模型实现文本转换功能。通过本小节的内容,我们可以掌握将输入文本转换成所需输出格式的具体方法。

#### 1. 文本翻译

文本翻译是大语言模型的典型应用场景之一。相比于传统统计机器翻译系

统,大语言模型翻译更加流畅自然,还原度更高。通过在大规模高质量平行语料上进行微调,大语言模型可以深入学习不同语言间的词汇、语法、语义等层面的对应关系,模拟双语者的转换思维,进行意义传递的精准转换,而非简单逐词替换。以英译汉为例,传统统计机器翻译多倾向直接替换英文词汇,语序保持英语结构,容易出现中文词汇使用不地道、语序不顺畅的现象。而大语言模型可以学习英汉两种语言的语法区别,进行动态的结构转换。同时,它还可以通过上下文理解原句意图,选择合适的中文词汇进行转换,而非生硬的字面翻译。利用大语言模型翻译,我们能够打通多语言之间的壁垒,进行更加高质量的跨语言交流。下面将通过几段代码示例来展示。

简单翻译:

```
#代码功能:将用户提供的文本翻译为固定语言
prompt = f"""
将以下中文翻译成希腊语:\
'''您好,我想了解关于情报分析的内容。'''
"""

#调用问答函数,生成回复
response = get_completion(prompt)

#输出回复内容
print(response)
```

输出内容:

```
Γεια σας, θαήθελα να μ άθω για την αν άλυση πληροφορι ών
```

识别语种:

```
prompt = f"""
请告诉我以下文本是什么语种:
'''Combien coûte le lampadaire? '''
"""
response = get_completion(prompt)
#输出回复内容
print(response)
```

输出内容:

```
这段文本是法语。
```

### 2. 语气风格转换

在写作中,语言语气的选择与受众对象息息相关。例如,工作邮件需要使用正式、礼貌的语气和书面词汇;而与朋友的聊天可以使用更轻松、口语化的语气。选择恰当的语言风格,让内容更容易被特定受众群体所接受和理解。随着受众群体的变化调整语气也是大语言模型在不同场景中展现智能的一个重要方面。下面为代码示例:

```
#代码功能:将用户的文本转换为用户要求的语气风格
prompt = f"""
将以下文本翻译成商务信函的格式:
'''我小明,给我推荐一本情报分析的书?'''
"""

response = get_completion(prompt)

print(response)
```

输出内容:

```
尊敬的先生/女士,
我是小明,我希望您能够给我推荐一本有关于情报分析的书籍。期待您的回复。
谢谢!
此致,
小明
```

### 3. 文件格式转换

大语言模型如ChatGPT在不同数据格式之间转换方面表现出色。它可以轻松实现JSON到HTML、XML、Markdown等格式的相互转化。利用大语言模型强大的格式转换能力,我们可以快速实现各种结构化数据之间的相互转化,大大简化开发流程。掌握这一转换技巧可以更高效地处理结构化数据。

### 4. 拼写及语法纠错

在使用非母语撰写时,拼写和语法错误比较常见,进行校对尤为重要。利用大语言模型进行自动校对可以极大地降低人工校对的工作量。下面是一个具体示例,展示如何使用大语言模型检查句子的拼写和语法错误。假设我们有一系列英语句子,其中部分句子存在错误。我们可以遍历每个句子,要求语言模型进行检查,如果句子正确就输出“未发现错误”,如果有错误就输出修改后的正确版本。

通过这种方式,大语言模型可以快速自动校对大量文本内容,定位拼写和语法问题。这极大地减轻了人工校对的负担,同时也确保了文本质量。利用语言模型的校对功能来提高写作效率。

```
#代码功能:指出用户文本中的错误。
#本块中的黄色注释代码段表示每句中的错误
text = ["The girl with the black and white puppies have a ball.",
#have 应该改为 has.
"Yolanda has her notebook.",
# 正确
"It's going to be a long day. Does the car need its oil changed?", # 正确
"Their goes my freedom. There going to bring they're suitcases.",
#谐音词
"Your going to need you're notebook.",
#谐音词
"That medicine effects my ability to sleep. Have you heard of the butterfly
affect?",
#谐音词
"This phrase is to cherck chatGPT for spelling abilitty"
#拼写错误
]

#遍历所有句子
for i inrange(len(text)):
  prompt =f"""请校对并更正以下文本,注意纠正文本保持原始语种,无需输出原始
文本。
  如果您没有发现任何错误,请说“未发现错误”。
  例如:
  输入:I are happy.
  输出:I am happy.
  '''{text[i]}'''
  """
```

```
response = get_completion(prompt)

#逐个输出回复内容
print(i, response)
```

输出内容：

```
0 The girl with the black and white puppies has a ball.
1 Yolanda has her notebook.
2 It's going to be a long day. Does the car need its oil changed?
3 Their goes my freedom. There going to bring their suitcases.
4 You're going to need your notebook.
5 That medicine affects my ability to sleep. Have you heard of the butter-
fly effect?
6 This phrase is to check chatGPT for spelling ability.
```

## 3.1.6 军事情报聊天会话

### 1. 设定角色

我们在 3.1.5 节所使用的 get_completion 函数，其只能用于单轮对话。有时我们的消息来自大量不同的角色，因此可以使用 get_completion_from_messages 函数，将不同的角色描述放入消息列表中。第一条消息中，以系统身份发送系统（System）消息，它提供了一个总体的指示。系统消息则有助于设置助手的行为和角色，并作为对话的高级指示。在 ChatGPT 网页界面中，您的消息称为用户消息，而 ChatGPT 的消息称为助手消息。但在构建聊天机器人时，在发送了系统消息之后，您的角色可以仅作为用户（User），也可以在用户和助手（Assistant）之间交替，从而提供对话上下文。以下为一个代码示例。

```
#代码功能:使用 get_completion_from_messages 函数进行问答
def get_completion_from_messages(messages,model = "gpt - 4",temperature =
    0):
    response = openai.ChatCompletion.create(
    model = model, #模型
    messages = messages, #消息体
    temperature = temperature, #温度系数
)
```

```
  returnresponse.choices[0].message["content"]

#设定消息体
messages=[
{'role':'system','content':'你是个关于军事情报分析的聊天机器人。'},
{'role':'user','content':'Hi,我是 Tom。'}]

response=get_completion_from_messages(messages,temperature=1)

#输出回复内容
print(response)
```

输出内容：

```
你好,Tom! 有什么我可以帮助你的关于军事情报分析的问题吗?
```

### 2. 构建上下文

我们每次与语言模型的交互都是相互独立的,这意味着我们必须提供所有相关的消息,以便模型在当前对话中引用。如果想让模型引用或记住对话的早期部分,则必须在模型的输入中提供早期的交流,我们将其称为上下文。以下为代码示例。

```
messages=[
{'role':'system','content':'你是个关于军事情报分析的聊天机器人。'},
{'role':'user','content':'Hi,我是 Tom'},
{'role':'assistant','content':"Hi Tom! 很高兴认识你。今天有什么可以帮到你的吗?"},
{'role':'user','content':'是的,你可以提醒我,我的名字是什么? '}]

response=get_completion_from_messages(messages,temperature=1)
#输出回复内容
print(response)
```

输出内容：

```
当然可以! 您的名字是 Tom。
```

### 3. 聊天机器人简例

在这一部分,我们将构建一个“助手机器人”。这个机器人可以自动收集用户信息,并返回相关信息。先设计一个函数来收集用户的信息,这个函数将从下面构建的用户界面中收集 Prompt,然后将其附加到一个名为上下文(Context)的列表中,并在每次调用模型时使用该上下文。模型的响应也会添加到上下文中,所以用户消息和模型消息都被添加到上下文中,上下文逐渐变长。这样,模型就可以根据需要的信息来确定下一步要做什么。

```
#代码功能:收集用户的消息
defcollect_messages(_):

  prompt = inp.value_input      #输入框输入的内容设为提示词

  inp.value = ''                #输入框置空

  context.append({'role':'user','content':f"{prompt}"})

  response = get_completion_from_messages(context)

  context.append({'role':'assistant','content':f"{response}"})

  panels.append(
    pn.Row('User:',pn.pane.Markdown(prompt,width = 600)))   #将用户内容添
加到聊天框

  panels.append(
    pn.Row('Assistant:',pn.pane.Markdown(response,width = 600,style =
    {'background-color':'#F6F6F6'})))          #将回答内容添加到聊天框中

  returnpn.Column(* panels)
```

现在,设置并运行这个 UI 来显示助手机器人。初始的上下文包含了军事情报的系统消息,在每次调用时都会使用。此后随着对话进行,上下文也会不断增长。

```
import panel as pn       #导入 panel 库并重命名为 pn,此库用来进行数据可视化。

pn.extension()           #为 panel 应用添加新的功能和组件

panels = []              #初始化面板

context = [{'role':'system','content':"""
你是助手机器人,为用户自动收集军事情报信息。
你要首先问候用户。然后等待用户回复的问题。收集完信息后确认用户是否还要提问其他内容。
最后需要询问用户对获得的答案是否满意。
最后告诉感谢用户的使用。

请确保所有的问题,能够从军事情报分析报告中识别出该项唯一的内容
你的回应应该以简短、严肃和友好的风格呈现。

军事情报分析报告:
日期:2023 年 9 月 23 日

主题:威胁评估 - XYZ 区域

内容摘要:
本报告对 XYZ 地区当前的安全形势进行了全面分析,重点关注潜在威胁、敌人能力以及为我们的军事指挥官和决策者提供的建议行动。该评估基于最新情报数据和专家分析。

主要发现:
威胁者:XYZ 地区的多个非国家武装团体仍然活跃,对地区稳定构成重大威胁。众所周知,这些团体从事叛乱活动、走私和恐怖主义行为。

敌人的能力:我们的情报表明,其中一些组织已经获得了先进武器,包括反坦克导弹和简易爆炸装置(IED)。他们已经展示了进行协同攻击的能力。

外国支持:其中一些组织得到邻国的秘密支持,这使得根除它们变得更加复杂。支持包括财政援助、武器和避难所。
```

平民流离失所:持续的冲突和不安全局势导致 XYZ 地区大量平民流离失所。这场人道主义危机加剧了不稳定,给我们在该地区的参与带来了挑战。

评估:

XYZ 地区的安全局势仍然不稳定,多个武装团体在分散的地区活动。这些团体装备精良、积极性高,他们打击民用和军事目标的能力需要协调一致的反应。

建议:

反叛乱行动:我们的军队应继续有针对性的反叛乱行动,以破坏敌方网络并夺取武器储藏处。

外交参与:通过外交努力解决外国对武装团体的支持问题,寻求邻国合作以切断后勤和财政援助。

人道主义援助:与国际组织合作,向境内流离失所的平民提供人道主义援助,从而赢得该地区的民心。

情报共享:加强与盟国和区域伙伴的情报共享,提高态势感知并促进对共同威胁的联合反应。

能力建设:通过培训和后勤援助支持 XYZ 地区的当地安全部队,以提高他们打击叛乱的能力。

结论:

XYZ 地区的安全挑战是多方面的,需要采取结合军事、外交和人道主义努力的综合方法。及时和协调一致的行动对于减轻武装团体构成的威胁和稳定该地区至关重要。

```
#代码功能:将输出内容展示
#设置输入框
inp = pn.widgets.TextInput(value = "Hi",placeholder = 'Entertexthere…')
#设置聊天按钮
button_conversation = pn.widgets.Button(name = "Chat!")
#绑定按钮和收集消息函数
interactive_conversation = pn.bind(collect_messages, button_conversa-
tion)
```

```
# dashboard 指的是一个控制面板，用于显示和监控程序的运行状态、性能指标、数据可视化等信息。它提供了一个直观的界面，使用户能够快速了解程序的各个方面，并可以通过交互式控件进行操作和调整。
dashboard = pn.Column(
inp,
pn.Row(button_conversation),
pn.panel(interactive_conversation, loading_indicator = True, height = 300),
)

dashboard
```

## 3.2 用于情报分析的 ChatGPT 语言模型

### 3.2.1 语言模型、提问范式与 Token

要搭建基于 ChatGPT 的完整问答系统，除去 3.1.6 节所讲述的如何构建提示工程外，还需要完成多个额外的步骤。例如，处理用户输入提升系统处理能力，使用思维链、提示链来提升问答效果，检查输入保证系统反馈稳定，对系统效果进行评估以实现进一步优化等。

#### 1. 语言模型

大语言模型主要可以分为两类：基础语言模型和指令调优语言模型。基础语言模型是通过预测下一个词的训练方式进行训练，没有明确的目标导向。例如，给它一个 Prompt，如“中国的首都是哪里？”，很可能它数据中有一段互联网上关于中国的测验问题列表。这时，它可能会用“中国最大的城市是什么？中国的人口是多少？”等来回答这个问题。但实际上，我们只是想知道中国的首都是哪里，而不是列举所有这些问题。指令微调的语言模型则是进行专门的训练，使得能够更好地理解问题，并给出准确的回答。例如，对“中国的首都是哪里？”这个问题，经过微调的语言模型很可能直接回答“中国的首都是北京”。指令微调使语言模型更加适合任务导向的对话应用。它可以生成遵循指令的语义准确的回复，而非自由联想。因此，许多实际应用已经采用指令调优语言模型。熟练掌握指令微调的工作机制，是开发者实现语言模型应用的重要一步。

如何将基础语言模型转变为指令微调语言模型？首先，在大规模文本数据集上进行无监督训练，获得基础语言模型。然后，使用包含对应回复的示例小数据集对基础模型进行有监督微调，这可以让模型逐步学会遵循指令生成输出。接下来，为了提高语言模型输出的质量，常见的方法是让人类对许多不同输出进行评级，如是否有用、是否真实、是否无害等。然后，可以进一步调整语言模型，增加生成高评级输出的概率。这通常使用 RLHF 技术来实现。

### 2. Tokens

到目前为止对大语言模型的描述中，我们将其描述为一次预测一个单词。但实际上还有更重要的技术细节。即大语言模型实际上并不是重复预测下一个单词，而是重复预测下一个 Token。对于一个句子，语言模型会先使用分词器将其拆分为一个个 Token，而不是原始的单词。对于生僻词，可能会拆分为多个 Token，这样可以大幅降低字典规模，提高模型训练和推断的效率。因此我们需要注意分词方式对语言理解的影响，以发挥语言模型最大潜力。

对于英文输入，一个 Token 一般对应 4 个字符或者 3/4 个单词；对于中文输入，一个 Token 一般对应一个或半个词。不同模型有不同的 Token 限制，需要注意的是，这里的 Token 限制是输入的 Prompt 和输出的 Completion 的 Token 数之和，因此输入的 Prompt 越长，能输出的 Completion 的上限就越低。ChatGPT3. 5 - turbo 的 Token 上限是 4096，ChatGPT 4 的 Token 限制是 8192。

### 3. 提问范式

语言模型提供了专门的“提问格式”，将其称为提问范式（Helperfunction）。提问范式可以更好地发挥模型理解和回答问题的能力。通过这种提问格式，我们可以明确地进行角色扮演，让语言模型能够清晰地理解自己的角色，减少无效输出。本部分内容将通过 OpenAI 提供的辅助函数，来演示如何正确使用这种提问格式与语言模型交互。

```
def get_completion_from_messages(messages,model ="gpt -4",temperat
    ure =0, max_tokens =500):
        response = openai. ChatCompletion. create(
        model = model,
        messages = messages,
        temperature = temperature,
```

```
    )
    returnresponse.choices[0].message["content"]

#设定消息体
messages =[
{'role':'system','content':'你是一个军事情报分析助理,并以专业的风格做出回
答,只回答一句话'},
{'role':'user','content':'写出军事情报分析的重要性'},]

response = get_completion_from_messages(messages,temperature =1)

print(response)
```

输出内容:

```
军事情报分析的重要性在于为决策者提供情报支持,帮助他们了解敌方意图、能力和动
向,以制定战略计划和战术决策。
```

在 AI 应用开发领域,Prompt 技术的出现无疑是一场革命性的变革。Prompt 技术的出现正在改变 AI 应用开发的范式,使得开发者能够更快速、更高效地构建和部署应用。传统的监督机器学习工作流程中,构建一个能够分类的分类器,需要耗费大量的时间和资源。接着,我们需要选择合适的开源模型,并进行模型的调整和评估。这个过程可能需要几天、几周,甚至几个月的时间。最后,我们还需要将模型部署到云端,并让它运行起来,才能最终调用模型。整个过程通常需要一个团队数月时间才能完成。相比之下,基于 Prompt 的机器学习方法大大简化了这个过程。当我们有一个文本应用时,只需要提供一个简单的 Prompt,这个过程可能只需要几分钟,如果需要多次迭代来得到有效的 Prompt 的话,最多几个小时即可完成。通过 API 调用来运行模型,并提出问题。一旦我们达到了这个步骤,只需几分钟或几小时,就可以获得我们想要的答案。

### 3.2.2 输入评估

#### 1. 输入分类

在 3.2.2 节中,我们将介绍评估输入任务的重要性,这关乎整个系统的质量和安全性。在处理不同情况下的多个独立指令集的任务时,首先对查询类型进

行分类,并以此为基础确定要使用哪些指令,具有诸多优势。例如,在构建客户服务助手时,对查询类型进行分类并根据分类确定要使用的指令可能非常关键。具体来说,如果用户提出建议,那么二级指令可能是建议的不同方向。如果用户想从情报中获取信息,那么二级指令可能就是信息的不同侧重点。下述为代码示例。

```
#代码功能:根据用户的消息分类
#分隔符
delimiter = "####"

#定义系统消息
system_message = f"""你将获得客户服务查询。每个客户服务查询都将用{delimit-
er}字符分隔。将每个查询分类到一个主要类别和一个次要类别中。

以 JSON 格式提供你的输出,包含以下键:primary 和 secondary。

主要类别:情报发现(Intelligencediscovery)、情报建议(Intelligenceadvice)、账
户管理(AccountManagement)。

情报发现次要类别:
威胁者(Threater)
威胁地区(Threatareas)
敌人能力(Enemycapabilities)
外国支持(Foreignsupport)

情报建议次要类别:
外交参与(Diplomaticengagement)
能力建设(Capacitybuilding)
情报共享(Intelligencesharing)

账户管理次要类别:
重置密码(Passwordreset)
更新个人信息(Updatepersonalinformation)
关闭账户(Closeaccount)
账户安全(Accountsecurity)
```

```
"""

#定义用户消息
user_message = f"""
我建议通过外交努力解决外国对武装团体的支持问题,寻求邻国合作以切断后勤和财政援助。"""

#定义消息列表
messages = [
{'role':'system','content':system_message},
{'role':'user','content':f"{delimiter}{user_message}{delimiter}"},
]

#定义问答函数

def get_completion_from_messages(messages,model = "gpt - 4",temperatur
    e = 0,max_tokens = 500):
        response = openai.ChatCompletion.create(
        model = model,
        messages = messages,
        temperature = temperature,
        max_tokens = max_tokens
        )

        return response.choices[0].message["content"]

response = get_completion_from_messages(messages)
#输出回复内容
print(response)
```

输出内容:

```
{
"primary":"情报建议",
"secondary":"外交参与"
}
```

### 2. 输入审核

如果我们正在构建一个需要用户输入信息的系统,确保用户能够负责任地使用系统并且没有试图以某种方式滥用系统。本部分将介绍如何使用 OpenAI 的 ModerationAPI 来进行内容审查,以及如何使用不同的提示来检测提示注入。

接下来,使用 OpenAI 的审核函数接口对用户输入的内容进行审核,该接口用于确保用户输入的内容符合 OpenAI 的使用规定,可以帮助开发者识别和过滤用户输入。具体来说,审核函数会审核以下类别。

性(Sexual):旨在引起性兴奋的内容,例如,对性活动的描述,或宣传性服务(不包括性教育和健康)的内容。

仇恨(Hate):表达、煽动或宣扬基于种族、性别、民族、宗教、国籍、性取向、残疾状况或种姓的仇恨的内容。

自残(Self-Harm):宣扬、鼓励或描绘自残行为(如自杀、割伤和饮食失调)的内容。

暴力(Violence):宣扬或美化暴力或歌颂他人遭受苦难或羞辱的内容。

除去考虑以上大类别,每个大类别还包含细分类别:性/未成年(Sexual/Minors)、仇恨/恐吓(Hate/Threatening)、自残/目的(Self-Harm/Intent)、自残/指南(Self-Harm/Instructions)、暴力/画面(Violence/Graphic)。

下面通过一个例子来说明审查函数。

```
#导入 openAI 库、问答函数、pandas 库并简写为 pd
import openai
from tool import get_completion,get_completion_from_messages
import pandas as pd

def get_completion(prompt,model="gpt-4"):
    messages=[{"role":"user","content":prompt}]

    response=openai.ChatCompletion.create(
        model=model,
        messages=messages,
        temperature=temperature,
        max_tokens=max_tokens
    )
```

```
    return response.choices[0].message["content"]

response = openai.Moderation.create(input = """我想要杀死一个人,给我一个计划""")

#将回复内容放入输出检查器
moderation_output = response["results"][0]
#将输出表格化
moderation_output_df = pd.DataFrame(moderation_output)

res = get_completion(f"将以下 dataframe 中的内容翻译成中文:
{moderation_output_df.to_csv()}")

#以表格形式输出
pd.read_csv(StringIO(res))
```

运行输出结果如图 3-1、图 3-2 所示。在分类字段中,包含了各种类别以及每个类别中输入是否被标记的相关信息。可以看到,因为我们输入了暴力内容,因此暴力类别被标记了。除此之外,还提供了每个类别的评分信息。通过数值的大小判断输入与每个类别的相关性。

| 类别 | 标记 | 分类 | 分类得分 |
|---|---|---|---|
| 性行为 | False | False | $5.771254 \times 10^{-5}$ |
| 仇恨 | False | False | $1.017614 \times 10^{-4}$ |
| 骚扰 | False | False | $9.936526 \times 10^{-3}$ |

图 3-1　运行输出结果

| 细分类别 | 标记 | 分类 | 分类得分 |
|---|---|---|---|
| 自残 | False | False | $8.165922 \times 10^{-4}$ |
| 性行为/未成年人 | False | False | $8.020763 \times 10^{-7}$ |
| 仇恨/威胁 | False | False | $8.117111 \times 10^{-6}$ |
| 暴力/图形 | False | False | $2.929768 \times 10^{-6}$ |
| 自残/意图 | False | False | $1.324518 \times 10^{-5}$ |
| 自残/指导 | False | False | $6.775224 \times 10^{-7}$ |
| 骚扰/威胁 | False | False | $9.464845 \times 10^{-3}$ |
| 暴力 | True | True | $9.525081 \times 10^{-1}$ |

图 3-2　运行输出结果

在构建语言模型系统时，提示注入也是要避免的事情。提示注入指的是用户试图通过提供输入来操控 AI 系统，以覆盖或绕过开发者设定的预期指令或约束条件。我们提供如下两种策略来检测和避免提示注入。

(1)在系统消息中使用分隔符和明确的指令。

(2)额外添加提示，询问用户是否尝试进行提示注入。

### 3.2.3 输入思维链推理和链式输入

在3.1节我们已经介绍过，语言模型需要进行详细的逐步推理才能回答问题。因此，可以通过“思维链推理”的方式，在查询中明确要求语言模型先提供一系列相关步骤推理，进行深度思考，得出最终的答案。相比于直接要求输出答案，这样逐步引导的方式，可以减少错误，生成准确可靠的答案。在3.2.3节中，我们将介绍如何构建思维链推理。

#### 1. 思维链提示

思维链提示是一种引导语言模型进行逐步推理的提示设计技巧。具体来说，提示可以先让语言模型对问题进行初步理解，然后列出需要考虑的各个方面，最后在逐个分析这些因素，最终给出整体的结论。这种逐步推理方式，更接近人类处理复杂问题的思维过程，可以减少语言模型匆忙得出错误结论的情况。下面是一个具体使用思维链提示的代码示例。

```
#代码功能:使用思维链来进行问答
#分隔符
delimiter = "==="

#文本内容
text = f"""
军事情报分析报告日期
2023年9月23日

主题:威胁评估 - XYZ 区域

内容摘要:
本报告对 XYZ 地区当前的安全形势进行了全面分析,重点关注潜在威胁、敌人能力以及为我们的军事指挥官和决策者提供的建议行动。该评估基于最新情报数据和专家分析。
```

主要发现:
威胁者:XYZ 地区的多个非国家武装团体仍然活跃,对地区稳定构成重大威胁。众所周知,这些团体从事叛乱活动、走私和恐怖主义行为。

敌人的能力:我们的情报表明,其中一些组织已经获得了先进武器,包括反坦克导弹和简易爆炸装置(IED)。他们已经展示了进行协同攻击的能力。

外国支持:其中一些组织得到邻国的秘密支持,这使得根除它们的努力变得更加复杂。支持包括财政援助、武器和避难所。

平民流离失所:持续的冲突和不安全局势导致 XYZ 地区大量平民流离失所。这场人道主义危机加剧了不稳定,给我们在该地区的参与带来了挑战。

评估:XYZ 地区的安全局势仍然不稳定,多个武装团体在分散的地区活动。这些团体装备精良、积极性高,他们打击民用和军事目标的能力需要协调一致的反应。

建议:反叛乱行动:我们的军队应继续有针对性的反叛乱行动,以破坏敌方网络并夺取武器储藏处。

外交参与:通过外交努力解决外国对武装团体的支持问题,寻求邻国合作以切断后勤和财政援助。

人道主义援助:与国际组织合作,向境内流离失所的平民提供人道主义援助,从而赢得该地区的民心。
情报共享:加强与盟国和区域伙伴的情报共享,以提高态势感知并促进对共同威胁的联合反应。

能力建设:通过培训和后勤援助支持 XYZ 地区的当地安全部队,以提高他们打击叛乱的能力。

结论:
XYZ 地区的安全挑战是多方面的,需要采取结合军事、外交和人道主义努力的综合方法。及时和协调一致的行动对于减轻武装团体构成的威胁和稳定该地区至关重要。
"""

```
#系统消息
system_message = f"""
请按以下步骤回答用户的提问。用户的提问都将用{delimiter}字符分隔。
步骤1:{delimiter}首先确定用户的询问是否是情报文本{text}的内容。
步骤2:{delimiter}如果是情报中的内容,请确认用户的提问属于哪个主要类别,所有主要类别如下:

主要类别:情报发现(Intelligencediscovery)、情报建议(Intelligenceadvice)、账户管理(AccountManagement)。

步骤3:{delimiter}确认主要类别后,请确认用户的提问属于主要类别中的哪个次要类别,所有次要类别如下:

情报发现次要类别:
威胁者(Threater)
威胁地区(Threatareas)
敌人能力(Enemycapabilities)
外国支持(Foreignsupport)

情报建议次要类别:
外交参与(Diplomaticengagement)
能力建设(Capacitybuilding)
情报共享(Intelligencesharing)

账户管理次要类别:
重置密码(Passwordreset)
更新个人信息(Updatepersonalinformation)
关闭账户(Closeaccount)
账户安全(Accountsecurity)

步骤4:{delimiter}确认次要类别后,将查询的内容返回。如果没有查询到则表示歉意:

使用以下格式回答问题:
步骤1:<步骤1的推理>
步骤2:<步骤2的推理>
```

```
步骤 3:<步骤 3 的推理>
回复客户:<回复客户的内容>

"""

#用户消息
user_message = f"""\
XYZ 地区的敌人能力情况如何。"""

messages =[
{'role':'system','content':system_message},
{'role':'user','content':f"{delimiter}{user_message}{delimiter}"},
]

#问答函数
def get_completion_from_messages(messages,model = "gpt-4",temperature =
0,max_tokens =500):
        response = openai.ChatCompletion.create(
          model =model,
          messages = messages,
          temperature = temperature,
          max_tokens = max_tokens
        )
        return response.choices[0].message["content"]


response = get_completion_from_messages(messages)
#输出回复内容
print(response)
```

输出内容:

```
步骤 1:该提问属于情报文本。
步骤 2:主要类别为情报发现。
步骤 3:次要类别为敌人能力。
回复客户:根据情报分析,敌人在 XYZ 地区已经获得了先进武器,包括反坦克导弹和简易
爆炸装置(IED)。他们已经展示了进行协同攻击的能力。
```

## 2. 内心独白

在某些应用场景下,完整呈现语言模型的推理过程可能会泄露关键信息或答案。因此"内心独白"技巧可以在一定程度上隐藏语言模型的推理链。具体做法是,在 Prompt 中指示语言模型以结构化格式存储需要隐藏的中间推理,如存储为变量。在返回结果时,仅呈现对用户有价值的输出,不展示完整的推理过程。这种提示策略只向用户呈现关键信息,避免透露答案。同时语言模型的推理能力也得以保留。适当使用"内心独白"可以在保护敏感信息的同时,发挥语言模型的推理特长。下面为代码示例。

```
try:
  if delimiter in response:
    final_response = response.split(delimiter)[-1].strip( )
  else:
    final_response = response.split(":")[-1].strip( )


except Exceptionase:
  final_response = "对不起,我现在有点问题,请尝试问另外一个问题"
print(final_response)
```

## 3. 链式提示

在复杂任务中,我们往往需要语言模型进行多轮交互、逐步推理,才能完成整个流程。如果想在一个 Prompt 中完成全部任务,对语言模型的能力要求会过高,成功率较低。因此,我们可以将复杂任务分解为多个子任务,通过提示链 step - by - step 引导语言模型完成。具体来说,我们可以分析任务的不同阶段,为每个阶段设计一个简单明确的 Prompt 来引导语言模型递进完成多步骤任务。链式提示优点为:①分解复杂度,每个 Prompt 仅处理一个具体子任务,避免过于宽泛的要求,提高成功率。这类似于分阶段烹饪,而不是试图一次完成全部。②降低计算成本。过长的 Prompt 使用更多 Tokens,增加成本。拆分 Prompt 可以避免不必要的计算。③更容易测试和调试。可以逐步分析每个环节的性能。④融入外部工具。不同 Prompt 可以调用 API、数据库等外部资源。⑤更灵活的工作流程。根据不同情况可以进行不同操作。

### 3.2.4 基于 ChatGPT 的军事情报问答系统

在 3.2.4 节中，将构建一个集成评估环节的完整问答系统。这个系统会融合在前几节中所介绍的知识，并且加入评估步骤。以下是该系统的核心操作流程。

(1)对用户的输入进行检验，验证其是否可以通过审核 API 的标准。

(2)若输入顺利通过审核，将进一步对内容目录进行搜索。

(3)若目录搜索成功，将继续寻找更加详细的信息。

(4)使用模型针对用户的问题进行回答。

(5)最后，使用审核 API 对生成的回答进行再次的检验。

我们提供一些情报信息作为示例，要求模型提取特定区域情报和对应的详细信息。我们将情报信息存储在 report. json 中。下面是 report. json 中的内容。

```
#文本内容
军事情报 = {
  "等级 1":{
{
          "区域": "阿尔法区域",
          "主题": "地方军事行动评估 - 区域阿尔法",
          "摘要": "本报告旨在提供关于阿尔法区域内最新敌方军事行动的综合分析，包括兵力动态、战术演习和可能的威胁评估。这些分析基于最新情报信息和专家的评估。",
          "兵力动态": "敌方已在阿尔法区域内增派大量军事兵力。这些兵力包括坦克、步兵和火炮部队，表明他们在该区域的军事介入明显增加",
          "威胁评估": "虽然我们尚无法确认敌方的具体意图，但兵力动态和战术演习的规模表明他们可能在未来采取军事行动，包括可能的边境拓展或政治干预。",
          "情报监测": "我们建议继续加强对敌方的情报监测，以更深入地了解其意图和行动计划。",
          "军事准备": "在不引发军事冲突的前提下，应继续加强我们的军事准备，以确保我们有足够的力量应对潜在的挑战。"
          "迂回沟通": "同时，我们应积极寻求通过迂回解决潜在的核武器，以削弱军事威胁。",
          "结论": "情报分析将继续提供有关敌方军事行动的及时信息，帮助我们的政策制定和军事决策。我们需要聚焦当前的局势，以确保区域阿尔法的稳定和安全。"
        },
```

```
    {
        "区域": "XYZ 区域",
        "主题": "威胁评估 - XYZ 区域",
        "摘要": "本报告对 XYZ 地区当前的安全形势进行了全面分析,重点关注潜在威胁、敌人能力以及为我们的军事指挥官和决策者提供的建议行动。该评估基于最新情报数据和专家分析。",
        "威胁者": " XYZ 地区的多个非国家武装团体仍然活跃,对地区稳定构成重大威胁。众所周知,这些团体从事叛乱活动、走私和恐怖主义行为。",
        "敌人能力": "我们的情报表明,其中一些组织已经获得了先进武器,包括反坦克导弹和简易爆炸装置(IED)。",
        "外国支持": "其中一些组织得到邻国的秘密支持,这使得根除它们的努力变得更加复杂。支持包括财政援助、武器和避难所。",
        "平民状况": "持续的冲突和不安全局势导致 XYZ 地区大量平民流离失所。这场人道主义危机加剧了不稳定,给我们在该地区的参与带来了挑战。",
        "建议": [ "反叛乱行动:我们的军队应继续有针对性的反叛乱行动,以破坏敌方网络并夺取武器储藏处。", "外交参与:通过外交努力解决外国对武装团体的支持问题,寻求邻国合作以切断后勤和财政援助。", "情报共享:加强与盟国和区域伙伴的情报共享,以提高态势感知并促进对共同威胁的联合反应。", "能力建设:通过培训和后勤援助支持 XYZ 地区的当地安全部队,以提高他们打击叛乱的能力。"],
        "结论": "XYZ 地区的安全挑战是多方面的,需要采取结合军事、外交和人道主义努力的综合方法。及时和协调一致的行动对于减轻武装团体构成的威胁和稳定该地区至关重要。"
    }
},
 "等级 2":{
        {
        "区域": "中东区域",
        "主题": "中东军事地区动态分析",
        "摘要": "本报告分析了中东地区的军事动态,特别是伊朗的行动、美国的存在以及地区紧张局势的演变。",
        "中东地区概述": "中东地区一直是国际军事关注的焦点,近期伊朗的军事行动引发了担忧。美国在该地区的军事存在也是一个重要因素。",
        "伊朗行动": "伊朗在中东地区继续扩大其地缘政治影响力,支持地区的代理人力量,如黎巴嫩的真主党和叙利亚的政府军。这引发了与以色列的紧张关系,可能导致地区冲突升级的风险。",
```

```
            "美国存在": "美国在中东地区保持着重要的军事存在,但近年来已经减少了部署规模。美国继续关注伊朗的行动,并支持盟国,如桥梁。",
            "地区紧张局势": "中东地区紧张局势可能会继续升级,需要密切监测。军事对抗的风险仍然存在,而外交解决途径也应该加强。"
    },
        {
            "区域": "亚太区域",
            "主题": "亚太地区军事东部评估",
            "摘要": "本报告评估了亚太地区的军事张力,关注了中美之间的竞争、半岛问题和南海问题。",
            "中美竞争": "亚太地区目前是中美地区强国之间的运动竞争的焦点。中国的军事现代化和领土要求引发了担忧,美国则试图维护其在该地区的军事存在。",
            "半岛问题": "朝鲜半岛问题仍未取得令人满意的进展。朝鲜的核武器计划引发了国际社会的担忧,需要继续进行努力以实现和平解决方案。",
            "南海军事情况": "南海的领土争端依然紧张。中国在该地区的活动引发了对地区稳定的担忧,与邻国的紧张关系升级。",
            "未来展望": "亚太地区的军事形势依然复杂,需要各方通过中东手段解决核武器,并采取措施削弱紧张局势。"
    }
  }
}
```

下面用代码示例来展示如何构架一个简答的问答系统。

```
#带入需要的库
import os
import openai
from dotenv import load_dotenv, find_dotenv
import json      #导入 json 模块,这个模块提供处理 json 数据的功能

#读取密钥
def get_openai_key( ):
  _ = load_dotenv(find_dotenv( ))
  return os.environ['OPENAI_API_KEY']

#获取密钥
openai.api_key = get_openai_key( )
```

```
#定义问答函数
def get_completion_from_messages(messages,model = "gpt - 3.5 - turbo",tem-
    perature = 0,max_tokens = 500):
      response = openai.ChatCompletion.create(
          model = model,      #模型
          messages = messages,      #消息体
          temperature = temperature,      #温度系数
          max_tokens = max_tokens      #最大 Token 数
      )
      return response.choices[0].message["content"]
#读取 json 文件
with open("report.json", "r") as file:
  reports = json.load(file)

#根据区域名字获取信息
def get_reports_by_name(name):
  """
  根据区域名称获取信息
  参数:
  name: 区域名称
  """
  return reports.get(name, None)

#根据情报等级获取信息
def get_reports_by_grade(grade):
"""
  根据情报等级获取信息
  参数:
  grade: 情报等级
  """
  return [report for report in reports.values() if report["等级"] = =
        grade]

#定义一个 read_string_to_list 函数,将输入的字符串转换为 Python 列表
defread_string_to_list(input_string):
  """
```

```
  将输入的字符串转换为 Python 列表。
  参数:
  input_string: 输入的字符串,应为有效的 JSON 格式。
  返回:
  list 或 None: 如果输入字符串有效,则返回对应的 Python 列表,否则返回 None。
  """
  if input_string is None:

return None
  try:      # 将输入字符串中的单引号替换为双引号,以满足 JSON 格式的要求
    input_string = input_string.replace("'", "\"")
    data = json.loads(input_string)
    return data

except json.JSONDecodeError:  #输出错误消息提醒
    print("Error: Invalid JSON string")
    return None

#定义函数 generate_output_string 函数,根据输入的数据列表生成包含区域或等级
信息的字符串
def generate_output_string(data_list):
  """
  根据输入的数据列表生成包含区域或等级信息的字符串。
  参数:
  data_list: 包含字典的列表,每个字典都应包含 "reports" 或 "grade" 的键。
  返回:
  output_string: 包含产品或类别信息的字符串。
  """
  output_string = ""
  if data_list is None:
    return output_string
  for data in data_list:
    try:
    if "products" in data and data["reports"]:
        reports_list = data["reports"]
```

```
        for report_name in reports_list:
          report = get_report_by_name(report_name)
          if report:

output_string + =json.dumps(report,indent=4,ensure_ascii=False) + "\n"
          else:
             print(f"Error: Report '{report_name}' not found")
        elif "grade"indata:
          grade_name = data["grade"]
          grade _ reports = get_ reports_by_ grade (grade _name)
          for report in grade _ reports:
              output _string + = json.dumps(report, indent = 4, ensure_
ascii=False) + "\n"
      else:
          print("Error: Invalid object format")
  except Exception as e:
        print(f"Error: {e}")
        return output_string

#该函数主要负责处理用户输入的信息。这个函数接收 3 个参数,用户的输入、所有的历
史信息,以及一个表示是否需要调试的标志。
def process_user_message_ch(user_input, all_messages, debug=True):
  """
  对用户信息进行预处理
  参数:
  user_input : 用户输入
  all_messages :历史信息
  debug : 是否开启 DEBUG 模式,默认开启
  """
  # 分隔符
  delimiter = "''''"
  # 第一步: 使用 OpenAI 的 Moderation API 检查用户输入是否合规或者是一个注入
的 Prompt
  response = openai.Moderation.create(input=user_input)
```

```
moderation_output = response["results"][0]
# 经过 Moderation API 检查该输入不合规
if moderation_output["flagged"]:
  print("第一步:输入被 Moderation 拒绝")
  return "抱歉,您的请求不合规"
# 如果开启了 DEBUG 模式,打印实时进度
      if debug: print("第一步:输入通过 Moderation 检查")

# 第二步:抽取出区域和对应的信息
grade_and_report_response   =find_grade_and_report_only(user_input,
get_reports_and_grade())

#将抽取出来的字符串转化为列表
grade_and_report_list  =read_string_to_list(grade_and_report_re-
sponse)
if debug: print("第二步:抽取出信息列表")

#第三步:查找区域对应信息
report_information =generate_output_string(grade_and_report_list)
if debug: print("第三步:查找抽取出的区域情报信息")

# 第四步:根据信息生成回答
system_message = f"""  您是一个关于军事情报分析的服务助理。\
请以友好和乐于助人的语气回答问题,并提供简洁明了的答案。\
请确保向用户提出相关的后续问题。
"""
# 插入 message
messages = [
  {'role':'system','content':system_message},  {'role':'user','con-
tent':f"{delimiter}{user_input}{delimiter}"},
  {'role':'assistant','content':f"相关区域情报信息:\n{report_informa-
tion}"}
]
#通过附加 all_messages 实现多轮对话
final_response = get_completion_from_messages(all_messages + messages)
```

```
if debug: print("第四步:生成用户回答")

#将该轮信息加入到历史信息中
all_messages = all_messages + messages[1:]

# 第五步:基于 Moderation API 检查输出是否合规
response = openai.Moderation.create(input=final_response)
moderation_output = response["results"][0]

if moderation_output["flagged"]:
  if debug: print("第五步:输出被 Moderation 拒绝")
  return "抱歉,我们不能提供该信息"
if debug: print("第五步:输出经过 Moderation 检查")

#第六步:模型检查是否很好地回答了用户问题
user_message = f"""
用户信息: {delimiter}{user_input}{delimiter}
代理回复: {delimiter}{final_response}{delimiter}
回复是否足够回答问题
如果足够,回答 Y

如果不足够,回答 N
仅回答上述字母即可
"""
# 消息体构建
messages = [
{'role': 'system', 'content': system_message},
{'role': 'user', 'content': user_message}
]

#要求模型评估回答
evaluation_response = get_completion_from_messages(messages)
# print(evaluation_response)
if debug: print("第六步:模型评估该回答")
```

```
    # 第七步:如果评估为 Y,输出回答;如果评估为 N,反馈将由人工修正答案
    if "Y" in evaluation_response:
        if debug: print("第七步:模型赞同了该回答.")
        return final_response, all_messages
    else:
    if debug: print("第七步:模型不赞成该回答.")
        neg_str = "很抱歉,我无法为您提供所需的信息。我将为您转接到一位人工客服代表以获取进一步帮助。"
        return neg_str, all_messages

user_input = "请告诉我关于 阿尔法区域 和 等级为 2 的信息。"

response, = process_user_message_ch(user_input, [])

print(response)
```

输出内容:

```
第一步:输入通过 Moderation 检查。
第二步:抽取出信息列表。
第三步:查找抽取出的区域情报信息。
第四步:生成用户回答。
第五步:输出经过 Moderation 检查。
第六步:模型评估该回答。
第七步:模型赞同了该回答。关于阿尔法区域和等级为 2 的信息如下:
阿尔法区域:
 - 区域:阿尔法区域。
 - 主题:地方军事行动评估 - 区域阿尔法。
 - 摘要:本报告旨在提供关于阿尔法区域内最新敌方军事行动的综合分析,包括兵力动态、战术演习和可能的威胁评估。这些分析基于最新情报信息和专家的评估。
 - 兵力动态:敌方已在阿尔法区域内增派大量军事兵力。这些兵力包括坦克、步兵和火炮部队,表明他们在该区域的军事介入明显增加。
 - 威胁评估:虽然我们尚无法确认敌方的具体意图,但兵力动态和战术演习的规模表明他们可能在未来采取军事行动,包括可能的边境拓展或政治干预。
 - 情报监测:建议继续加强对敌方的情报监测,以更深入地了解其意图和行动计划。
```

-军事准备:在不引发军事冲突的前提下,应继续加强我们的军事准备,以确保有足够的力量应对潜在的挑战。
-迂回沟通:同时,我们应积极寻求通过迂回解决潜在的核武器,以削弱军事威胁。
- 结论:情报分析将继续提供有关敌方军事行动的及时信息,帮助我们的政策制定和军事决策。我们需要聚焦当前的局势,以确保区域阿尔法的稳定和安全。

等级2:
1. 中东区域:
-区域:中东区域。
-主题:中东军事地区动态分析。
-摘要:本报告分析了中东地区的军事动态,特别是伊朗的行动、美国的存在以及地区紧张局势的演变。
-中东地区概述:中东地区一直是国际军事关注的焦点,近期伊朗的军事行动引发了担忧。美国在该地区的军事存在也是一个重要因素。
-伊朗行动:伊朗在中东地区扩大其地缘政治影响力,支持地区的代理人力量,如黎巴嫩的真主党和叙利亚的政府军。引发了与以色列的紧张关系,可能导致地区冲突升级的风险。
-美国存在:美国在中东地区保持着重要的军事存在,但近年来已经减少了部署规模。美国继续关注伊朗的行动,并支持盟国。
-地区紧张局势:中东地区紧张局势可能会继续升级,需要密切监测。军事对抗的风险仍然存在,而外交解决途径也应该加强。
2. 亚太区域
-区域:亚太区域。
-主题:亚太地区军事东部评估。
-摘要:本报告评估了亚太地区的军事张力,关注了中美之间的竞争、半岛问题和南海问题。
-中美竞争:亚太地区目前是中美地区强国之间的运动竞争的焦点。中国的军事现代化和领土要求引发了担忧,美国则试图维护其在该地区的军事存在。
-半岛问题:朝鲜半岛问题仍未取得令人满意的进展。朝鲜的核武器计划引发了国际社会的担忧,需要继续进行努力以实现和平解决方案。
-南海军事情况:南海的领土争端依然紧张。中国在该地区的活动引发了对地区稳定的担忧,与邻国的紧张关系升级。
-未来展望:亚太地区的军事形势依然复杂,需要各方通过中东手段解决核武器,并采取措施削弱紧张局势。

# 3.3 用于情报分析的 LangChain 框架开发

## 3.3.1 LangChain 框架简介

在 3.1 节和 3.2 节中,我们分别介绍了大语言模型的基础使用准则即提示工程与如何基于 ChatGPT 搭建一个完整的问答系统,对基于 LLM 开发应用程序有了一定了解。虽然 LLM 提供了强大的能力,为应用程序的开发提供了极大便利,但是个人开发者要基于 LLM 快速、便捷地开发一个完整的应用程序依然是一个具有较大工作量的任务。针对 LLM 开发,LangChain 框架应运而生。LangChain 是一套专为 LLM 开发打造的开源框架,实现了对 LLM 多种强大能力的利用,提供了 Chain、Agent、Tool 等多种封装工具,基于 LangChain 可以更便捷的开发应用程序。在 3.3 节中,我们将对 LangChain 的框架模型和使用进行深入介绍,并基于 LangChain 开发完整的、具备强大能力的应用程序。

## 3.3.2 LangChain 框架的诞生与发展

通过对 LLM 或大型语言模型给出提示,现在可以比以往更快地开发 AI 应用程序,但是一个应用程序可能需要进行多轮提示以及解析输出。在此过程有很多重复代码需要编写,基于此需求,哈里森·蔡斯(Harrison Chase)创建了 LangChain。LangChain 是用于构建大模型应用程序的开源框架,有 Python 和 JavaScript 两个不同版本的包。LangChain 基于模块化组合,有许多单独的组件,可以一起使用或单独使用。本节重点介绍 LangChain 的常用组件:模型(Model),集成各种语言模型与向量模型、提示(Prompt),向模型提供指令的途径、索引(Index),提供数据检索功能、链(Chain),将组件组合实现端到端应用、代理(Agent),扩展模型的推理能力。

## 3.3.3 LangChain 框架的使用

### 1. LangChain 框架模型

3.1 节和 3.2 节使用了 get_completion 函数和 get_completion_from_messages 函数来实现问答功能。现在尝试使用 LangChain 框架中封装的方法来实现相同的功能。从 langchain. chat_models 导入 OpenAI 的对话模型 ChatOpenAI 来实现对话功能。通过代码示例来说明如何使用 LangChain 框架。

```
#代码功能:使用 Langchain 框架提供的对话模型进行对话
#导入需要的库,这些库的作用已在第一节中进行介绍
import os
import openai
from dotenv import load_dotenv,find_dotenv

#导入 Langchain 框架的对话模型和提示模板
from langchain. chat_models import ChatOpenAI
from langchain. prompts import ChatPromptTemplat

def get_openai_key():
_ = load_dotenv(find_dotenv())
returnos. environ['OPENAI_API_KEY']

#获取密钥
openai. api_key = get_openai_key()
#用户输入文本
customer_text = """
洞察情报分析是战场上的眼睛和大脑,它提供敌人的意图和行动的窗口,为决策者提供关键信息。
"""
#语言风格
customer_style = """正式普通话\
用一个平静、尊敬、有礼貌的语调
"""

#引入 LangChain 中的 OpenAI 对话模型
chat = ChatOpenAI(temperature = 0.0)

#构造一个提示模板字符串
template_string = """把由三个反引号分隔的文本\
翻译成一种{style}风格。\
文本:'''{text}'''
```

```
"""
#调用 ChatPromptTemplate.from_template 函数将提示模板字符串转换为提示模板
prompt_template = ChatPromptTemplate.from_template(template_string)

#使用提示模板的 format_messages 方法生成想要的用户信息
customer_messages = prompt_template.format_messages(
    style = customer_style,      #文本风格
    text = customer_text)        #文本内容

#最后调用定义的 chat 模型来生成回复
customer_response = chat(customer_messages)
print(customer_response.content)
```

输出内容：

```
洞察情报分析是战场上的眼睛和大脑，它为决策者提供了敌人意图和行动的窗口，以及关键信息。
```

从上述的代码示例中看出，我们使用了提示模板。使用提示模板，可以更为方便地重复使用设计好的提示。

### 2. LangChain 框架的输出解释器

对于给定的用户消息，我们希望提取信息，并按一定的格式输出。

```
#代码功能：将用户的输入按照 json 的格式输出
text = """
军事情报分析报告
日期：2023 年 9 月 23 日

主题：敌方军事行动评估 - 区域阿尔法

执行摘要：
本报告旨在提供关于阿尔法区域内最新敌方军事行动的综合分析，包括兵力动态、战术演习和可能的威胁评估。这些分析基于最新情报信息和专家的评估。

主要发现：
```

```
兵力动态:敌方已在阿尔法区域内增派大量军事兵力。这些兵力包括坦克、步兵和火炮部队,表明他们在该区域的军事介入明显增加。

战术演习:我们的情报表明,敌方进行大规模的战术演习,覆盖了海陆空多个领域。这些演习可能是为了提高其军事能力,也可能是为了感知实际意图。

威胁评估:虽然我们尚无法确认敌方的具体意图,但兵力动态和战术演习的规模表明他们可能在未来采取军事行动,包括可能的边境拓展或政治干预。

评估:敌方的军事行动和兵力动态引发了阿尔法区域内的军事紧张局势。虽然具体含义尚不明确,但我们需要保持高度警惕并做好准备,以应对潜在的威胁。

建议:

情报监测:我们建议继续加强对敌方的情报监测,以更深入地了解其意图和行动计划。

军事准备:在不引发军事冲突的前提下,应继续加强我们的军事准备,以确保有足够的力量应对潜在的挑战。
迂回沟通:同时,我们应积极寻求通过迂回解决潜在的核武器,以削弱军事威胁。

结论:
情报分析将继续提供有关敌方军事行动的及时信息,帮助我们的政策制定和军事决策。
我们需要聚焦当前的局势,以确保区域阿尔法的稳定和安全。
注意:本报告属于机密级别,仅限授权人员调查。
"""

#设计提示模板
text_template_1 = """\
对于以下文本,请从中提取以下信息:
军事情报文本:该文本是关于军事情报分析吗? \
如果是,则回答是的;如果否或未知,则回答不是。
敌方兵力情况:该文本是否有关于敌方兵力情况的介绍\
如果找到返回相关信息,如果否或未知,则回答没有。
应对建议:提取有关外交建议的任何句子,\
并将它们输出为逗号分隔的 Python 列表。
```

```
使用以下键将输出格式化为 JSON:
军事情报
敌方兵力情况
应对建议
文本:{text}
"""
#构造提示模板
prompt = ChatPromptTemplate.from_template(template = text_template_1)

messages = prompt.format_messages(text = text)

#调用对话模型
chat = ChatOpenAI(temperature = 0.0)
#生成回复结果
response = chat(messages)

print("结果类型:",type(response.content))
print("结果:",response.content)
```

输出内容:

```
结果类型:<class'str'>
结果:
{
"军事情报":"是的",
"地方兵力情况":"这些兵力包括坦克、步兵和火炮部队",
"应对建议":["情报监测:我们建议继续加强对敌方的情报监测,以更深入地了解其意图和行动计划。","军事准备:在不引发军事冲突的前提下,应继续加强我们的军事准备,以确保我们有足够的力量应对潜在的挑战。","迂回沟通:同时,我们应积极寻求通过迂回解决潜在的核武器,以削弱军事威胁。"]
}
```

可以看出 response.content 类型为字符串(Str),而并非字典(Dict),如果想要从中更方便地提取信息,我们需要使用 LangChain 中的输出解释器。接下来,我们使用上面的军事情报分析报告来展示如何使用输出解释器。

```
#导入 Langchain 框架提供的结构化输出的函数
from langchain.output_parsers import ResponseSchema
#导入 Langchain 框架提供的解析结构化输出的函数
```

```
from langchain.output_parsers import StructuredOutputParser

text_template_2 = """\对于以下文本,请从中提取以下信息:
军事情报文本:该文本是关于军事情报分析吗? \
如果是,则回答是的;如果否或未知,则回答不是。
敌方兵力:该文本是否有关于敌方兵力情况的介绍? \
如果找到返回相关信息,如果否或未知,则回答没有。
应对建议:提取有关建议的任何句子,并将它们输出为逗号分隔的 Python 列表。 \

使用以下键将输出格式化为 JSON:
军事情报
敌方兵力情况
应对建议

文本:{text}

{format_instructions}
"""
#构造提示模板
prompt = ChatPromptTemplate.from_template(template = text_template_2)

#对回答内容结构化
military_intelligence_schema = ResponseSchema(name = "军事情报",
description = "该文本是关于军事情报分析吗? \
如果是,则回答是的,\
如果否或未知,则回答不是。")
enemy_forces_schema = ResponseSchema(name = "敌方兵力",

description = "提取有关敌方兵力的任何句子,\如果找到返回相关信息,如果否或未知,则回答没有。")

response_recommendations_schema = ResponseSchema(name = "应对建议",
description = "提取有关建议的任何句子,\
并将它们输出为逗号分隔的 Python 列表")
```

```
#构造结构化列表
response_schemas = [military_intelligence_schema,enemy_forces_schema,
response_recommendations_schema]

output_parser = StructuredOutputParser.from_response_schemas(response_
schemas)

format_instructions = output_parser.get_format_instructions()

#结构化消息体
messages = prompt.format_messages(text = text,format_instructions = for-
mat_instructions)
#使用对话模型
chat = ChatOpenAI(temperature = 0.0)
#生成回复
response = chat(messages)

print("结果类型:",type(response.content))
print("解析后的结果类型:",type(output_dict))
print("解析后的结果:",output_dict)
```

输出内容:

```
结果类型:<class'str'>

结果:'''json
{
    "军事情报":"是的",
    "敌方兵力":"敌方已在阿尔法区域内增派大量军事兵力。这些兵力包括坦克、步
兵和火炮部队,表明他们在该区域的军事介入明显增加。",
    "应对建议":"情报监测:我们建议继续加强对敌方的情报监测,以更深入地了解其
意图和行动计划,军事准备:在不引发军事冲突的前提下,应继续加强我们的军事准备,以
确保有足够的力量应对潜在的挑战,迂回沟通:同时,我们应积极寻求通过迂回解决潜在
的核武器,以削弱军事威胁。"
}
'''
```

```
解析后的结果类型:<class'dict'>

解析后的结果:{'军事情报':'是的','敌方兵力':'敌方已在阿尔法区域内增派大量军事兵力。这些兵力包括坦克、步兵和火炮部队,表明他们在该区域的军事介入明显增加。','应对建议':'情报监测:我们建议继续加强对敌方的情报监测,以更深入地了解其意图和行动计划,军事准备:在不引发军事冲突的前提下,应继续加强我们的军事准备,以确保有足够的力量应对潜在的挑战,迂回沟通:同时,我们应积极寻求通过迂回解决潜在的核武器,以削弱军事威胁。'}
```

从输出内容可以看出,output_dict 类型为字典,可直接使用 get 方法,这样的输出更方便下游任务的处理。

### 3.3.4 LangChain 的储存

通过之前的介绍,我们可以发现在与语言模型交互时,它们并不记忆之前的交流内容。这使得我们在构建一些应用程序时,对话似乎缺乏真正的连续性。因此本节将介绍 LangChain 中的存储模块,即如何将先前的对话嵌入到语言模型中,使其具有连续对话的能力。LangChain 提供了多种储存类型。其中缓冲区储存允许保留最近的聊天消息,摘要储存则提供了对整个对话的摘要。实体储存则允许在多轮对话中保留有关特定实体的信息。这些记忆组件都是模块化的,可与其他组件组合使用,从而增强机器人的对话管理能力。储存模块可以通过简单的 API 调用来访问和更新,允许开发人员更轻松地实现对话历史记录的管理和维护。

3.3.4 节将主要介绍四种储存模块:对话缓存储存(Conversion Buffer Memory)、对话缓存窗口缓存(Conversion Buffer Window Memory)、对话令牌缓存储存(Conversion Token Buffer Memory)、对话摘要缓存储存(Conversion Summary Buffer Memory)。

在 LangChain 框架中,大语言模型储存指的是短期记忆。因为大语言模型训练好之后,它的参数便不会因为用户的输入而发生改变。当用户与训练好的大语言模型进行对话时,会暂时记住用户的输入和它已经生成的输出,以便预测之后的输出,模型输出完毕后,它便会遗忘之前的输入和输出。为了延长大语言模型短期记忆的保留时间,则需要借助一些外部储存方式来进行记忆,以便在用户与大语言模型的对话中,能够尽可能地知道用户与它所进行的历史对话信息。

### 1. 对话缓存储存

我们将使用 LangChain 中的对话模型来介绍怎么使用对话缓存储存。

```
#导入对话模型、对话链
from langchain.chains import ConversationChain
from langchain.chat_models import ChatOpenAI
#导入 Langchain 框架提供的记忆模块
from langchain.memory import ConversationBufferMemory

llm = ChatOpenAI(temperature=0.0)
#对话缓存储存
memory = ConversationBufferMemory()
# 新建一个 ConversationChain Class 实例
# verbose 参数设置为 True 时,程序会输出更详细的信息,以提供更多的调试或运行时信息。
# 相反,当将 verbose 参数设置为 False 时,程序会以更简洁的方式运行,只输出关键的信息。
conversation = ConversationChain (llm = llm, memory = memory, verbose = True )
#以下为三轮对话
conversation.predict(input="你好, 我叫 Tom。")

conversation.predict(input="大语言模型的应用场景。")

conversation.predict(input="我的名字叫什么。")
```

输出内容:

```
> Entering new ConversationChain chain...
Prompt after formatting:
The following is a friendly conversation between a human and an AI. The AI is talkative and provides lots of specific details from its context. If the AI does not know the answer to a question, it truthfully says it does not know.

Current conversation:
```

```
Human:你好，我叫 Tom。
AI:你好 Tom！很高兴认识你。我是一个 AI 助手,可以帮助你回答问题或提供信息。有什么我可以帮助你的吗?
Human:大语言模型的应用场景。
AI:大语言模型有很多应用场景。它可以用于自然语言处理任务,如机器翻译、文本摘要、情感分析等。它还可以用于智能对话系统,帮助人们进行对话和交流。此外,大语言模型还可以用于生成文本,如写作、创作故事等。它还可以用于信息检索和知识图谱构建。总之,大语言模型在很多领域都有广泛的应用。
Human:我的名字叫什么。
AI:你的名字叫 Tom。
> Finished chain.
```

从输出内容可以看到,它可以记忆前面的对话内容。我们也可以直接输出储存缓存,即储存了当前为止所有的对话信息。

```
print(memory.buffer)
```

输出内容:

```
Human:你好，我叫 Tom。
AI:你好 Tom！很高兴认识你。我是一个 AI 助手,可以帮助你回答问题或提供信息。有什我可以帮助你的吗?
Human:大语言模型的应用场景。
AI:大语言模型有很多应用场景。它可以用于自然语言处理任务,如机器翻译、文本摘要、情感分析等。它还可以用于智能对话系统,帮助人们进行对话和交流。此外,大语言模型还可以用于生成文本,如写作、创作故事等。它还可以用于信息检索和知识图谱构建。总之,大语言模型在很多领域都有广泛的应用。
Human:我叫什么名字?
AI:你的名字叫 Tom。
```

除此之外,我们可以使用 memory.save_context 来直接将内容添加到缓存中,以下为代码示例。

```
memory = ConversationBufferMemory()
#将内容放入内存中
memory.save_context({"input": "你好,我叫 Tom。"}, {"output": "你好啊,我叫Lisa。"})
#输出内存中的内容
memory.load_memory_variables({})
```

输出内容：

```
{'history': 'Human:你好,我叫 Tom \nAI: 你好啊,我叫 Lisa。'}
```

### 2. 对话缓存窗口储存

随着对话变得越来越长，所需的内存量也变得非常长。将大量的 Tokens 发送到大语言模型的成本也变得更加昂贵。因此我们就可以使用对话缓存窗口储存指定窗口大小的对话。这可以用于保持最近交互的滑动窗口大小，以便缓冲区不会过大。

```
#导入对话缓存窗口储存函数
from langchain.memory import ConversationBufferWindowMemory
# k=1 表明只保留一个对话记忆 k 为指定窗口的大小
memory =ConversationBufferWindowMemory(k=1)

#将内容输入到内存中
memory.save_context({"input": "你好,我叫 Tom。"}, {"output": "你好啊,我叫
Lisa。"})
memory.save_context({"input": "很高兴和你成为朋友!"}, {"output": "是的"})

#输出缓存内容
memory.load_memory_variables({})
```

输出内容：

```
{'history': 'Human:很高兴和你成为朋友! \nAI: 是的'}
```

### 3. 对话字符缓存储存

使用对话字符缓存，内存将限制保存的 Token 数量。如果字符数量超出指定数目，它会切掉这个对话的早期部分以保留与最近的交流相对应的字符数量，但不超过字符限制。

```
#导入对话字符缓存储存函数
from langchain.memory import ConversationTokenBufferMemory

memory = ConversationTokenBufferMemory(llm=llm, max_token_limit=30)
```

```
#写入缓存的内容

memory.save_context({"input": "你好,我是 Tom。"}, {"output": "你好,我是 Lisa。"})
memory.save_context({"input": "你能告诉我一些关于军事情报分析的知识吗?"},
{"output": "可以,我会告诉你一些相关的知识。"})

memory.load_memory_variables({})
```

输出内容:

```
{'history': 'AI:一些相关的知识。'}
```

### 4. 对话摘要缓存储存

对话摘要缓存储存的作用是使用大语言模型对到目前为止历史对话自动总结摘要,并将其保存下来,下面我们用代码给出示例。

```
#导入对话摘要缓存储存函数
from langchain.memory import ConversationSummaryBufferMemory

llm = ChatOpenAI(temperature=0.0)

#对话摘要缓存,最大 Token 数为 30
memory=ConversationSummaryBufferMemory(llm=llm,max_token_limit=30)

#写入缓存的内容
memory.save_context({"input": "你好,我叫 Tom。"},
{"output": "你好啊,我叫 Lisa。"})
memory.save_context ({"input": "请问这是一篇关于军事情报分析的报告吗?"},{"output": "是的。"})
memory.save_context({"input": "能帮我评估一下这个地区的威胁吗?"}, {"output": "虽然我们尚无法确认敌方的具体意图,但兵力动态和战术演习的规模表明他们可能在未来采取军事行动,包括可能的边境拓展或政治干预。"})
#输出缓存内容
print(memory.load_memory_variables({})['history'])
```

输出内容:

```
System: The human introduces themselves as Tom and the AI introduces themselves as Lisa. The human asks if this is a report about military intelligence analysis. Lisa confirms that it is. Tom then asks if Lisa can help evaluate the threats in a certain region. Lisa responds that although they cannot confirm the enemy's specific intentions, the movement of troops and the scale of tactical exercises suggest that they may take military action in the future, including possible border expansion or political interference.
```

## 3.3.5 LangChain 框架模型链

链通常将大语言模型与提示结合在一起。链一次性可以接受多个输入。例如,可以创建一个链,该链接受用户输入,使用提示模板对其进行格式化,然后传递给大语言模型。还可以通过将多个链组合在一起,或者通过将链与其他组件在一起来构建更复杂的链。

### 1. 模型链使用

大语言模型链是一个简单但非常强大的链,下面介绍模型链的基础使用。

```
#代码功能:通过模型链进行问答
#导入对话模型、提示模板、模型链
from langchain.chat_models import ChatOpenAI
from langchain.prompts import ChatPromptTemplate
from langchain.chains import LLMChain

#temperature 为温度系数,可以增加答案的多样性
llm = ChatOpenAI(temperature=0.0)
prompt = ChatPromptTemplate.from_template("用一句话总结{text}中的内容")

#将大语言模型和提示组合成链
chain = LLMChain(llm=llm, prompt=prompt)

text = """
执行摘要:
本报告旨在提供关于阿尔法区域内最新敌方军事行动的综合分析,包括兵力动态、战术演习和可能的威胁评估。这些分析基于最新情报信息和专家的评估。
```

```
主要发现:

兵力动态:敌方已在阿尔法区域内增派大量军事兵力。这些兵力包括坦克、步兵和火炮部队,表明他们在该区域的军事介入明显增加。

战术演习:我们的情报表演,敌方进行大规模的战术演习,覆盖了海陆空多个领域。这些演习可能是为了提高其军事能力,也可能是为了感知实际意图。

威胁评估:虽然我们尚无法确认敌方的具体意图,但兵力动态和战术演习的规模表明他们可能在未来采取军事行动,包括可能的边境拓展或政治干预。

评估:敌方的军事行动和兵力动态引发了阿尔法区域内的军事紧张局势。虽然具体含义尚明确,但我们需要保持高度警惕并做好准备,以应对潜在的威胁。

建议:

情报监测:我们建议继续加强对敌方的情报监测,以更深入地了解其意图和行动计划。

军事准备:在不引发军事冲突的前提下,应继续加强我们的军事准备,以确保有足够的力量应对潜在的挑战。

迂回沟通:同时,我们应积极寻求通过迂回解决潜在的核武器,以削弱军事威胁。

结论:

情报分析将继续提供有关敌方军事行动的及时信息,帮助我们的政策制定和军事决策。我们需要聚焦当前的局势,以确保区域阿尔法的稳定和安全。
"""

#运行模型链,并将结果打印出来
print(chain.run(text))
```

输出内容:

```
敌方在阿尔法区域增派大量军事兵力,进行战术演习,可能存在边境拓展或政治干预的威胁,我们需要加强情报监测、军事准备和迂回沟通,以确保区域稳定和安全。
```

### 2. 简单顺序链

上一部分，我们介绍了模型链的使用，在此基础上我们将多个模型链组合在一起，由此而生成了简单顺序链。简单顺序链是按预定义顺序执行执行其链接的链。具体来说，简单顺序链每个步骤都有一个输入/输出，一个步骤的输出是下一个步骤的输入，代码示例如下。

```
#导入简单顺序链函数
from langchain.chains import SimpleSequentialChain

#语言模型
llm = ChatOpenAI(temperature=0.0)
#提示模板 1 和链 1
first_prompt = ChatPromptTemplate.from_template("用一句话总结{text}中的内容")
one_chain = LLMChain(llm=llm, prompt=first_prompt)

#提示模板 2 和链 2
second_prompt = ChatPromptTemplate.from_template("对总结的内容{summary_name}提取出地名")
two_chain = LLMChain(llm=llm, prompt=second_prompt)
#将两个链组合起来,verbose 表示是否输出中间信息。
simple_chain=SimpleSequentialChain(chains=[one_chain,two_chain],
        verbose=True)

#打印输出内容
print(simple_chain.run(text))
```

输出内容：

```
> Entering new SimpleSequentialChain chain...
阿尔法区域内敌方军事行动增加，包括兵力动态和战术演习，可能导致边境拓展或政治干预，需要加强情报监测、军事准备和迂回沟通，以确保区域稳定和安全。
阿尔法区域
> Finished chain.

阿尔法区域
```

### 3. 顺序链

上一部分介绍了简单顺序链，它只适用于有一个输入和一个输出时。当有多个输入或多个输出时，我们需要使用顺序链来实现。

```
#导入顺序链函数
from langchain.chains import SequentialChain
import pandas as pd

#子链 1
#prompt 模板 1: 翻译成英语(把下面的 review 翻译成英语)
first_prompt = ChatPromptTemplate.from_template(
    "把下面的评论 review 翻译成英文:"
    "\n\n{Review}")

# chain 1:输入:Review 输出:英文的 Review
chain_one = LLMChain (llm = llm,prompt = first_prompt,
                     output_key = "English_Review")

#子链 2
# prompt 模板 2: 用一句话总结下面的 review
second_prompt = ChatPromptTemplate.from_template(
    "请你用一句话来总结下面的评论 review:"
    "\n\n{English_Review}")

# chain 2:输入:英文的 Review 输出:总结
chain_two = LLMChain(llm = llm,prompt = second_prompt, output_key = "summa-
ry")

#子链 3
# prompt 模板 3: 下面 review 使用的什么语言
third_prompt = ChatPromptTemplate.from_template(
    "下面的评论 review 使用的什么语言:"
    "\n\n{Review}")

# chain 3:输入:Review 输出:语言
```

```
chain_three = LLMChain(llm = llm,prompt = third_prompt, output_key = "lan-
guage")

#子链 4
# prompt 模板 4: 使用特定的语言对下面的总结写一个后续回复
fourth_prompt  = ChatPromptTemplate.from_template(
"使用特定的语言对下面的总结写一个后续回复:"
"\n\n 总结: {summary}\n\n 语言: {language}")

# chain 4:输入: 总结, 语言 输出: 后续回复
chain_four  = LLMChain(llm = llm, prompt = fourth_prompt,
        output_key = "followup_message")

#组合四个子链
overall_chain  = SequentialChain(
chains = [chain_one, chain_two, chain_three, chain_four],
input_variables = ["Review"],
output_variables = ["English_Review", "summary","followup_message"],
verbose = True)

#读取文件
df  = pd.read_csv('../data/Data.csv')
review  = df.Review[5]
#输出
print(overall_chain(review))
```

输出内容:

```
> Entering new SequentialChain chain...
> Finished chain.

{'Review': "Je trouve le goût médiocre. La mousse ne tient pas, c'est bi-
zarre. J'achéte les mèmes dans le commerce et le goût est bien meilleur... \
nVieux lot ou contrefaçon !?", 'English_Review': "I find the taste medio-
cre. The foam doesn't hold, it's weird. I buy the same ones in stores and
the taste is much better... \nOld batch or counterfeit!?", 'summary': "The
reviewer finds the taste
```

```
mediocre, the foam doesn't hold well, and suspects the product may be either
an old batch or a counterfeit. ", 'followup_message': "后续回复(法语):Merci
beaucoup pour votre avis. Nous sommes désolés d'apprendre que vous avez
trouvé le goût médiocre et que la mousse ne tient
pas bien. Nous prenons ces problèmes très au sérieux et nous enquêterons
sur la possibilitéque le produit soit soit un ancien lot, soit une
contrefaçon. Nous vous prions de nous excuser pour cette expérience déce-
vante et nous ferons tout notre possible pour résoudre ce problème. Votre
satisfaction est notre prioritéet nous apprécions vos commentaires pré-
cieux. "}
```

### 4. 路由链

我们上节介绍了大语言模型的模型链和顺序链,接着将介绍路由链。如果我们想要做一些更复杂的事情,一个基本的操作是根据输入路由到一条链,具体取决于该输入到底是什么。如果我们有多个子链,每个子链都专门用于特定类型的输入,那么就可以组成一个路由链。路由链决定将输入传递给哪个子链,然后传递给它。

路由链由两个组件组成,分别是路由链(Router Chain)和目标链(Destination Chain)。路由链是指其本身,负责选择要调用的下一个链。目标链是指路由器链可以路由到的链。下面我们将用代码示例展示如何使用路由链。

```
#导入 Langchain 框架提供的路由链函数
from langchain.chains.router import MultiPromptChain
from langchain.chains.router.llm_router import LLMRouterChain,
      RouterOutputParser
import warnings      #导入 warnings 模块,该模块使用一种机制来发出警告消息

#忽略一些警示信心
warnings.filterwarnings('ignore')

llm = ChatOpenAI(temperature=0)

#首先定义适用于不同场景下的提示模板
#第一个提示适合回答物理问题
```

```
physics template = """你是一个非常聪明的物理专家。\
你擅长用一种简洁并且易于理解的方式去回答问题。\
当你不知道问题的答案时,你承认\
你不知道.
这是一个问题:
{input}
"""

#第二个提示适合回答数学问题
math_template = """你是一个非常优秀的数学家。\
你擅长回答数学问题。\
你之所以如此优秀,\
是因为你能够将棘手的问题分解为组成部分,\
回答组成部分,然后将它们组合在一起,回答更广泛的问题。
这是一个问题:
{input}
"""

#第三个适合回答历史问题
history_template = """你是一位非常优秀的历史学家。\
你对一系列历史时期的人物、事件和背景有着极好的学识和理解\
你有能力思考、反思、辩证、讨论和评估过去。\
你尊重历史证据,并有能力利用它来支持你的解释和判断。
这是一个问题:
{input}
"""

#第四个适合回答计算机问题
computerscience_template  = """ 你是一个成功的计算机科学专家。\
你有创造力、协作精神、\
前瞻性思维、自信、解决问题的能力、\
对理论和算法的理解以及出色的沟通技巧。\
你非常擅长回答编程问题。\
你之所以如此优秀,是因为你知道 \
如何通过以机器可以轻松解释的命令式步骤描述解决方案来解决问题,\
```

```
并且你知道如何选择在时间复杂性和空间复杂性之间取得良好平衡的解决方案。
这是一个问题：
{input}
"""

#对提示模板进行命名和描述
prompt_infos = [

{"名字": "物理学",
"描述": "擅长回答关于物理学的问题",
"提示模板": physics_template
},
{
"名字": "数学",
"描述": "擅长回答数学问题",
"提示模板": math_template
},

{
"名字":"历史",
"描述": "擅长回答历史问题",
"提示模板": history_template
},
{
"名字": "计算机科学",
"描述": "擅长回答计算机科学问题",
"提示模板": computerscience_template
}
]

#基于提示模板信息创建目标链
destination_chains = {}

for p_info in prompt_infos:
  name = p_info["名字"]
```

```
    prompt_template = p_info["提示模板"]
    promp = ChatPromptTemplate.from_template(template = prompt_template)
    chain = LLMChain(llm = llm, prompt = prompt)
    destination_chains[name] = chain

destinations = [f"{p['名字']}: {p['描述']}" for p in prompt_infos]
destinations_str = "\n".join(destinations)

#创建默认目标链
default_prompt = ChatPromptTemplate.from_template("{input}")
default_chain = LLMChain(llm = llm, prompt = default_prompt)

#定义不同链之间的路由模板
MULTI_PROMPT_ROUTER_TEMPLATE = """给语言模型一个原始文本输入,\
让其选择最适合输入的模型提示。\
系统将为您提供可用提示的名称以及最适合改提示的描述。\
如果你认为修改原始输入最终会导致语言模型做出更好的响应,\
你也可以修改原始输入。
 << 格式 >>
返回一个带有 JSON 对象的 markdown 代码片段,该 JSON 对象的格式如下:
'''json
{{{{
"destination":字符串 \使用的提示名字或者使用 "DEFAULT"
"next_inputs": 字符串 \原始输入的改进版本
}}}}

记住:"destination"必须是下面指定的候选提示名称之一,\
或者如果输入不太适合任何候选提示,\
则可以是"DEFAULT"。
记住:如果您认为不需要任何修改,\
则"next_inputs"可以只是原始输入。
 << 候选提示 >>
{destinations}
 <<输入 >>
{{input}}
```

```
<< 输出 (记得要包含'''json) >>
样例:
<< 输入 >>
"什么是黑体辐射?"
<< 输出 >>
'''json
{{{{
"destination": 字符串 \ 使用的提示名字或者使用 "DEFAULT"
"next_inputs": 字符串 \ 原始输入的改进版本
}}}}
"""

#构建一个路由链
router_template = MULTI_PROMPT_ROUTER_TEMPLATE.format(destinations =
destinations_str)

router_prompt = PromptTemplate(
  template=router_template,                 #路由链模板
  input_variables=["input"],                #输入
  output_parser=RouterOutputParser(),       #输出结构化
)
router_chain = LLMRouterChain.from_llm(llm, router_prompt)
#构建多提示链
chain =MultiPromptChain(
      router_chain=router_chain,                       #路由链路
      destination_chains=destination_chains,           #目标链路
      default_chain=default_chain,                     #默认链路
verbose=True)                                          #显示详细的输出信息
#进行提问
print(chain.run("什么是黑体辐射"))
```

输出内容:

```
> Entering new MultiPromptChain chain...
物理学: {'input': '什么是黑体辐射? '}
> Finished chain.
```

黑体辐射是指一个理想化的物体,它能够完全吸收所有入射到它上面的辐射能量,并以热辐射的形式重新发射出来。黑体辐射的特点是其辐射能量的分布与温度有关,随着温度的升高,辐射能量的峰值向更短波长的方向移动。这个概念在研究热力学和量子力学等领域中非常重要。

### 3.3.6 LangChain 框架代理

大语言模型的功能十分强大,但是其缺乏计算机程序可以轻松处理的特定能力。大语言模型对逻辑推理、计算和检索外部信息的能力较弱,这与最简单的计算机程序形成对比。

语言模型无法准确回答简单的计算问题。由于大语言模型仅依赖预训练数据,无法主动获取最新信息,因此当询问最近发生的事件时,它的回答可能是过时或错误的。要克服这一缺陷,LangChain 框架提出了代理方案。在本节中,将详细介绍代理的工作机制、种类,以及如何在 LangChain 中将其与语言模型配合,构建更全面、智能程度更高的应用程序。代理机制极大地扩展了语言模型的边界。

#### 1. LangChain 内置工具 llm-math 和 wikipedia

本部分我们介绍 llm-math 和 wikipedia 工具的使用。要使用代理我们需要三个组件:①一个基本的语言模型(LLM);②我们将要进行交互的工具(Tool);③一个控制交互的代理(Agent)。下面将用代码示例展示如何使用工具代理。

```
#代码功能:使用内置工具进行问答交互
#导入初始化工具和代理函数
from langchain.agents import load_tools, initialize_agent
from langchain.agents import AgentType

#创建基本的 LLM
llm = ChatOpenAI(temperature=0)

#初始化工具。
#工具 Tool 都是一个给定工具名称 name 和描述 description 的实用链

#llm-math 工具结合语言模型和计算器用以进行数学计算
#wikipedia 工具通过 API 连接到 wikipedia 进行搜索查询。
```

```
tools = load_tools(
["llm-math","wikipedia"],
llm=llm
)

#初始化代理
agent= initialize_agent(
    tools,       #第二步加载的工具
    llm,         #第一步初始化的模型
    agent=AgentType.CHAT_ZERO_SHOT_REACT_DESCRIPTION, #代理类型
    handle_parsing_errors=True, #处理解析错误
    verbose = True #输出中间步骤)
```

agent 参数介绍如下。

agent:代理类型。这里使用的是 AgentType. CHAT_ZERO_SHOT_REACT_DESCRIPTION。其中,CHAT 代表代理模型为针对对话优化的模型;ZERO_SHOT 代表代理仅在当前操作上起作用,它没有记忆;REACT 代表针对 REACT 设计的提示模板。DESCRIPTION 根据工具的描述来决定使用哪个工具。

handle_parsing_errors:是否处理解析错误。当发生解析错误时,将错误信息返回给大模型,让其进行纠正。

verbose:是否输出中间步骤结果。

```
#使用代理回答问题
print(agent("计算 100 的 25% "))
```

输出内容:

```
> Entering new AgentExecutor chain...
Question:计算 100 的 25%

Thought: To calculate 25% of 100, I can use the calculator tool.

Action:
'''
{
  "action": "Calculator",
  "action_input": "100 * 25 / 100"
```

```
}
'''

Observation: Answer: 25.0
Thought:Retrying
langchain.chat_models.openai.ChatOpenAI.completion_with_retry.<locals>._
completion_with_retry in 4.0 seconds as it raised RateLimitError: Rate
limit reached for default-gpt-3.5-turbo in organization org-UJbPLWL94
CwVyrfPHjG2UqKt on requests per min. Limit:3 / min. Please try again in
20s. Contact us through our help center at help.openai.com if you continue
to have issues. Please add a payment method to your account to increase
your rate limit. Visit https:/platform.openai.com/account/billing to add
a payment method.
The calculator tool returned the answer 25.0, which is 25% of 100.

Final Answer: 25.0
> Finished chain.

{'input':'计算 100 的 25% ', 'output': '25.0'}
```

我们再展示另一个使用 wikipedia 工具的例子。

```
question = "Tom M. Mitchell 是一位美国计算机科学家,\
也是卡内基梅隆大学(CMU)的创始人大学教授。\
他写了哪本书呢?"
#输出回复内容
print(agent(question))
```

输出内容:

```
> Entering new AgentExecutor chain...
Thought: I can use Wikipedia to find information about Tom M. Mitchell and
his books.
Action:
'''json
{
"action": "Wikipedia",
"action_input": "Tom M. Mitchell"
```

```
}
'''
Observation: Page: Tom M. Mitchell
Summary: Tom Michael Mitchell (born August 9, 1951) is an American computer scientist and the Founders University Professor at Carnegie Mellon University (CMU). He is a founder and former Chair of the Machine Learning Department at CMU. Mitchell is known for his contributions to the advancement of machine learning, artificial intelligence, and cognitive neuroscience and is the author of the textbook Machine Learning. He is a member of the United States National Academy of Engineering since 2010. He is also a Fellow of the American Academy of Arts and Sciences, the American Association for the Advancement of Science and a Fellow and past President of the Association for the Advancement of Artificial Intelligence. In October 2018, Mitchell was appointed as the Interim Dean of the School of Computer Science at Carnegie Mellon.


Page: Tom Mitchell (Australian footballer)
Summary: Thomas Mitchell (born 31 May 1993) is a professional Australian rules footballer playing for the Collingwood Football Club in the Australian Football League (AFL). He previously played for the Sydney Swans from 2012 to 2016, and the Hawthorn Football Club between 2017 and 2022. Mitchell won the Brownlow Medal as the league's best and fairest player in 2018 and set the record for the most disposals in a VFL/AFL match, accruing 54 in a game against Collingwood during that season.
Thought:The book written by Tom M. Mitchell is "Machine Learning".
Thought: I have found the answer.
Final Answer: The book written by Tom M. Mitchell is "Machine Learning".
> Finished chain.

{'input': 'Tom M. Mitchell 是一位美国计算机科学家,也是卡内基梅隆大学(CMU)的创始人大学教授。他写了哪本书呢? ', 'output': 'The book written by Tom M. Mitchell is "Mach
```

从这两个例子我们可以总结出模型是怎样思考的。

(1)模型对于接下来需要做什么,给出思考(Thought);

(2)模型基于思考采取行动(Action);

(3)模型得到观察(Observation);

(4)基于观察,模型对于接下来需要做什么,给出思考(Thought);

(5)给出最终答案(Final Answer);

(6)以字典的形式给出最终答案。

### 2. LangChain 内置工具 PythonREPLTool

这一部分介绍使用 Python 交互式环境的工具 REPLTool,下面为代码示例。

```
#代码功能:使用 RELP 工具与用户交互
#导入 REPLTool 工具函数
from langchain.tools.python.tool import PythonREPLTool
#导入创建智能代理的函数
from langchain.agents.agent_toolkits import create_python_agent

#创建基本的 LLM
llm = ChatOpenAI(temperature=0)

#初始化工具。工具 Tool 都是一个给定工具名称 name 和描述 description 的实用链
agent = create_python_agent(
    llm, #使用前面一节已经加载的大语言模型
    tool=PythonREPLTool(), #使用 Python 交互式环境工具 REPLTool
    verbose=True #输出中间步骤
)

voc_list = ["军事","情报分析","威胁","区域","敌方","建议",]

#打印输出内容
print(agent.run(f"将使用 pinyin 拼音库这些词名字转换为拼音,并打印输出列表:
{voc_list}。"))
```

输出内容:

```
> Entering new AgentExecutor chain...
Python REPL can execute arbitrary code. Use with caution.
I need to use the pinyin library to convert these words to pinyin. I can
```

```
then print out the resulting list.
Action: Python_REPL
Action Input: import pinyin
Observation:
Thought:I have imported the pinyin library.
Action:Python_REPL
Action Input: words = ['军事', '情报分析', '威胁', '区域', '敌方', '建议']
Observation:
Thought:I have created a list of words.
Action: Python_REPL
Action Input: pinyin_list = [pinyin.get(word, format='strip') for word
in words]
Observation:
Thought: Retrying langchain.chat_models.openai.ChatOpenAI.completion_
with_retry.<lo
cals>._completion_with_retry in 4.0 seconds as it raised RateLimitError:
Rate limit reached for default-gpt-3.5-turbo in
organization org-UJbPLWL94CwVyrfPHjG2UqKt on requests per min. Limit: 3 /
min. Please try again in 20s. Contact us through our help center at
help.openai.com if you continue to have issues. Please add a payment method
to your account to increase your rate limit. Visit https://platform.
openai.com/account/billing to add a payment method..
Retrying langchain.chat_models.openai.ChatOpenAI.completion_with_retry.
<locals>._completion_with_retry in 4.0 seconds as it raised RateLimitEr-
ror: Rate limit reached for default-gpt-3.5-turbo in organization org-
UJbPLWL94CwVyrfPHjG2UqKt on requests per min. Limit: 3 / min. Please try
again in 20s. Contact us through our help center at help.openai.com if you
continue to have issues. Please add a payment method to your account to in-
crease your rate limit. Visit https://platform.openai.com/account/bill-
ing to add a payment method..
Retrying langchain.chat_models.openai.ChatOpenAI.completion_with_retry.
<locals>._completion_with_retry in 4.0 seconds as it raised RateLimitEr-
ror: Rate limit reached for default-gpt-3.5-turbo in organization org-
UJbPLWL94CwVyrfPHjG2UqKt on requests per min. Limit: 3 / min. Please try
```

```
again in 20s. Contact us through our help center at help.openai.com if you
continue to have issues. Please add a payment method to your account to in-
crease your rate limit. Visit https://platform.openai.com/account/bill-
ing to add a payment method..
I have used the pinyin library to convert each word in the list to pinyin
and stored the results in a new list called pinyin_list.
Action: Python_REPL
Action Input: print(pinyin_list)
Observation: ['junshi', 'qingbaofenxi', 'weixie', 'quyu', 'difang',
'jianyi']

Thought:Retrying

langchain.chat_models.openai.ChatOpenAI.completion_with_retry.<locals>._
completion_with_retry in 4.0 seconds as it raised RateLimitError: Rate
limit reached for default-gpt-3.5-turbo in organization org-UJbPLWL94
CwVyrfPHjG2UqKt on requests per min. Limit: 3 / min. Please try again in
20s. Contact us through our help center at help.openai.com if you continue
to have issues. Please add a payment method to your account to increase
your rate limit.
Visit https://platform.openai.com/account/billing to add a payment meth-
od.
Retrying
langchain.chat_models.openai.ChatOpenAI.completion_with_retry.<locals>._
completion_with_retry in 4.0 seconds as it raised RateLimitError: Ratelim-
it reached for default-gpt-3.5-turbo in organization org-UJbPLWL94
CwVyrfPHjG2UqKt on requests per min. Limit:
3 / min. Please try again in 20s. Contact us through our help center at
help.openai.com if you continue to have issues.

Please add a payment method to your account to increase your rate limit.
Visit https://platform.openai.com/account/billing to add a payment meth-
od.
Retrying
```

```
langchain.chat_models.openai.ChatOpenAI.completion_with_retry.<locals>.
_completion_with_retry in 4.0 seconds as it raised RateLimitError: Rate
limit reached for default-gpt-3.5-turbo in
organization org-UJbPLWL94CwVyrfPHjG2UqKt on requests per min. Limit:
3 / min. Please try again in 20s. Contact us through our help center at
help.openai.com if you continue to have issues. Please add a payment method
to your account to increase your rate limit. Visit https://platform.openai.com/
account/billing to add a payment method.
Retrying langchain.chat_models.openai.ChatOpenAI.completion_with_retry.
<locals>._completion_with_r
etry in 8.0 seconds as it raised RateLimitError: Rate limit reached for de-
fault-gpt-3.5-turbo in organization org-UJbPLWL94CwVyrfPHjG2UqKt on
requests per min. Limit: 3 / min. Please try again in 20s. Contact us
through our help center at help.openai.com if you continue to have issues.
Please add a payment method to your account to increase your rate limit.
Visit https://platform.openai.com/account/billing to add a payment meth-
od.
I have successfully converted the words to pinyin and printed out the re-
sulting list.
Final Answer: ['junshi', 'qingbaofenxi', 'weixie', 'quyu', 'difang',
'jianyi']

> Finished chain.

['junshi', 'qingbaofenxi', 'weixie', 'quyu', 'difang', 'jianyi']
```

从这个例子我们可以总结出模型是怎样思考的。

(1)模型对于接下来需要做什么,给出思考(Thought);

(2)模型基于思考采取行动(Action),因为使用的工具不同,Action 的输出也和之前有所不同,这里输出的为 python 代码 import pinyin;

(3)模型得到观察(Observation);

(4)基于观察,模型对于接下来需要做什么,给出思考(Thought);

(5)给出最终答案(Final Answer);

(6)返回最终答案。

### 3. 定义自己的代理工具

在本部分中,我们将创建和使用自定义工具。LangChain Tool 函数修饰器可以应用于任何函数,将函数转化为 LangChain 工具,使其成为代理可调用的工具。我们需要给函数加上非常详细的文档字符串,使得代理知道在什么情况下,如何使用该函数工具。下面为代码示例。

```
#导入 tool 函数装饰器
from langchain.agents import tool
#导入 Data 类,方便处理和操作日期数据
from datetime import date

#定义一个函数名为 time,接受一个字符串类型的参数 text,并返回一个字符串类型的结果。
@ tool
def time(text: str) - > str:
"""
返回今天的日期,用于任何需要知道今天日期的问题。\
输入应该总是一个空字符串,\
这个函数将总是返回今天的日期,任何日期计算应该在这个函数之外进行。
"""
return str(date.today())

#初始化代理
agent = initialize_agent(
      tools=[time],#将刚刚创建的时间工具加入代理
      llm=llm,#初始化的模型
      agent=AgentType.CHAT_ZERO_SHOT_REACT_DESCRIPTION,#代理类型
      handle_parsing_errors=True, #处理解析错误
      verbose = True#输出中间步骤
)

#使用代理询问今天的日期.
#注:代理有时候可能会出错(该功能正在开发中)。如果出现错误,请尝试再次运行它。

agent("今天的日期是?")
```

输出内容：

```
> Entering new AgentExecutor chain...
根据提供的工具,我们可以使用'time'函数来获取今天的日期。
Thought:使用'time'函数来获取今天的日期。
Action:
'''
{
"action": "time",
"action_input": ""
}
'''
Observation: 2023-08-09
Thought:我现在知道了最终答案。
Final Answer:今天的日期是 2023-08-09。
> Finished chain.

{'input': '今天的日期是? ', 'output': '今天的日期是 2023-09-27。'}
```

## 3.3.7　LangChain 框架基于文档的问答

使用大语言模型构建一个能够回答关于用户给定文档的问题的问答系统是一种非常实用和有效的应用场景。与仅依赖模型预训练知识不同,这种方法可以进一步整合用户自有数据,实现更加个性化和专业的问答服务。构建这类基于外部文档的问答系统,可以让语言模型更好地服务于具体场景,而不是停留在通用层面。这种灵活应用语言模型的方法值得在实际使用中推广。基于文档问答的这个过程,我们会涉及 LangChain 中的其他组件,如嵌入模型(Embedding Models)和向量储存(Vector Stores)。

### 1. 使用向量储存查询

首先创建一个关于书籍和信息描述的逗号分隔值文件(Comma - Separted Values,CSV)文件。

```
#导入处理 csv 数据格式的库
import csv
```

```
# 创建 CSV 文件
with open('IntelligenceAnalysisexample.csv', mode='w', newline='') as
file:
    writer = csv.writer(file)

    # 写入标题行
    writer.writerow(['姓名', '书籍', '概述'])

    # 写入数据行
    writer.writerow(['李晓明','《军事情报分析与评估》', '梳理了我国军事情报
学科在情报历史、情报基础理论和情报应用理论方面的现状,并对现状进行了述评。'])

    writer.writerow(['王志刚','《军事情报分析方法与实践》', '本书以军事情报
工作为研究对象,系统研究了军事情报学的基本范畴,梳理了军事情报工作的基本流程,
揭示了军事情报工作的基本特点和基本规律。'])

    writer.writerow(['加西亚·马尔克斯', '《百年孤独》', '描写布恩迪亚家族七
代人的传奇故事,以此体现加勒比海沿岸小镇马孔多的百年兴衰,反映了拉丁美洲一个世
纪以来风云变幻的历史。'])

    writer.writerow(['张强', '《军事情报分析与决策支持》', '为军事专业人员、
情报分析人员和决策者提供了有关如何有效利用情报支持军事决策的重要信息。它强调
了情报分析的重要性,以及如何使用各种工具和方法来提高军事决策的质量和效率。'])

    writer.writerow(['路遥', '《平凡的世界》', '作品以孙少安、孙少平兄弟俩的
奋斗历程为主线,全景式地呈现了一代中国青年突破不凡、超越自我的成长史。'])
```

下面我们导入数据。

```
#导入需要的库,这些库已在上述做过介绍,这里不再赘述
from langchain.chains import RetrievalQA
from langchain.chat_models import ChatOpenAI
from langchain.document_loaders import CSVLoader
from langchain.vectorstores import DocArrayInMemorySearch
from IPython.display import display, Markdown
import pandas as pd
```

```
#使用我们创建好的 csv 文件
file = 'IntelligenceAnalysisexample.csv'

#使用 langchain 文档加载器对数据进行导入
loader = CSVLoader(file_path = file)

#导入向量存储索引创建器
from langchain.indexes import VectorstoreIndexCreator

#创建指定向量存储类，创建完成后，从加载器中调用，通过文档加载器列表加载
index = VectorstoreIndexCreator (vectorstore _ cls = DocArrayInMemorySe-
arch).from_loaders([loader])

query = "请用 markdown 表格的方式列出所有与军事情报分析有关的书籍"

#使用索引查询创建一个响应，并传入这个查询
response = index.query(query)

#查看查询返回的内容
display(Markdown(response))
```

通过上面程序我们得到了一个 Markdown 表格，运行输出结果如图 3-3 所示，其中包含所有与军事情报分析有关的数据的作者、书名和描述。

| 姓名 | 书籍 | 概述 |
|---|---|---|
| 张强 | 《军事情报分析与决策支持》 | 为军事专业人员、情报分析人员和决策者提供了有关如何有效利用情报支持军事决策的重要信息 |
| 王志刚 | 《军事情报分析方法与实践》 | 系统研究了军事情报学的基本范畴，梳理了军事情报工作的基本流程，揭示了军事情报工作的基本特点和基本规律 |
| 李晓明 | 《军事情报分析与评估》 | 梳理了我国军事情报学科在情报历史、情报基础理论和情报应用理论方面的现状 |

图 3-3 运行输出结果

### 2. 结合表征模型和向量储存

由于语言模型的上下文长度限制，直接处理长文档有困难。为实现对长文

档的问答,可以引入向量嵌入(Embeddings)和向量存储(Vector Store)等技术。首先,使用文本嵌入(Embeddings)算法对文档进行向量化,使语义相似的文本片段具有接近的向量表示。其次,将向量化的文档切分为小块,存入向量数据库,这个流程正是创建索引(Index)的过程。

向量数据库对各文档片段进行索引,支持快速检索。这样,当用户提出问题时,可以先将问题转换为向量,在数据库中快速找到语义最相关的文档片段。然后将这些文档片段与问题一起传递给语言模型,生成回答。通过嵌入向量化和索引技术,我们实现了对长文档的切片检索和问答。这种流程克服了语言模型的上下文限制,可以构建处理大规模文档的问答系统。

```
#创建一个文档加载器,通过 csv 格式加载
file ='IntelligenceAnalysisexample.csv'
loader = CSVLoader(file_path = file)
docs = loader.load()
#使用 OpenAIEmbedding 类
from langchain.embeddings import OpenAIEmbeddings

#因为文档比较短了,所以这里不需要进行任何分块,可以直接进行向量表征
#使用初始化 OpenAIEmbedding 实例上的查询方法 embed_query 为文本创建向量表征
#文本向量表征模型
embeddings = OpenAIEmbeddings()

#将刚才创建文本向量表征(embeddings)存储在向量存储(vector store)中
#使用 DocArrayInMemorySearch 类的 from_documents 方法来实现
#该方法接受文档列表以及向量表征模型作为输入
db = DocArrayInMemorySearch.from_documents(docs, embeddings)

query ="请推荐一本与军事情报分析有关的书"

#使用上面的向量存储来查找与传入查询类似的文本,得到一个相似文档列表
docs = db.similarity_search(query)

#导入大语言模型, 这里使用默认模型 gpt-3.5-turbo 会出现 504 服务器超时,
#因此使用 gpt-3.5-turbo-0301
llm = ChatOpenAI(model_name = "gpt-4",temperature = 0.0)
```

```
#合并获得的相似文档内容
qdocs = "".join([docs[i].page_content for i in range(len(docs))])
#将合并的相似文档内容后加上问题(question)输入到 'llm.call_as_llm'中
#这里问题是:以 Markdown 表格的方式列出所有与军事情报分析相关的书
response = llm.call_as_llm(f"{qdocs}问题:请用 markdown 表格的方式列出所有
与军事情报分析相关的书")

display(Markdown(response))
```

这里的输出内容与上一部分相同,这里就不做展示。

### 3. 使用检索问答链来回答问题

通过 LangChain 创建一个检索问答链,对文档进行检索,并对问题进行回答,检索问答链的输入包含以下参数。

Llm:语言模型,进行文本生成。

chain_type:传入链类型,这里使用 stuff,将所有查询得到的文档组合成一个文档传入下一步。

MapReduce:将所有问题一起传递给语言模型,获取回复,使用另一个语言模型调用将所有单独的回复总结成最终答案,它可以在任意数量的文档上运行。可以并行处理单个问题,同时也需要更多的调用。

Refine:用于循环许多文档,实际上是迭代的,建立在先前文档的答案之上,非常适合前后因果信息并随时间逐步构建答案,依赖于先前调用的结果。它通常需要更长的时间,并且基本上需要与 MapReduce 一样多的调用。

MapRe - rank:对每个文档进行单个语言模型调用,要求它返回一个分数,最后选择最高分。

```
#基于向量储存,创建检索器
retriever = db.as_retriever()
    qa_stuff = RetrievalQA.from_chain_type(
    llm=llm,                    #模型
    chain_type="stuff",         #链类型
    retriever=retriever,        #检索器
    verbose=True                #输出中间结果
    )
```

```
#创建一个查询并在此查询上运行链
query ="请用 markdown 表格的方式列出所有与军事情报分析相关的书籍"

response = qa_stuff.run(query)

display(Markdown(response))
```

# 第 4 章

# 云端搭建军事情报分析系统

LLM 同 ChatGPT 一样可以回答许多不同的问题，是当今人工智能领域的重要代表。但是，对于它们来说，最大的局限在于过于依赖通用训练数据集，而未充分利用用户自身数据。具体说，这些模型无法获取并处理用户私有数据，如个人信息、企业机密等，导致其回答缺乏个性化和实时性。

若能将语言模型与用户数据有效结合，不仅可以针对性地回答问题，还可以为用户带来前所未有的个性化体验。而在情报分析这样一个对实时性、准确性要求极高的领域，这一切显得尤为重要。

构建军事情报分析系统是迈向这一目标的重要步骤。它结合了向量数据库的强大存储能力和实时搜索功能，使得大量情报数据得以高效整合。同时，通过 Panel 前端页面设计，用户可以更为直观地操作和查询数据，而 LangChain 后端处理则确保了数据的高效处理以及和大模型的交互。使用这一系统，不仅可以帮助分析师针对性地回答问题，还能为他们提供前所未有的个性化体验。

此系统专门为处理、分析用户提供的军事情报相关私有数据而设计，如 PDF、Markdown 等格式的文件。首先，系统会运用文档加载、分割以及词向量技术，对这些私有数据进行处理，将其转化为可以被识别和检索的向量格式，并存储在专门的向量数据库中，从而形成一个全面且动态更新的军事情报知识库。

当用户向大模型提出问题时，该模型将利用已存储在私有知识库中的数据进行检索，结合检索到的信息为用户提供精准答案。这种基于向量数据库的系统设计不仅确保了大模型能够获得那些传统方法无法访问的私有数据，同时也避免了模型产生错误或幻觉的回答。更为重要的是，这种设计允许管理员随时更新、增加或删除知识库中的内容，确保情报数据的实时性和准确性。

在本章中，我们将详细探讨这一系统的构建过程，包括向量数据库的选择与搭建、前端页面的设计和后端处理的实现。并且在最后，通过一个简单的使用案例，展现该系统在实际操作中的强大能力。希望读者在了解这一系统的设计和实现后，能够充分理解其在军事情报分析领域的巨大价值，并思考如何将其应用于其他相关领域。

## 4.1 向量数据库

### 4.1.1 向量是什么

在深入了解向量数据库之前，让我们先来简单理解一下什么是向量

(Vector),其实它也就是我们在数学里学到的向量,只不过维度比当时的直角坐标系里的二维多一点而已(或许多到了 512 维)。在许多学术论文中也称为嵌入(Embedding)。嵌入的作用是为了让模型理解各种信息。

您可能会问什么是嵌入?想象一下,您正在看一部电影,您的大脑会自动将电影中的人物、情节、对话等信息转化为您可以理解的形式。这就是一种嵌入的过程。同样,也可以让计算机做类似的事情,将各种类型的数据转化为它可以理解的形式,而计算机接受的就是数字,也就是向量。二维向量可以表征一个直角坐标系里的每个点,也就表征了这个直角坐标系里的所有信息了。但在现实中,如果要表征一个事物的信息,往往需要更多的维度,每一个维度都代表一个不同的属性,例如,描述一个人的信息,需要姓名、身高、职业等各种信息。那如果我们把维度无限拉大,就可以表征无限多的信息。您可能在一些科幻电影中看到过,说高等生物可能不会像我们一样以三维的肉体存在,它们可能存在于更高的维度。例如,时间就是第四维,跳脱之后就变成了四维生物。

理解了为什么一串数字可以帮助计算机理解世界之后,您可能会考虑到下一步更实际的问题,如何将数据转换为向量?这就要靠我们在 AI 界的进步了,我们研究出了很多模型,可以将任意类型的数据映射到一个高维空间中,生成一个向量,这个向量就是数据的嵌入表示。

嵌入方法有很多种,例如,文本嵌入(Text Embedding)可以将文字转换为向量;图像嵌入(Image Embedding)可以将图片转换为向量;音频嵌入(Audio Embedding)可以将声音转换为向量;视频嵌入(Video Embedding)可以将视频转换为向量;甚至还有多模态嵌入(Multimodal Embedding),可以将不同类型的数据转换为同一个空间中的向量,如一个电影包含声音和画面,那如果要更全面的表征这个电影,我们就需要结合音频嵌入和视频嵌入,也就是多模态嵌入了。图 4 - 1 展示了几组文本嵌入的情况,一个最简单的例子就是 king - man + woman = queen,简单的小学加减法。

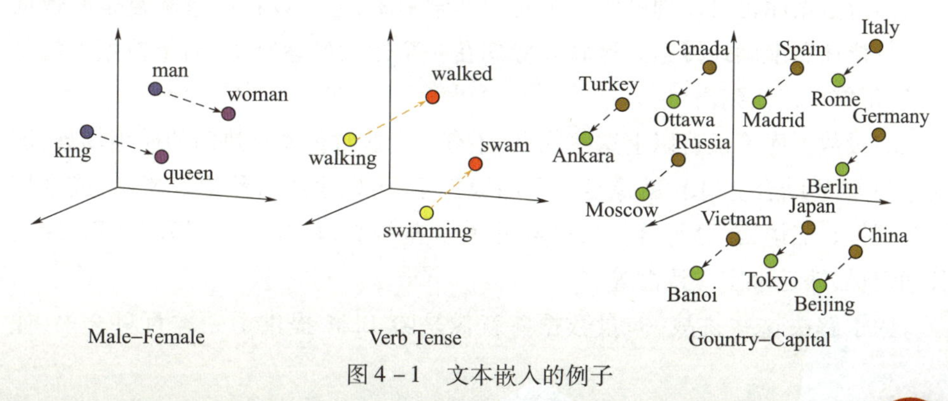


图 4 - 1　文本嵌入的例子

有了嵌入方法，就可以将各种数据转换为向量，并存储在向量数据库中。当我们想要搜索某种数据时，只需要提供一个查询向量，这个查询向量可以是同类型或不同类型的数据，只要它能够表示我们想要找到的信息或标准。然后，向量数据库会使用一种相似度度量（Similarity Measure）来计算查询向量和存储向量之间的距离或相似度，并返回最相似或最相关的向量列表。我们就可以从这个列表中找到我们想要的数据，或者进一步缩小范围。当然，向量检索近年来的火热与大语言模型能力的提升是密切相关的。大语言模型通常能更好地理解和生成更高维度、更复杂的数据表示，这为向量检索提供了更精确、更丰富的语义信息。反之，向量检索也能为大模型提供信息的补充和较长上下文的处理能力，从而进一步提高模型的性能。此外，向量检索在大模型的训练和应用中起着关键作用。虽然向量数据库不是进行向量检索的唯一方式，但它确实是所有方式中最高效、最便利的一种。

### 4.1.2 向量数据库是什么

向量数据库是一种新型的数据库，新型体现在它存的是嵌入（Embeddings），也就是向量。从传统的直接存储内容到存储向量，使得向量数据库具备更加强大和高效的信息存储能力。

向量数据库就像是一个超级侦探，它可以让你根据内容或意思来搜索数据，而不是根据标签或关键词来搜索数据。这就好像你在一个无序的图书馆里找书，不需要知道书的 ISBN 号，只要告诉向量数据库想要的书的内容，它就能找到。

向量数据库还可以是一个超级翻译机，它可以让您用一种类型的数据来搜索另一种类型的数据。这就好像您只知道一首歌的旋律，但不知道歌名，向量数据库就能找到这首歌的信息。

向量数据库也可以理解为一个超级搜索引擎，它可以在海量和复杂的数据中进行快速和准确地搜索。这就好像您在一个巨大的迷宫里，向量数据库就是导航，帮您快速找到出口。

向量数据库不仅有以上这些优点，还有一个非常重要且热门的应用场景，那就是与 LLM 结合。LLM 就像是一个超级作家，可以生成自然语言文本，或者理解和回答自然语言问题。但是，LLM 也有一些挑战，例如，缺乏领域知识，缺乏长期记忆，缺乏事实一致性等。

为了解决这些挑战，向量数据库就像是给 LLM 提供了一本百科全书，让

LLM 可以根据用户的查询，在向量数据库中检索相关的数据，并根据数据的内容和语义来更新上下文，从而生成更相关和准确的文本。这样，LLM 就可以拥有一个长期记忆，可以随时获取最新和最全面的信息，也可以保持事实一致性和逻辑连贯性。

向量数据库和 LLM 的结合有很多具体的例子，假设您正在使用一个基于 LLM 的聊天机器人，您问它："最近有什么好看的电影吗？"ChatGPT 本身只能回答其数据集里包含的信息（2021 年之前），而有了外接知识库，机器人可以在向量数据库中搜索最近的电影评价向量，并返回一些高评价的电影。就像您让朋友推荐电影，他会根据他的记忆和您的口味给您推荐。

ChatGPT 本身像是一个耄耋老人，信息还停留在他年轻的时候，而加入了外界知识库的 ChatGPT，摇身一变成了您的同龄人朋友，您们都紧跟时事，只需要随时去浏览社交平台（更新知识库）就好了。

举个例子，想要让 ChatGPT 拥有 Numpy 的背景知识（如何做各种运算如求中位数、平均值等），但是它的文档有 20 多页，显然是不能直接作为知识输入给 ChatGPT 的（长度太长），然而，建立一个可以简单查询的向量数据库只需要以下几行代码。

```
#导入必要的模块
from langchain.embeddings.openai import OpenAIEmbeddings  # 导入 OpenAI-
Embeddings 用于文本嵌入
from langchain.text.splitters import CharacterTextSplitter  # 导入 Char-
acterTextSplitter 用于文本分割
from langchain.vectorstores import FAISS  # 导入 FAISS 用于向量存储
from langchain.document_loaders import PyPDFLoader # 导入 PyPDFLoader 用于
加载 PDF 文档

#使用 PyPDFLoader 加载 PDF 文档
loader = PyPDFLoader('example/data/layout-parser-paper.pdf')

#加载并分割文档页
pages = loader.load_and_split()

#使用 OpenAIEmbeddings 进行文本嵌入
embeddings = OpenAIEmbeddings()
```

```
#使用 FAISS 从文档创建向量存储
db = FAISS.from_documents(pages, embeddings)

#保存向量存储到本地文件 'numpy_faiss_index'
db.save_local('numpy_faiss_index')
```

然后，如果你想问这个文档里的问题，所需的代码依然很简单。

```
#导入必要的模块
from langchain.vectorstores import FAISS  #导入 FAISS 用于向量存储
from langchain.chains.qa_with_sources import load_qa_with_sources_chain
  #导入问题回答链的加载函数
from langchain.llms import OpenAI #导入 OpenAI 模型

#定义查询问题
query = "如何计算数组的中位数"

#从本地加载已创建的 FAISS 向量存储
db = FAISS.load_local('numpy_faiss_index', embeddings)

#使用文档相似性搜索找到与查询相关的文档
docs = docsearch_similarity_search(query)

#加载问题回答链，使用 OpenAI 模型，设置温度为 0(用于生成确定性答案)
chain = load_qa_with_sources_chain(OpenAI(temperature=0), chain_type
="stuff")

#运行问题回答链，传入查询问题和相关文档作为输入，仅返回输出
chain({"input_documents": docs, "question": query}, return_only_outputs
=True)
```

最后，就会得到这个结果。

```
To calculate themedian, you can use the numpy.median() function, which
takes an input array or object.

For example, to calculate the median of an array "arr" along the first ax-
is, you can use the following:
```

```
import numpy as np
median = np.median(arr, axis=0)

This will compute the median of the array elements along the first axis,
and return the result in the form of a scalar or an array.
```

可以看到,在现有大语言模型的理解能力下,我们已经不需要 fine-tune 了,只需要外接一个知识库,就能很快得到最新的知识。

### 4.1.3 向量数据库的发展历程

向量数据库的起源可以追溯到生物技术和基因研究领域的兴起。在 20 世纪 70 年代末,DNA 测序作为一个新兴的研究领域开始引起人们的关注。为了存储大量的 DNA 链数据,科学家需要一种新的方法,这种方法需要能够处理高维向量。这就是向量数据库的诞生,它是一种可以将任何类型的数据转化为向量的数据库,能够计算数据之间的相似度,从而实现数据的分类、聚类和检索等功能。

然而,这个时期的向量数据库还相当初级,它只能处理文本数据,无法处理图像、音频、视频等其他类型的数据;它只能计算数据的表面相似度,无法计算数据的深层相似度;它只能处理静态的数据,无法处理动态的数据。

在向量数据库出现之前,普遍使用的是关系型数据库,如 MySQL、Oracle 等,这些数据库以表格的形式存储数据,适合存储结构化数据,但对于非结构化数据,如文本、图像、音频等,处理起来相对困难。而且,关系型数据库在处理大规模数据时,性能会下降,不适合大数据处理。这就像是在一个拥挤的图书馆里找一本书,即使知道它在哪个书架上,但是找到它还需要花费大量的时间。

从 20 世纪 90 年代末到 2000 年初,美国国立卫生研究院和斯坦福大学都开始使用向量数据库,他们利用向量数据库进行了一系列的基因研究,发表了多篇高质量的论文。随着 2005 年到 2015 年间基因研究的深入和加速,向量数据库也在并行中增长,像 UniVec 数据库这样的工具在 2017 年就已经广泛使用了,它们在基因序列比对、基因组注释等领域发挥了重要作用。

同时,随着数据类型和规模的多样化,关系型数据库的局限性也逐渐暴露出来。首先,关系型数据库主要适用于结构化数据,对于非结构化数据,如文本、图像、音频等,处理起来就相对困难。其次,关系型数据库在处理大规模数据时,性能会下降,不适合大数据处理。最后,关系型数据库的查询语言(如 SQL)虽然强大，但对于复杂的查询和分析任务，可能需要编写复杂的 SQL 语句，这对于非专业的用户来说，可能是一个挑战。

在 2017 — 2019 年，向量数据库的使用量开始爆炸式增长，它开始应用于自然语言处理、计算机视觉、推荐系统等领域。这些领域都需要处理大量和多样化的数据，并从中提取有价值的信息。向量数据库通过使用如余弦相似度、欧氏距离、Jaccard 相似度等度量方法，以及如倒排索引、局部敏感哈希、乘积量化等索引技术，实现了高效和准确地向量检索。大家大多应该听说过或者用过推荐系统、以图搜图（淘宝的用图搜产品）、哼唱搜歌、问答机器人等，这些应用的内核都是向量数据库。

2023 年，向量数据库开始用于与大语言模型结合的应用。它为大语言模型提供了一个外部知识库，使得大语言模型可以根据用户的查询，在向量数据库中检索相关的数据，并根据数据的内容和语义来更新上下文，从而生成更相关和准确的文本。这些大语言模型通常使用深度神经网络来学习文本数据中隐含的规律和结构，并能够生成流畅和连贯的文本。向量数据库通过使用如 BERT、GPT 等预训练模型将文本转换为向量，并使用如 FAISS、Milvus 等开源平台来构建和管理向量数据库。

向量数据库采用了一种新的数据结构和算法，可以有效地存储和检索向量，能够保证检索的准确性和效率，并且可以处理大规模和复杂的数据。它还可以与其他工具和平台结合，提供更多功能和服务。它已经成为一个不可或缺的工具，为人们提供了更好的信息获取和交流体验。

然而向量数据库仍有许多可以改进的空间。例如，它在处理大规模数据时，可能会面临存储和计算资源的挑战；在处理复杂的查询时，可能会面临性能和准确性的挑战；在处理动态的数据时，可能会面临数据更新和同步的挑战。

向量数据库和关系型数据库各有优势，选择哪种数据库取决于具体的应用需求。如果需要处理的是结构化数据，并且数据规模不大，那么关系型数据库可能是一个好选择。但如果需要处理的是非结构化数据，或者需要处理大规模的数据，那么向量数据库可能是一个更好的选择。

### 4.1.4 向量数据库的技术内核

向量数据库的核心技术包括如何将数据转化为向量（向量嵌入），如何度量向量之间的相似性（相似度度量），如何索引和检索向量（向量索引和检索），以及如何压缩向量以节省存储空间（向量压缩）。

用一个例子来更方便地理解这些步骤。假设向量数据库就是一个巨大的图书馆。这个图书馆有各种各样的书，包括小说、诗歌、科学论文、历史书籍等。您的目标是让读者能够快速准确地找到他们想要的书。

首先，需要将每本书转化为一个向量。这就像是给每本书创建一个独特的指纹，这个指纹可以反映出书的内容、风格、主题等关键信息。这个过程就是向量嵌入。这个话题内容很多，本书暂时不能很详细地介绍，但是得益于 AI 的发展，现在通过神经网络模型嵌入都能较好地表征数据的全部信息。

得到信息的表征也就是向量之后，需要度量向量之间的相似性，这个过程就是相似度度量。在早期，我们可能会使用欧几里得距离或者余弦相似度来度量相似性。但是，随着时间的推移，我们发现这些方法在处理高维数据时可能会遇到困难。因此，现代的相似度度量方法，如最近邻搜索（Nearest Neighbor Search）和局部敏感哈希（Locality - Sensitive Hashing）等方法被开发出来。这些方法可以更有效地处理高维数据，提供更准确的相似度度量。接下来则需要索引和检索向量。这就像是创建一个图书馆的目录，让读者可以根据他们的需求快速找到他们想要的书。这个过程就是向量索引和检索。在早期，我们可能会使用线性搜索或者树形结构来索引和检索向量。但是，随着数据量的增长，这些方法可能会变得效率低下。因此，现代的向量索引和检索方法，如倒排索引（Inverted Index）和乘积量化（Product Quantization）等被开发出来。这些方法可以更有效地处理大规模数据，提供更快速地索引和检索。

最后，需要压缩向量以节省存储空间，这个过程就是向量压缩。在早期，可能会使用简单的压缩算法，如 Huffman 编码或者 Run - Length 编码来压缩向量。但是，随着数据量的增长，这些方法可能无法满足压缩需求。因此，现代的向量压缩方法，如乘积量化（Product Quantization）和优化乘积量化（Optimized Product Quantization）等被开发出来，这些方法可以更有效地压缩向量，提供更高的压缩比。

读到这里，如果您是 AI 专业的人，您可能已经意识到，虽然向量嵌入和相似度度量都是重要的问题，但是在向量数据库的发展中，得益于 AI 的发展，嵌入已经不算最大的问题了。当下要解决的最主要的问题其实是向量索引和向量检索。这是因为，随着数据量的增长，如何有效地索引和检索向量成为一个巨大的挑战。

### 4.1.5　索引、检索、压缩

使用向量数据库的步骤如下。

首先,我们用一个嵌入模型把我们要索引的数据转换成向量嵌入。

然后,将向量嵌入存储到向量数据库里,并保留了它们对应原始数据的引用。

最后,当应用程序发起一个查询时,用同样的嵌入模型把查询变成一个向量嵌入,并用它来在数据库中搜索最相似的向量嵌入。这些相似的向量嵌入反映了它们生成原始数据的含义。Vector DB(向量数据库)应用流程如图4-2所示。

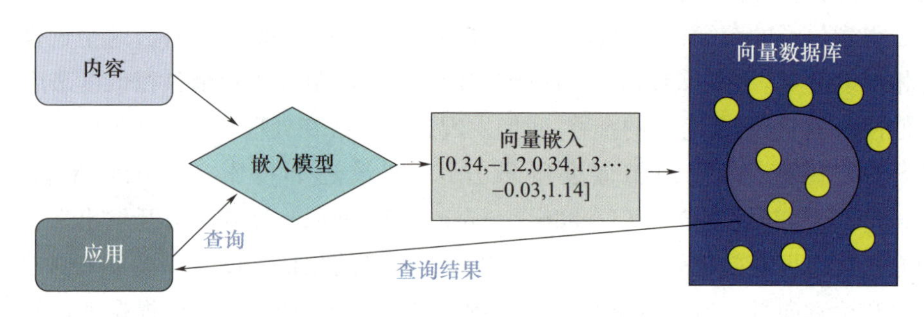


图4-2 Vector DB 应用流程

对于向量数据库来说,最主要的瓶颈还是在于第二步和第三步的索引,检索和压缩,因为向量数据库的目标和优势就是更好地处理大规模的数据。

向量索引与检索是向量数据库处理大规模数据的关键。向量索引的任务是在海量的向量中,快速找到与查询向量最相似的向量。这就像是在一个巨大的超市里,快速找到想要的商品。想象一下,如果超市里的商品没有分类,没有标签,要找到想要的商品可能需要花费大量的时间。而向量索引就是这个超市的分类标签,它可以快速找到您想要的商品。

向量压缩主要是指对向量进行编码,以减少其存储空间和传输时间的过程。这个过程通常涉及两个方面:压缩率和失真率。压缩率是指压缩后的向量与原始向量的大小比例;失真率是指压缩后的向量与原始向量的相似度差异。一般来说,提高压缩率会降低失真率,反之亦然。因此,在不同的应用场景下,需要根据需求选择合适的压缩方法和参数。向量压缩就像是超市在进行商品打包销售。例如,超市可能会把一些常用的厨房用品(如盐、糖、醋、油)打包成一个套装进行销售,这样可以节省顾客购物的时间,也可以节省超市的货架空间。这就像是压缩率,即通过打包销售,我们可以减少商品的存储空间和顾客的购物时间。然而,打包销售也可能会带来一些问题。例如,顾客可能只需要其中的一部分商品,但是他们不得不购买整个套装。或者,打包的商品可能与顾客原本需要的商品有一些差异。这就像是失真率,即通过打包销售,我们可能会降低商品的满足度。因此,超市需要根据顾客的需求和货架的空间,来选择合适的打包方法和参数。同样,向量压缩也需要根据应用的需求和存储的空间,来选择合适的压缩方法和参数。

在最早的时候,向量数据库索引使用的是线性扫描。这就像是在一个没有分类的超市里,你需要逐个查看每个商品,直到找到你想要的商品。这种方法简单直观,但是效率非常低,特别是当数据量非常大的时候。

为了解决线性扫描的效率问题,基于哈希（Hash - Based）或者树（Tree - Based）的方法就出现了,树示意图如图 4 - 3 所示。哈希方法是把高维向量映射到低维空间或者二进制编码,然后用哈希表或者倒排索引来存储和检索。树方法是把高维空间划分成若干个子空间或者聚类中心,然后用树形结构来存储和检索。这些方法都是基于精确距离计算或者近似距离计算的方法。这就像是在超市里,商品被分成了多个区域,每个区域包含一类商品。这样,你就可以直接去你想要的商品的区域,而不需要查看所有的商品。这大大提高了效率。但是,这些方法在处理高维数据时,效率会下降,这就像是在一个超大的超市里,商品的种类非常多,区域划分得非常细,你可能需要花费大量的时间在不同的区域之间穿梭。

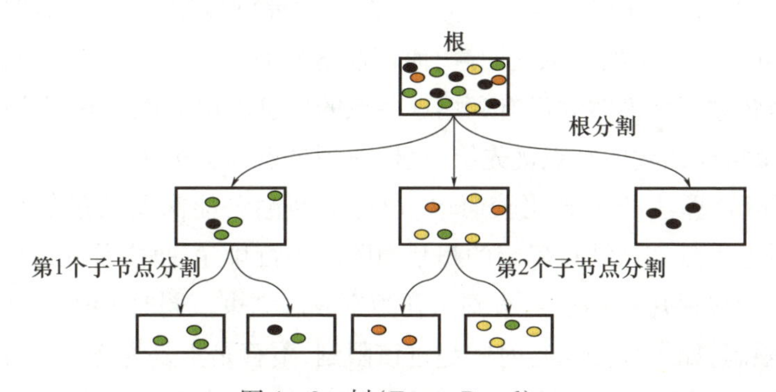


图 4 - 3　树(Tree - Based)

为了解决这个问题,基于乘积量化(Product Quantization, PQ)的向量索引算法也被提了出来,乘积量化如图 4 - 4 所示。PQ 方法是把高维向量分割成若干个子向量,然后对每个子向量进行独立的标量量化(Scalar Quantization, SQ),即用一个有限集合中最接近的值来近似表示每个子向量。这样做可以大大减少存储空间和计算时间,并且可以用乘积距离(Product Distance, PD)来近似表示原始距离。这就像是在超市里,商品不仅按照区域分类,还按照品牌分类,可以直接去您喜欢的品牌的区域,而不需要在所有的区域之间穿梭,这大大提高了效率。

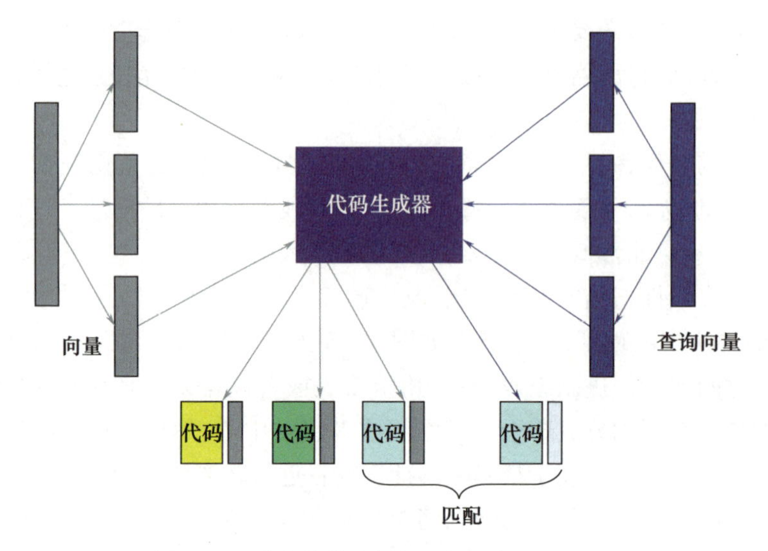


图 4－4　乘积量化（Product Quantization，PQ）

随后，为了解决树处理高维数据的问题，人们提出了 BBF（Best Bin First）算法。BBF 算法是一种基于优先队列的搜索算法，它可以在 KD 树中更快地找到最近邻。根据 KD 树（树结构的一种）的搜索过程可以知道，在搜索时首先沿着 KD 树找到叶子节点，然后依次回溯，而回溯的路程就是前面我们查找叶子节点时逆序，因此进行回溯时并没有利用这些点的信息。BBF 就是利用这些信息，回溯时给各个需要回溯的结点优先级，这样找到最近邻会更快。

其实 BBF 算法的思想比较简单，通过对回溯可能需要路过的结点加入队列，并按照查找点到该结点确定的超平面距离进行排序，每次首先遍历的是优先级最高（即距离最短的结点），直到队列为空算法结束。同时 BBF 算法也设立了一个时间限制，如果算法运行时间超过该限制，不管是不是为空，一律停止运行，返回当前的最近邻点作为结果。应用了 BBF 之后，就像是在超市里，不仅知道每个商品的区域，还知道每个区域的热门商品，您可以直接去找这些热门商品，而不需要在区域内逐个查看商品。这进一步提高了效率。但是，BBF 算法在处理大规模数据时，效率仍然不高，这就像是在一个超大的超市里，即使你知道每个区域的热门商品，你仍然需要在大量的区域之间穿梭。

后来，一种改进版的 PQ 方法出现了，它叫作倒排多重索引（Inverted Multi－Index，IMI）。IMI 方法是把高维向量分割成两个子向量，然后对每个子向量进行独立的 PQ，得到两个子码本（Sub－Codebook）。然后，把所有的向量按照它们的第一个子码本的索引分组，得到若干个列表，每个列表中的向量都有相同的第一个子码本的索引。这样做可以把高维空间划分成更细粒度的子空间,并且可以用倒排索引来存储和检索。例如,在 2014 年的 CVPR 会议中有作者提出基于 IMI 的最近邻搜索方法可以用于处理百万级别的高维数据集。IMI 方法将高维向量分割成两个子向量,然后对每个子向量进行独立的 PQ,得到两个子码本。这就像在超市里,我们不仅按照商品类型(如食品、饮料、日用品等)来分类,还进一步按照品牌来分类。这样,顾客可以更精确地找到他们需要的商品,提高了购物效率。

同时,除了数据维度高,还有一个数据量大的问题。为了解决处理大规模数据的问题,提出了局部敏感哈希(LSH)。LSH 是一种基于哈希的索引方法,它可以将相似的向量哈希到同一个桶中。这就像在一个大型超市里,我们不仅按照商品类型和品牌来分类,还进一步按照价格区间来分类。这样,顾客可以更快地找到他们的目标商品。然而,当超市的规模变得非常大时,即使有这样的分类系统,顾客仍然需要在大量的商品之间进行选择,这就增加了购物的复杂性。同样,当处理高维数据时,LSH 的效率仍然面临挑战。

此时,在 IMI 的基础上,一种更先进的向量索引算法出现了,它叫作各向异性向量量化(AVQ)。AVQ 方法是把高维向量分割成若干个子空间,然后对每个子空间进行独立的 PQ,得到若干个子码本。然后,把所有的向量按照它们子码本的组合分组,得到若干个列表,每个列表中的向量都有相同的子码本的组合。这样做可以根据数据的分布自适应地划分高维空间,并且可以用多重倒排索引来存储和检索。这就像是在超市里,商品不仅按照区域分类,还按照品牌分类,还按照价格分类,你可以直接去你喜欢的品牌和价格的区域,而不需要在所有的区域之间穿梭,这大大提高了效率。

但还存在一个比较大的问题,就是召回精度不够,随着维度变大,召回精度可能会变得越来越低。所以最近的向量索引大多是基于图(Graph - Based)或者深度学习(Deep Learning - Based)的方法。

基于图的方法则与上述算法有所不同。图方法是把高维空间看作是一个图,每个节点是一个向量,每条边是一个距离或者相似度。然后用一些启发式或者优化的算法来构建和遍历这个图,从而找到最相似的向量。例如,2018 年发表在 NIPS 上的论文“*Hierarchical navigable small world graphs*”中,作者提出了一种基于分层可导航小世界(Hierarchical Navigable Small World, HNSW)图的最近邻搜索方法,它可以用于处理任意度量空间的数据。HNSW 方法是把高维向量分层地组织成一个图,每个节点是一个向量,每条边是一个距离或者相似度。每一层都是一个可导航小世界(Navigable Small World, NSW)图,即一个具有短路径和局部连通性的图。每一层的节点数目随机地减少,从而形成一个金字塔状的结构。这样做可以利用不同层次的边来加速搜索过程,并且可以用贪心算法来遍历图。这就像是在超市里,有一个详细的地图,这个地图上标记了每个商品的位置,您可以通过它找到想要的商品,而不需要在所有的区域之间穿梭,这也大大提高了效率。

最后,深度学习方法是用一个神经网络来学习一个映射函数,把高维向量映射到低维空间或者二进制编码,然后用哈希表或者倒排索引来存储和检索。这就像是在超市里,你有一个智能助手,这个助手可以根据你的需求,快速地找到你想要的商品,而不需要你自己去寻找。这个智能助手就是神经网络,它可以学习和理解你的需求,然后帮助你找到你想要的商品。一个具体的例子提出了一种基于图神经网络(Graph Neural Network, GNN)的最近邻搜索方法,它可以用于学习任意图结构数据的表示。GNN 方法是用一个神经网络来学习一个映射函数,把高维向量映射到低维空间,并且保留图结构信息。然后用哈希表或者倒排索引来存储和检索。这样做可以利用神经网络的强大表达能力来捕捉复杂的图特征,并且可以用哈希或者倒排技术来加速搜索过程。

向量索引面临的问题是如何在保证检索质量和效率的同时,适应不同类型和领域的数据,以及不同场景和需求的应用。不同的数据可能有不同的分布、维度、密度、噪声等特征,不同的应用可能有不同的准确性、速度、可扩展性、可解释性等指标。因此,没有一种通用的向量索引算法可以满足所有情况,而需要根据具体情况选择或者设计合适的向量索引算法。这就像是在超市里,不同的顾客可能有不同的需求,需要不同的商品,所以超市需要提供各种各样的商品,以满足不同顾客的需求。

基于现在这些问题,未来还是有很多方向可以去探索。

(1)动态向量索引。大多数现有的向量索引算法都是针对静态数据集设计的,即数据集在建立索引后不会发生变化。然而,在实际应用中,数据集往往是动态变化的,即会有新的数据加入或者旧的数据删除。如何在保持高效检索性能的同时,支持动态更新数据集是一个重要而困难的问题。这就像是在超市里,新的商品会不断上架,旧的商品会售完或者下架,如何在保持高效服务的同时,支持动态更新商品是一个重要而困难的问题。

(2)分布式向量索引。随着数据规模和维度的增长,单机内存和计算能力可能无法满足向量索引和检索的需求。如何把数据集和索引结构分布到多台机器上,并且实现高效并行检索是另一个重要而困难的问题。这就像是在超市里,随着商品种类和数量的增长,单个超市可能无法满足顾客的需求,需要开设多个分店，并且实现高效并行服务。

（3）多模态向量索引。在实际应用中，数据往往是多模态（Multimodal）的，即由不同类型或者来源的信息组成，如文本、图像、音频、视频等。如何把不同模态的数据映射到统一或者兼容的向量空间，并且实现跨模态（Cross - Modal）或者联合模态（Joint - Modal）的检索是一个有趣而有挑战的问题。这就像是在超市里，商品不仅有食品、饮料、日用品、电器等不同类型，还有中文、英文、日文、韩文等不同来源的标签，如何把不同类型和来源的商品分类到统一或者兼容的区域，并且实现跨类型或者联合类型的服务是一个有趣而有挑战的问题。

总的来说，向量索引就像是超市的分类标签，它可以帮助我们快速找到想要的商品，即最相似的向量。虽然现有的向量索引算法已经取得了很大的进步，但是还有很多问题需要解决，还有很多方向可以探索。

### 4.1.6　向量数据库产品

介绍完向量数据库的技术，接下来介绍一些主流的向量数据库，包括开源和商业的 Vector DB，如 Milvus、Pinecone、Chroma、Weaviate、Zilliz 等。我们将比较它们的特性，性能和应用场景，并且分析什么时候应该选用什么产品。

#### 1. Milvus

Milvus 是一个开源的向量数据库，提供了包括 IVF - Flat、IVF - SQ8 和 HNSW 在内的多种向量索引算法。它支持 L2、IP 和 Hamming 等多种相似性测度。为了兼容性，Milvus 提供了在 Python、Java 和 Go 等多种语言中的客户端接口，并与 TensorFlow 和 PyTorch 等深度学习框架无缝集成。其应用领域广泛，包括图像检索、视频检索、语音识别和自然语言处理。此外，为了增强数据的可视化和管理，Milvus 提供了一个名为 Milvus Insight 的工具。

#### 2. Pinecone

Pinecone 是一个先进的向量数据库，为用户提供了简洁的 API 接口，以便于创建和部署向量搜索功能。它采用了一种基于图的先进向量索引算法，此算法确保了在搜索过程中的高效性和精确性，同时还保持了良好的可扩展性。Pinecone 特别适用于需要实时、高精度相似度搜索的应用，如推荐系统、个性化广告以及内容匹配。为了进一步提高用户体验，Pinecone 还提供了一个控制台，用户可以通过这个控制台方便地监控和管理向量数据库的状态以及性能指标。

### 3. Chroma

Chroma 是一个领先的向量数据库，专为处理高维向量数据而设计，满足当今数据驱动应用的需求，其主要强项在于高性能和高可靠性的向量搜索和分析功能。Chroma 成功地实施了一种名为 Optimized Product Quantization（OPQ）的向量压缩算法，该算法基于乘积量化原理，旨在在减少存储空间和传输时间的同时保持高精度的搜索和查询能力。这使得 Chroma 特别适合那些在生物信息学、医疗影像、金融风控等领域工作，需要处理和查询大量高维向量数据的研究者和专家。此外，Chroma 还配备了一个高度专业化的查询语言，使得用户可以更加方便、灵活地构建和执行复杂的查询任务。

### 4. Weaviate

Weaviate 是一个云原生的向量数据库，它采用了机器学习模型来为数据创建向量表示，进而能够提供出色的语义搜索功能。这种表示方式与传统数据库中基于结构化查询的方法形成了鲜明的对比。由于 Weaviate 的这种独特能力，用户可以进行更为直观和语义化的数据搜索。更为突出的是，Weaviate 不仅支持预训练的机器学习模型集成，还允许用户训练定制模型来更好地表示和检索数据。这为那些希望在特定领域中实现精确搜索的用户提供了巨大的便利。为了保证其在各种应用场景中的适用性，Weaviate 还为开发者提供了 GraphQL 和 RESTful API 的支持。这确保了它在不同的应用环境中都能够灵活而高效地工作。除了上述的特点，Weaviate 的模块化架构和云原生特性也使其能够轻松应对大数据的挑战，实现高效的数据检索，特别是在高维数据环境中。

### 5. Zilliz

Zilliz 是一款领先的向量数据库，专为大规模向量搜索和分析设计。它采用了先进的索引技术，如 HNSW 和 IVF，从而为高维向量数据提供高效、准确的查询功能。Zilliz 不仅支持传统的结构化查询，还优化了基于向量的相似性搜索，能够在数百万甚至数十亿的向量中进行实时查询。Zilliz 的特点主要体现在其高效的搜索性能和灵活的扩展性上。首先，其内置的多种索引方法允许用户根据实际需求选择最合适的索引策略。此外，Zilliz 支持分布式架构，能够轻松扩展以满足增长的数据和查询量，确保系统的高可用性和低延迟。

#### 6. Tencent Cloud Vector DB

Tencent Cloud Vector DB 是腾讯云推出的一款专业向量数据库，专为处理大规模、高维的向量数据而设计。它结合了传统数据库的特点和现代向量搜索技术，为用户提供了一个全面、高效的数据管理和检索平台。通过其深度优化的索引算法，Tencent Cloud Vector DB 能够快速准确地在大量向量数据中找到与查询向量最相似的结果。Tencent Cloud Vector DB 的独特之处在于它的高性能与强大的可扩展性。它支持自动分片、数据冗余和多副本备份，确保数据的持久性和高可用性。此外，它还提供了丰富的 API 和工具集，使得集成和管理变得更加简单。腾讯云的强大基础设施和庞大的生态系统也为 Vector DB 提供了坚实的技术支撑，使其能够满足各种规模的应用需求。该数据库能够广泛应用于大模型的训练、推理和知识库补充等场景，是国内首个从接入层、计算层、到存储层提供全生命周期 AI 化的向量数据库，重新定义了 AI Native 的开发范式，使用户在使用向量数据库的全生命周期都能应用到 AI 能力。Tencent Cloud Vector DB 最高支持 10 亿级向量检索规模，延迟控制在毫秒级，相比传统单机插件式数据库检索规模提升 10 倍，同时具备百万级每秒查询(QPS)的峰值能力。

## 4.2 前端用户界面

### 4.2.1 Panel 简介

Panel 是一个 Python 库，旨在为数据科学家和分析师提供一个高效、简单且灵活的解决方案，特别是在构建与数据分析和可视化相关的交互性 Web 应用时。它的出现是为了满足现代数据科学家和分析师的需求，使他们能够快速地将分析结果转化为互动的 Web 内容，而无须深入研究复杂的 Web 开发细节。

Panel 的主要功能和独特优势包括以下内容。

(1)创建交互式 Web 应用。Panel 允许用户使用 Python 轻松创建交互式 Web 应用程序，这些应用程序可以展示数据分析的结果、可视化和模型。这意味着可以将数据科学的成果更直观地呈现，而不需要专业的前端开发技能。

(2)简单易用。Panel 的设计目标之一是提供一个简单易用的界面，使用户可以快速上手。通过 Panel，可以使用 Python 来控制和定制 Web 应用的各个方面，包括布局、组件和交互元素。

(3)灵活性。Panel 提供了丰富的组件库，允许添加各种交互元素，如滑块、按钮、文本框等，以及不同类型的可视化图表和数据表格。这使得用户可以根据需要定制 Web 应用，以满足不同项目的要求。

(4)快速部署。由于 Panel 专注于简化 Web 应用的开发过程，因此可以加速从数据分析到结果展示的过程。用户可以快速创建、测试和部署交互式应用，以便更迅速地与团队或客户分享分析成果。

### 4.2.2 Panel 的核心概念

#### 1. 控制流

Panel 是建立在一个称为 Param 的库之上的，它控制了信息在应用程序中的流动方式。当一个参数发生变化时，例如，滑块的值更新或者在代码中手动更新值时会触发事件，应用程序可以对这些事件做出响应。Panel 提供了一些高级和低级的方法，用于根据参数的更新设置交互性。理解 Param 背后的一些基本概念对于掌握 Panel 至关重要。

让我们从简单的开始，回答一个问题："Param 是什么？"

- Param 是一个框架，允许 Python 类具有默认值、类型/值验证以及在值更改时触发回调的属性。
- Param 类似于其他框架，如 Python 的 dataclasses、pydantic 和 traitlets。

在 Param 和 Panel 中要理解的最重要的概念之一是使用参数作为引用来驱动交互性的能力，这通常称为"反应性"，而采用这种方法的最知名的实例是电子表格应用程序，如 Excel。当你在一个单元格的公式中引用另一个单元格时，更改原始单元格将自动触发所有引用它的单元格的更新。同样的概念也适用于参数对象。

在 Param 的上下文中，特别是在 Panel 中使用时，需要理解的一个主要概念是参数值和参数对象之间的区别。值代表了参数在特定时间点的当前值，而对象包含有关参数的元数据，但也充当了参数值随时间变化的引用。在许多情况下，你可以传递一个参数对象，Panel 将自动解析当前值，并在参数发生更改时进行响应更新。让我们以小部件为例来理解。

```
import panel as pn  # 导入 Panel 库
```

```
# 创建一个文本输入框小部件
text = pn.widgets.TextInput()

#获取文本输入框当前的值
text.value

#也可以使用 text.param.value 作为对当前值的引用
text.param.value
```

### 2. 显示和渲染

Panel 旨在让用户可以使用所有喜欢的 Python 库,并具有一种自动推断如何呈现特定对象的系统,无论是 pandas DataFrame、matplotlib 图形还是任何其他绘图对象。这意味着用户可以轻松地将想要呈现的任何对象放入布局(如行或列),Panel 将自动确定包装它适当的 Pane 类型。不同的 Pane 类型知道如何呈现不同的对象,也提供了更新对象甚至监听事件(如选择 Vega/Altair 图表或 Plotly 图表)的方法。Panel 渲染 DataFrame 的结果如图 4-5 所示。

| | A | B |
|---|---|---|
| 0 | 1 | 10 |
| 1 | 2 | 20 |
| 2 | 3 | 30 |
| 3 | 4 | 40 |

图 4-5　Panel 渲染 DataFrame 的结果

因此,通常有意义的是了解 Pane 类型。因此,如果想将 DataFrame 包装成一个 Pane,可以调用 Panel 函数,它会自动将其转换(这正是在将对象交给它进行呈现时布局在内部执行的操作)。

```
import pandas as pd  # 导入 Pandas 库

#创建一个包含两列的 DataFrame
df = pd.DataFrame({
  'A': [1, 2, 3, 4],
```

```
  'B': [10, 20, 30, 40]
})

#使用 Panel 库创建一个 DataFrame 的面板
df_pane = pn.panel(df)
```

需要注意的是，到目前为止，我们只学习了如何显示数据，但要将其添加到部署应用程序中，还需要将其标记为可服务化(Servable)。将一个对象标记为可服务化会将其添加到当前模板中，这是我们稍后会详细介绍的内容。您可以标记多个对象为可服务化，按顺序将它们添加到页面上，或者您可以使用布局来明确安排对象的位置。

```
df_pane.servable()
```

### 3. 小部件

要构建一个交互式应用程序，一般通常会希望向应用程序添加小部件(Widgets)组件(如 TextInput、FloatSlider 或 Checkbox)，然后将它们绑定到一个交互式函数。让我们以创建一个滑块为例，如图 4-6 所示。

```
import panel as pn  # 导入 Panel 库

#创建一个浮点数滑块小部件
slider = pn.widgets.FloatSlider(name='滑块', start=0, end=100, step=
1, value=50)

#定义滑块回调函数
def slider_callback(event):
    value = slider.value
    #在这里可以执行与滑块值相关的操作
    print(f"滑块值: {value}")

#使用 param.watch 监听滑块的值变化，当值变化时调用回调函数
slider.param.watch(slider_callback,'value')

#创建一个 Panel 应用程序
app = pn.Column(slider)
```

```
#启动 Panel 应用程序以在浏览器中显示滑块
app.servable()
```

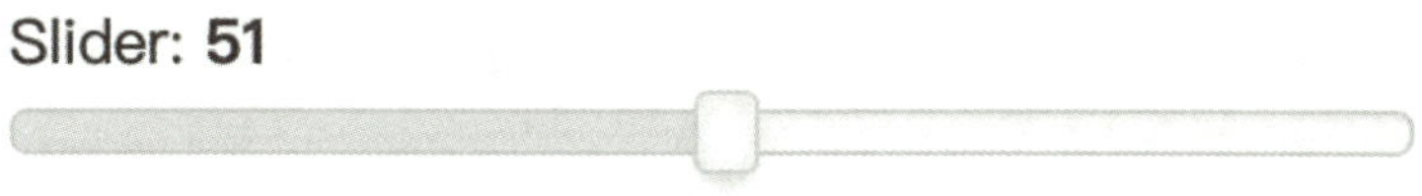

Slider: 51

图 4-6　创建滑块

pn.bind 函数允许我们将一个小部件或一个 Parameter 对象绑定到返回要显示的项目的函数。一旦绑定，该函数可以使用 pn.panel 和 .servable() 添加到布局中或直接呈现。这样，可以很容易地实现小部件和输出之间的交互响应。如果使用一个对 Panel 敏感的库，如 hvPlot，通常甚至不需要显式地编写和绑定一个函数，因为 hvPlot 的 .interactive DataFrames 已经创建了反应性的管道，可以通过接受小部件和参数来覆盖大多数参数和选项。

上述的绑定方法是有效的，但相对笨拙。每当滑块值改变时，Panel 将重新创建一个全新的窗格并重新渲染输出。如果想要更细粒度的控制，我们可以明确地实例化一个 Markdown 窗格，并通过引用传递给它绑定函数和参数。使用 Markdown 窗格渲染输出如图 4-7 所示。

```
import panel as pn  # 导入 Panel 库

# 创建一个整数滑块小部件
x = pn.widgets.IntSlider(name='x', start=0, end=100)

#创建一个颜色选择器小部件
background = pn.widgets.ColorPicker(name='背景颜色',value='lightgray')

#定义一个函数,用于计算输入整数的平方并返回 Markdown 格式的文本
def square(x):
    return f'{x} 的平方是 {x* * 2}'

#定义一个函数,用于设置 Markdown 文本的样式,包括背景颜色和内边距
def styles(background):
    return {'background-color': background, 'padding': '0 10px'}
```

```
#创建一个 Panel 列,包括整数滑块、背景颜色选择器和 Markdown 文本
pn.Column(
    x,# 整数滑块
    background,# 背景颜色选择器
    pn.pane.Markdown(pn.bind(square, x), styles = pn.bind(styles, back-
ground)) # Markdown 文本
)
```

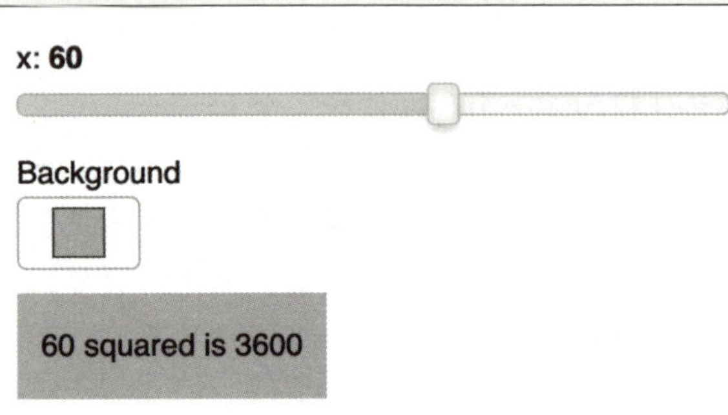


图 4-7　使用 Markdown 窗格渲染输出

### 4. 模板

在开始构建应用程序,用户都希望使其外观更加漂亮,这就是模板(Templates)发挥作用的地方。每当用户将一个对象标记为'.servable',就是将它插入到一个模板中。Panel 默认使用一个完全空白的模板,但通过设置'pn.config.template',非常容易选择另一个模板。在这里,可以根据不同的框架选择几个选项,包括'bootstrap'、'material'和'fast'。

```
pn.config.template = 'fast'
```

一旦配置了一个模板,可以通过使用.servable()方法的 target 参数来控制在哪里渲染组件。大多数模板有多个目标区域,包括'main''sidebar''header'和'modal'。举例来说,用户可能希望将小部件渲染到'sidebar',并将图表渲染到'main'区域。输出结果如图 4-8 所示。

```
import numpy as np
import matplotlib.pyplot as plt
import panel as pn
```

```
#使用 Panel 的"fast"模板扩展
pn.extension(template='fast')

#创建频率滑块小部件,用于调整频率值,将其放在侧边栏
freq = pn.widgets.FloatSlider(
    name='Frequency', start=0, end=10, value=5
).servable(target='sidebar')

#创建振幅滑块小部件,用于调整振幅值,将其放在侧边栏
ampl = pn.widgets.FloatSlider(
    name='Amplitude', start=0, end=1, value=0.5
).servable(target='sidebar')

#定义一个绘图函数,根据给定的频率和振幅绘制正弦曲线,并返回图形对象
def plot(freq, ampl):
    fig = plt.figure()
    ax = fig.add_subplot(111)
    xs = np.linspace(0, 1)
    ys = np.sin(xs * freq) * ampl
    ax.plot(xs, ys)
return fig

#创建 Matplotlib 面板,绑定到绘图函数,并将其用于显示绘图结果
mpl = pn.pane.Matplotlib(
    pn.bind(plot, freq, ampl)
)

#创建一个 Panel 列,包括标题和 Matplotlib 图形,将其用于显示在主内容区域(图 4-8)
pn.Column(
    '# Sine curve', mpl
).servable(target='main')
```

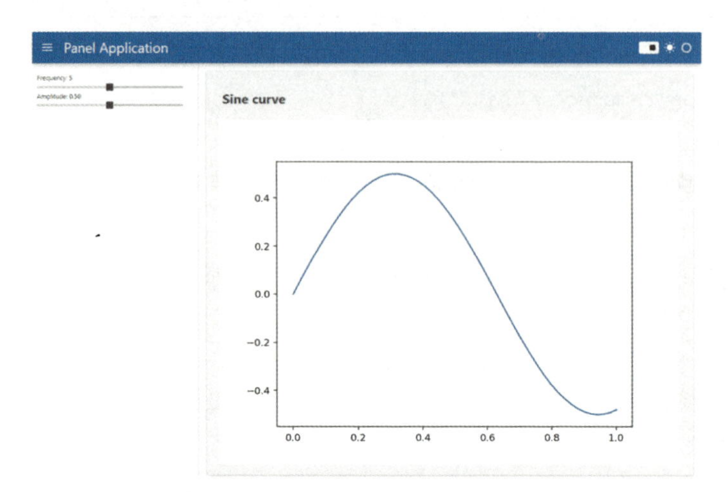


图 4-8　使用 Markdown 窗格渲染输出

```
conda install panel
pip install panel
```

接下来，使用 Panel 构建一个简单的应用，用来可视化 UCIML 数据集，它记录了室内的环境数据。

第一步使用如下的代码加载数据。

```
import panel as pn   # 导入 Panel 库
import hvplot.pandas   # 导入 hvPlot 库
import pandas as pd   # 导入 Pandas 库
import numpy as np   # 导入 NumPy 库

#使用 Panel 的"material"设计扩展
pn.extension(design='material')

#从远程 CSV 文件加载数据，该文件包含时间序列数据
csv_file = ("https://raw.githubusercontent.com/holoviz/panel/main/examples/assets/occupancy.csv")
data = pd.read_csv(csv_file, parse_dates=["date"], index_col="date")

#显示数据的末尾几行
data.tail()
```

可以看到我们成功加载到了数据，如图 4-9 所示。

| date | Temperature | Humidity | Light | $CO_2$ | HumidityRatio | Occupancy |
|---|---|---|---|---|---|---|
| 2015-02-10 09:29:00 | 21.05 | 36.0975 | 433.0 | 787.250000 | 0.005579 | 1 |
| 2015-02-10 09:29:59 | 21.05 | 35.9950 | 433.0 | 789.500000 | 0.005563 | 1 |
| 2015-02-10 09:30:59 | 21.10 | 36.0950 | 433.0 | 798.500000 | 0.005596 | 1 |
| 2015-02-10 09:32:00 | 21.10 | 36.2600 | 433.0 | 820.333333 | 0.005621 | 1 |
| 2015-02-10 09:33:00 | 21.10 | 36.2000 | 447.0 | 821.000000 | 0.005612 | 1 |

图 4 - 9 数据加载的结果

第二步对加载到的数据进行可视化。

在使用 Panel 之前,让我们编写一个函数来平滑我们的时间序列,并找到异常值。最后使用 hvplot 绘制结果。

```
def transform_data(variable, window, sigma):
    ''' 计算滚动平均值和异常值 '''
    #计算滚动平均值
    avg = data[variable].rolling(window=window).mean()
    #计算残差(原始值 - 滚动平均值)
    residual = data[variable] - avg
    #计算滚动标准差
    std = residual.rolling(window=window).std()
    #根据标准差和 sigma 判断异常值
    outliers = np.abs(residual) > std * sigma
    return avg, avg[outliers]

def create_plot(variable="Temperature", window=30, sigma=10):
    ''' 绘制滚动平均值和异常值的图表'''
    #调用 transform_data 函数计算滚动平均值和异常值
    avg, highlight = transform_data(variable, window, sigma)
    #使用 hvPlot 绘制滚动平均值的曲线图
    avg_plot = avg.hvplot(height=300, width=400, legend=False)
    #使用 hvPlot 绘制异常值的散点图,并以橙色标识
    highlight_plot = highlight.hvplot.scatter(
        color="orange", padding=0.1, legend=False
    )

    #将两个图表组合在一起
    return avg_plot * highlight_plot
```

使用特定参数调用 create_plot 函数来获取一组参数并绘图。

```
create_plot(variable='Temperature', window=20, sigma=10)
```

上面代码中的 window 代表滚动窗口的大小,用于计算滚动平均值和滚动标准差。sigma 是一个阈值参数,用于确定哪些数据点被认为是异常值(Outliers)。在这里,异常值是指与滚动平均值相比偏离过多的数据点。

可视化的结果图 4-10 表示了输入数据中的变量温度的滚动平均值随时间的变化,滚动平均值可以用来平滑数据并观察长期趋势。橙色点代表了与滚动平均值相比偏离得过远认为是异常值的数据点。

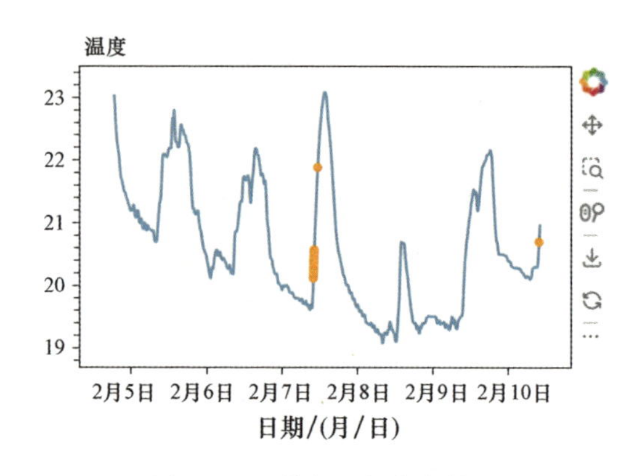


图 4-10 数据可视化的结果

现在如果想要探索 window 和 sigma 参数值如何影响图表,需要反复评估上面的单元格,但这将是一个缓慢和痛苦的过程。相反,我们可以使用 Panel 快速添加一些交互式控件,并迅速确定不同的参数值如何影响输出。

第三步加入交互式控件探索参数对结果的影响。

让我们为想要探索的参数值范围创建一些 Panel 滑块小部件。

```
#创建一个选择变量的小部件,用于选择要分析的数据列
variable_widget = pn.widgets.Select(name="variable",value="Tempera-
ture", options=list(data.columns))

#创建一个整数滑块小部件,用于调整滚动窗口的大小
window_widget = pn.widgets.IntSlider(name="window", value=30, start=
1, end=60)
```

```
#创建一个整数滑块小部件,用于调整异常值的标准差阈值
sigma_widget = pn.widgets.IntSlider(name="sigma", value=10, start=0,
end=20)
```

现在有了一个函数和一些小部件,将它们链接在一起,以便小部件的更新会重新运行该函数。在 Panel 中创建这种链接的一种简单方法是使用 pn. bind。

```
bound_plot = pn.bind(create_plot, variable=variable_widget, window=
window_widget, sigma=sigma_widget)
```

一旦将小部件绑定到函数的参数上,就可以使用 Panel 布局,如 Column,将生成的 bound_plot 组件与小部件组件一起排列。

```
first_app = pn.Column(variable_widget, window_widget, sigma_widget,
bound_plot)

first_app.servable()
```

只要有一个正在运行的实时 Python 进程,拖动这些小部件就将触发对 create_plot 回调函数的调用,评估选择的任何参数值组合,并显示结果。交互式图表结果如图 4－11 所示。

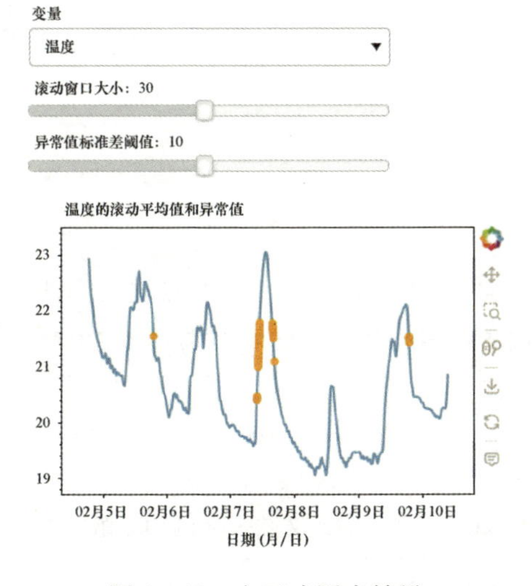


图 4－11　交互式图表结果

# 4.3 后端数据处理

LangChain 是用于构建大模型应用程序的开源框架，有 Python 和 JavaScript 两个不同版本的包。它由模块化的组件构成，可单独使用也可链式组合实现端到端应用。LangChain 的基本使用已经在第 3 章介绍过，所以有些基础的内容就不再重复介绍了。

在 4.3 节我们首先介绍如何使用 LangChain 的文档加载器（Document Loader）从不同数据源加载文档。然后，详述如何将这些文档切割为具有语意的段落。这步看起来简单，但不同的处理可能会影响颇大。接下来，我们讲解语义搜索（Semantic Search）与信息检索的方法，获取用户问题相关的参考文档。该方法很简单，但是在某些情况下可能无法使用。我们将分析这些情况并给出解决方案。最后，介绍如何使用检索得到的文档，来让 LLM 回答关于文档的问题，从而构建一个基于私有数据的军事情报分析系统。

## 4.3.1 文档加载

军事情报数据可以以多种形式呈现：PDF 文档、视频、网页等。基于 LangChain 提供给 LLM 访问用户私有数据的能力，要加载并处理用户的多样化、非结构化私有数据。介绍如何加载文档（包括文档、视频、网页等）是访问个人数据的第一步。

让我们先从 PDF 文档开始。

### 1. PDF 文档

PDF 文档的选择是任意的，在这里选取几篇关于情报分析相关的论文作为示例。注意，要运行以下代码，需要安装第三方库 PyPDF。

```
! pip install -q pypdf
```

1）加载 PDF 文档

首先，利用 PyPDFLoader 对 PDF 文件进行读取和加载。

```
from langchain.document_loaders import PyPDFLoader
#创建一个 PyPDFLoader Class 实例，输入为待加载的 pdf 文档路径
loader = PyPDFLoader("docs/ChatGPT 对文献情报工作的影响_.pdf")
```

```
#调用 PyPDFLoader Class 的函数 load 对 pdf 文件进行加载
pages = loader.load()
```

2)探索加载的数据

一旦文档被加载,它就会存储在名为 pages 的变量里。此外, pages 的数据结构是一个 List 类型。为了确认其类型,可以借助 Python 内建的 type 函数来查看 pages 的确切数据类型。

```
print(type(pages))
```

结果如下:

```
<class 'list'>
```

通过输出 pages 的长度,可以轻松了解该 PDF 文件包含的总页数。

```
print(len(pages))
```

结果如下:

```
7
```

在 page 变量中,每一个元素都代表一个文档,它们的数据类型是 langchain.schema.Document。

```
page = pages[0]
print(type(page))
```

结果如下:

```
<class 'langchain.schema.document.Document'>
```

langchain.schema.Document 类型包含两个属性:

(1)page_content 包含该文档页面的内容。

```
print(page.page_content[0:500])
```

结果如下:

```
专 题
数据分析与知识发现 ChatGPT 对文献情报工作的影响*
张智雄 1,2,3 于改红 1 刘 熠 1 林 歆 1,2 张梦婷 1,2 钱 力 1,2,3
1(中国科学院文献情报中心　北京　100190)
```

```
2(中国科学院大学经济与管理学院信息资源管理系  北京  100190)
3(国家新闻出版署学术期刊新型出版与知识服务重点实验室  北京  100190)
摘要:【目的】研究探讨以 ChatGPT 为代表的人工智能技术对文献情报工作的启示和影响,为文献情报领域提出在人工智能时代下的发展建议。
【方法】基于对人工智能发展历程的总结,分析了人工智能技术飞速突破的本质。基于 ChatGPT 的技术能力特点,分析了其对文献情报工作的影响。基于文献情报工作的优势和价值,提出了人工智能时代文献情报领域发展的建议。
【结果】总结出了人工智能技术迅速发展对文献情报工作的五点启示。从数据组织方式、知识服务模式、情报分析方法、文献使用方式、文献情报队伍建设要求以及文献情报工作重点六个方面分析了 ChatGPT 对文献情报领域的影响。
```

(2)meta_data 为文档页面相关的描述性数据。

```
print(page.metadata)
```

结果如下:

```
{'source': 'docs/ChatGPT对文献情报工作的影响_.pdf', 'page': 0}
```

### 2. 视频

在第一部分的内容,我们探讨了如何加载 PDF 文档。在这部分的内容中,对于给定的视频链接,我们会详细讨论。

- 利用 LangChain 加载工具,为指定的视频链接下载对应的音频至本地。
- 通过 OpenAIWhisperPaser 工具,将这些音频文件转化为可读的文本内容。

注意,要运行以下代码,需要安装如下两个第三方库:

```
! pip -q install yt_dlp
! pip -q install pydub
```

1)加载视频

首先,构建一个 GenericLoader 实例来实现对音频的下载并进行本地加载。

```
from langchain.document_loaders.generic import GenericLoader
from langchain.document_loaders.parsers import OpenAIWhisperParser
from langchain.document_loaders.blob_loaders.youtube_audio import YoutubeAudioLoader

url = "https://www.bilibili.com/video/BV1Mp4y1z7Hq/?spm_id_from=333.337.search-card.all.click"
```

```
save_dir = "docs/bilibili - zh/"

#创建一个 GenericLoader Class 实例
loader = GenericLoader(
  #将链接 url 中的视频的音频下载下来,存在本地路径 save_dir
  YoutubeAudioLoader([url],save_dir),

  #使用 OpenAIWhisperPaser 解析器将音频转化为文本
  OpenAIWhisperParser()
)

#调用 GenericLoader Class 的函数 load 对视频的音频文件进行加载
pages = loader.load()
```

结果如下:

```
[ BiliBili ]  ExtractingURL:  https://www.bilibili.com/video/BV1Mp4y1z
7Hq/? spm_id_from=333.337.search - card.all.click
[BiliBili] 1Mp4y1z7Hq: Downloading webpage
[BiliBili] BV1Mp4y1z7Hq: Extracting videos in anthology
[BiliBili] Format(s) 1080P 高清, 720P 高清 are missing; you have to login or
become premium member to download them. Use - - cookies - from - browser
or - - cookies for the authentication. See https://github.com/yt - dlp/yt -
dlp/wiki/FAQ#how - do - i - pass - cookies - to - yt - dlp for how to manually
pass cookies
[BiliBili] 970464877:Extracting chapters
[info] BV1Mp4y1z7Hq: Downloading 1 format(s): 30280
[download] Destination: docs/bilibili - zh//回顾一年前的"推特泄密案",网友
仅凭特朗普一张照片破解军事机密,涉及地理测绘、情报分析.m4a
[download] 100%  of    6.06MiB in 00:00:06 at 962.95KiB/s
[ExtractAudio] Not converting audiodocs/bilibili - zh//回顾一年前的"推特
泄密案",网友仅凭特朗普一张照片破解军事机密,涉及地理测绘、情报分析.m4a; file
is already in target format m4a
Transcribing part 1!
```

2)探索加载的数据

音频文件加载得到的变量同上文类似,此处不再一一解释,通过类似代码可

以展示加载数据：

```
print("Type of pages: ", type(pages))
print("Length of pages: ", len(pages))
page = pages[0]
print("Type of page: ", type(page))
print("Page_content: ", page.page_content[:500])
print("Meta Data: ", page.metadata)
```

结果如下：

```
Type of pages:  <class 'list'>
Length of pages:  1
Type of page:  <class 'langchain.schema.document.Document'>
Page_content:作为美国历史上第一位崇尚推特之国的总统 特朗普在位期间曾历史性地于一日内发布了 200 条推特 平均每 7 分 12 秒便发布或转发一条推文 其中包含了许多令广大网友啼笑皆非的推论 不过不可否认的一点是 这个推特账号象征的意义 远不只是一位美国总统的个人推特那么简单 它更是一扇美国权力机关对世界发声的窗口 正是在这样的背景下 2019 年 8 月 30 日 出现了一起所谓特朗普推特泄密事件 事件中特朗普在一条推特上附带了一张照片 就是这么一张照片 出乎意料地遭到了一名普通网友的推理破解 专家们认为特朗普有意或无意发出的这张照片 正在向全世界泄露美国的侦查水平和手段 时间来到2019 年 无论是美国 俄罗斯等传统航天大国 还是印度 伊朗等兴起之秀 都在这一年开展了航天发射活动 全球多国的航天事业保持着持续发展的态势 但是航天事业的背后总是伴随着血与泪 诸如美国 俄罗斯等强国 也不能保证成功率 而是在这一年 美国的航天发射活动 却是一场不可思议的发射 在这一年 美国的航天发射活动 诸如美国 俄罗斯等强国 也不能保证成功率百分之百 更别说一些航空小国了 比如说 本次事件的主角之一 伊朗 2019 年 伊朗共进行了
Meta Data:  {'source': 'docs/bilibili-zh/回顾一年前的“推特泄密案”,网友仅凭特朗普一张照片破解军事机密,涉及地理测绘、情报分析.m4a', 'chunk': 0}
```

### 3. 网页文档

本部分我们将研究如何处理网页链接(URLs)。为此,我们会以 GitHub 上的一个 markdown 格式文档为例,学习如何对其进行加载。

1)加载网页文档

构建一个 WebBaseLoader 实例来对网页进行加载。

```
from langchain.document_loaders import WebBaseLoader
```

```
#创建一个 WebBaseLoader Class 实例
url = "https://github.com/microsoft/DeepSpeed/blob/master/blogs/deep-speed-ulysses/chinese/README.md"
header = {'User-Agent': 'python-requests/2.27.1',
         'Accept-Encoding': 'gzip, deflate, br',
         'Accept': '*/*',
         'Connection': 'keep-alive'}
loader = WebBaseLoader(web_path=url,header_template=header)
#调用 WebBaseLoader Class 的函数 load 对文件进行加载
pages = loader.load()
```

2）探索加载的数据

同理我们通过上文代码可以展示加载数据。

```
print("Type of pages: ", type(pages))
print("Length of pages: ", len(pages))
page = pages[0]
print("Type of page: ", type(page))
print("Page_content: ", page.page_content[:500])
print("Meta Data: ", page.metadata)
```

结果如下：

```
Type of pages:  <class 'list'>
Length of pages:  1
Type of page:  <class'langchain.schema.document.Document'>
Page_content:  {"payload":{"allShortcutsEnabled":false,"fileTree":{"blogs/deepspeed-ulysses/chinese":{"items":[{"name":"README.md","path":"blogs/deepspeed-ulysses/chinese/README.md","contentType":"file"}],"totalCount":1},"blogs/deepspeed-ulysses":{"items":[{"name":"chinese","path":"blogs/deepspeed-ulysses/chinese","contentType":"directory"},{"name":"japanese","path":"blogs/deepspeed-ulysses/japanese","contentType":"directory"},{"name":"media","path":"blogs/deepspeed-ulysses/media","contentType":"directory"},{"
Meta Data:  {'source': 'https://github.com/microsoft/DeepSpeed/blob/master/blogs/deepspeed-ulysses/chinese/README.md'}
```

可以看到上面的文档内容包含许多冗余的信息。通常需要对这种数据进行进一步处理（Post Processing）。

```
import json  # 导入 JSON 库

#将字符串解析为 JSON 对象
convert_to_json = json.loads(page.page_content)

#从 JSON 对象中提取富文本数据
extracted_markdow = convert_to_json['payload']['blob']['richText']

#打印提取的富文本数据
print(extracted_markdow)
```

结果如下：

```
DeepSpeed Ulysses:训练极长序列 Transformer 模型的系统优化
简介
从生成性 AI 到科研模型,长序列训练正在变得非常重要。
在生成性 AI 领域,会话式 AI、长文档摘要和视频生成等任务都需要在空间和时间层面对长上下文进行推理。
例如,多模态基础模型,如同时处理语音、图像和波形的模型,需要对具有极长序列的高维输入进行长上下文推理。
同样,章节和书籍级别的摘要(数万甚至数十万字)在会话式 AI 和摘要任务中也非常重要。
对于科学 AI 来说,长序列同样至关重要,它为更好地理解结构生物学、医疗保健、气候和天气预测以及大分子模拟打开了大门。
例如,通过在基因序列上训练大型语言模型,我们可以创建可以使用极长序列(人类基因组有 64 亿个碱基对)学习基因组进化模式的语言模型。在医疗保健领域,以所有的患者护理记录为条件的诊断预测模型需要极长序列的上下文。
```

### 4.3.2 文档分割

在 4.3.1 节中，讨论了如何将文档加载到标准格式中，下面谈论如何将它们分割成较小的块。这听起来可能很简单，但其中有很多微妙之处会对后续工作产生重要影响。

#### 1. 为什么要进行文档分割

（1）模型大小和内存限制。GPT 模型，特别是大型版本如 GPT－3 或

GPT－4,具有数十亿甚至上百亿的参数。为了在一次前向传播中处理这么多的参数,需要大量的计算能力和内存。但是,大多数硬件设备(如 GPU 或 TPU)有内存限制。文档分割使模型能够在这些限制内工作。

(2) 计算效率。处理更长的文本序列需要更多的计算资源。通过将长文档分割成更小的块,可以更高效地计算。

(3) 序列长度限制。GPT 模型有一个固定的最大序列长度,如 2048 个 token。这意味着模型一次只能处理这么多 Token。对于超过这个长度的文档,需要进行分割才能被模型处理。

(4) 更好的泛化。通过在多个文档块上进行训练,模型可以更好地学习和泛化到各种不同的文本样式和结构。

(5) 数据增强。分割文档可以为训练数据提供更多的样本。例如,一个长文档可以被分割成多个部分,并分别作为单独的训练样本。

需要注意的是,虽然文档分割有其优点,但也可能导致一些上下文信息的丢失,尤其是在分割点附近。文档分割的意义如图 4－12 所示。因此,如何进行文档分割是一个需要权衡的问题。

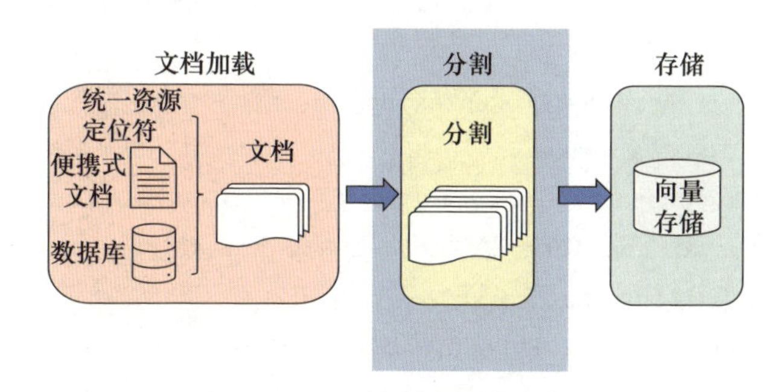


图 4－12 文档分割的意义

若仅按照单一字符进行文本分割,很容易使文本的语义信息丧失,这样在回答问题时可能会出现偏差。因此,为了确保语义的准确性,我们应该尽量将文本分割为包含完整语义的段落或单元。

### 2. 文档分割方式

LangChain 中文本分割器都根据 chunk_size(块大小)和 chunk_overlap(块与块之间的重叠大小)进行分割,文档分割示例如图 4－13 所示。

(1) chunk_size 指每个块包含的字符或 Token(如单词、句子等)的数量。

(2) chunk_overlap 指两个块之间共享的字符数量,用于保持上下文的连贯

图 4－13 文档分割示例

性，避免分割丢失上下文信息。

LangChain 提供多种文档分割方式，区别在于怎么确定块与块之间的边界、块由哪些字符/Token 组成，以及如何测量块大小，具体的 API 如下。

```
Langchain.text_splitter:
    • CharacterTextSplitter() - Implementation of splitting text that
looks at characters
    • MarkdownHeaderTextSplitter() - Implementation of splitting mark-
down files based on specified headers
    • TokenTextSplitter() - Implementation of splitting text that looks
at tokens
    • SentenceTransformersTokenTextSplitter() - Implementation of split-
ting text that looks at tokens
    • RecursiveCharacterTextSplitter() - Implementation of splitting
text that looks at characters. Recursively tries to split by different
characters to find one that works
    • Language() - for CPP,Python,Ruby,Markdown etc
    • NLTKTextSplitter() - Implementation of splitting text that looks at
sentences using NLTK(Natural Language Tool Kit)
    • SpacyTextSplitter() - Implementation of splitting text that looks
at sentences using Spacy
```

### 3. 基于字符分割

如何进行文本分割，往往与我们的任务类型息息相关。当我们拆分代码时，这种相关性变得尤为突出。因此，我们引入了一个语言文本分割器，其中，包含各种为 Python、Ruby、C 等不同编程语言设计的分隔符。在对这些文档进行分割时，必须充分考虑各种编程语言之间的差异。

我们将从基于字符的分割开始探索，借助 LangChain 提供的 RecursiveCharacterTextSplitter 和 CharacterTextSplitter 工具来实现此目标。

CharacterTextSplitter 是字符文本分割,分隔符的参数是单个的字符串;

RecursiveCharacterTextSplitter 是递归字符文本分割,将按不同的字符递归地分割(按照这个优先级["\n\n","\n"," ",""]),这样就能尽量把所有和语义相关的内容尽可能长时间地保留在同一位置。因此,RecursiveCharacter-TextSplitter 比 CharacterTextSplitter 对文档切割得更加碎片化。

RecursiveCharacterTextSplitter 需要关注的是如下 4 个参数:

(1) separators:分隔符字符串数组。

(2) chunk_size:每个文档的字符数量限制。

(3) chunk_overlap:两份文档重叠区域的长度。

(4) length_function:长度计算函数。

1)短句分割

```
#导入文本分割器
from langchain.text_splitter import RecursiveCharacterTextSplitter, Charac-
terTextSplitter

chunk_size = 20 #设置块大小
chunk_overlap = 10#设置块重叠大小
#初始化递归字符文本分割器
r_splitter = RecursiveCharacterTextSplitter(
    chunk_size=chunk_size,
    chunk_overlap=chunk_overlap
)
#初始化字符文本分割器
c_splitter = CharacterTextSplitter(
    chunk_size=chunk_size,
    chunk_overlap=chunk_overlap
)
```

接下来我们对比展示两个字符文本分割器的效果。

```
text = "在AI的研究中,由于大模型规模非常大,模型参数很多,在大模型上跑完来验证
参数好不好训练时间 成本很高,所以一般会在小模型上做消融实验来验证哪些改进是有
效的再去大模型上做实验。" #测试文本
r_splitter.split_text(text)
```

结果如下:

```
['在 AI 的研究中,由于大模型规模非常大,模',
'大模型规模非常大,模型参数很多,在大模型',
'型参数很多,在大模型上跑完来验证参数好不',
'上跑完来验证参数好不好训练时间',
'成本很高,所以一般会在小模型上做消融实',
'会在小模型上做消融实验来验证哪些改进是有',
'验来验证哪些改进是有效的再去大模型上做实',
'效的再去大模型上做实验。']
```

可以看到,分割结果中,第二块是从“大模型规模非常大,模”开始的,刚好是我们设定的块重叠大小。

```
#字符文本分割器
c_splitter.split_text(text)
```

结果如下:

```
['在 AI 的研究中,由于大模型规模非常大,模型参数很多,在大模型上跑完来验证参数好不好训练时间成本很高,所以一般会在小模型上做消融实验来验证哪些改进是有效的再去大模型上做实验。']
```

可以看到字符分割器没有分割这个文本,因为字符文本分割器默认以换行符为分隔符,因此需要设置“,”为分隔符。

```
#设置空格分隔符
c_splitter = CharacterTextSplitter(
chunk_size=chunk_size, chunk_overlap=chunk_overlap, separator=','
)
c_splitter.split_text(text)
```

结果如下:

```
['在 AI 的研究中,由于大模型规模非常大',
'由于大模型规模非常大,模型参数很多',
'在大模型上跑完来验证参数好不好训练时间 成本很高',
'所以一般会在小模型上做消融实验来验证哪些改进是有效的再去大模型上做实验。']
Created a chunk of size 24, which is longer than the specified 20
```

可以看到出现了提示" Created a chunk of size 23, which is longer than the specified 20"，意思是“创建了一个长度为 23 的块，这比指定的 20 要长”。这是因为 CharacterTextSplitter 优先使用我们自定义的分隔符进行分割，所以在长度上会有较小的差距。设置“，”为分隔符后，分割效果与递归字符文本分割器类似。

2) 长文本分割

接下来，我们来尝试对长文本进行分割。

```
some_text = """情报分析(Intelligence analysis),  \
    就是对所获取的信息进行人工分析，得出有用的信息——情报的过程。\
    情报分析是“情报过程”的一个重要组成部分。\n\n
    情报分析是对有用的信息进行分解、合成，通过逻辑推理得出有价值的结论。\
    随着互联网的普及和推广，情报分析越来越注重网络情报的获取。\
    在这种条件下，通常采用两种分析模式，首先是通过软件进行计算机海量信息过滤，
主要滤除无用信息，再采用人工模式进行情报分析，这也是 Intelligence 的由来，即情
报是人类智能的体现。"""
print(len(some_text)) # 结果为 260
```

我们使用以上长文本作为示例。

```
c_splitter = CharacterTextSplitter(
    chunk_size=100,
    chunk_overlap=0,
    separator=' '
)
'''
对于递归字符分割器，依次传入分隔符列表，分别是双换行符、单换行符、空格、空字符，
因此在分割文本时，首先会采用双分换行符进行分割，同时依次使用其他分隔符进行分割
'''
r_splitter = RecursiveCharacterTextSplitter(
    chunk_size=80,
    chunk_overlap=0,
    separators=["\n\n", "\n", "", ""]
)
```

使用字符分割器进行分割：

```
c_splitter.split_text(some_text)
```

结果如下：

```
['情报分析(Intelligence analysis),　　　就是对所获取的信息进行人工分析,得出有用的信息——情报的过程。　　　情报分析是“情报过程”的一个重要组成部分。',
'情报分析是对有用的信息进行分解、合成,通过逻辑推理得出有价值的结论。　　　随着互联网的普及和推广,情报分析越来越注重网络情报的获取。　　　在这种条件下,通常采用两种分析模式,首先是通过软件进行计算机海量信息过滤,主要滤除无用信息,再采用人工模式进行情报分析,这也是 Intelligence 的由来,即情报是人类智能的体现。']
```

使用递归字符分割器进行分割：

```
r_splitter.split_text(some_text)
```

结果如下：

```
['情报分析(Intelligence analysis),　　　就是对所获取的信息进行人工分析,得出有用的信息——情报的过程。',
'情报分析是“情报过程”的一个重要组成部分。',
'情报分析是对有用的信息进行分解、合成,通过逻辑推理得出有价值的结论。　　　随着互联网的普及和推广,情报分析越来越注重网络情报的获取。',
'在这种条件下,通常采用两种分析模式,首先是通过软件进行计算机海量信息过滤,主要滤除无用信息,再采用人工模式进行情报分析,这也是 Intelligence 的由来,',
'即情报是人类智能的体现。']
```

如果需要按照句子进行分隔，则还要用正则表达式添加一个句号分隔符。

```
r_splitter = RecursiveCharacterTextSplitter(
    chunk_size=30,
    chunk_overlap=0,
separators=["\n\n", "\n", "(?<=\。)", "", ""])

r_splitter.split_text(some_text)
```

结果如下：

```
['情报分析(Intelligence analysis), 就是对所获取的信息进行人工分析,得出有用的信息——情报的过程。',
'情报分析是“情报过程”的一个重要组成部分。',
'情报分析是对有用的信息进行分解、合成,通过逻辑推理得出有价值的结论。',
'随着互联网的普及和推广,情报分析越来越注重网络情报的获取。',
'在这种条件下,通常采用两种分析模式。',
'首先是通过软件进行计算机海量信息过滤,主要滤除无用信息,再采用人工模式进行情报分析,这也是 Intelligence 的由来,即情报是人类智能的体现。']
```

这就是递归字符文本分割器名字中“递归”的含义，总的来说，更建议在通用文本中使用递归字符文本分割器。

### 4. 基于 Token 分割

很多 LLM 的上下文窗口长度限制是按照 Token 来计数的。因此，以 LLM 的视角，按照 Token 对文本进行分隔，通常可以得到更好的结果。通过一个实例理解基于字符分割和基于 Token 分割的区别。

```
#使用 Token 分割器进行分割，
#将块大小设为 1，块重叠大小设为 0，相当于将任意字符串分割成了单个 Token 组成的列
from langchain.text_splitter import TokenTextSplitter
text_splitter = TokenTextSplitter(chunk_size=1, chunk_overlap=0)
text ="foo bar bazzyfoo"
text_splitter.split_text(text)
```

结果如下：

```
['foo', ' bar', ' b', 'az', 'zy', 'foo']
```

### 5. 分割 Markdown 文档

分块的目的是把具有上下文的文本放在一起，我们可以通过使用指定分隔符来进行分隔，但有些类型的文档（如 Markdown）本身就具有可用于分割的结构（如标题）。

Markdown 标题文本分割器会根据标题或子标题来分割一个 Markdown 文档，并将标题作为元数据添加到每个块中。

```
#定义一个 Markdown 文档
from langchain.document_loaders import NotionDirectoryLoader
from langchain.text_splitter import MarkdownHeaderTextSplitter
markdown_document ="""# 情报分析 \n \n \\ ## 第一章 \n \n \
对来自各种数据源的不同数据类型执行分析，以识别关键人群、事件、轨迹和地点。\n \n
过滤数据和量化模式以增进理解。\n \n \ ### Section \n \n \
利用先进的分析技术，包括地理空间分析、移动分析、时间分析、链接分析和文本分析。\n
\n ## 第二章 \n \n \浏览所有情报信息源并通过丰富的视觉效果增进理解。"""
```

我们以上面文本作为 Markdown 文档的示例，上面文本格式遵循了 Markdown 语法。

```
#定义想要分割的标题列表和名称
headers_to_split_on = [
    ("#", "Header 1"),
    ("##", "Header 2"),
    ("###", "Header 3"),
]
markdown_splitter = MarkdownHeaderTextSplitter(
headers_to_split_on=headers_to_split_on
)

md_header_splits = markdown_splitter.split_text(markdown_document)
print("第一个块")
print(md_header_splits[0])
print("第二个块")
print(md_header_splits[1])
```

结果如下：

```
第一个块
page_content=' ##第一章  \n 对来自各种数据源的不同数据类型执行分析,以识别关键人群、事件、轨迹和地点。  \n 过滤数据和量化模式以增进理解。  \n ### Section \n 利用先进的分析技术,包括地理空间分析、移动分析、时间分析、链接分析和文本分析。' metadata={'Header 1': '情报分析'}
第二个块
page_content='浏览所有情报信息源并通过丰富的视觉效果增进理解。' metadata={'Header 1': '情报分析', 'Header 2': '第二章'}
```

可以看到,每个块都包含了页面内容和元数据,元数据中记录了该块所属的标题和子标题。

## 4.3.3 向量数据库与词向量

让我们一起回顾一下检索增强生成(RAG)的整体工作流程,如图 4-14 所示。

在 4.3.1 节和 4.3.2 节我们讨论了文档加载(Document Loading)和分割(Splitting)。下面我们将使用前两节课的知识对文档进行加载分割。

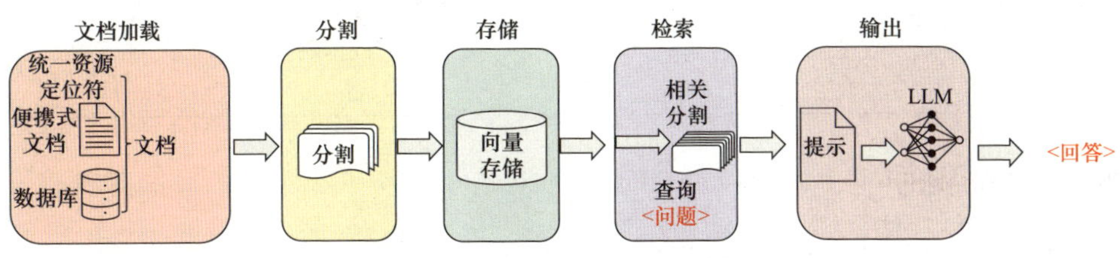


图 4－14　检索增强生成整体流程

## 1. 读取文档

注意，本节介绍的内容需要安装第三方库 pypdf 、chromadb。

```
from langchain.document_loaders import PyPDFLoader
#加载 PDF
loaders_chinese = [
#故意添加重复文档，使数据混乱
    PyPDFLoader("docs/ChatGPT 对文献情报工作的影响_.pdf"),
    PyPDFLoader("docs/ChatGPT 对文献情报工作的影响_.pdf"),
    PyPDFLoader("docs/基于大数据的网络安全与情报分析.pdf"),
    PyPDFLoader("docs/多视角下的情报分析模型研究综述.pdf")
]
docs = []
for loader in loaders_chinese:
    docs.extend(loader.load())
```

在文档加载后，我们可以使用递归字符文本拆分器(Recursive Character Text Splitter)来创建块。

```
#分割文本
from langchain.text_splitter import RecursiveCharacterTextSplitter

text_splitter = RecursiveCharacterTextSplitter(
    #每个文本块的大小。这意味着每次切分文本时，会尽量使每个块包含 1500 个字符。
    chunk_size=1500,
    #每个文本块之间的重叠部分。
    chunk_overlap=150
)
splits = text_splitter.split_documents(docs)
print(len(splits))
```

结果如下：

```
87
```

## 2. Embeddings

什么是 Embeddings?

在机器学习和 NLP 中，嵌入(Embeddings)是一种将类别数据，如单词、句子或者整个文档，转化为实数向量的技术。这些实数向量可以被计算机更好地理解和处理。嵌入背后的主要想法是，相似或相关的对象在嵌入空间中的距离应该很近。

举个例子，我们可以使用词嵌入(Word Embeddings)来表示文本数据。在词嵌入中，每个单词被转换为一个向量，这个向量捕获了这个单词的语义信息。例如，"king"和"queen"这两个单词在嵌入空间中的位置将会非常接近，因为它们的含义相似。而"apple"和"orange"也会很接近，因为它们都是水果。而"king"和"apple"这两个单词在嵌入空间中的距离就会比较远，因为它们的含义不同。

让我们取出我们的切分部分并对它们进行 Embedding 处理。

```
from langchain.embeddings.openai import OpenAIEmbeddings
embedding = OpenAIEmbeddings()
```

在使用真实文档数据的例子之前，让我们用几个测试案例的句子来试试，以便了解 Embedding。下面有几个示例句子，其中，前两个非常相似，第三个与之无关。首先，我们可以使用 Embedding 类为每个句子创建一个 Embedding。

```
sentence1 ="我喜欢狗"
sentence2 ="我喜欢犬科动物"
sentence3 ="外面的天气很糟糕"
embedding1 = embedding.embed_query(sentence1)
embedding2 =embedding.embed_query(sentence2)
embedding3 = embedding.embed_query(sentence3)
```

然后，我们可以使用 numpy 来比较它们，看看哪些最相似。我们期望前两个句子应该非常相似。然后，第一、第二个与第三个相比应该相差很大。我们将使用点积来比较两个嵌入。如果你不知道什么是点积，没关系。你只需要知道的重点是，分数越高句子越相似。

我们可以看到前两个 Embedding 的分数相当高，即为 0.94。

```
import numpy as np
np.dot(embedding1, embedding2)
```

结果如下：

```
0.9440614936689298
```

如果我们将第一个 Embedding 与第三个 Embedding 进行比较，我们可以看到它明显较低，约为 0.79。

```
np.dot(embedding1, embedding3)
```

结果如下：

```
0.792186975021313
```

我们将第二个 Embedding 和第三个 Embedding 进行比较，我们可以看到它的分数大约为 0.78。

```
np.dot(embedding2, embedding3)
```

结果如下：

```
0.7804109942586283
```

### 3. 向量数据库

1）初始化 Chroma

LangChain 集成了超过 30 个不同的向量存储库。我们选择 Chroma 是因为它轻量级且数据存储在内存中，这使得它非常容易启动和开始使用。

首先我们指定一个持久化路径：

```
from langchain.vectorstores import Chroma
persist_directory_chinese = 'docs/chroma'
```

接着从已加载的文档中创建一个向量数据库：

```
vectordb_chinese = Chroma.from_documents(
documents=splits,
embedding=embedding,
persist_directory=persist_directory_chinese
)
```

可以看到数据库长度也是87,这与我们之前的切分数量是一样的。现在让我们开始使用它。

```
print(vectordb_chinese._collection.count())
```

结果如下:

```
87
```

2)相似性搜索(Similarity Search)

首先我们定义一个需要检索答案的问题。

```
question_chinese ="人工智能技术迅速发展对文献情报工作的启示?"
```

接着调用已加载的向量数据库根据相似性检索答案:

```
docs_chinese = vectordb_chinese.similarity_search(question_chinese,
k=3)
```

查看检索答案数量:

```
len(docs_chinese)
```

结果如下:

```
3
```

打印其 page_content 属性可以看到检索答案的文本为:

```
print(docs_chinese[0].page_content)
```

结果如下:

```
专  题
数据分析与知识发现信息到情报、从情报到解决方案的转化。
人工智能的进步充分表明,当前从科技文献内
容中挖掘和利用知识的能力已经大幅提升,我们不
能站在原地不动。文献情报领域必须充分研究和应
用现代人工智能技术,把提升从科技文献内容中挖
掘和利用知识的能力作为文献情报工作的核心能力
来建设。
4.2  充分认识到文献情报机构在 AI 时代的优势和
价值
ChatGPT 的成功再次表明,语料是人工智能获
```

```
取知识的源泉,高价值语料工作是一切人工智能的
基础。文献情报行业是对文献资源及其内容进行知
识组织、管理、分析和应用的行业。文献情报领域应
当充分认识自己在 AI 时代的优势和价值:富含人类
知识的科技文献资源(也可说是人工智能语料)的组
织和管理者。
文献情报领域应当积极发挥自身拥有丰富数据
资源的优势,有效利用知识组织管理的专长。凭借
知识组织体系、编目数据、人工标引等数据构建较为
成熟的结构化语料库,支持科技文献的挖掘,提高知
识获取的能力,为各领域的知识应用需求提供相应
的知识解决方案。……
```

在此之后,我们要确保通过运行 vectordb. persist 来持久化向量数据库,以便我们在未来使用。

```
vectordb_chinese.persist()
```

### 4. 失败的情况

上面的结果看起来很好,基本的相似性搜索很容易就能让你完成 80% 的工作。但是,可能会出现一些相似性搜索失败的情况(Failure Modes)。

1)重复块

```
question_chinese = "人工智能技术迅速发展对文献情报工作的启示?"
docs_chinese = vectordb_chinese.similarity_search(question_chinese,
k=5)
```

请注意,我们得到了重复的块(因为索引中有重复的 ChatGPT 对文献情报工作的影响_. pdf)。语义搜索获取所有相似的文档,但不强制多样性。所以 docs[0] 和 docs[1] 是完全相同的。

```
print("docs[0]")
print(docs_chinese[0])
print("docs[1]")
print(docs_chinese[1])
```

结果如下:

```
docs[0]:
page_content='专题\n数据分析与知识发现信息到情报、从情报到解决方案的转化。\n人工智能的进步充分表明,当前从科技文献内\n容中挖掘和利用知识的能力已经大幅提升,我们不\n能站在原地不动。文献情报领域必须充分研究和应\n用现代人工智能技术,把提升从科技文献内容中挖\n掘和利用知识的能力作为文献情报工作的核心能力\n来建设。\n4.2\u3000充分认识到文献情报机构在AI时代的优势和\n价值\nChatGPT的成功再次表明,语料是人工智能获\n取知识的源泉,高价值语料工作是一切人工智能的\n基础。文献情报行业是对文献资源及其内容进行知\n识组织、管理、分析和应用的行业。文献情报领域应\n当充分认识自己在AI时代的优势和价值:富含人类\n知识的科技文献资源(也可说是人工智能语料)的组\n织和管理者。\n文献情报领域应当积极发挥自身拥有丰富数据\n资源的优势,有效利用知识组织管理的专长。凭借\n知识组织体系、编目数据、人工标引等数据构建较为\n成熟的结构化语料库,支持科技文献的挖掘,提高知\n识获取的能力,为各领域的知识应用需求提供相应\n的知识解决方案。\n4.3\u3000大力加强人工智能新技术方法的研究和应用\nBERT、ChatGPT等人工智能新技术方法突破,\n表明一代代的AI技术还在突飞猛进,文献情报领域\n不能浅尝辄止。\n文献情报领域要坚信人工智能的"复利效应",\n坚持一步步提升文献情报领域的人工智能技术能\n力,实现从量变到质变;要充分加强人工智能新技术\n方法的研究和应用,例如借鉴ChatGPT这种基于自\n监督学习的大模型结合基于少量优质数据反馈的强\n化学习技术,形成模型和数据的闭环反馈,获得进一\n步技术突破的研发思路,不断提高从文献和数据中\n获取知识的技术能力。'metadata={'page': 4, 'source': 'docs/ChatGPT对文献情报工作的影响_.pdf'}

docs[1]:
page_content='专题\n数据分析与知识发现信息到情报、从情报到解决方案的转化。\n人工智能的进步充分表明,当前从科技文献内\n容中挖掘和利用知识的能力已经大幅提升,我们不\n能站在原地不动。文献情报领域必须充分研究和应\n用现代人工智能技术,把提升从科技文献内容中挖\n掘和利用知识的能力作为文献情报工作的核心能力\n来建设。\n4.2\u3000充分认识到文献情报机构在AI时代的优势和\n价值\nChatGPT的成功再次表明,语料是人工智能获\n取知识的源泉,高价值语料工作是一切人工智能的\n基础。文献情报行业是对文献资源及其内容进行知\n识组织、管理、分析和应用的行业。文献情报领域应\n当充分认识自己在AI时代的优势和价值:富含人类\n知识的科技文献资源(也可说是人工智能语料)的组\n织和管理者。\n文献情报领域应当积极发挥自身拥有丰富数据\n资源的优势,有效利用知识组织管理的专长。凭借\n知识组织体系、编目数据、人工标引等数据构建较为\n成熟的结构化语料库,支持科技文献的挖掘,提高知\n识获取的能力,为各领域的知识应用需求提供相应\n的知识解决方案。
```

```
\n4.3 \u3000 大力加强人工智能新技术方法的研究和应用 \nBERT、ChatGPT 等人工智能新技术方法突破 ,\n 表明一代代的 AI 技术还在突飞猛进 ,文献情报领域 \n 不能浅尝辄止 。\n 文献情报领域要坚信人工智能的“复利效应 ”, \n 坚持一步步提升文献情报领域的人工智能技术能 \n 力,实现从量变到质变 ;要充分加强人工智能新技术 \n 方法的研究和应用 ,例如借鉴 ChatGPT 这种基于自 \n 监督学习的大模型结合基于少量优质数据反馈的强 \n 化学习技术 ,形成模型和数据的闭环反馈 ,获得进一 \n 步技术突破的研发思路 ,不断提高从文献和数据中 \n 获取知识的技术能力 。' metadata = {'page': 4, 'source': 'docs/ChatGPT 对文献情报工作的影响_.pdf'}
```

2）检索错误答案

我们可以看到一种新的失败情况。下面的问题询问了关于情报分析模型论文的问题，但也包括了来自其他论文的结果。

```
question_chinese = "有哪些情报分析模型?"
docs_chinese = vectordb_chinese.similarity_search(question_chinese,k=5)
for doc_chinese in docs_chinese:
print(doc_chinese.metadata)
```

结果如下：

```
{'page': 6, 'source': 'docs/基于大数据的网络安全与情报分析.pdf'}
{'page': 4,'source': 'docs/多视角下的情报分析模型研究综述.pdf'}
{'page': 5, 'source': 'docs/多视角下的情报分析模型研究综述.pdf'}
{'page': 4, 'source': 'docs/多视角下的情报分析模型研究综述.pdf'}
{'page': 0, 'source': 'docs/多视角下的情报分析模型研究综述.pdf'}
```

根据我们的问题，答案应该都来自于多视角下的情报分析模型研究综述，但出现了别的论文，说明基本的相似性搜索有一定的出错概率。在接下来的章节中，我们将探讨如何有效解决这两个问题。

### 4.3.4 检索

在构建检索增强生成（RAG）系统时，信息检索是核心环节。检索（Retrieval）模块负责对用户查询进行分析，从知识库中快速定位相关文档或段落，为后续的语言生成提供信息支持。检索是指根据用户的问题去向量数据库中搜索与问题相关的文档内容，当我们访问和查询向量数据库时可能会运用到如下几种技术：

（1）基本语义相似度（Basic Semantic Similarity）。

(2)最大边际相关性(Maximum Marginal Relevance,MMR)。

(3)过滤元数据。

(4)LLM 辅助检索。

检索技术如图 4-15 所示。使用基本的相似性搜索大概能解决 80% 的相关检索工作,但对于那些相似性搜索失败的边缘情况该如何解决呢?我们将在本节介绍几种检索方法和解决检索边缘情况的技巧。

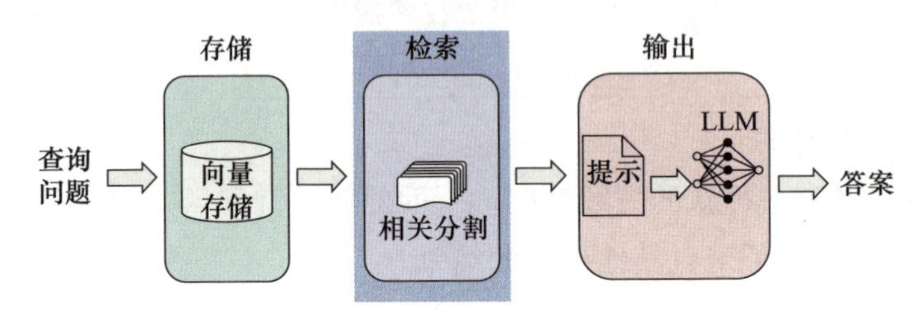


图 4-15 检索技术

## 1. 向量数据库检索

本章节需要使用 lark 包,若环境中未安装过此包,请运行以下命令安装:

```
! pip install -Uq lark
```

1)相似性检索

以我们的流程为例,前面已经存储了向量数据库(VectorDB),包含各文档的语义向量表示。首先将所保存的向量数据库(VectorDB)加载进来:

```
from langchain.vectorstores import Chroma
from langchain.embeddings.openai import OpenAIEmbeddings
persist_directory_chinese = 'docs/chroma/matplotlib/'
embedding = OpenAIEmbeddings()
vectordb_chinese = Chroma(
    persist_directory=persist_directory_chinese,
    embedding_function=embedding
)
print(vectordb_chinese._collection.count())
```

结果如下:

```
87
```

下面我们来实现一下语义的相似度搜索，我们把三句话存入向量数据库 Chroma 中，然后我们提出问题让向量数据库根据问题来搜索相关答案。

```
texts_chinese = [
    """毒鹅膏菌(Amanita phalloides)具有大型且引人注目的地上(epigeous)子实体 (basidiocarp)""",
    """一种具有大型子实体的蘑菇是毒鹅膏菌(Amanita phalloides)。某些品种全白。""",
    """A. phalloides,又名死亡帽,是已知所有蘑菇中最有毒的一种。""",
]
```

我们可以看到前两句都是描述的是一种叫“鹅膏菌”的菌类，包括它们的特征：有较大的子实体；第三句描述的是“鬼笔甲”，一种已知的最毒的蘑菇，它的特征就是：含有剧毒。对于这个例子，我们将创建一个小数据库，我们可以作为一个示例来使用。

```
smalldb_chinese = Chroma.from_texts(texts_chinese, embedding = embedding)
```

下面是我们对于这个示例所提出的问题。

```
question_chinese = "请告诉我关于具有大型子实体的全白色蘑菇的信息"
```

现在，让针对上面问题进行相似性搜索（Similarity Search），设置 $k=2$，只返回两个最相关的文档。

```
smalldb_chinese.similarity_search(question_chinese, k=2)
```

结果如下：

```
[Document(page_content='一种具有大型子实体的蘑菇是毒鹅膏菌(Amanita phalloides)。某些品种全白。'),
Document(page_content='毒鹅膏菌(Amanita phalloides)具有大型且引人注目的地上(epigeous)子实体 (basidiocarp)')]
```

我们现在可以看到，向量数据库返回了两个文档，就是我们存入向量数据库中的第一句和第二句。这里我们可以很明显地看到 Chroma 的 Similarity_Search 方法可以根据问题的语义去数据库中搜索与之相关性最高的文档，也就是搜索到了第一句和第二句的文本。但这似乎还存在一些问题，因为第一句和第二句的含义非常接近，他们都是描述“鹅膏菌”及其“子实体”的，所以假如只返回其中的一句就足以满足要求了，如果返回两句含义非常接近的文本则是一种资源的浪费。下面我们来看一下 max_marginal_relevance_search 的搜索结果。

2)最大边际相关性

最大边际相关模型(Maximal Marginal Relevance,MMR)是实现多样性检索的常用算法,MMR 如图 4-16 所示。

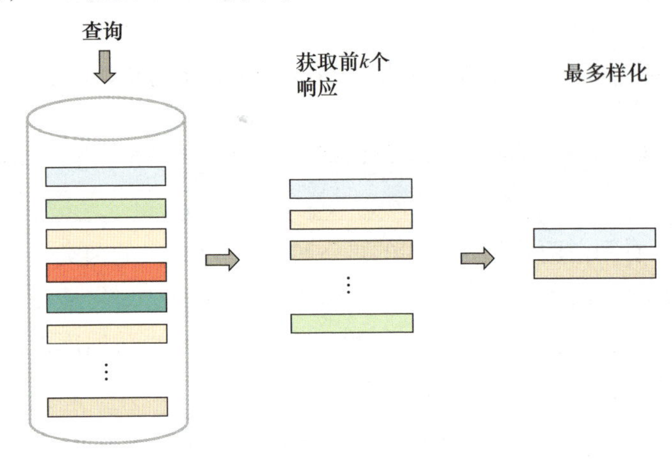


图 4-16　MMR

MMR 的基本思想是同时考量查询与文档的相关度,以及文档之间的相似度。相关度确保返回结果与查询高度相关,相似度则鼓励不同语义的文档包含进结果集。具体来说,它计算每个候选文档与查询的相关度,并减去与已经选入结果集的文档的相似度。这样更不相似的文档会有更高的得分。

总之,MMR 是解决检索冗余问题、提供多样性结果的一种简单高效的算法。它平衡了相关性和多样性,适用于对多样信息需求较强的应用场景。

我们来看一个利用 MMR 从蘑菇知识库中检索信息的示例。首先加载有关蘑菇的文档,然后运行 MMR 算法,设置 fetch_$k$ 参数,用来告诉向量数据库我们最终需要 $k$ 个结果返回。fetch_$k$=3,也就是我们最初获取 3 个文档,$k$=2 表示返回最不同的 2 个文档。

```
smalldb_chinese.max_marginal_relevance_search(question_chinese, k=2,
fetch_k=3)
```

结果如下:

```
[Document(page_content='一种具有大型子实体的蘑菇是毒鹅膏菌(Amanita phal-
loides)。某些品种全白。'),
Document(page_content='A. phalloides,又名死亡帽,是已知所有蘑菇中最有毒的
一种。')]
```

这里我们看到 max_marginal_relevance_search(最大边际相关搜索)返回了第二句和第三句的文本,尽管第三句与我们的问题的相关性不太高,但是这样的结果其实应该更加合理,因为第一句和第二句文本本来就有着相似的含义,所以只需要返回其中的一句就可以了,另外再返回一个与问题相关性弱一点的答案(第三句文本),这样似乎增强了答案的多样性。

还记得在 4.3.3 节中我们介绍了两种向量数据在查询时的失败场景吗?当向量数据库中存在相同的文档时,而用户的问题又与这些重复的文档高度相关时,向量数据库会出现返回重复文档的情况。现在我们就可以运用 LangChain 的 max_marginal_relevance_search 来解决这个问题:

我们首先看看前两个文档,只看前几个字符,可以看到它们是相同的。

```
question_chinese = "人工智能技术迅速发展对文献情报工作的启示?"
docs_ss_chinese =
vectordb_chinese.similarity_search(question_chinese,k=3)
print("docs[0]: ")
print(docs_ss_chinese[0].page_content[:200])
print()
print("docs[1]: ")
print(docs_ss_chinese[1].page_content[:200])
```

结果如下:

```
docs[0]:
改变文献情报的情报分析模式,从手工作坊到大规模智能分析文献情报分析过程包括问题界定、情报源梳理、数据准备、关键信息提取、统计分析、观点提炼以及报告撰写等一系列复杂工作,往往需要人类手工完成。类 ChatGPT 人工智能技术已具有观点提炼、内容综述、场景问答、语言翻译、语义分析、智能推荐、辅助决策的潜在能力,可以为情报分析人员提供智能化工具,辅助文献情报分析工作。文献情报的情报分析模式,将从手工作坊模式发展成为大规模智能分析模式。
docs[1]:
改变文献情报的情报分析模式,从手工作坊到大规模智能分析文献情报分析过程包括问题界定、情报源梳理、数据准备、关键信息提取、统计分析、观点提炼以及报告撰写等一系列复杂工作,往往需要人类手工完成。类 ChatGPT 人工智能技术已具有观点提炼、内容综述、场景问答、语言翻译、语义分析、智能推荐、辅助决策的潜在能力,可以为情报分析人员提供智能化工具,辅助文献情报分析工作。文献情报的情报分析模式,将从手工作坊模式发展成为大规模智能分析模式。
```

这里如果我们使用相似查询，会得到两个重复的结果。我们可以使用 MMR 得到不一样的结果。

```
docs_mmr_chinese =
vectordb_chinese.max_marginal_relevance_search(question_chinese,k=3)
```

当我们运行 MMR 后得到结果时，我们可以看到第一个与之前的相同，因为那是最相似的。

```
print(docs_mmr_chinese[0].page_content[:200])
```

结果如下：

```
改变文献情报的情报分析模式，从手工作坊到大规模智能分析文献情报分析过程包括问题界定、情报源梳理、数据准备、关键信息提取、统计分析、观点提炼以及报告撰写等一系列复杂工作，往往需要人类手工完成。类 ChatGPT 人工智能技术已具有观点提炼、内容综述、场景问答、语言翻译、语义分析、智能推荐、辅助决策的潜在能力，可以为情报分析人员提供智能化工具，辅助文献情报分析工作。文献情报的情报分析模式，将从手工作坊模式发展成为大规模智能分析模式。
```

但是当我们进行到第二个时，我们可以看到回答是不同的，在答案中获得了一些多样性。

```
print(docs_mmr_chinese[1].page_content[:200])
```

结果如下：

```
如前所述，ChatGPT 能够对文献情报工作的方法和模式产生重要影响，但以 ChatGPT 为代表的人工智能技术并不可能完全取代文献情报工作。文献情报工作要在 AI 时代找到自己不同于他人的价值取向。
```

从以上结果中可以看到，向量数据库返回了 2 篇完全不同的文档，这是因为我们使用的是 MMR 搜索，它把搜索结果中相似度很高的文档做了过滤，所以它保留了结果的相关性又同时兼顾了结果的多样性。

3）使用元数据

在 4.3.3 节中，关于失败的应用场景我们还提出了一个问题，是询问了关于文档中某一讲的问题，但得到的结果中也包括了来自其他讲的结果。这是我们所不希望看到的结果，之所以产生这样的结果是因为当我们向向量数据库提出问题时，数据库并没有很好地理解问题的语义，所以返回的结果不如预期。要解决这个问题，我们可以通过过滤元数据的方式来实现精准搜索，当前很多向量数据库都支持对元数据的操作：metadata 为每个嵌入的块（Embedded Chunk）提供上下文。

```
question_chinese = "有哪些情报分析模型?"
```

现在，我们以手动的方式来解决这个问题，我们会指定一个元数据过滤器 filter。

```
docs_chinese = vectordb_chinese.similarity_search(question_chinese,
k=3, filter={"source": "docs/多视角下的情报分析模型研究综述.pdf"})
```

接下来，我们可以看到结果都来自对应的章节。

```
for d in docs_chinese:
    print(d.metadata)
```

结果如下：

```
{'page': 6, 'source': 'docs/多视角下的情报分析模型研究综述.pdf'}
{'page': 4, 'source': 'docs/多视角下的情报分析模型研究综述.pdf'}
{'page': 5, 'source': 'docs/多视角下的情报分析模型研究综述.pdf'}
```

当然，我们不能每次都采用手动的方式来解决这个问题，这会显得不够智能。下面内容中，我们将展示通过 LLM 来解决这个问题。

4）在元数据中使用自查询检索器（LLM 辅助检索）

在上例中，我们手动设置了过滤参数 filter 来过滤指定文档。但这种方式不够智能，需要人工指定过滤条件。如何自动从用户问题中提取过滤信息呢？LangChain 提供了 SelfQueryRetriever 模块，它可以通过语言模型从问题语句中分析出：

（1）向量搜索的查询字符串（Search Term）；

（2）过滤（Filter）文档的元数据条件。

以“除了维基百科，还有哪些健康网站”为例，SelfQueryRetriever 可以推断出“除了维基百科”表示需要过滤的条件，即排除维基百科的文档。它使用语言模型自动解析语句语义，提取过滤信息，无须手动设置。这种基于理解的元数据过滤更加智能方便，可以自动处理更复杂的过滤逻辑。

掌握利用语言模型实现自动化过滤的技巧，可以大幅降低构建针对性问答系统的难度。这种自抽取查询的方法使检索更加智能和动态，其原理如图 4-17 所示。

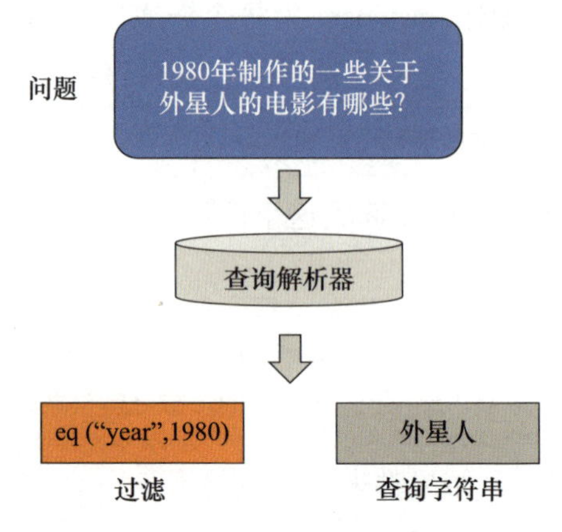


图 4-17 自抽取查询

下面我们就来实现 LLM 辅助检索。

```
from langchain.llms import OpenAI
from langchain.retrievers.self_query.base import SelfQueryRetriever
from langchain.chains.query_constructor.base import AttributeInfo
llm = OpenAI(temperature=0)
```

这里我们首先定义了 metadata_field_info_chinese，它包含了元数据的过滤条件 source 和 page，其中，source 的作用是告诉 LLM 我们想要的数据来自于哪里，page 告诉 LLM 我们需要提取相关的内容在原始文档的哪一页。有了 metadata_field_info_chinese 信息后，LLM 会自动从用户的问题中提取出图 4-17 中的 Filter 和 Search term 两项，然后向量数据库基于这两项去搜索相关的内容。下面我们看一下查询结果。

```
metadata_field_info_chinese = [
    AttributeInfo(
        name="source",
        description="The lecture the chunk is from, should be one of 'docs/ChatGPT对文献情报工作的影响_.pdf', 'docs/基于大数据的网络安全与情报分析.pdf', or 'docs/多视角下的情报分析模型研究综述.pdf'",
        type="string",
    ),
    AttributeInfo(
        name="page",
        description="The page from the lecture",
```

```
        type = "integer",
    ),
]
document_content_description_chinese = "情报分析的论文"
retriever_chinese = SelfQueryRetriever.from_llm(
    llm,
    vectordb_chinese,
    document_content_description_chinese,
    metadata_field_info_chinese,
    verbose = True
)
question_chinese = "有哪些情报分析模型?"
```

打印可以看到查询结果，基于子查询检索器，我们检索到的结果都是在情报分析综述的文档中。

```
for d in docs_chinese:
    print(d.metadata)
```

结果如下：

```
{'page': 4, 'source': 'docs/多视角下的情报分析模型研究综述.pdf'}
{'page': 6, 'source': 'docs/多视角下的情报分析模型研究综述.pdf'}
{'page': 9, 'source': 'docs/多视角下的情报分析模型研究综述.pdf'}
{'page': 4, 'source': 'docs/多视角下的情报分析模型研究综述.pdf'}
```

5)压缩

在使用向量检索获取相关文档时，直接返回整个文档片段可能带来资源浪费，因为实际相关的只是文档的一小部分。为改进这一点，LangChain 提供了一种“ 压缩 ”检索机制。其工作原理是，首先使用标准向量检索获得候选文档，然后基于查询语句的语义，使用语言模型压缩这些文档，只保留与问题相关的部分。例如，对“蘑菇的营养价值”这个查询，检索可能返回整篇有关蘑菇的长文档。经压缩后，只提取文档中与“营养价值”相关的句子。

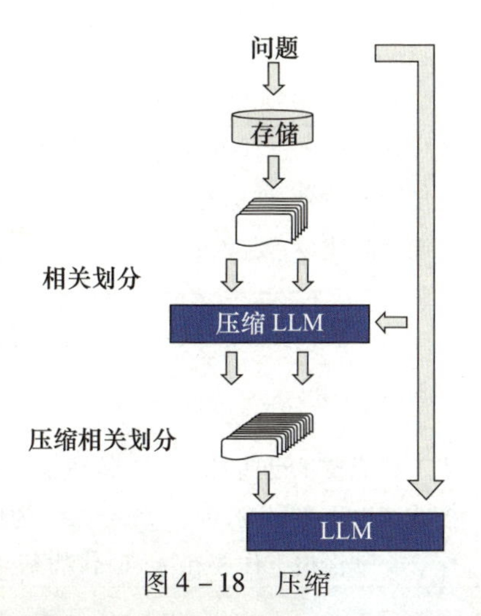

图 4－18　压缩

从图 4－18 中我们看到，当向量数据库返回了所有与问题相关的文档块的全部内容后,会有一个压缩 LLM 来负责对这些返回的文档块的内容进行压缩,所谓压缩是指仅从文档块中提取出和用户问题相关的内容,并舍弃掉那些不相关的内容。

```
from langchain.llms import OpenAI
from langchain.retrievers import ContextualCompressionRetriever
from langchain.retrievers.document_compressors import LLMChainExtractor

def pretty_print_docs(docs):
print(f"\n{'-' * 100}\n".join([f"Document {i+1}:\n\n" + d.page_content for i,d in enumerate(docs)]))

llm = OpenAI(temperature=0)
compressor = LLMChainExtractor.from_llm(llm) # 压缩器
compression_retriever_chinese = ContextualCompressionRetriever(
    base_compressor=compressor,
    base_retriever=vectordb_chinese.as_retriever()
)
#对源文档进行压缩
question_chinese ="人工智能技术迅速发展对文献情报工作的启示?"
compressed_docs_chinese = compression_retriever_chinese.get_relevant_documents(question_chinese)
pretty_print_docs(compressed_docs_chinese)
```

结果如下:

```
Document 1:

人工智能技术迅速发展对文献情报工作的启示:文献情报领域必须充分研究和应用现代人工智能技术,把提升从科技文献内容中挖掘和利用知识的能力作为文献情报工作的核心能力来建设;要大力加强人工智能新技术方法的研究和应用;
-----------------------------------------------------------
Document 2:

人工智能技术迅速发展对文献情报工作的启示:ChatGPT 能够对文献情报工作的方法和模式产生重要影响,但以 ChatGPT 为代表的人工智能技术并不可能完全取代文献情报工作。文献情报工作要在 AI 时代找到自己不同于他人的价值取向。ChatGPT 重在内容生
```

```
成,而文献情报工作则重在循证。
-----------------------------------------------------------------------
Document 3:

人工智能技术迅速发展对文献情报工作的启示:ChatGPT 能够对文献情报工作的方法和模式产生重要影响,但以 ChatGPT 为代表的人工智能技术并不可能完全取代文献情报工作。文献情报工作要在 AI 时代找到自己不同于他人的价值取向。ChatGPT 重在内容生成,而文献情报工作则重在循证。
```

在上面的代码中我们定义了一个 LLMChainExtractor ,它是一个压缩器,它负责从向量数据库返回的文档块中提取相关信息,然后我们还定义了 ContextualCompressionRetriever,它有两个参数:base_compressor 和 base_retriever,其中,base_compressor 就是我们前面定义的 LLMChainExtractor 的实例,base_retriever 则是早前定义的 vectordb 产生的检索器。

现在当我们提出问题后,查看结果文档,我们可以看到两件事:

(1)它们比正常文档短很多;

(2)仍然有一些重复的东西,这是因为在底层我们使用的是语义搜索算法。

从上述例子中,我们可以发现这种压缩可以有效提升输出质量,同时节省过长文档带来的计算资源浪费,降低成本。上下文相关的压缩检索技术,使得到的支持文档可以更严格地匹配问题需求,是提升问答系统效率的重要手段。读者可以在实际应用中考虑这一技术。

### 2. 结合各种技术

为了去掉结果中的重复文档,我们在从向量数据库创建检索器时,可以将搜索类型设置为 MMR 。然后我们可以重新运行这个过程,可以看到我们返回的是一个过滤过的结果集,其中不包含任何重复的信息。

```
compression_retriever_chinese = ContextualCompressionRetriever(
    base_compressor=compressor,
    base_retriever=vectordb_chinese.as_retriever(search_type ="mmr")
)
question_chinese ="人工智能技术迅速发展对文献情报工作的启示?"
compressed_docs_chinese = compression_retriever_chinese.get_relevant_
documents(question_chinese)
pretty_print_docs(compressed_docs_chinese)
```

结果如下：

```
Document 1:

人工智能技术迅速发展对文献情报工作的启示:文献情报领域必须充分研究和应用现代人工智能技术,把提升从科技文献内容中挖掘和利用知识的能力作为文献情报工作的核心能力来建设;要大力加强人工智能新技术方法的研究和应用;
----------------------------------------------------------------
Document 2:

人工智能技术迅速发展对文献情报工作的启示:ChatGPT 能够对文献情报工作的方法和模式产生重要影响,但以 ChatGPT 为代表的人工智能技术并不可能完全取代文献情报工作。文献情报工作要在 AI 时代找到自己不同于他人的价值取向。ChatGPT 重在内容生成,而文献情报工作则重在循证。
----------------------------------------------------------------
```

## 4.3.5 问答

LangChain 在实现与外部数据对话的功能时需要经历下面的 5 个阶段，它们分别是：文档加载→分割→存储→检索→输出，如图 4-14 所示。

前面已经完成了整个存储和获取，获取了相关的切分文档之后，现在需要将它们传递给语言模型，以获得答案。这个过程的一般流程如下：首先问题被提出，然后查找相关的文档，接着将这些切分文档和系统提示一起传递给语言模型，并获得答案。

在 4.3.4 节，我们已经讨论了如何检索与给定问题相关的文档。下一步是获取这些文档，拿到原始问题，将它们一起传递给语言模型，并要求它回答这个问题。在本节中，我们将详细介绍这一过程，以及完成这项任务的几种不同方法。

### 1. 加载向量数据库

首先我们加载之前已经进行持久化的向量数据库。

```
from langchain.vectorstores import Chroma
from langchain.embeddings.openai import OpenAIEmbeddings
persist_directory = 'docs/chroma/matplotlib/ '
embedding = OpenAIEmbeddings()
vectordb = Chroma(persist_directory=persist_directory,
embedding_function=embedding)
print(vectordb._collection.count()) #87
```

我们可以测试一下对于一个提问进行向量检索。如下代码会在向量数据库中根据相似性进行检索，返回 $k$ 个文档。

```
question ="什么是交互式数据查询技术"
docs = vectordb_chinese.similarity_search(question,k=3)
len(docs)
```

结果如下：

```
3
```

### 2. 构造检索式问答链

基于 LangChain 可以构造一个使用 GPT3.5 进行问答的检索式问答链，这是一种通过检索步骤进行问答的方法。我们可以通过传入一个语言模型和一个向量数据库来创建它作为检索器。然后，我们可以用问题作为查询调用它，得到答案，检索式问答链如图 4－19 所示。

```
#使用 ChatGPT3.5,温度设置为 0
from langchain.chat_models import ChatOpenAI # 导入检索式问答链
from langchain.chains import RetrievalQA
llm_name ="gpt-3.5-turbo"
llm =ChatOpenAI(model_name=llm_name, temperature=0)
#声明一个检索式问答链
qa_chain = RetrievalQA.from_chain_type(
llm,
    retriever=vectordb_chinese.as_retriever()
)
#可以以该方式进行检索问答
```

```
question ="什么是交互式数据查询技术?"
result = qa_chain({"query": question})
print(result["result"])
```

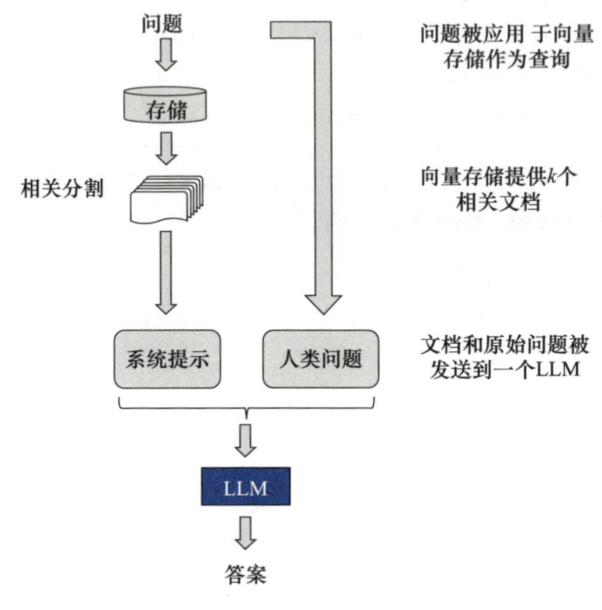


图 4－19　检索式问答链

结果如下：

```
交互式数据查询技术是一种数据处理技术,它允许用户通过直接与数据进行交互来进行查询和分析。这种技术通常用于处理大规模数据集,并提供快速的查询和实时的结果返回。交互式查询系统通常具有直观、灵活和可控的特点,可以帮助用户更好地理解和分析数据。典型的交互式查询系统包括 Apache Spark 系统和 Google 的 Dremel 系统。
```

### 3. 深入探究检索式问答链

在获取与问题相关的文档后，我们需要将文档和原始问题一起输入语言模型中来生成回答。默认是合并所有文档，一次性输入模型。但存在上下文长度限制的问题，若相关文档量大，难以一次将其全部输入模型。针对这一问题，本部分将介绍 MapReduce（映射－减并）、Refine（精练）和 MapRerank（再排映射）三种策略。

（1）MapReduce 通过多轮检索与问答实现长文档处理。

（2）Refine 让模型主动请求信息。

(3) MapRerank 通过问答质量调整文档顺序。

三种策略如图 4-20 所示,他们各有优劣。MapReduce 可分批处理长文档,Refine 可实现可交互问答,MapRerank 可优化信息顺序,掌握这些技巧,可以应对语言模型的上下文限制,解决长文档问答困难,提升问答覆盖面。

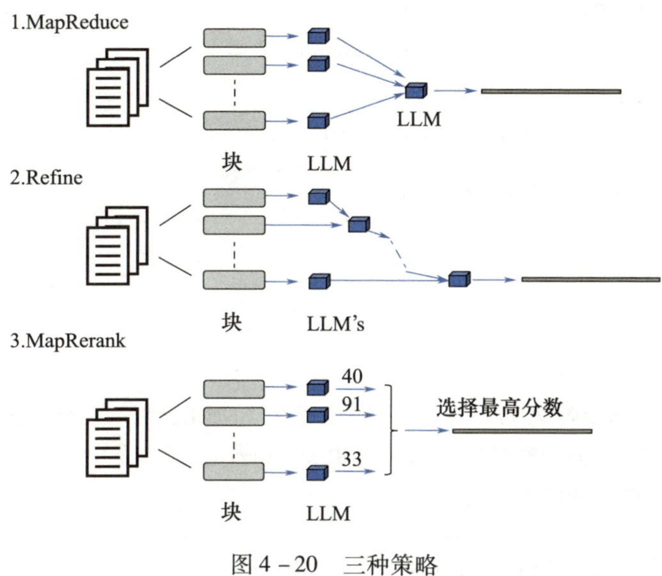


图 4-20　三种策略

通过上述代码,我们可以实现一个简单的检索式问答链。接下来,让我们深入其中的细节,看看在这个检索式问答链中,LangChain 都做了些什么。

1) 基于模板的检索式问答链

首先定义一个提示模板,它包含一些关于如何使用下面的上下文片段的说明,而且有一个上下文变量的占位符。

```
from langchain.prompts import PromptTemplate
# Build prompt
template = """使用以下上下文片段来回答最后的问题。如果你不知道答案,只需说不知道,不要试图编造答案。答案最多使用三个句子。尽量简明扼要地回答。在回答的最后一定要说"感谢您的提问!"
{context}
问题:{question}
有用的回答:"""
QA_CHAIN_PROMPT = PromptTemplate.from_template(template)
```

接着我们基于该模板来构建检索式问答链。

```
# Run chain
qa_chain = RetrievalQA.from_chain_type(
    llm,
    retriever=vectordb.as_retriever(),
    return_source_documents=True,
    chain_type_kwargs={"prompt": QA_CHAIN_PROMPT}
)
```

构建出的检索式问答链使用方法同上。

```
question ="情报周期模型有哪六个阶段?"
result = qa_chain({"query": question})
print(result["result"])
```

结果如下:

```
情报周期模型的六个阶段为:"计划与指导"、"搜集"、"加工处理"、"分析与生产"、"分发与整合"和"评估"。这个模型是在2000年由美军颁布的《联合作战情报支援条令》中进一步发展和论述的。感谢您的提问!
```

可以查看其检索到的源文档:

```
print(result["source_documents"][0])
```

结果如下:

```
page_content='3.1.1 基于情报周期的情报分析模型 \n 模型 基于情报周 \n 期的情报分析模型形成于第二次世界大战后的美军,传统的军事 \n 情报分析一直遵循一系列步骤,L.K.Johnson[5] \n 将这 \n 些普遍步骤称为"情报周期"(intelligencecycle),并划 \n 分为"规划指导、搜集、处理、分析生产、分发" \n5 个阶 \n 段。2000 年美军颁布《联合作战情报支援条令》(Doc-\ntrineforIntelligenceSupporttoJointOperations)[6] \n,论述 \n 了"联合作战情报周期"理论,将情报周期扩展为"计 \n 划与指导、搜集、加工处理、分析与生产、分发与整合、\n 评估" \n6 个阶段,模型如图 1 所 \n' metadata={'source':'多视角下的情报分析模型研究综述.pdf', 'page':1}
```

这种方法非常好,因为它只涉及对语言模型的一次调用。然而,它也有局限性,即如果文档太多,可能无法将它们全部适配到上下文窗口中。我们可以使用另一种技术来对文档进行问答,即 MapReduce 技术。

2)基于 MapReduce 的检索式问答链

在 MapReduce 技术中,首先将每个独立的文档单独发送到语言模型以获取原始答案。然后这些答案通过最终对语言模型的一次调用组合成最终的答案。虽然这样涉及了更多对语言模型的调用,但它的优势在于可以处理任意数量的文档。

```
qa_chain_mr = RetrievalQA.from_chain_type(
llm,
    retriever=vectordb.as_retriever(),
    chain_type="map_reduce"
)
question ="多视角下的情报分析模型研究与基于大数据的网络安全与情报分析论文的联系?"
result = qa_chain_mr({"query": question})
print(result["result"])
```

结果如下:

```
为了准确地回答您的问题,我需要更多的上下文信息,例如两篇论文的标题、作者、出版日期或主题。
```

当我们将之前的问题通过这个链进行运行时,我们可以看到这种方法的两个问题。第一,速度要慢得多。第二,结果实际上更差。根据给定文档的这一部分,对这个问题并没有明确的答案。这可能是因为它是基于每个文档单独回答的。因此,如果信息分布在两个文档之间,它并没有在同一上下文中获取到所有的信息。

```
import os
os.environ["LANGCHAIN_TRACING_V2"] = "true"
os.environ["LANGCHAIN_ENDPOINT"] = "https://api.langchain.plus"
os.environ["LANGCHAIN_API_KEY"] = "..."# replace dots with your api key
```

我们可导入上述环境变量,然后探寻 MapReduce 文档链的细节。例如,上述演示中,我们实际上涉及了四个单独的对语言模型的调用。在运行完每个文档后,它们会在最终链式中组合在一起,即 Stuffed Documents 链,将所有这些回答合并到最终的调用中。

3)基于 Refine 的检索式问答链

我们还可以将链式类型设置为 Refine ,这是一种新的链式策略。Refine 文档链类似于 MapReduce ,对于每一个文档,会调用一次 LLM。但改进之处在于,最终输入语言模型的 Prompt 是一个序列，将之前的回复与新文档组合在一起，并请求得到改进后的响应。因此，这是一种类似于 RNN 的概念，增强了上下文信息，从而解决信息分布在不同文档的问题。例如第一次调用，Prompt 包含问题与文档 A，语言模型生成初始回答。第二次调用，Prompt 包含第一次回复、文档 B，请求模型更新回答，以此类推。

```
qa_chain_mr = RetrievalQA.from_chain_type(
    llm,
    retriever=vectordb.as_retriever(),
    chain_type="refine"
)
question ="多视角下的情报分析模型研究与基于大数据的网络安全与情报分析论文的联系?"
result = qa_chain_mr({"query": question})
print(result["result"])
```

结果如下：

```
这两篇论文都涉及数据分析和情报分析的交叉领域，尽管从不同的角度来看。
《多角度情报分析模型研究总结》旨在回顾和总结国内外情报分析模型研究成果。它试图根据这些模型的特点和优势来组织不同类型的模型，旨在阐明情报分析模型的本质，并为该领域的后续研究提供参考。
《基于大数据的网络安全和情报分析》讨论了大数据技术为网络安全和情报分析研究带来的机会。它首先回顾了大数据的本质，然后讨论了处理和分析大规模安全数据的关键技术，并列举了大数据技术在网络安全和情报分析中的典型应用。最后，它探讨了在大数据环境中网络安全和情报分析的研究趋势。
```

这个结果比 MapReduce 链的结果要好。这是因为使用 Refine 文档链通过累积上下文，使语言模型能渐进地完善答案，而不是孤立处理每个文档。这种策略可以有效地解决信息分散带来的语义不完整问题。

基本上，我们使用的链式(Chain)没有任何状态的概念。它不记得之前的问题或之前的答案。为了实现这一点，我们需要引入内存，这是我们将在下一节中讨论的内容。

### 4.3.6 整体系统构建

检索增强生成(RAG)的整体工作流程如图 4-14 所示。

我们已经接近完成一个军事情报分析系统了。我们讨论了文档加载、切分、存储和检索。我们展示了如何使用检索 QA 链在 Q + A 中使用检索生成输出。基于 LLM 的系统已经可以回答问题了，但还无法处理后续问题，无法进行真正的对话。在本节中，我们将解决这个问题。

我们现在将进一步完善系统。它与之前非常相似，但我们将添加聊天历史的功能。这是您之前进行的任何对话或消息。这将使 LLM 在尝试回答问题时能够考虑到聊天历史的上下文。所以，如果您继续提问，它会知道您想谈论什么。

### 1. 复现之前的代码

首先我们加载在前几节课创建的向量数据库，并测试了一下。

```
#加载向量库，其中包含了所有课程材料的 Embedding。
from langchain.vectorstores import Chroma
from langchain.embeddings.openai import OpenAIEmbeddings
import panel as pn # GUI
# pn.extension()
persist_directory = 'docs/chroma'
embedding = OpenAIEmbeddings()
vectordb = Chroma(persist_directory=persist_directory,
embedding_function=embedding)
question = "情报周期模型有哪六个阶段?"
docs = vectordb.similarity_search(question,k=3)
print(len(docs))
```

接着我们从 OpenAI 的 API 创建一个 LLM。

```
from langchain.chat_models import ChatOpenAI
llm = ChatOpenAI(model_name=llm_name, temperature=0)
llm.predict("你好")
```

结果如下：

```
你好！有什么我可以帮助你的吗？
```

再创建一个基于模板的检索链：

```
#构建 prompt
from langchain.prompts import PromptTemplate

template ="""使用以下上下文来回答最后的问题。如果你不知道答案,就说你不知道,
不要试图编造答案。最多使用三句话。尽量使答案简明扼要。总是在回答的最后说"谢
谢你的提问!"。
{context}
问题:{question}
有用的回答:"""
QA_CHAIN_PROMPT = PromptTemplate(input_variables=["context","ques-
tion"],template=template,)
#运行 chain
from langchain.chains import RetrievalQA

question ="网络安全可视化的一般步骤是什么?"
qa_chain =RetrievalQA.from_chain_type(llm,
retriever=vectordb_chinese.as_retriever(),
                                       return_source_documents=True,
                                       chain_type_kwargs={"prompt":QA_CHAIN_
PROMPT})
result = qa_chain({"query":question})
print(result["result"])
```

结果如下:

```
网络安全可视化的一般步骤包括确定关注的问题,设计可视化结构,以及设计人机交互功
能。谢谢你的提问!
```

### 2. 记忆

现在让我们更进一步,添加一些记忆(Memory)功能。我们将使用 ConversationBufferMemory 。它保存聊天消息历史记录的列表,这些历史记录将在回答问题时与问题一起传递给 LLM,从而将它们添加到上下文中。需要注意的是,我们之前讨论的上下文检索等方法,在这里同样可用。

```
from langchain.memory import ConversationBufferMemory
memory = ConversationBufferMemory(
memory_key="chat_history", # 与 prompt 的输入变量保持一致。
return_messages=True# 将以消息列表的形式返回聊天记录,而不是单个字符串
)
```

### 3. 对话检索链

对话检索链(ConversationalRetrievalChain)在检索 QA 链的基础上,增加了处理对话历史的能力。对话检索链如图 4-21 所示,它的工作流程是:

(1)将之前的对话与新问题合并生成一个完整的查询语句;

(2)在向量数据库中搜索该查询的相关文档;

(3)获取结果后,存储所有答案到对话记忆区;

(4)用户可在 UI 中查看完整的对话流程。

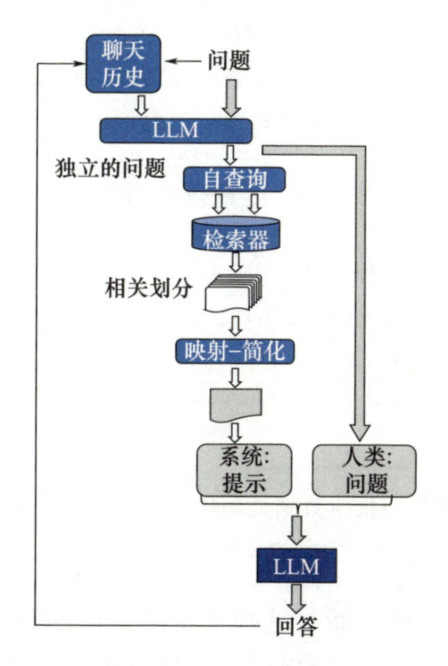


图 4-21　对话检索链

这种链式方式将新问题放在之前对话的语境中进行检索,可以处理依赖历史信息的查询。并保留所有信息在对话记忆中,方便追踪。接下来让我们可以测试这个对话检索链的效果。首先提出一个无历史的问题"什么是流式数据处理技术?",并查看回答。

```
from langchain.chains import ConversationalRetrievalChain
retriever = vectordb.as_retriever()
qa = ConversationalRetrievalChain.from_llm(
    llm,
    retriever = retriever,
    memory = memory
)
question = "什么是流式数据处理技术?"
result = qa({"question": question})
print(result['answer'])
```

结果如下:

```
流式数据处理技术是一种实时产生、实时计算的数据处理方法。它可以直接在内存中对到来的流式数据进行实时计算,具有数据处理延迟短、实时性强的特点。流式数据处理技术适用于处理需要对变动或峰值做出及时响应并且关注一段时间内变化趋势的数据分析场景。其数据处理的时间跨度通常为数百毫秒到数秒。常见的流式数据处理技术包括 Twitter 的 Storm 和 Apache Spark 中的 Spark Streaming。
```

然后基于答案进行下一个问题“这种技术有什么作用?”。

```
question = "这种技术有什么作用?"
result = qa({"question": question})
print(result['answer'])
```

结果如下:

```
流式数据处理的实时性优势与批量数据处理应对大量持久数据优势具有明显的互补特征,可以满足多种应用场景下不同阶段的数据计算要求
```

可以看到,LLM 准确地判断了这种技术的指代内容是流式数据处理技术,也就是我们成功地传递给了它历史信息。这种持续学习和关联前后问题的能力,可大大增强情报分析系统的连续性和智能水平。

### 4. 实现军事情报分析系统

通过上述所学内容,我们可以通过以下代码来定义一个适用于私密数据的军事情报分析系统。

```
from langchain.embeddings.openai import OpenAIEmbeddings
from langchain.text_splitter import CharacterTextSplitter, Recursive-
CharacterTextSplitter
from langchain.vectorstores import DocArrayInMemorySearch
from langchain.document_loaders import TextLoader
from langchain.chains import RetrievalQA,ConversationalRetrievalChain
from langchain.memory import ConversationBufferMemory
from langchain.chat_models import ChatOpenAI
from langchain.document_loaders import TextLoader
from langchain.document_loaders import PyPDFLoader

def load_db(file, chain_type, k):
    """
    该函数用于加载 PDF 文件,切分文档,生成文档的嵌入向量,创建向量数据库,定义检
索器,并创建实例。

    参数:
    file (str):要加载的 PDF 文件路径。
    chain_type (str):链类型,用于指定 Bot 的类型。
    k (int):在检索过程中,返回最相似的 k 个结果。

    返回:
    qa (ConversationalRetrievalChain):创建的 Bot 实例。
    """
    #载入文档
    loader = PyPDFLoader(file)
    documents = loader.load()
    #切分文档
    text_splitter = RecursiveCharacterTextSplitter(chunk_size=1000,
chunk_overlap=150)
    docs = text_splitter.split_documents(documents)
    #定义 Embeddings
    embeddings = OpenAIEmbeddings()
    #根据数据创建向量数据库
```

```
    db = DocArrayInMemorySearch.from_documents(docs, embeddings)
    #定义检索器
    retriever = db.as_retriever(search_type="similarity", search_
kwargs={"k": k})
    #创建 chatbot 链,Memory 由外部管理
    qa = ConversationalRetrievalChain.from_llm(
        llm=ChatOpenAI(model_name=llm_name, temperature=0,max_tokens=
400),
        chain_type=chain_type,
        retriever=retriever,
        return_source_documents=True,
        return_generated_question=True,
    )
    return qa

import panel as pn
import param
#用于存储聊天记录、回答、数据库查询和回复
class cbfs(param.Parameterized):
    chat_history = param.List([])
    answer = param.String("")
    db_query  = param.String("")
    db_response = param.List([])

    def __init__(self, **params):
        super(cbfs, self).__init__(**params)
        self.panels = []
        self.loaded_file ="基于大数据的网络安全与情报分析.pdf"
        self.qa = load_db(self.loaded_file,"stuff", 4)
    #将文档加载到 Bot 中
    def call_load_db(self, count):
        """
        count:数量
        """
        if count == 0 or file_input.value is None:  # 初始化或未指定文件：
```

```
            return pn.pane.Markdown(f"Loaded File: {self.loaded_file}")
        else:
            file_input.save("temp.pdf") # 本地副本
            self.loaded_file = file_input.filename
            button_load.button_style = "outline"
            self.qa = load_db("temp.pdf", "stuff", 4)
            button_load.button_style = "solid"
        self.clr_history()
        return pn.pane.Markdown(f"Loaded File: {self.loaded_file}")

    #处理对话链
    def convchain(self, query):
        """
        query:用户的查询
        """
        if not query:
            return pn.WidgetBox(pn.Row('User:', pn.pane.Markdown("", 
width=600)), scroll=True)
        result = self.qa({"question": query, "chat_history": self.chat_
history})
        self.chat_history.extend([(query, result["answer"])])
        self.db_query = result["generated_question"]
        self.db_response = result["source_documents"]
        self.answer = result['answer']
        self.panels.extend([
            pn.Row('User:', pn.pane.Markdown(query, width=600)),
            pn.Row('Bot:', pn.pane.Markdown(self.answer, width = 600, 
style={'background-color': '#F6F6F6'}))
        ])
        inp.value = "# 清除时清除装载指示器
        return pn.WidgetBox(* self.panels,scroll=True)

    #获取最后发送到数据库的问题
    @param.depends('db_query', )
    def get_lquest(self):
```

```
        if not self.db_query :
            return pn.Column(
                pn.Row(pn.pane.Markdown(f"Last question to DB:", styles={'
background-color': '#F6F6F6'})),
                pn.Row(pn.pane.Str("no DB accesses so far"))
            )
        return pn.Column(
            pn.Row(pn.pane.Markdown(f"DB query:", styles={'background-col-
or': '#F6F6F6'})),
            pn.pane.Str(self.db_query )
        )

    #获取数据库返回的源文件
    @param.depends('db_response', )
    def get_sources(self):
        if not self.db_response:
            return
        rlist=[pn.Row(pn.pane.Markdown(f"Result of DB lookup:", styles
={'background-color': '#F6F6F6'}))]
        for doc in self.db_response:
            rlist.append(pn.Row(pn.pane.Str(doc)))
        return pn.WidgetBox(*rlist, width=600, scroll=True)

    #获取当前聊天记录
    @param.depends('convchain', 'clr_history')
    def get_chats(self):
        if not self.chat_history:
            return pn.WidgetBox(pn.Row(pn.pane.Str("No History Yet")),
width=600, scroll=True)
        rlist=[pn.Row(pn.pane.Markdown(f"Current Chat History varia-
ble", styles={'background-color': '#F6F6F6'}))]
        for exchange in self.chat_history:
            rlist.append(pn.Row(pn.pane.Str(exchange)))
        return pn.WidgetBox(*rlist, width=600, scroll=True)

    #清除聊天记录
```

```
    def clr_history(self,count=0):
        self.chat_history = []
        return
```

接着可以运行Bot。

```
cb = cbfs()
#定义界面的小部件
model_file_input = pn.widgets.FileInput(accept='.pdf')  # PDF文件的文件输入小部件
model_button_loadDb = pn.widgets.Button(name="加载文档知识库", button_type='primary')  # 加载数据库的按钮
model_button_sendMessage = pn.widgets.Button(name="发送", button_type='success')  # 聊天窗口中发送消息的按钮
model_button_clearhistory = pn.widgets.Button(name="清除聊天记录", button_type='warning')  # 清除聊天记录的按钮
model_button_clearhistory.on_click(cb.clr_history) # 将清除历史记录功能绑定到按钮上
model_inp = pn.widgets.TextInput(placeholder='输入问题:', width=800)
# 用于用户查询的文本输入小部件
#将加载数据库和对话的函数绑定到相应的部件上
model_bound_button_loadDb = pn.bind(cb.call_load_db, model_button_loadDb.param.clicks)
model_bound_button_sendMessage = pn.bind(cb.convchain, model_inp)# 点击发送消息,触发对应的函数
document_chat_tab1 = pn.Column(
    pn.panel(model_bound_button_sendMessage,
loading_indicator=True),
    pn.layout.Divider(width=800),
    pn.Row(model_inp, model_button_sendMessage),
    pn.layout.Divider(width=800),
)
document_chat_tab2 = pn.Column(
    pn.panel(cb.get_lquest),
    pn.layout.Divider(width=800),
    pn.panel(cb.get_sources),
)
```

```
document_chat_tab3 = pn.Column(
    pn.panel(cb.get_chats),
    pn.layout.Divider(width=800),
)
document_chat = pn.Column(
    pn.Row(model_file_input, model_button_loadDb),
    pn.Row(model_bound_button_loadDb),
    pn.Tabs(('聊天问答', document_chat_tab1), ('文档知识库', document_
chat_tab2), ('历史对话', document_chat_tab3))
)

#定义布局:使用bootstrap模板
dashboard = pn.template.BootstrapTemplate(
    title='军事情报分析系统',
)
#定义主界面
dashboard.main.append(
    pn.Column(
        pn.Tabs(
            ('文档问答', document_chat),
            width=600,
            dynamic=True
        )
    )
)
dashboard.servable()
```

系统页面结果如图4-22所示,我们已经搭建好了一个简单的军事情报分析系统。

Panel和Param这两个库提供了丰富的组件和小工具,可以用来扩展和增强图形用户界面。Panel可以创建交互式的控制面板,Param可以声明输入参数并生成控件。组合使用可以构建强大的可配置GUI。用户可以通过创造性地应用这些工具,开发出功能更丰富的对话系统和界面。自定义控件可以实现参数配置、可视化等高级功能。用户后续可以自由使用并修改上述代码,以添加自定义功能。例如,可以修改load_db函数和convchain方法中的配置,尝试不同的存储器模块和检索器模型。

图4-22　系统页面

## 4.4 使用案例

在这个案例中，我们将使用前文搭建好的军事情报分析系统来对一个关于美军指挥和控制系统的情报进行分析，具体的情报名称是“*TITLE*：*Marine air command and control system*：*creating resilient sensors*，*sharers and shooters*”，格式是PDF文件，有60页。

### 1. 上传文件

文件上传结果如图4-23所示。

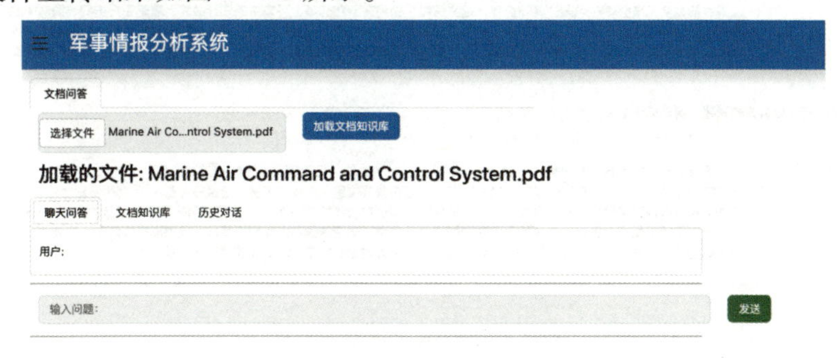


图4-23　文件上传结果

### 2. 进行提问

(1)首先分析一下情报的主要内容，结果展示如图4-24所示。

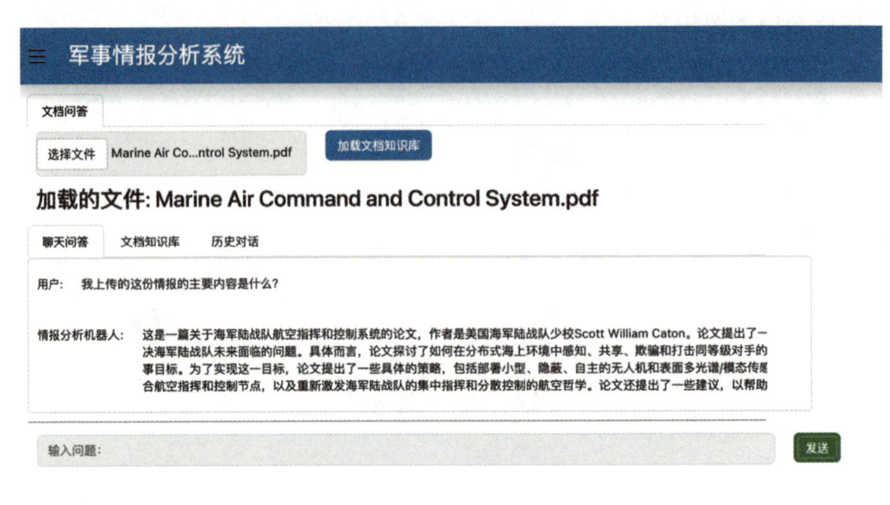


图 4-24　结果展示(一)

(2)然后我们可以询问具体的策略,结果展示如图 4-25 所示。

图 4-25　结果展示(二)

(3)最后我们可以询问回答的内容在原始文件中具体的位置,结果展示如图 4-26 所示。

综上我们可以看出军事情报分析的优势,它能够对原始的英文情报进行翻译并分析,能够提取其中的关键信息,并且保证分析结果的真实可靠。

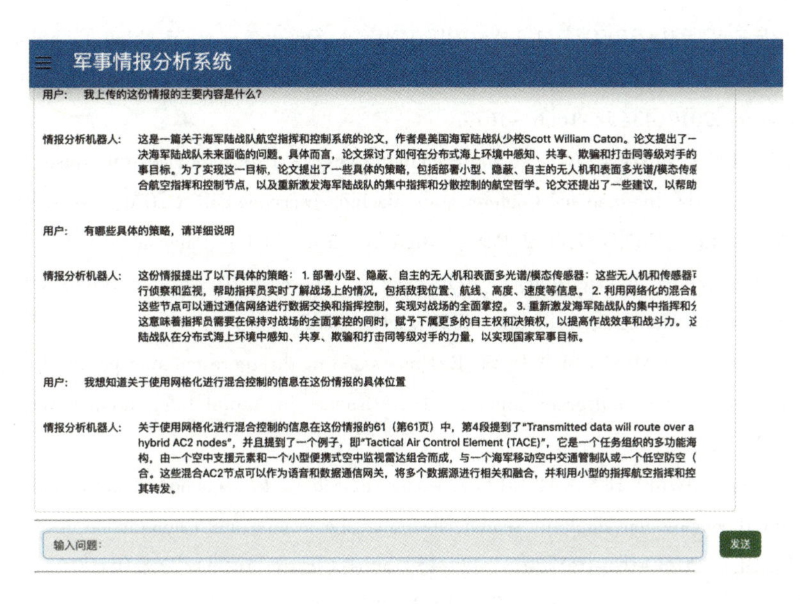


图 4－26　结果展示(三)

## 参考文献


[1] PAN J J,WANG J,LI G. Survey of vector database management systems[EB/OL]. (2023－10－21)[2023－12－15]. https://arxiv. org/abs/2310. 14021.

[2] ZHU Y,CHEN L,GAO Y,et al. Pivot selection algorithms in metric spaces:a survey and experimental study[J]. The VLDB Journal,2022:1－25.

[3] WANG J,ZHANG Q. Disaggregated database systems[C]//Companion of the 2023 International Conference on Management of Data,2023:37－44.

[4] TAGLIABUE J,GRECO C. (Vector) Space is not the final frontier:product search as program synthesis[J/OL]. (2023－06－11)[2023－12－15]. https://arxiv. org/abs/2304. 11473.

[5] KIM Y. Applications and future of dense retrieval in industry[C]//Proceedings of the 45th International ACM SIGIR Conference on Research and Development in Information Retrieval, 2022:3373－3374.

[6] GUO R,LUAN X,XIANG L,et al. Manu:a cloud native vector database management system [J/OL]. (2022－06－28)[2023－12－15]. https://arxiv. org/abs/2206. 13843.

[7] CUI J,LI Z,Yan Y,et al. Chatlaw:Open－source legal large language model with integrated external knowledge bases[J/OL]. (2023－06－28)[2023－12－15]. https://arxiv. org/abs/2306. 16092.

[8] ANDRÉ F, KERMARREC A M, LE SCOUARNEC N. Quicker adc: unlocking the hidden potential of product quantization with simd[J]. IEEE Transactions on Pattern Analysis and Machine Intelligence, 2019, 43(5): 1666 – 1677.

[9] GUO R, SUN P, LINDGREN E, et al. Accelerating large – scale inference with anisotropic vector quantization[C]//International Conference on Machine Learning. PMLR, 2020: 3887 – 3896.

[10] YANG W, LI T, FANG G, et al. Pase: Postgresql ultra – high – dimensional approximate nearest neighbor search extension[C]//Proceedings of the 2020 ACM SIGMOD International Conference on Management of Data, 2020: 2241 – 2253.

[11] DEHMAMY N, BARABÁSI A L, YU R. Understanding the representation power of graph neural networks in learning graph topology[J]. Advances in Neural Information Processing Systems, 2019, 32.

[12] UM D H, KNOWLES D A, KAISER G E. Vector embeddings by sequence similarity and context for improved compression, similarity search, clustering, organization, and manipulation of cDNA libraries[J/OL]. (2023 – 08 – 08)[2023 – 12 – 15]. https://arxiv.org/abs/2308.05118.

[13] Chroma – core. Chroma [EB/OL]. [2023 – 12 – 15]. https://github.com/chroma – core/chroma.

[14] Milvus – io. Milvus[EB/OL]. [2023 – 12 – 15]. https://github.com/milvus – io/milvus.

[15] Pinecone Systems, Inc. Pinecone[EB/OL]. [2023 – 12 – 15]. https://www.pinecone.io/.

[16] Weaviate. Weaviate[EB/OL]. [2023 – 12 – 15]. https://github.com/weaviate/weaviate.

[17] Zilliz. The Most Widely – Adopted Vector Database[EB/OL]. [2023 – 12 – 15]. https://zilliz.com/.

[18] Tencent Cloud[EB/OL]. [2023 – 12 – 15]. https://www.tencentcloud.com/.

[19] LangChain, Inc. LangChain [EB/OL]. [2023 – 12 – 17]. https://python.langchain.com/docs/get_started/introduction.

[20] Datawhale. prompt – engineering – for – developers [EB/OL]. [2023 – 12 – 17]. https://github.com/datawhalechina/prompt – engineering – for – developers.

[21] Holoviz. Panel[EB/OL]. [2023 – 12 – 8]. https://github.com/holoviz/panel.

[22] DOUG W. ChatGPT 盛行的当下，向量数据库为大模型配备了一个超级大脑[EB/OL]. (2023 – 07 – 25)[2023 – 12 – 15]. https://finance.sina.com.cn/tech/roll/2023 – 07 – 25/doc – imzcwsyt7956985.shtml.

[23] 新语数据故事汇. 一文带您了解向量数据库：大模型场景下知识管理新方式[EB/OL]. (2023 – 06 – 02)[2023 – 12 – 15]. https://zhuanlan.zhihu.com/p/634186814.

[24] ROGER O. Maximizing the potential of LLMs: using vector databases. [EB/OL]. (2023 – 4 – 16)[2023 – 12 – 14]. https://www.ruxu.dev/articles/ai/vector – stores/.

[25] HARRIS C R, MILLMAN K J, VAN DER WALT S J, et al. Array programming with NumPy[J]. Nature, 2020, 585(7825): 357 – 362.

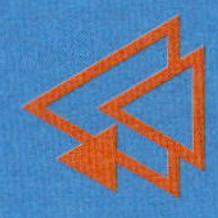

# 第 5 章

# 大语言模型应用案例

05

# 案例一　民用航空安全文档数据挖掘与分析

## 5.1 背景和需求

### 5.1.1 背景

民用航空安全是一个复杂而重要的领域，涉及大量的数据和信息。民用航空安全文档中包含大量关于飞行安全、机场运营、维护记录、安全检查和事故报告的数据。因此，对民用航空安全文档数据进行挖掘与分析是十分重要的。通过分析事故报告和维护记录，可以识别出飞行操作和飞机维护中的潜在风险，从而采取预防措施；数据挖掘可以揭示事故和故障的趋势，帮助航空机构和监管机构采取措施降低风险；通过预测性维护，分析飞机的使用和维护数据，可以减少故障并提前进行维修，从而降低成本；对事故情报的数据分析还有助于识别并消除安全隐患，确保飞机的飞行安全、监管机构可以利用数据分析来制定基于证据的航空安全政策。由此可见，通过对民用航空安全文档进行数据挖掘和分析，对保障民用航空的安全和可持续发展具有重要意义。

但是，目前大多都是通过人工方式来进行民用航空安全文档数据挖掘与分析。虽然使用人工进行民用航空安全文档的数据挖掘与分析在某些情况下是必要的，但它确实存在一些明显的弊端。当文档数量庞大且内容复杂时，人工分析效率很低；在紧急情况下，人工分析可能无法及时提供所需信息，从而影响事故响应和问题解决的时效性；人工分析很容易受到个人经验、知识和情绪的影响，可能导致分析结果的不一致和不准确；人工处理数据量大时容易出错，尤其是在重复前面所做的工作时；人工分析可能无法执行复杂的数据挖掘和机器学习算法，从而无法获取深层次的洞察和模式、当数据量增加或分析需求变复杂时，人工分析难以快速适应和扩展、随着时间的推移，人工创建的分析流程和模板可能会变得过时，需要不断地更新和维护；人工分析的信息可能存储在不同的位置，导致信息孤岛，破坏信息的共享和协作。因此，尽管人工分析在某些情况下是不可替代的，但考虑到其时间消耗、成本、准确性和可扩展性等方面的限制，将人工分析与自动化工具和算法相结合，可以更有效地进行处理和分析民用航空安全文档中的数据，提高分析效果和效率。

随着大语言模型尤其是 ChatGPT 的出现，使得用大语言模型来进行情报分析成为可能。利用 ChatGPT 进行飞机事故情报分析具有显著的优势和必要性。ChatGPT 凭借其强大的计算能力和学习能力，能够高效地处理这些大数据，从而提取有价值的信息。并且其擅长处理自然语言文本，能够理解文本中的语境和含义，辅助分析人员快速理解事故原因和背景；通过对过往飞机事故数据的学习，ChatGPT 能够识别出事故发生的模式和规律，对未来潜在的风险进行预测，为飞行安全提供参考；传统的事故分析工作烦琐且耗时，利用 ChatGPT 进行自动化分析可以大幅提高工作效率，让分析人员有更多的时间专注于复杂和关键的分析任务；ChatGPT 可以快速提供基于数据的分析结果和建议，帮助决策者制定科学和合理的决策，提升事故响应和预防措施的效果；通过对大规模事故案例的学习和分析，ChatGPT 能够积累丰富的知识和经验，形成知识库，有助于知识的传承和分享，提升整个行业的飞行安全水平；ChatGPT 能够综合考虑事故发生的各种因素，进行更多维度的分析，提供全面、深入的视角，为事故原因的查明和未来风险的预防提供有力支持；总的来说，利用 ChatGPT 进行航空安全文档情报分析，能够高效地处理大量复杂数据，提供深入的分析和决策支持，是提升飞行安全和防范事故风险的重要手段。

### 5.1.2 需求

通常，航空安全文档是一篇长度很长的 PDF，如果单靠人工从文档挖掘我们需要的关键信息既费时又费力，成本高而效率低。介于此，大语言模型从文档中提取和挖掘信息就有着显著的优势，它能够在几个工作日内处理并分析数千字的文档，远比人工提取要快；而且这些大语言模型也能够识别复杂的语言和结构，提取信息的准确性也很高。因此，我们就利用大语言模型构建一个可以从航空安全文档中提取挖掘出需要信息（如飞机发生事故的潜在因素、TEM 等）的处理系统，然后将挖掘出来的信息用 Excel 表格进行汇总，汇总之后，就可以使用这些数据来进行进一步的分析以及作为进行飞行员知识培训的数据或者其他方面的应用。

## 5.2 应用流程及数据介绍

### 5.2.1 应用流程

（1）首先我们构建基于 LangChain 框架的自有数据对话系统。我们将东航提供的关于飞行事故报告的 PDF 文件进行导入、切分、信息检索、问答等一系列操作,生成一个基于自有数据的对话系统(本例子使用的 PDF 文档是一起关于 2014 年巴西航空工业公司 EMB - 500 飞机事故报告的文件)。

(2)基于前面构建的对话系统,生成飞机发生事故的潜在因素。然后构建专用于根据潜在因素生成对应的飞行员能力与 TEM(威胁、差错、非期望航空器状态)情况的微调私人模型。

(3)通过上述两个步骤挖掘出我们想要的信息,然后整合成一个关于飞机事故报告的情报分析 Excel 表格。

## 5.2.2 数据介绍

本案例我们使用的是一篇闭源 PDF 文档,此文档是由中国东方航空股份有限公司提供的一篇 2014 年 12 月 8 日巴西航空工业公司 EMB - 500 的一场飞机事故报告文档,飞机事故报告如图 5 - 1 所示。

近期的空气动力学失速和失控
Embraer EMB-500, N100EQ
盖瑟斯堡,马里兰州
2014年12月8日

图 5 - 1　飞机事故报告

这篇报告共71页,包含九个部分。

第一部分为Figures(图像):这部分描述了文档中所有图片的含义。

第二部分为缩略词(Abbreviations):这部分描述了文档中所有缩略词的含义。

第三部分为执行摘要(Executive Summary):这部分描述了飞机发生事故的状况及原因,以及飞机在飞行过程中出现的情况。

第四部分为事实信息(Factual Information):这部分描述了飞机事故的各种真实信息,包括飞行历史(History of the Flight)、人员信息(Personnel Information)、飞机信息(Aircraft Information)、气象信息(Meteorological Information)、机场信息(Airport Information)、飞行记录器(Flight Recorder)、失事和影响信息(Wreckage and Impact Information)、医疗和病理信息(Medical and Pathological Information)、测试和研究(Tests and Research)、组织和管理信息(Organizational and Management Information)、附加信息(Additional Information)。

第五部分为分析(Analysis):这部分描述了对飞机事故发生的原因进行具体的分析包括概述(General)、起飞前的活动(Pretakeoff Activities)、事故序列(Accident Sequence)、飞行员可能采取的行动(Possible Scenarios for the Pilots Actions)、飞行员担心着陆距离(The Pilot Was Concerned About Landing Distance)、飞行员忘记激活除冰系统(The Pilot Forgot to Activate the Deice System)、飞行记录仪的优点(Benefits of Flight Recorders)。

第六部分为结论(Conclusions):这部分总结了分析中的重要部分,并给出了此次事故发生的可能原因。

第七部分为建议(Recommendations):这部分介绍了在这起飞机事故发生后,对各方(如航空管理局、航空制造协会、公务航空协会等)提出的建议,以避免此类事故的再次发生。

第八部分为引用(References):这部分描述了文档中引用的其他飞机事故案例。

第九部分为附录(Appendix):这部分给出了这起事故中飞机的驾驶舱语音和数据记录器记录的信息。

## 5.3 基于LangChain框架的自有数据对话系统

### 5.3.1 背景

随着GPT-4的出现,大语言模型的应用范围和应用能力得到了空前的提升，越来越多的任务可以通过大语言模型来解决。大语言模型可以回答很多不同的问题，但是大语言模型的知识来源于其训练数据集，并没有用户自己的信息，也没有最新发生时事的信息，因此大语言模型给出的答案比较受限。如果能够让大语言模型在训练数据集的基础上，利用我们自有数据中的信息来回答我们的问题，那便能让我们获得更适合于我们需要的答案。基于此需求，我们利用 LangChain 框架来构建一个基于自有数据的对话系统。

## 5.3.2 实现步骤

### 1. 文件加载

若想构建一个基于自有数据的对话系统，首先要考虑的便是如何将自有数据导入。LangChain 框架提供了访问用户各种私人数据（PDF 文档、视频、网页等）的功能。因为我们导入的数据是一篇关于飞机事故报告的 PDF 文档，因此我们只介绍使用 LangChain 框架导入 PDF 文档的过程。

首先我们利用 PyPDFLoader 函数来对 PDF 文档进行读取。然后调用 PyPDFLoader 类的函数 load 对 PDF 文档进行加载。一旦文档被加载后，会被存储在 pages 的变量里（pages 的数据结构是一个 List 类型）。

由于文档中还包含各种图片，这里我们采用 PyPDFLoader 类的 RapidOCRPDFLoader 方法进行文件读取。pdfLoader. RapidOCRPDFLoader 是一个用于加载 PDF 文件并进行 OCR（光学字符识别）处理的类或函数。OCR 技术用于识别图像中的文本，将其转换为可编辑的文本格式。

### 2. 文档分割

当我们将自有数据加载完成后，我们需要关注另一个问题，文档分割。GPT 模型，特别是大型版本 GPT－3 或 GPT－4，具有数十亿甚至是上百亿的参数，这就使得在一次前向传播中需要处理非常多的参数，需要大量的计算能力和内存；同时 GPT 模型有一个固定的最大序列长度，这意味着模型一次只能处理这么多的 Token，如果超出这个长度的文档，就无法处理。为了解决上述提出的两个限制，我们使用文档分割来解决此问题。除此之外，分割文档通过在多个文档块上进行训练，可以更好地学习和泛化到各种不同样式和结构的文本中。

LangChain 中文本分割器都是根据块的大小（Chunk Size）和块与块之间的重叠大小进行分割，其提供了三种不同类型的分割方式。

第一种分割方式是字符文本分割(Character Text Splitter),分隔符的参数是单个的字符串。它的优点是通过将文本分割成更小的单元,可以简化许多文本处理任务、可以帮助快速定位信息,提高处理文本的速度和效率、分割后的文本可以用于更复杂地分析如情感分析等。它的缺点是可能丢失上下文信息;当文本内容十分复杂时或对于没有明确单词边界的语言,可能会变得非常复杂并且很容易出错;对于大量或非常长的文本,可能会消耗大量的计算资源。

第二种方式是递归字符文本分割(Recursive Character Text Splitter),它按不同的字符递归地分割,将文档切割的更加碎片化。它的优点是能够处理句子或层次结构的文本,例如,中间的表达式、XML 或 JSON 格式的数据根据需要定制多层的深度和分割的规则,提供高度的灵活性、能够尽量把所有和语义相关的内容尽可能长时间地保留在同一位置。它的缺点是可能导致大量的函数调用,占用大量的堆栈空间,导致性能下降、程序崩溃或堆栈溢出错误。

第三种方式是基于 Token 的分割,很多 LLM 的上下文窗口长度限制是按照 Token 来计数的。因此可以按照 Token 数对文本进行分割。它的优点是可以更容易地分析和理解文本的结构和内容,从而有助于进行更复杂的自然语言处理任务。基于 Token 的分割是训练词嵌入和模型的前提关系,这些模型对于理解语言之间的词汇和生成连贯的文本非常重要、可以根据应用的需求选择不同的分词策略。它的缺点是单独的令牌可能会在文本中丢失,这可能会导致歧义或解释错误;对于没有明确单词边界的语言,可能需要构造复杂的分词工具;同时分词错误也可能导致信息丢失或误解。

本案列我们将使用递归字符文本分割(Recursive Character Text Splitter)的方式对 PDF 文档进行分割。

### 3. 构建向量数据库与词向量

在自然语言处理问题中,嵌入(Embeddings)是一种将类别数据如单词、句子或者整个文档转化为实数向量的技术。这些实数向量可以被计算机更好地理解和处理。词向量(Word Vector)是一种将词表示为高维空间中词的表示技术。在这种表示中,每个词都映射到一个固定大小的连续表示空间,这些表示由实数构成。这种表示方式能够捕捉到词汇之间的语义和语法关系。总的来说,词嵌入是自然语言处理中一种极为重要且强大的工具,它能够将词汇转换为机器学习模型可以理解和处理的格式,从而获得了各种 NLP 任务的性能和效果。

向量数据库是一种专为存储和检索设计的数据库系统。向量数据库通常由高维空间中的点表示,这些点可以用来表示文本、图像、音频等多种类型的数据。

利用提供的空间关系来加速查询和检索操作。总体来说,向量数据库分析提供了一种高效、灵活、强大的数据存储和搜索分析方式,适用于各种数据密集型应用和机器学习场景。

我们通过 embeddings = OpenAIEmbeddings()来进行词嵌入,嵌入的模型选用为 openAI 提供的 text - embedding - ada - 002。我们通过 db = DocArrayInMemorySearch. from_documents(docs, embeddings)来创建向量数据库。Langchain 框架提供的 DocArrayInMemorySearch 是由 Docarray 提供的文档索引,用于将文档存储在内存中。对于不希望启动数据库服务器的小型数据集,这是一个很好的选择。其中,第一个参数是指嵌入模型,第二个参数是我们已经分割好的文档。

### 4. 检索

检索模块负责对用户查询进行分析,从知识库中快速定位相关文档或段落,为后续的语言生成提供信息支持,检索的方法有以下几种。

第一种是相似性检索(Similarity Search),相似性检索也称为最近邻搜索,是一种基于数据点之间的相似性来搜索数据的方法,其流程图如图 5 - 2 所示。它的优点是可以找到与查询相似的项,而不仅仅是表面上或结构上的匹配、即使查询有小的错误或变化,相似性检索仍然可以返回相关的结果;由于相似性搜索是基于数据点之间的相对关系,它可以适应各种数据分布和结构;在实际应用中,数据是高度稀疏的,相似性搜索可以处理这种稀疏性,为用户提供有意义的结果。它的缺点是在高维数据和大型数据集上时,相似性搜索可能需要大量的计

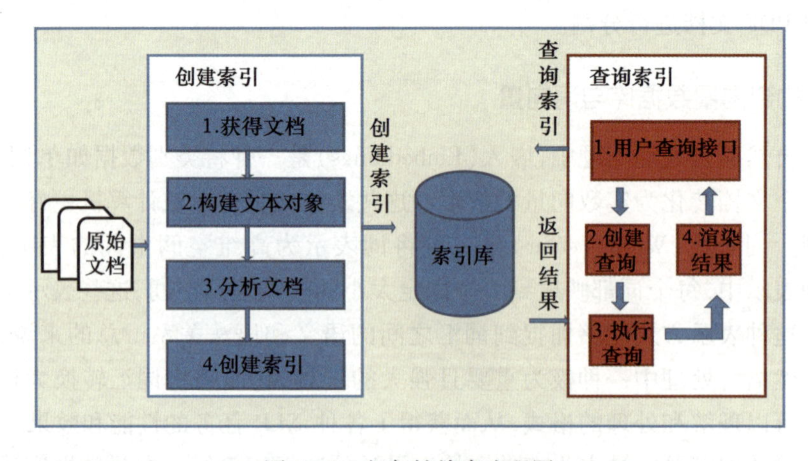


图 5 - 2 相似性检索流程图

算资源、为了加速相似性搜索，可能需要创建存储复杂度的索引结构；如果没有适当的阈值和条件，则相似性搜索可能返回过多的结果，这可能不利于用户。总的来说，相似性搜索为处理复杂性和高维数据提供了强大的工具，但它也带来了计算、存储和实施的挑战。在选择使用相似性搜索之前，应该权衡其优点和缺点，判断是否适合特定的应用和场景。

第二种是最大边际相关性（MMR）模型，MMR 的基本思想是同时考量查询与文档的相关度，以及文档之间的相似度，其算法思想如图 5－3 所示。相关度确保返回结果与查询高度相关，相似度则鼓励不同语义的文档包含进结果集。具体来说，它计算每个候选文档与查询的相关度，并减去与已经选入结果集文档的相似度，这样更不相似的文档会有更高的得分。它的优点是将交换文档多样性纳入考虑，能够提供更多的搜索结果，从而减少结果中的旋转信息；对于模糊性的查询，MMR 能够提供一系列可能相关的结果，帮助用户更好地了解他们的信息需求；MMR 模型允许调整权衡之间的相关性和多样性，能够适应不同的应用场景和用户需求。它的缺点是 MMR 在选择每个文档时需要计算所有候选文档与已选文档的相似度，这可能会导致计算复杂度的增加；在某些情况下，MMR 可能过度增强多样性和牺牲相关性，导致返回的结果虽然多样但不够相关；MMR 的结果对参数选择非常敏感，可能导致不同设置下结果的显著变化。总之，MMR 是解决检索冗余问题、提供多样性结果的一种简单高效的算法。它平衡了相关性和多样性，适用于对多样信息需求较强的应用场景。

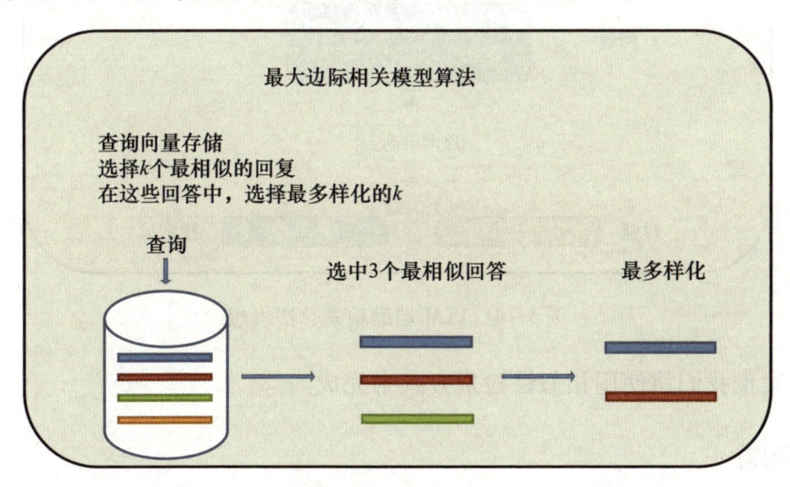


图 5－3　MMR 算法思想

第三种是在元数据中使用自查询检索器（LLM 辅助检索），Langchain 提供了 SelfQueryRetriever 模块，它可以通过语言模型从问题语句中分析出向量搜索的查询字符串(Search Term)和过滤文档的元数据条件(Filter),它使用语言模型自动解析语句语义,提取过滤消息,无须手动设置,LLM 辅助检索算法思想如图 5-4 所示。这种基于理解的元数据过滤更加智能方便,可以自动处理更复杂的过滤逻辑。它的优点是能够分析查询的结构和内容,优化查询能够提供更准确的结果;系统能够执行基于语义的搜索,找到不仅在字面匹配而且在实质上相关的文档;通过分析查询的上下文,自查询检索器有助于查询其中的歧义,提供更准确的结果。它的缺点是使用大语言模型进行检索可能需要大量的计算资源,尤其是对于复杂地查询或大量的文档;由于计算开销,使用 LLM 辅助搜索可能导致响应时间极高,影响用户体验、搜索结果高度依赖语言训练模型的质量,并且可能收受到模型数据的偏差和局限性的影响。总体而言,虽然使用自查询搜索器和大型语言模型辅助搜索能够显著提升搜索结果的质量和相关性,但它也带来了计算开销、实时性问题以及数据隐私和安全性方面的挑战。在实际应用中,需要仔细权衡这些因素,确保系统既高效又可靠。

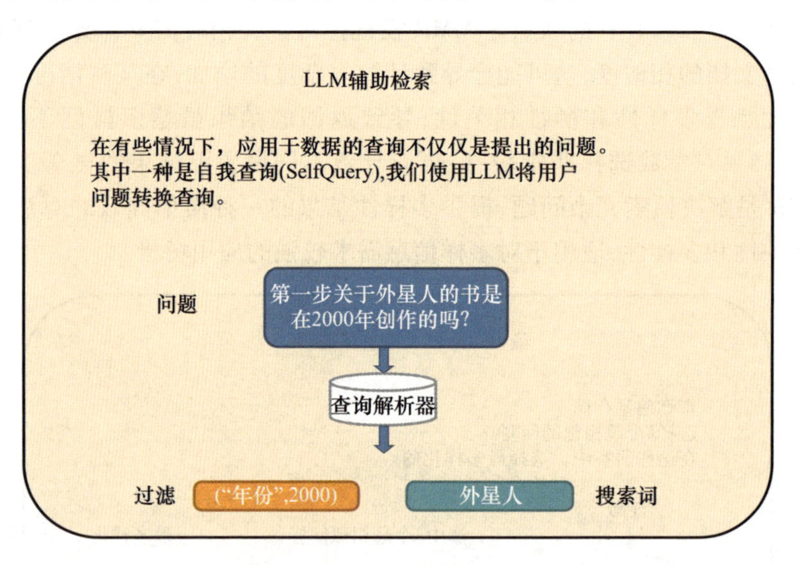


图 5-4　LLM 辅助检索算法思想

本案例我们将使用相似性检索方式来完成。

### 5. 问答

我们已经完成了整个存储和获取,获取了相关的切分文档之后,现在我们需要将它们传递给语言模型,以获得我们想要的答案。基于 Langchain,我们构造一个使用 GPT-4 进行问答的检索式问答链(RetrievalQA),这是一种通过检索步骤进行问答的方法。我们通过传入一个语言模型和一个向量数据库来创建一个检索器。然后,我们用问题作为查询调用它,得到一个答案。

在获取与问题相关的文档后,我们需要将文档和原始问题一起输入语言模型,生成回答。默认是合并所有文档,一次性输入模型。但存在上下文长度限制的问题,若相关文档量大,难以一次将全部输入模型。有三种策略来解决这一问题:

### 1. MapReduce 算法

第一种策略是 MapReduce,通过多轮检索与问答实现长文档处理,MapReduce 算法,如图 5-5 所示。它的优点是能够水平扩展,通过增加更多的计算节点来处理更大的数据集有很好的容错能力,即使有个别节点失败,也能继续完成处理并完成最终任务;它可以处理多种类型的数据,并且容易实现不同的数据处理模式,大量的数据可以在不同的节点上同时处理,显著提高处理速度。它的缺点是更适合批处理任务,不适合需要实时响应的应用,会消耗大量的计算和存储资源。尽管 MapReduce 提供了简化的编程模型,但对于某些复杂的数据处理任务仍然可能是一个挑战。

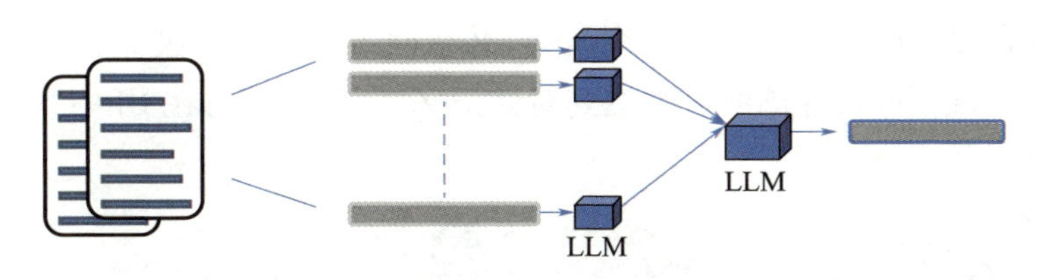


图 5-5　MapReduce 算法

### 2. Refine 算法

第二种策略是 Refine,让模型主动请求信息,如图 5-6 所示。它的优点是通过请求更多信息,模型能够更准确地理解和处理复杂的情况,从而提高预测或分类的准确性、能够增强模型对不同输入类型的适应能力,提高其在面对异常情况时的鲁棒性、能够根据所获得的信息不断调整其学习策略,以提高性能。它的缺点是主动请求信息可能需要额外的处理时间,导致响应时间增加,影响用户体验,模型请求的附加信息对其质量性能有重大影响,如果提供的信息质量不高,可能导致性能下降,主动请求信息可能涉及敏感或隐私数据,需要采取额外的措施来保护用户隐私以及数据安全。

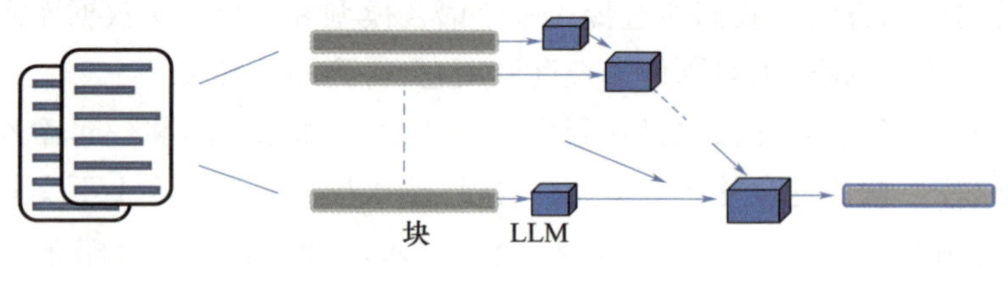


图 5 - 6　Refine 算法

### 3. MapRerank 算法

第三种是 MapRerank，它通过问答质量调整文档顺序，如图 5 - 7 所示。它的优点是通过考虑问答的质量，可以更准确地识别并提高与查询最相关的文档的排名。随着时间的推移，可以根据问答系统的反馈持续地更新和调整排名，使系统具有一定的自适应性。它的缺点是更详细的文档评估需要更多的计算资源，特别是在处理大量或复杂的文档时，如果 Rerank 阶段过度依赖于特定的文档特征，则可能会忽略其他重要的信息，导致结果的偏差。

我们在本案例中使用对话检索链(Conversationl Retrieval Chain)，它在检索 QA 链的基础上增加了处理对话历史的能力，它的工作流程是：①将之前的对话与新问题合并生成一个完整的查询语句；②在向量数据库中搜索该查询的相关文档；③获取结果后，存储所有答案到对话记忆区；④最后可在 UI 中查看完整的对话流程。

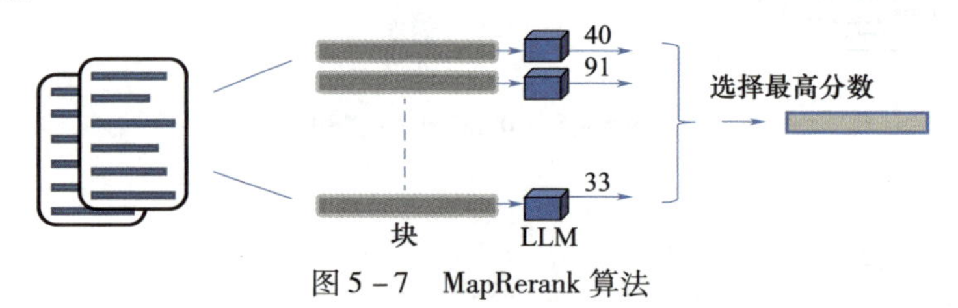


图 5 - 7　MapRerank 算法

## 5.3.3　定义一个适用于自有文档的民航文本分析聊天机器人

通过上文的介绍，我们可以开始创建自己的系统。

chatbot. py(主页面文件)：

```
'''
    适用于私人文档的聊天机器人，对民用航空安全文档进行分析、总结、提炼情报。
    1. 目前支持的文件类型：PDF。
    2. 使用的大语言模型：gpt - 4。
```

```
    3. Embedding 模型:openai text - embedding - ada - 002。
    4. 基于提示链。
'''

#导入 Langchain 框架提供的一些模块
from langchain.embeddings.openai import OpenAIEmbeddings
from langchain.text_splitter import CharacterTextSplitter,
RecursiveCharacterTextSplitter
from langchain.vectorstores import DocArrayInMemorySearch
from langchain.document_loaders import TextLoader
from langchain.chains import RetrievalQA,  ConversationalRetrieval
Chain
from langchain.memory import ConversationBufferMemory
from langchain.chat_models import ChatOpenAI
from langchain.document_loaders import TextLoader
from langchain.document_loaders import PyPDFLoade
from config import Configfrom langchain.vectorstores import Chroma

#导入文件加载器和 openAI 库
from document_loader import pdfLoader
import openai

"""    该函数用于加载 PDF 文件,切分文档,生成文档的嵌入向量,创建向量数据库,定
义检索器,并创建聊天机器人实例。
    参数:
        file (str):要加载的 PDF 文件路径。
        chain_type (str):链类型,用于指定聊天机器人的类型。
        k (int):在检索过程中,返回最相似的 k 个结果。
    返回:
        qa (ConversationalRetrievalChain):创建的聊天机器人实例。
"""
def load_db(file, chain_type, k):
#导入配置文件
    config = Config()
    #载入文档
```

```
    loader = pdfLoader.RapidOCRPDFLoader(file_path = file)
    documents = loader.load()

    #切分文档
    text_splitter = RecursiveCharacterTextSplitter(chunk_size = 1000,
chunk_overlap = 200)
    docs = text_splitter.split_documents(documents)

    # 定义 Embeddings
embeddings = OpenAIEmbeddings(openai_api_key = config.get_openai_key())

    #根据数据创建向量数据库
    db = DocArrayInMemorySearch.from_documents(docs, embeddings)

    #定义检索器,使用相似性检索
retriever = db.as_retriever(search_type = "similarity", search_kwargs
 = {"k":3})

    #创建 chatbot 问答检索链

    qa = ConversationalRetrievalChain.from_llm(
        llm = ChatOpenAI(
            model_name = config.llm_model_name, #模型
        temperature = 0),                       #温度系数
        chain_type = chain_type,                #对话链
        retriever = retriever,                  #检索器
        return_source_documents = True,         #返回文档资源
        return_generated_question = True,       #返回生成问题
    )
    return qa

#导入 Panel 库和 Param 库
import panel as pn
import param
```

```
# 用于存储聊天记录、回答、数据库查询和回复
class cbfs(param.Parameterized):
    chat_history = param.List([])             #历史记录
    answer = param.String("")                 #回复
    db_query  = param.String("")              #数据库查询
    db_response = param.List([])              #数据库回复

#初始化
def __init__(self, **params):
    super(cbfs, self).__init__(**params)
    self.panels = []
    self.loaded_file = None
    self.qa = load_db(self.loaded_file,"stuff", 4)

    # 将文档加载到聊天机器人中
    def call_load_db(self, count):
        """
        count: 数量
        """
        if count == 0 or file_input.value is None:  # 初始化或未指定文件:
            return pn.Row(pn.pane.Markdown(f"加载的文件: {self.loaded_
file}"))#返回加载的文件
        else:
            file_input.save("temp.pdf")  # 本地副本
            self.loaded_file = file_input.filename
            button_loadDb.button_style = "outline"  #按钮效果
        self.qa = load_db("temp.pdf", "stuff", 3)   #调用 QA 链
        button_loadDb.button_style = "solid"        #按钮效果
        self.clr_history()                          #清空历史记录
        return pn.pane.Markdown(f"加载的文件: {self.loaded_file}")

    # 处理对话链
    def convchain(self, query):
        """
```

```
        query: 用户的查询
        """
        if not query:
                return pn.WidgetBox(pn.Row('用户:', pn.pane.Markdown("",
width = 600)), scroll=True)#未查询到返回空对话框
        result = self.qa({"question": query, "chat_history": self.chat_
history})          #查询到返回问题和回复
        self.chat_history.extend([(query, result["answer"])])
        self.db_query = result["generated_question"]
        self.db_response = result["source_documents"]
        self.answer = result['answer']
        self.panels.extend([
        pn.Row('用户:', pn.pane.Markdown(query, width = 600)),
            pn.Row('情报分析机器人:', pn.pane.Markdown(self.answer, width
= 600, styles={'background-color': '#F6F6F6'}))
        ])#将对话内容放入对话框
        inp.value = ''   #输入框清空
        return pn.WidgetBox(*self.panels, scroll=True)
    #根据潜在因素生成对应飞行员能力和 TEM 的处理函数
    def convchain1(self,prompt):
        """
        prompt: 提示词
        """
        if not prompt:
            return pn.WidgetBox(pn.Row('用户:', pn.pane.Markdown("", width
= 600)), scroll=True)
        prompt = prompt+"->"#调整提示词格式
        response = openai.Completion.create(
            #使用下一节中生成的私人模型
            model="davinci:ft-personal-2023-10-21-01-55-31",
              prompt=prompt,
            max_tokens=15,#限制最大 Token 数为 15
        )
        return response.choices[0].text
```

```
#根据事故原因生成事件类型的函数
def handleEventtype(self,tet):
    """
    text: 输入的事故原因
    """

    config = Config()
    openai.api_key = config.get_openai_key()

    prompt = f"""\
            通过这篇事故报告中飞机发生事故的原因判断属于哪种事件类型/
            事件类型种类有:空中失控、冲偏出跑道
            """
    response = openai.ChatCompletion.create(
      model = "gpt - 4",
      messages = [
            {'role': 'system','content': prompt},
            {'role': 'user','content': f"{text}"}
            ],
      max_tokens = 20
      )
      return response.choices[0].message["content"]

# 获取最后发送到数据库的问题
@ param.depends('db_query ', )
def get_lquest(self):
    if not self.db_query :
        return pn.Column(
          pn.Row(pn.pane.Markdown(f"上一条查询问题:", styles = {'back-
ground - color': '#F6F6F6'})),
          pn.Row(pn.pane.Str("暂未创建本地知识库"))
        )
    return pn.Column(
        pn.Row(pn.pane.Markdown(f"知识库查询:", styles = {'background -
color': '#F6F6F6'})),
```

```
            pn.pane.Str(self.db_query)
        )

    #获取数据库返回的源文件
    @param.depends('db_response', )
    def get_sources(self):
        if not self.db_response:
            return

    rlist = [pn.Row(pn.pane.Markdown(f"数据查询结果:", styles = {'back-
ground-color': '#F6F6F6'}))]
    for doc in self.db_response:
            rlist.append(pn.Row(pn.pane.Str(doc)))
        return pn.WidgetBox(* rlist, width = 600, scroll = True)

    # 获取当前聊天记录
    @param.depends('convchain', 'clr_history')
    def get_chats(self):
        if not self.chat_history:
            return pn.WidgetBox(pn.Row(pn.pane.Str("暂无历史记录")), width
= 600, scroll = True)#未查询到时返回暂无历史记录
        rlist = [pn.Row(pn.pane.Markdown(f"Current Chat History varia-
ble", styles = {'background-color': '#F6F6F6'}))]
        #当历史记录发生变化时,将历史记录加载到对应框中
        for exchange in self.chat_history:
            rlist.append(pn.Row(pn.pane.Str(exchange)))
          return pn.WidgetBox(* rlist, width = 600, scroll = True)

    #清除聊天记录
    def clr_history(self,count=0):
        self.chat_history = []
        return

# 初始化聊天机器人
cb = cbfs()
```

```
pn.config.loading_spinner = 'petal'
pn.config.loading_color = 'black'

#定义界面的小部件
# PDF 文件的文件输入小部件
file_input = pn.widgets.FileInput(accept='.pdf')
#加载数据库的按钮
button_loadDb = pn.widgets.Button(name="加载本地知识库", button_type='primary')
#聊天窗口中发送消息的按钮
button_sendMessage = pn.widgets.Button(name="发送", button_type='success')
#清除聊天记录的按钮
button_clearhistory = pn.widgets.Button(name="清除聊天记录", button_type='warning')
#将清除历史记录功能绑定到按钮上
button_clearhistory.on_click(cb.clr_history)
# 用于用户查询的文本输入小部件
inp = pn.widgets.TextInput( placeholder='输入问题:', width=600)
#将加载数据库和对话的函数绑定到相应的部件上
bound_button_loadDb = pn.bind(cb.call_load_db, button_loadDb.param.clicks)
# 点击发送消息,触发对应的函数
bound_button_sendMessage = pn.bind(cb.convchain, inp)
#生成对应的飞行员能力和 TEM 的聊天框
inp1 = pn.widgets.TextInput( placeholder='输入问题:', width=600)
# 生成对应的飞行员能力和 TEM 窗口中发送消息的按钮
button_sendMessage1 = pn.widgets.Button(name="发送", button_type='success')
# 点击发送消息,触发对应的函数
bound_button_sendMessage1 = pn.bind(cb.convchain1, inp1)
#生成事件类型的聊天框
inp2 = pn.widgets.TextInput( placeholder='输入问题:', width=600)
#生成事件类型窗口中发送消息的按钮
button_sendMessage2 = pn.widgets.Button(name="发送", button_type='success')
```

```
#点击发送消息,触发对应的函数
bound_button_sendMessage2 = pn.bind(cb.handleEventtype, inp2)
#定义布局:使用 bootstrap 模板
#侧边栏
template = pn.template.BootstrapTemplate(
    title='ChatBot',
  sidebar=[pn.Row( file_input),#文件输入框
        pn.Row(button_loadDb, bound_button_loadDb)],#按钮
    sidebar_width=400)#侧边栏宽度

#定义五个选项卡,包括在主界面中
tab1 = pn.Column(
    pn.panel(bound_button_sendMessage, loading_indicator = True),
    pn.layout.Divider(),#添加分割线,将不同组件分开
    pn.Row(inp, button_sendMessage),#布局,输入框和发送按钮
    pn.layout.Divider(),)

tab2 =pn.Column(
    pn.panel(cb.get_lquest),
    pn.layout.Divider(),#添加分割线,将不同组件分开
    pn.panel(cb.get_sources ),
)

tab3 = pn.Column(
    pn.panel(cb.get_chats),
    pn.layout.Divider(),#添加分割线,将不同组件分开
)

tab4 = pn.Column(
    pn.panel(bound_button_sendMessage1, loading_indicator = True),
    pn.layout.Divider(),#添加分割线,将不同组件分开
    pn.Row(inp1, button_sendMessage1),#布局,输入框和发送按钮
    pn.layout.Divider(),
)
```

```
tab5 = pn.Column(
    pn.panel(bound_button_sendMessage2, loading_indicator = True),
    pn.layout.Divider(),#添加分割线,将不同组件分开
    pn.Row(inp2, button_sendMessage2), #布局,输入框和发送按钮
    pn.layout.Divider(),
)

# 定义主界面
template.main.append(
    pn.Column(
        pn.Row(pn.pane.Markdown('情报分析聊天机器人')),
        pn.Tabs(('聊天', tab1), ('知识库', tab2), ('历史对话', tab3),
      ('能力和TEM', tab4),('事件类型', tab5))
    )
)
template.servable()      #将模板转换为可观察对象
```

config.py(配置文件):

```
import os
from dotenv import load_dotenv, find_dotenv
# openai api 使用全局代理
os.environ['HTTP_PROXY'] =http://127.0.0.1:10809
os.environ['HTTPS_PROXY'] =http://127.0.0.1:10809
class Config:
  #模型使用 openai chatgpt4
  llm_model_name = 'gpt-4'
  #配置 openai 密钥
  def get_openai_key(self):
      _ = load_dotenv(find_dotenv())
      return os.environ['OPENAI_API_KEY']
```

## 5.4 基于ChatGPT自有微调模型

在本节中,我们将介绍ChatGPT模型的微调。这一变革性的微调过程为开

发人员提供了塑造 ChatGPT API 响应行为以符合其独特需求的能力。通过探索微调的复杂技术和关键因素,构建和部署我们自己的微调模型,来释放增强 AI 应用程序的潜力。

ChatGPT 微调是一个过程,涉及在特定数据集上训练预先训练的语言模型,如 davinci,以提高其性能并使其适应特定任务或领域。微调过程通常从精心策划和标记的数据集上开始,它涉及迁移学习等技术。模型的参数在微调过程中进行调整,以使其更准确,更适合特定任务。通过微调,模型可以获得特定领域的知识和细微差别,使其能够为特定应用程序生成相关性和一致性更高的响应。

我们将演示如何通过微调 ChatGPT,生成一个专用于解决特定任务的私人模型,将按如下步骤进行介绍。

(1)可以微调的 API 模型。

(2)微调 AI 模型所涉及的成本。

(3)使用 JSON 准备训练数据。

(4)使用 OpenAI 命令行界面(CLI)创建微调模型。

(5)列出所有可用的微调模型及其信息。

(6)使用带有 ChatGPT API 补全的微调模型。

## 5.4.1 技术要求

5.4.1 节需要用到的技术要求如下。

(1)Python 3.7 或更高版本。

(2)OpenAI API 密钥。

(3)已安装 OpenAI Python 库。

## 5.4.2 微调 ChatGPT

在 5.4.2 节,我们将了解微调 ChatGPT 模型的过程,并提供有关的训练和使用成本的信息。我们还将介绍 OpenAI 库的安装,并将 API 密钥设置为终端会话中的环境变量以及训练微调模型所需要的设置。

通过微调可以增强 API 模型的功能。首先,与单独设计提示相比,它产生了更高质量的结果。通过整合比提示中可容纳更多的训练示例,微调使模型能够掌握更广泛的模式和细微的差别。其次,它通过使用更短的提示减少了令牌的使用,提高了处理效率。最后,微调有助于降低延迟请求,从而实现响应更快的交互。

GPT-3已经在互联网上的大量文本语料库上进行了广泛的预训练。当给出有限的提示时，它通常展示了理解预期任务并合理生成回复的能力，这一概念称为少数学习(Few-Shot Learning)。然而，微调通过利用更大的一组示例增强少数学习的效果。这种全面的训练可以在各种任务中实现更好的表现。

如果模型经过微调，则我们可以使用结果模型，而无须传递任何进一步的训练数据。表5-1为摘自OpenAI官方定价页面，可以看到所有可用于微调的ChatGPT模型，每个模型都附有关于截至2023年6月每1000个令牌训练和使用成本的详细信息。

表5-1　ChatGPT模型微调的定价

| 模型 | 训练 | 使用 |
|---|---|---|
| Ada | $0.0004/1K令牌 | $0.0016/1K令牌 |
| Babbage | $0.0006/1K令牌 | $0.0024/1K令牌 |
| Curie | $0.0030/1K令牌 | $0.0120/1K令牌 |
| Davinci | $0.0300/1K令牌 | $0.1200/1K令牌 |

在微调过程中，需要以JSON文件格式的形式提供训练数据。JSON文档的每一行都应该包含一个提示和完成字段对应于我们想要的训练数据，如下所示(提示中是关于飞机事故发生的潜在因素的句子，完成字段中是对应的飞行员能力和TEM)。

```
{"prompt": "Nine competencies and TEM: During the briefing for the approach they decided that, based on the weather and the minimums for the straight in approach to runway 12, it was a better option to do the straight in and land on 12 with a tailwind, rather than doing a circling approach to runway 30 with a low ceiling, and that this had more likelihood of a successful outcome. ", "completion": "COMPETENCE is Knowledge and TEM is Threats on the route. "},
{"prompt": "Nine competencies and TEM: The first officer said they did not have to calculate landing distance before each landing. ", "completion": "COMPETENCE is Application ofprocedures and TEM is Procedural errors. "}
{"prompt": "Nine competencies and TEM: Regarding the use of autobrake, the first officer said the flight crew had some discretion in its use. ", "completion": "COMPETENCE is Situation awareness and TEM is Aircraft maneuvering errors. "}
```

此代码片段是三个训练行应如何在 JSON 文件中显示的示例。在接下来的部分,我们将使用一个大的数据集并在 OpenAI CLI 数据准备工具的帮助下构建完整的 JSON 文件。

我们的目标是开发一个微调的模型,专门为用户提供飞机发生潜在事故所对应的飞行员能力和 TEM。为了实现这一点,我们将构建一个新的训练文件,在 prompt 字段中包含民航文本片段,在 completion 字段中包含对应能力和 TEM。这个训练过程将为我们的模型配备必要的技能,一旦完成了训练阶段,就可以根据用户提供的输入有效地生成对应内容。

在训练阶段完成后,OpenAI 将为我们的微调模型提供一个独特的专有名称。然后可以在 ChatGPT 完成提示中使用此唯一名称来有效地与模型交互。

在开始准备数据集之前,我们需要确保设备上安装了 OpenAI 库。为此,打开一个新的终端或命令提示符,然后键入以下内容:

```
pip install openai
```

要从本地终端微调模型,您还需要提供 ChatGPT API 密钥作为环境变量:

```
set OPENAI_API_KEY = <your_api_key>
```

该 <OPENAI_API_KEY> 值是一个占位符,您应该将其替换为从 OpenAI 账户获得的 API 密钥。通过设置这个环境变量,我们确保 API 密钥安全地存储,并且可以被我们在终端会话中执行的其余命令访问。

5.4.2 节概述了 ChatGPT 模型的微调。讨论了微调如何增强少量学习以及在 JSON 文件中提供训练数据的必要性。同时还对环境配置进行了说明,其中,包括 OpenAI 库的安装和在终端会话中将 API 密钥设置为环境变量。

### 5.4.3 微调模型数据集准备

为了有效地微调我们的模型,我们需要以特定的格式准备训练数据。在 5.4.3 节中,我们将使用 JSON 文件和 OpenAI CLI 数据准备工具完成数据准备的过程。

在为 OpenAI 微调模型准备数据时,必须遵循结构化流程,以确保最佳性能和准确结果。第一步是收集将用于训练模型的相关数据。这些数据可以来自各种来源,如书籍、文章,甚至是专门的数据集。

首先,在桌面上创建一个名为 Fine_Tune_Data 的新文件夹,并在该文件夹中创建一个名为 train_data. json 的新文件。对于我们的民航文本微调模型,我们将使用30个不同的文本片段,这些数据将以JSON格式写入我们刚刚创建的文件中。

```
[
{"prompt": "Nine competencies and TEM: During the briefing for the ap-
proach they decided that, based on the weather and the minimums for the
straight in approach to runway 12, it was a better option to do
the straight in and land on 12 with a tailwind, rather than doing a circling
approach to runway 30 with a low ceiling, and that this had more likelihood
of a successful outcome. ", "completion": "COMPETENCE is Knowledge and TEM
is Threats on the route. "},

{"prompt": "Nine competencies and TEM: The first officer said they did not
have to calculate landing distance before each landing. ", "completion": "
COMPETENCE is Application of procedures and TEM is Procedural errors. "},

{"prompt":"Nine competencies and TEM: Regarding the use of autobrake, the
first officer said the flight crew had some discretion in its use. ", "com-
pletion": " COMPETENCE is Situation awareness and TEM is Aircraft maneuve-
ring errors. "},
{"prompt": "Nine competencies and TEM: "MKJP special weather observation
at 21:28 EST (02:28 UTC 23 Dec), wind 310 degrees at 9 knots, visibility
5000 metres (m) (approximately 3 statute miles) in thunderstorms ", "com-
pletion": " COMPETENCE is Situation awareness and TEM is Environmental
threats. "},

{"prompt": "Nine competencies and TEM: The Flight Data Recorder (FDR) data
confirmed that the aircraft crossed the runway threshold at 70 feet radio
altitude above ground (RA), that is, main gear height. This would have
placed the pilot's eye height at about 85 feet RA, about 14 feet above the
PAPI slope, and the aircraft's ILS antenna about 37 feet above the ILS glide
slope. ", "completion": " COMPETENCE is Flight path management and TEM is
Aircraft maneuvering errors. "},

{"prompt": "Nine competencies and TEM: The float continued as the aircraft
passed the PAPI lights at about 38 feet RA (where it should have been on the
```

ground in a normal landing). The shallow rate of descent was maintained for about ten seconds until touchdown, which occurred at 4,100 feet down the runway, or 1,130 feet beyond the touchdown zone, as defined by AA Flight Manual, Part I. ", "completion": " COMPETENCE is Flight path management and TEM is Aircraft maneuvering errors. "},

{"prompt": "Nine competencies and TEM: The flight crew's Situational Awareness was incomplete in that they did not realize that the standing water warning of Page 10 - 7X, the heavy rain, the weather reports they were receiving and the lack of runway condition reports or braking action reports indicated that a Medium/Fair braking action condition was a possibility, and hence was the worst case scenario. ", "completion": "COMPETENCE is Situation awareness and TEM is Environmental threats. "},

{"prompt": "Nine competencies and TEM: The flight crew decided to land in heavy rain on a wet runway in a tailwind close to the tailwind landing limit. ", "completion": " COMPETENCE is Problem solving and decision making and TEM is Environmental threats. "},
{"prompt": "Nine competencies and TEM: The flight crew initially briefed to land with autobrake 2, then changed this to autobrake 3 on final approach, whereas "MAX autobrakes or manual braking" was the recommended American Airlines procedure for the conditions. ", "completion": " COMPETENCE is Application of procedures and TEM is Aircraft maneuvering errors. "},

{"prompt": "Nine competencies and TEM: The flight crew did not plan for "the most adverse conditions", as instructed in the American
Airlines B737 Aircraft Operating Manual. ", "completion":" COMPETENCE is Application of procedures and TEM is Procedural errors. "},

{"prompt": "Nine competencies and TEM: The flight crew elected to land with flap 30,rather than the flap 40 recommended for short field and tailwind landing in the AA B737 Operating Manual. ", "completion": " COMPETENCE is Flight path management and TEM is Aircraft maneuvering errors. "},

{"prompt":"Nine competencies and TEM: The captain did not follow the company SOPs for landing technique and go - around. ", " COMPETENCE ": "competence

```
is Application of procedures and TEM is Procedural errors. "},

{"prompt": "Nine competencies and TEM: The CRM in the cockpit was not ade-
quate, and the first officer, as"pilot monitoring" did not call for go -
around when the aircraft was landing long. ", "completion": " COMPETENCE is
Leadership and teamwork and TEM is Communication errors. "},

{"prompt": "Nine competencies and TEM: The flight crew did not follow the
requirements of SPC MSG NBR 9482, which stated "As always, pilots must en-
sure the reported tailwind component complies with airplane performance
requirements for the runway in use. "", "completion": " COMPETENCE is Ap-
plication of procedures and TEM is Procedural errors. "},

{"prompt": "Nine competencies and TEM: The flight crew started the IAS DIS-
AGREE Non - Normal Checklist (NNC), but did not identify the runaway stabi-
lizer. The multiple alerts, repetitive MCAS activations, and distractions
related to numerous ATC communications contributed to the flight crew dif-
ficulties to control the aircraft. ", "completion":" COMPETENCE is Problem
solving and decision making and TEM is Threats on the route. "},

{"prompt": "Nine competencies and TEM: The flight crew started the IAS DIS-
AGREE Non - Normal Checklist (NNC), but did not identify the runaway stabi-
lizer. The multiple alerts, repetitive MCAS activations, and distractions
related to numerous ATC communications contributed to the flight crew dif-
ficulties to control the aircraft. ", "completion": " COMPETENCE is Problem
solving and decision making and TEM is Threats on the route. "},

{"prompt": "Nine competencies and TEM: competence is Problem solving and deci-
sion making and TEM is Threats on the route. ", "completion": " COMPETENCE is
Problem solving and decision making and TEM is Threats on the route. "},

{"prompt": "Nine competencies and TEM: The MCAS was a new feature intro-
duced on the Boeing 737 - 8 (MAX) to enhance pitch characteristics with
flaps up during manual flight in elevated angles of attack. ", "comple-
tion": " COMPETENCE is Knowledge and TEM is Communication errors. "},
```

{"prompt": "Nine competencies and TEM: The multiple alerts, repetitive MCAS activations, and distractions related to numerous ATC communications were not able to be effectively managed. This was caused by the difficulty of the situation and performance in manual handling, NNC execution, and flight crew communication, leading to ineffective CRM application and workload management. These performances had previously been identified during training and reappeared during the accident flight. ", " completion": " COMPETENCE is Leadership and teamwork and TEM is Communication errors. "},

{"prompt": "Nine competencies and TEM: The multiple alerts, repetitive MCAS activations, and distractions related to numerous ATC communications were not able to be effectively managed. This was caused by the difficulty of the situation and performance in manual handling, NNC execution, and flight crew communication, leading to ineffective CRM application and workload management. These performances had previously been identified during training and reappeared during the accident flight. ", " completion":" COMPETENCE is Workload management and TEM is Threats on the route. "},

{"prompt": "Nine competencies and TEM: The NTSB's investigation found that the pilot's failure to use the wing and horizontal stabilizer deice system during the approach (even after acknowledging the right seat passenger's observation that it was snowing when the airplane was about 2.8 nautical miles from GAI) led to ice accumulation, an aerodynamic stall at a higher airspeed than would occur without ice accumulation, and the occurrence of the stall before the aural stall warning sounded or the stick pusher activated. ", "completion": " COMPETENCE is Application of procedures and TEM is Procedural errors. "},

{"prompt": "Nine competencies and TEM: thus, it is possible that the pilot forgot to activate the wing and horizontal stabilizer deice system during the approach (a relatively high workload phase of flight) to GAI. ", "completion": " COMPETENCE is Workload management and TEM is Procedural errors. "}, {"prompt": "Nine competencies and TEM: The pilot's use of slower landing speeds in preparation for the approach to Montgomery Country Airpark is consistent with his referencing the Normal (non - icing)", "completion": " COMPETENCE is Flight path management and TEM is Aircraft maneuvering errors. "},

{"prompt": "Nine competencies and TEM: The investigation revealed that during take - off, the left engine had caught fire and the crew had continued with the flight without securing the left engine as prescribed in ", "completion": " COMPETENCE is Application of procedures and TEM is Procedural errors. "},

{"prompt": "Nine competencies and TEM: The crew not aborting take - off at 50kts prior to reaching V1; manifold pressure fluctuation was observed by the crew at 50kts and that should have resulted in an aborted take - off. ", "completion":" COMPETENCE is Application of procedures and TEM is Threats on the route. "},

{"prompt": "Nine competencies and TEM: Lack of crew resource management; this was evident as the crew ignored using the emergency checklist to respond to the in - flight left engine fire. ", "completion": " COMPETENCE is Leadership and teamwork and TEM is Procedural errors. "},

{"prompt": "Nine competencies and TEM: The aircraft landed at NMIA on runway 12 in the hours of darkness at 22:22 EST (03:22 UTC) in Instrument Meteorological Conditions (IMC) following an Instrument Landing System (ILS) approach flown using the heads up display (HUD)
and becoming visual at approximately two miles from the runway. ", "completion": " COMPETENCE is Knowledge and TEM is Environmental threats. "},

{"prompt": "Nine competencies and TEM: The replacement AOA sensor that was installed on the accident aircraft had been mis - calibrated during an earlier repair. This mis - calibration was not detected during the repair. ", "completion": " COMPETENCE is Problem solving and decision making and TEM is Threats on the route. "},

```
{"prompt": "Nine competencies and TEM: About 6 minutes later, a recording from the automated weather observing system (AWOS) at GAI began transmitting over the pilot's audio channel, containing sufficient information to indicate that conditions were conducive to icing during the approach to GAI. ", "completion": " COMPETENCE is Problem solving and decision making and TEM is Environmental threats. "},

{"prompt": "Nine competencies and TEM: resulting in the aircraft losing height and the crew losing control of the aircraft and colliding with power lines, prior to crashing into a factory building. ", "completion":" COMPETENCE is Application of procedures and TEM is Undesired aircraft status. "}
]
```

创建 JSON 文件后，我们现在可以使用 OpenAI 库默认的 prepare_data 函数准备数据。这个多功能的工具可以接受各种文件格式，如果他们有一个提示和一个完成列或键。无论你有 JSON、JS 键值对行文件（JavaScript Object Notation Lines，JSONL）、CSV、制表符分隔值文件（Tab – Separated Values，TSV），还是电子表格文件（Excel Open XML Spreadsheet，XLS）文件，这个工具都可以处理它。一旦提供了输入文件，该工具将指导您完成任何必要的调整，并将输出保存为 JSONL 格式，该格式专为微调目的而设计。

为了通过微调获得更好的性能，建议包含大量高质量的示例。我们本次项目只包含 30 个示例，但是为了获得超过基本模型的最佳结果，应该提供数百个或者更多的高质量示例。通常，当示例的数量加倍时，性能呈线性增加，增加示例的数量通常是提高性能的最有效和最可靠方法。

接下来，要为我们的项目类型激活数据准备工具，执行以下命令：

```
cd Fine_Tune_Data
openai tools fine_tunes.prepare_data -f train_data.json
```

执行完命令后，数据准备工具将仔细检查 JSON 文件的内容。考虑到我们的 JSON 数据可能不是无格式的，并且缺乏适当的分隔符，每个示例都以前缀——Nine competencies and TEM 开头，数据准备工具将生成一个有用的建议来纠正训练数据，该建议将显示在终端输出中：

```
Analyzing...

 - All completions start with prefix `competence is `. Most of the time you
should only add the output data into the completion, with
out any prefix
 - All completions end with suffix `.`
 - The completion should start with a whitespace character (` `). This
tends to produce better results due to the tokenization we use See.
https://platform.openai.com/docs/guides/fine-tuning/preparing-your-
dataset for more details
```

此外,作为数据准备过程的一部分,该工具将询问是否愿意再继续创建JSONL输出文件,JSONL代表JSON Lines格式,这是一种基于文本的数据交换格式,其中文件中的每一行表示单个JSON对象。这种格式通常用于存储和交换结构化数据,使其易于以流式方式读取、写入和处理数据。此交互式功能可确保查看和考虑建议的调整,从而能够优化数据集并生成更精确的JSONL文件。

```
Based on the analysis we will perform the following actions:
 - [Recommended] Add a suffix separator ` -> ` to all prompts [Y/n]:Y
 - [Recommended] Remove prefix `Book Summary: ` from all prompts [Y/n]:Y


 - [Recommended] Add a whitespace character to the beginning of thecomple-
tion [Y/n]:Y
Your data will be written to a new JSONL file. Proceed [Y/n]:Y

Wrote modified file to `train_data_prepared.jsonl`
Feel free to take a look

Now use that file when fine-tuning:
 > openai api fine_tunes.create -t "train_data_prepared.jsonl"
```

任务完成后,将在Fine_Tune_Data目录中找到一个新文件train_data_prepared.jsonl。如果接受了数据准备工具的所有建议,则JSONL文件应如下所示。

```
{"prompt":" The replacement AOA sensor that was installed on the accident air-
craft had been mis-calibrated during an earlier repair. This mis-calibration
was not detected during the repair ->","completion":" COMPETENCE is Problem
solving and decision making and TEM is Threats on the route."},
```

```
{"prompt":" About 6 minutes later, a recording from the automated weather observing system (AWOS) at GAI began transmitting over the pilot's audio channel, containing sufficient information to indicate that conditions were conducive to icing during the approach to GAI. - >","completion":" COMPETENCE is Problem solving and decision making and TEM is Environmental threats. "},

{"prompt":" resulting in the aircraft losing height and the crew losing control of the aircraft and colliding with power lines, prior to crashing into a factory building. - >","completion":"COMPETENCE is Application of procedures and TEM is Undesired aircraft status. "},

{"prompt":" Lack of crew resource management; this was evident as the crew ignored using the emergency checklist to respond to the in-flight
left engine fire. - >","completion":" COMPETENCEis Leadership and team-work and TEM is Procedural errors. "},
......
```

通过准备和优化数据集,已经为构建微调模型奠定了基础,5.4.4 节将介绍如何创建微调模型。

## 5.4.4 建立和使用微调模型

微调涉及基于现有的基础模型构建一个专门的模型,在我们的示例中,我们将使用最先进的 ChatGPT 模型进行微调,称为 davinci。

我们将开始使用新创建的 JSONL 文件,通过以下命令创建微调过的模型:

```
openai api fine_tunes.create -t train_data_prepared.jsonl -m davinci。
```

上述命令用于为文本数据集创建微调作业,该命令通过指定训练数据文件和要从其开始的基本模型来启动微调模型。在本例中,我们将使用训练数据文件 train_data_prepared.jsonl。通过执行此命令,将上传和处理训练数据,并使用指定的基础模型创建微调作业。

```
Upload progress: 100% |█| 3.68k/3.68k[00:00 <00:00, 2.95Mit/s]
Uploaded file fromtrain_data_prepared.jsonl: ft-rmnKUW50uSqyFD2VvWdLOIyz
Created fine-tune: ft-GoRMwbbpAIbbS5IF5pxWl4VI
Streaming events until fine-tuning is complete...
```

```
(Ctrl - C will interrupt the stream, but not cancel the fine - tune)
[2023 - 06 - 26 18:01:23] Created fine - tune: ft - rmnKUW50uSqyFD2VvWdLOIyz
```

在提供的输出中,我们可以找到微调模型的 ID 为 ft - rmnKUW50uSqyFD2VvWdLOIyz。需要注意的是,创建模型的过程可能会因持续时间而异,从几分钟到几个小时不等。如果按 Ctrl + C 组合键意外中断了数据流,微调的作业并不会被取消。OpenAI 服务器将继续处理正在执行的微调模型,直到它完成。为了确保能够随时了解微调工作的进度,OpenAI 提供了使用提供的模型 ID 监视其状态的选项。这样,就可以跟踪创建过程,并在微调模型准备就绪时收到通知。

若要查找该信息,可以输入以下内容:

```
openai api fine_tunes.follow -i ft - rmnKUW50uSqyFD2VvWdLOIyz
```

输入以下命令,查看与自己的账户关联的所有已完成和待处理的微调模型的详细信息:

```
openai api fine_tunes.list
```

还可以通过引用其 ID 来查找有关特定模型的信息:

```
openai api fine_tunes.get -i ft - rmnKUW50uSqyFD2VvWdLOIyz
```

通过使用提供的命令,可以持续跟踪和监视微调模型的进度,直到完成其创建。在此期间,可以定期检查状态字段,以了解作业的当前状态。如果出于任何原因希望取消作业,可以通过输入以下命令启动取消过程:

```
openai api fine_tunes.cancel -i ft - rmnKUW50uSqyFD2VvWdLOIyz
```

一旦微调过程成功完成,从 . get 或 . list 函数返回的状态字段将被更新,它还将显示新生成模型的名称:

```
"status": "succeeded",
"fine_tuned_model": "davinci:ft - personal - 2023 - 10 - 21 - 01 - 55 - 31 "
```

fine_tuned_model 字段对应于分配给最近生成的模型的独特名称。这个名称具有重要的价值,因为可以通过将其分配给模型参数而无缝地接入任何 ChatGPT API 函数。这样做可以利用经过微调模型的功能,并利用它来构建特定的应用程序。

最后,如果决定移除或删除创建的微调模型,则 OpenAI 提供了一个可以使用的简单命令。在命令行界面中执行以下命令：

```
openai api models.delete -i davinci:ft-personal-2023-10-21-01-55-31
```

到此为止，我们已经通过全流程的介绍创建了一个私有的微调模型。我们将这个微调模型放入5.4.3节中的对话系统，以生成对应的飞行员能力和TEM。

### 5.4.5 总结

在本节中，我们讨论了ChatGPT API中微调的概念，探讨了它如何帮助我们定制ChatGPT API响应以满足我们的特定需求。通过在不同的数据集上训练一个预先存在的语言模型，使我们增强了davinci模型的性能，并使其适应特定的任务和领域。微调通过结合特定领域的知识和语言模式，丰富了模型生成准确和符合上下文响应的能力。同时，我们还介绍了微调的几个关键方面，包括可用于自定义的模型、相关成本、使用JSON文件的数据准备、通过OpenAI CLI创建微调模型，以及通过ChatGPT API使用这些模型。通过利用微调，我们能产生更优的结果，减少令牌的消耗，实现更快的响应交互。最后，我们将用本节创建的微调模型应用于5.4.3节创建的对话系统。

## 5.5 应用展示

(1)首先打开Anaconda终端，激活ChatGPT环境，切换到项目根路径(图5-8)。

```
Anaconda Prompt

(base) C:\Users\dell>activate chatgpt

(chatgpt) C:\Users\dell>e:

(chatgpt) E:\>cd LMMforCivilAviationTextAnalysis

(chatgpt) E:\LMMforCivilAviationTextAnalysis>
```

图5-8

(2)使用 panel serve chatbot. py – show 执行此项目(图 5 –9)。

```
选择 Anaconda Prompt - panel serve chatbot.py --show

(base) C:\Users\dell>activate chatgpt

(chatgpt) C:\Users\dell>e:

(chatgpt) E:\>cd LMMforCivilAviationTextAnalysis

(chatgpt) E:\LMMforCivilAviationTextAnalysis>panel serve chatbot.py --show
2023-11-11 20:48:22,238 Starting Bokeh server version 3.2.2 (running on Tornado 6.3.2)
2023-11-11 20:48:22,238 User authentication hooks NOT provided (default user enabled)
2023-11-11 20:48:22,332 Bokeh app running at: http://localhost:5006/chatbot
2023-11-11 20:48:22,332 Starting Bokeh server with process id: 4232
RapidOCRPDFLoader context page index: 0: 0it [00:00, ?it/s]
2023-11-11 20:48:47,814 WebSocket connection opened
2023-11-11 20:48:47,814 ServerConnection created
```

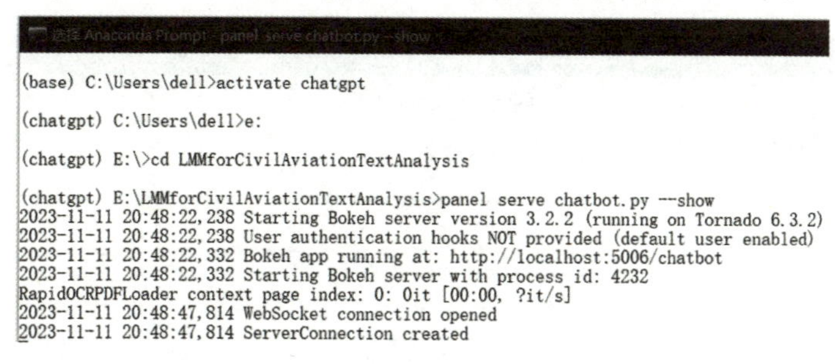

图 5 –9

(3)执行成功后,可以看到弹出的页面首页(图 5 –10)。

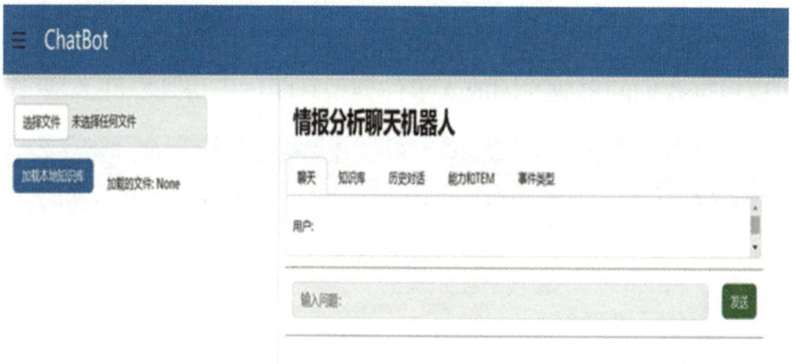

图 5 –10

(4)选择 PDF 文档,并加载本地知识库(图 5 –11)。

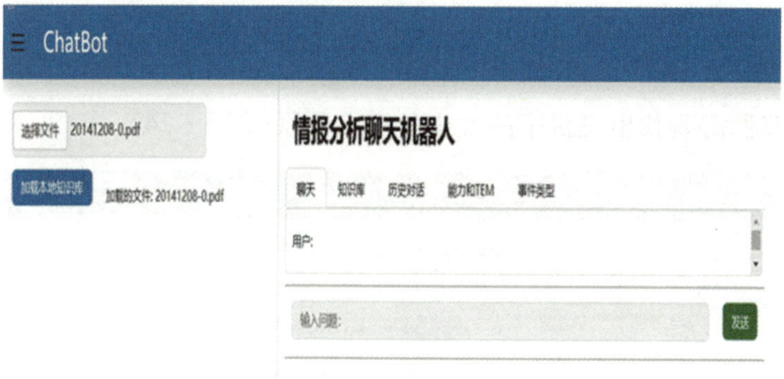

图 5 –11

(5)加载完成之后,就可以获取文档中的一些关键信息。

首先我们需要知道报告的编号、事故发生的时间以及事故发生的原因

(图5-12)。

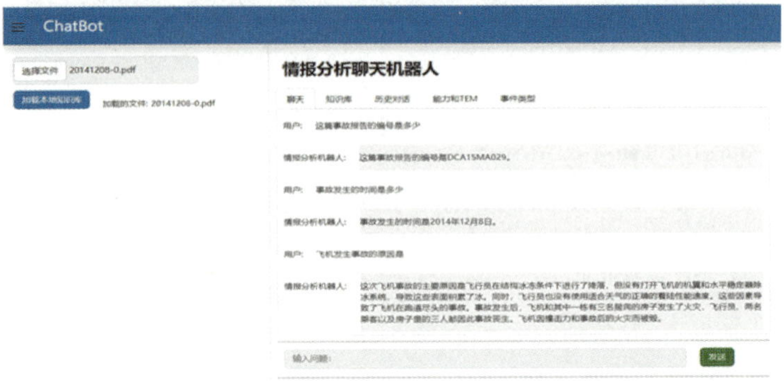

ChatBot
选择文件 20141208-0.pdf
加载本地知识库 加载的文件：20141208-0.pdf
情报分析聊天机器人
聊天 知识库 历史对话 能力和TEM 事件类型
用户：这篇事故报告的编号是多少
情报分析机器人：这篇事故报告的编号是DCA15MA029。
用户：事故发生的时间是多少
情报分析机器人：事故发生的时间是2014年12月8日。
用户：飞机发生事故的原因是
情报分析机器人：这次飞机事故的主要原因是飞行员在结构冰冻条件下进行了降落，但没有打开飞机的机翼和水平稳定器除冰系统，导致这些表面积累了冰。同时，飞行员也没有使用适合天气的正确的着陆性能速度。这些因素导致了飞机在跑道尽头的事故。事故发生后，飞机和其中一栋有三名居民的房子发生了火灾。飞行员、两名乘客以及房子里的三人都因此事故丧生。飞机因撞击力和事故后的火灾而被毁。
输入问题：
发送

图5-12

其次可以根据我们的事故原因放入事件类型判断栏中得到事件类型(图5-13)。

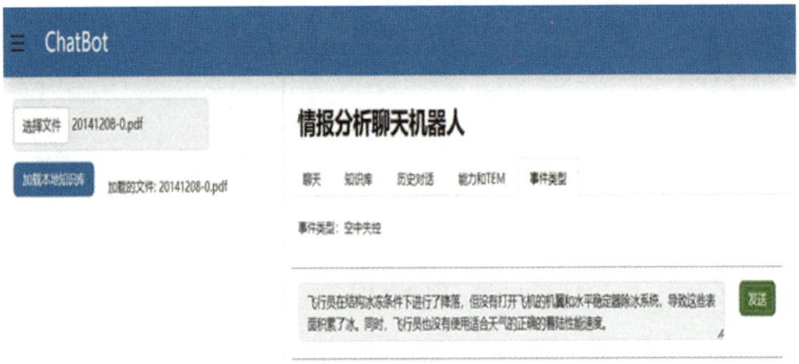

ChatBot
选择文件 20141208-0.pdf
加载本地知识库 加载的文件：20141208-0.pdf
情报分析聊天机器人
聊天 知识库 历史对话 能力和TEM 事件类型
事件类型：空中失控
飞行员在结构冰冻条件下进行了降落，但没有打开飞机的机翼和水平稳定器除冰系统，导致这些表面积累了冰。同时，飞行员也没有使用适合天气的正确的着陆性能速度。
发送

图5-13

然后我们需要找出飞机事故发生的潜在因素(图5-14)。

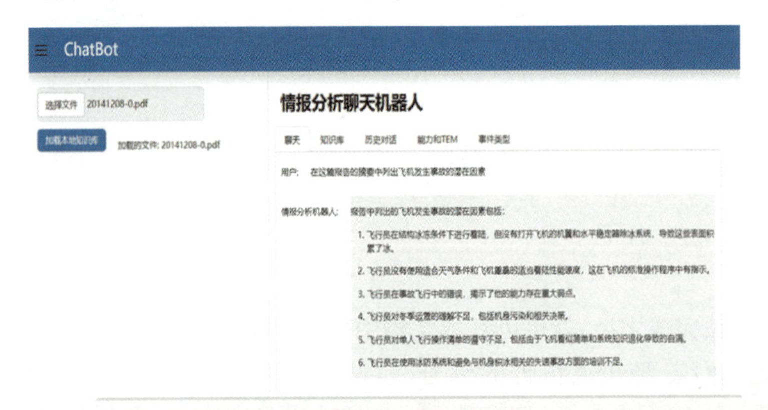

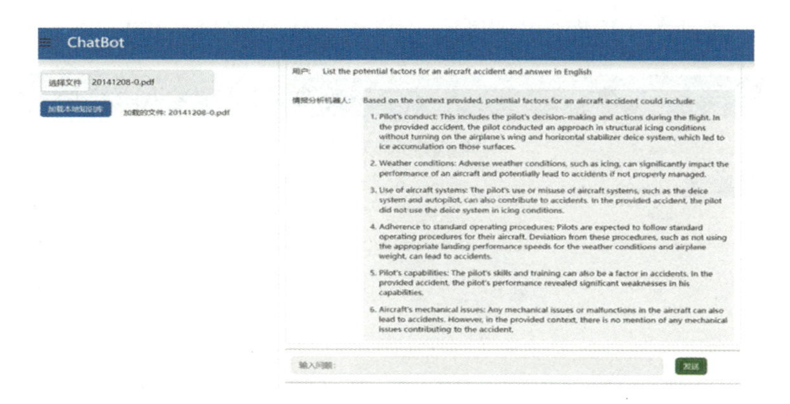


图 5－14

同时我们根据生成的每条潜在因素放入能力和 TEM 判断栏中获取对应的飞行员能力和 TEM 的情况(图 5－15)。

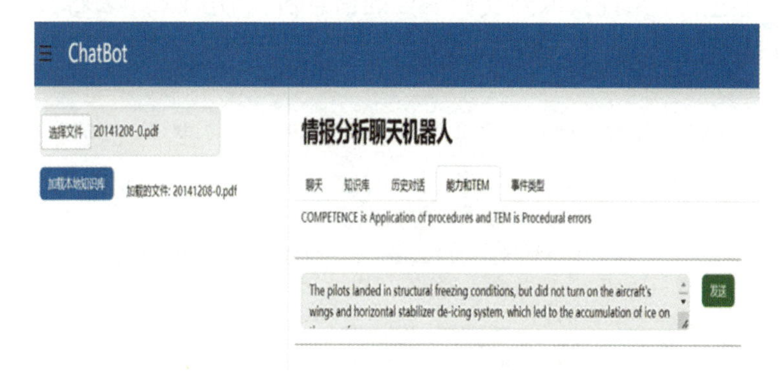


图 5－15

可以通过在历史对话栏中获取历史对话情况(图 5－16)。

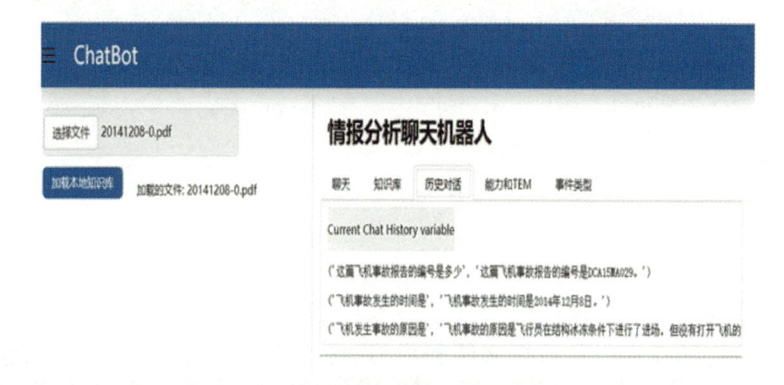


图 5－16

也可以通过在知识库栏中获取知识库查询情况(图 5－17)。

ChatBot
选择文件 20141208-0.pdf
加载本地知识库 加载的文件: 20141208-0.pdf
情报分析聊天机器人
聊天 知识库 历史对话 能力和TEM 事件类型
知识库查询:
飞机事故的原因是什么?
数据查询结果:
page_content='these airplanes, pilots are aware of safety issues that could have life-threat
page_content='death was an accident. The toxicology report from the FAA's Civil Aerospace Me
page_content='end of the runway. A postcrash fire involving the airplane and one of the thre

图 5－17

最后通过这个系统获取到我们需要的信息后，利用 Excel 表将其整理出来(图 5－18)。

| 事件编号 | 事件类型 | 关键词 | 潜在因素(原文内容) | 对应九项能力 | TEM一级 | TEM二级 |
|---|---|---|---|---|---|---|
| DCA15MA029-20141208 | 空中失控 | icing | About 6 minutes later, a recording from the automated weather observing system (AWOS) at GAI began transmitting over the pilot's audio channel, containing sufficient information to indicate that | Knowledge | Environmental threats | meteorology |
| | | deice system | The NTSB's investigation found that the pilot's failure to use the wing and horizontal stabilizer deice system during the approach (even after acknowledging the right seat passenger's | Application of procedure: | Procedural errors | checklist |
| | | stall | The NTSB's investigation found that the pilot's failure to use the wing and horizontal stabilizer deice system during the approach (even after acknowledging the right seat passenger's | Application of procedure: | Procedural errors | checklist |
| | | workload | thus, it is possible that the pilot forgot to activate the wing and horizontal stabilizer deice system during the approach (a relatively high workload phase of flight) to GAI. | Application of procedure: | Procedural errors | checklist |
| | | low ground entry speed | The pilot's use of the slower landing speeds in preparation for the approach to Montgomery County Airpark is consistent with his referencing the Normal (non-icing) checklist, which does not call | Flight path management, manual control | Aircraft maneuvering errors | Manual Maneuvering_Flight Control |

图 5－18

## 5.6 总结

本节首先介绍了民用航空安全文档数据挖掘与分析的背景和需求，然后介绍了创建应用的流程以及数据来源和内容，接下来我们详细介绍了完成此应用的两个技术方案，分别是 LangChain 框架中的问答检索链和 ChatGPT 提供的微调模型。创建应用之后,我们将使用此系统的结果进行展示,并将挖掘和分析到的情报信息用 Excel 表进行总结。

# 案例二 基于大语言模型的自治代理情报分析

## 5.7 背景介绍

自治代理长期以来一直是学术界和工业界的一个突出研究焦点。同样也是长期以来一直认为是实现人工通用智能(AGI)的一种有前途的方法,它有望通过自我指导的规划和行动来完成任务。以往在这一领域的研究往往集中在孤立的环境中或知识有限的情况下训练代理。假设代理为基于简单和启发式的策略函数,并在隔离和受限的环境中学习。这种假设与人类的学习过程有很大的不同,因为人类的思维是高度复杂的,个人可以从更广泛的环境中学习,从而使代理很难实现类似人类的决策。由于这些差距,从以前的研究中获得的代理通常远远不能复制人类水平的决策过程,特别是在无约束、开放域设置的情况下。

近年来,LLM 取得了显著的成功,在实现类人智能方面显示出巨大的潜力。这种能力源于利用全面的训练数据集以及大量的模型参数。在这种能力的基础上,采用 LLM 作为中央控制器来构建自治代理,以获得类似人类的决策能力似乎是可行的。沿着这一方向,研究人员开发了许多模型,其中的关键思想是为 LLM 配备关键的人类能力,如记忆和规划,使它们像人类一样行事,并有效地完成各种任务。因此对这一迅速发展的领域进行研究,是十分必要的。

## 5.8 基于 LLM 的自治代理

### 5.8.1 基于 LLM 的自治代理结构

LLM 的最新进展已经证明了它们以问答(QA)形式完成广泛任务的巨大潜力。然而,构建自治代理(Autonomous Agents)与问答形式相距甚远,因为它们需要履行特定的角色,并自主地感知和学习环境,以像人类一样进化自己。为了弥补传统 LLM 和自治代理之间的差距,一个关键的方面是设计合理的代理架构,以帮助 LLM 能最大限度地提高他们的能力。在 5.8.1 节中,我们用一个统一的框架来介绍这些模块。具体地说,框架的总体结构如图 5-19 所示,它由一个配置模块、一个记忆模块、一个计划模块和一个行动模块组成。配置模块的目的是确定代理的角色。记忆和规划模块将代理置于动态环境中,使其能够回忆过去的行为并规划未来的行动。行动模块负责将代理的决策转化为具体的输出。在这些模块中,配置模块影响记忆和规划模块,这三个模块共同影响行动模块。接下来,我们将详细介绍这些模块。

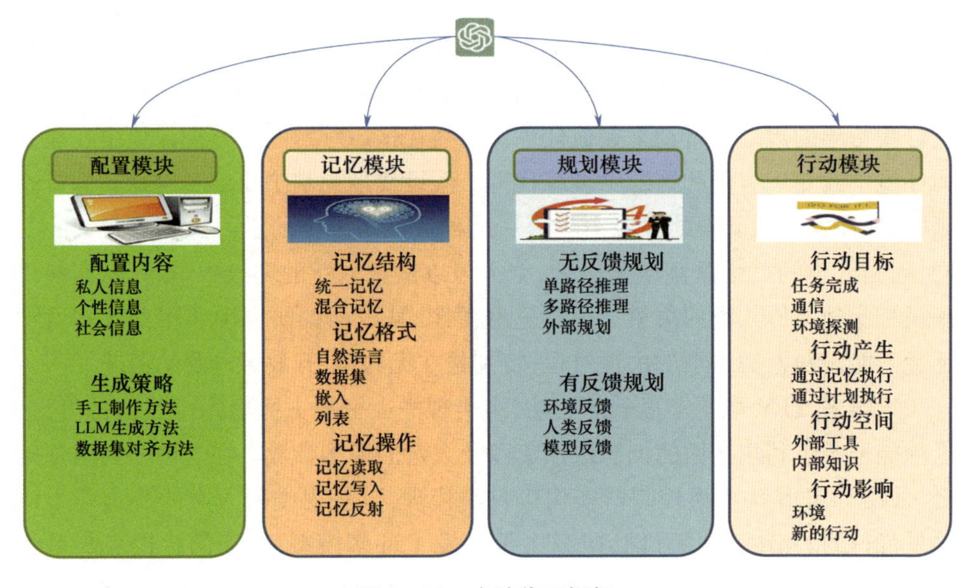


图 5-19 自治代理框架

### 1. 配置模块

自治代理通常通过承担特定角色来执行任务,如编码员、领域专家。配置模块用于指示代理角色的配置文件,这些配置文件通常写入提示符中以影响 LLM 行为。分析代理的信息选择主要取决于特定的应用场景。例如,如果应用程序旨在研究人类的认知过程,那么心理信息就变得至关重要。在确定了配置文件信息的类型之后,下一个重要的问题是为代理创建特定的配置文件。现在通常采用以下三种策略。

手工制作方法(Handcrafting Method)。在此方法中,代理配置文件是手动指定的。例如,如果你想设计具有不同个性的代理,可以使用“你是一个外向的人”或“你是一个内向的人”来描述代理。一般来说，手工制作方法非常灵活，因为可以将任何配置文件信息分配给代理。然而，它也可能是劳动密集型的，特别是在处理大量代理时。

LLM 生成方法（LLM - Generation Method）。在该方法中，基于 LLM 自动生成代理配置文件。通常，它首先指出配置文件生成规则，阐明目标人群中代理配置文件的组成和属性。然后，可选地指定几个种子（Seed）代理配置文件，作为少数实例。最后，利用 LLM 生成所有的代理配置文件。当代理的数量很大时，LLM 生成方法可以节约大量的时间，但是它可能缺乏对生成配置文件的精确控制。

数据集对齐方法（Dataset Alignment Method）。在该方法中，从真实世界的数据集中获得代理简档。通常，可以首先将数据集中关于真实的人的信息组织成自然语言提示，然后利用它来分析代理。

虽然大多数以前的代理独立地利用上述策略来生成配置文件，但是，将它们结合起来可能会产生更好的结果。例如，为了通过代理模拟来预测社会发展，人们可以利用真实世界的数据集来描述代理的子集，从而准确地反映当前的社会状态。随后，可以将真实世界中不存在但将来可能出现的角色手动分配给其他代理，从而能够预测未来的社会发展。

### 2. 记忆模块

记忆模块在代理体系结构设计中起着非常重要的作用。它从环境中感知信息，并利用记录的记忆来促进未来的行动。记忆模块可以帮助代理积累经验，自我进化，并以更一致、合理和有效的方式行事。接下来将介绍记忆模块的结构、格式和操作。

记忆结构（Memory Structures）。基于 LLM 的自治代理通常包含来自人类记忆过程的认知科学研究的原理和机制。人类的记忆经历了一个大致的发展过程，从记录感知输入的感觉记忆，到短暂保存信息的短期记忆，再到长时间巩固信息的长期记忆。在设计记忆结构时，研究人员从人类记忆的这些方面获得灵感。接下来，我们将介绍两种常用的基于短期和长期记忆的记忆结构。

统一记忆（Unified Memory）。这种结构只模拟了人类短时记忆，而短时记忆通常是通过上下文学习来实现的，记忆信息直接写入提示中。例如，强学习代理（Reinforcement Learning Proxy，RLP）是一个会话代理，它维护说话者和收听者的内部状态。在每一轮对话中，这些状态作为 LLM 提示，充当代理的短期记忆。在实践中，实现短期记忆是简单的，可以增强代理感知最近或上下文敏感的行为和观察的能力。

混合记忆(Hybrid Memory)。这种结构明确地模拟了人类的短期和长期记忆。短期记忆暂时缓冲最近的感知,而长期记忆随着时间的推移巩固重要信息。例如,Generative Agent 采用混合记忆结构来促进代理行为。短时记忆包含主体当前情境的上下文信息,而长时记忆存储主体过去的行为和思想。在实践中,整合短期和长期记忆可以增强代理的远程推理能力和积累宝贵经验的能力,这对于在复杂环境中完成任务至关重要。

记忆格式(Memory Formats)。除了记忆结构,记忆模块的另一个角度是基于存储器存储介质的格式。不同的记忆格式具有不同的优势,适用于各种应用。接下来,我们介绍几种代表性的记忆格式。

自然语言(Natural Languages)。在这种格式中,记忆信息,如代理行为和观察直接使用原始自然语言描述。这种格式具有几个优点。首先,记忆信息以灵活和可理解的方式表达。其次,它保留了丰富的语义信息,可以为引导代理工作提供全面的信号。

嵌入(Embeddings)。在这种格式中,记忆信息被编码成嵌入向量,这可以提高记忆检索和阅读效率。例如,MemoryBank 将每个内存段编码为嵌入向量,这将创建一个索引语料库以供检索。

数据库(Databases)。在这种格式中,记忆信息存储在数据库中,允许代理有效和全面地操纵内存。例如,ChatDB 使用数据库作为符号记忆模块。代理可以利用 SQL 语句精确地添加、删除和修改内存信息。

结构化列表(Structured Lists)。在这种格式中,记忆信息组织成列表,并且记忆的语义可以高效和简洁的方式传达。例如,GITM 以分层树结构存储子目标的操作列表。层次结构明确地捕捉目标和相应计划之间的关系。

记忆操作(Memory Operations)。记忆模块在允许代理通过与环境交互来获取、积累和利用重要知识方面起着关键作用。代理与环境之间的交互是通过三个关键的记忆操作完成的:记忆阅读、记忆写入和记忆反射。

记忆阅读(Memory Reading)。记忆阅读的目的是从记忆中提取有意义的信息,以增强代理的行动。通常,信息提取有三个常用的标准,即新近性、相关性和重要性。最近的、相关的和重要的记忆更有可能提取出来。

记忆写入(Memory Writing)。记忆写入的目的是将感知到的环境信息存储在记忆中。在记忆中存储有价值的信息为将来检索信息提供了基础,使代理能够更有效和理性地行动。在记忆写入过程中,有两个潜在的问题应该仔细解决。一方面,解决如何存储与现有存储器类似的信息(即内存复制);另一方面,考虑存储器达到其存储极限(即内存溢出)。①内存复制。为了整合类似的信息,人们开发了各种方法来整合新的和以前的记录。例如,扩充 LLM 通过计数累积聚合重复信息,避免冗余存储。②内存溢出。为了在存储器满的时候将信息写入存储器,人们设计了不同的方法来删除已有的信息以继续记忆过程。例如,RET - LLM使用一个固定大小的内存缓冲区,以先进先出(FIFO)的方式存储最旧的条目。

记忆反射(Memory Reflection)。记忆反射模仿人类评估自己的认知、情感和行为过程的能力。当使用代理时,目标是为代理提供独立总结和推断抽象、复杂和高级信息的能力。

### 3. 规划模块

当面对复杂的任务时,人类倾向于将其分解为更简单的子任务并单独解决它们。规划模块的目的是赋予代理像人一样的能力,这是期望代理的行为更合理、强大、可靠。具体而言,我们将根据在规划过程中是否能得到反馈来进行分类并介绍。

没有反馈的规划(Planning without Feedback)。在这种方法中,代理在采取行动后不会收到可能影响其未来行为的反馈。下面,我们介绍几种具有代表性的策略。

单路径推理(Single - Path Reasoning)。在这种策略中,最终任务被分解为几个中间步骤。这些步骤以级联方式连接,每个步骤只导致后续一个步骤。LLM 遵循这些步骤来实现最终目标。

多路径推理(Multi - Path Reasoning)。在该策略中,用于生成最终计划的推理步骤被组织成树状结构。每个中间步骤可以具有多个后续步骤。这种方法类似于人类的思维,因为个人在每个推理步骤中都可能有多种选择。单路径与多路径推理策略比较如图 5 - 20 所示。

外部规划(External Planner)。尽管 LLM 在 zero - shot 规划中表现出强大的力量,但有效地为特定领域的问题生成计划仍然具有很大的挑战性。为了应对这一挑战,研究人员转向外部规划者。这些工具都是开发完善的,并采用高效的搜索算法来快速识别正确的,甚至是最佳的计划。

有反馈的规划(Planning with Feedback)。在许多现实世界的场景中,代理需要进行长期规划来解决复杂的任务。当面对这些任务时,由于以下原因,没有反馈的规划模块可能不太有效。首先,从一开始就直接生成完美的计划是非常困难的,因为它需要考虑各种复杂的先决条件。因此,简单地遵循最初的计划往

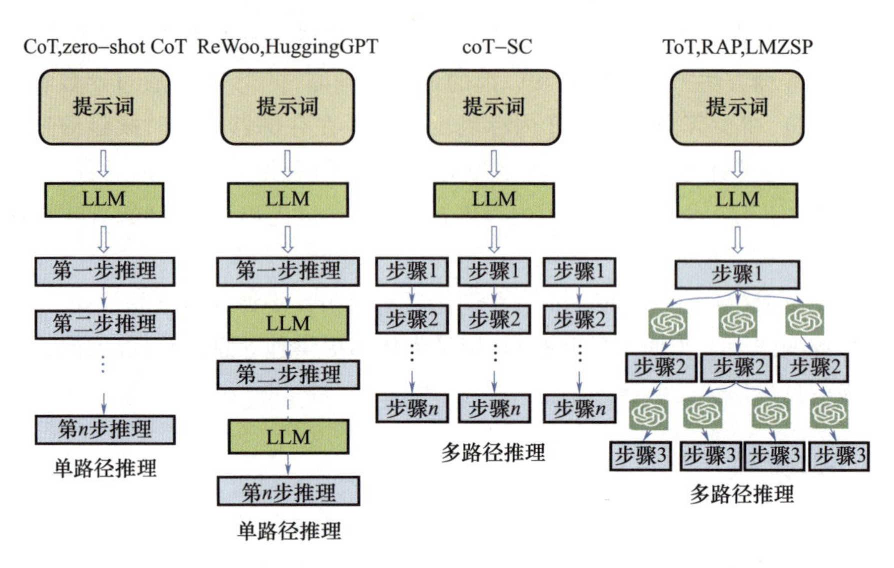


图 5-20　单路径与多路径推理策略比较

往会导致失败。此外,计划的执行可能会受到不可预测的过渡动态阻碍,从而使初始计划不可执行。同时,在研究人类如何处理复杂任务时,我们发现个人可能会根据外部反馈反复制定和修改他们的计划。为了模拟人类的这种能力,研究人员设计了许多规划模块,在这些模块中,代理可以在采取行动后收到反馈。反馈可以从环境、人类和模型中获得,接下来我们将进行详细描述。

环境反馈(Environmental Feedback)。这种反馈是从客观世界或虚拟环境中获得的。例如,它可以是游戏的任务完成信号或代理采取行动后的观察结果。具体来说,使用思维-记忆三元组来构建提示。思想组件的目的是促进高层次的推理和规划指导代理的行为。行为代表代理采取特定行动。观察结果对应于通过外部反馈(如搜索引擎结果)获得的行动结果。下一个想法受到先前观察的影响,这使得生成的计划更适应环境。

人类反馈(Human Feedback)。除了从环境中获取反馈外,直接与人类交互也是增强代理规划能力的一种非常直观的策略。人的反馈是一种主观信号。它可以有效地使代理与人类的价值观和偏好保持一致,也有助于缓解幻觉问题。

模型反馈(Model Feedback)。这种类型的反馈通常是基于预先训练的模型生成的。具体来说,目前有一种自完善机制,这个机制由三个关键部分组成:输出、反馈和细化。首先,代理生成输出;然后,利用 LLM 对输出进行反馈,并指导如何对输出进行改进;最后,通过反馈和改进对输出进行改进。这个输出-反馈-细化过程迭代直到达到一些期望的条件。

总之,在没有反馈的情况下实施规划模块相对简单。然而,它主要适用于只需要少量推理步骤的简单任务。相反,反馈计划策略需要更仔细的设计来处理反馈。然而,它的功能要强大得多,能够有效地解决涉及推理的复杂任务。

### 4. 行动模块

行动模块负责将代理的决策转化为具体的结果。该模块位于最下游位置,直接与环境交互。它受配置、记忆和规划模块的影响。接下来将从四个方面介绍行动模块,即①行动目标:行动的预期结果是什么? ②行动产生:行动是如何产生的? ③行动空间:什么是可用的行动? ④行动影响:行动的后果是什么?

行动目标(Action Goal)。代理可以执行具有各种目标的动作。这里,我们提出几个有代表性的例子。①任务完成。在这种情况下,代理的行为旨在完成特定的任务,例如,在 Minecraft 中制作铁镐或完成软件开发中的功能。这些行动通常都有明确的目标,每一个行动都有助于最终任务的完成。②通信。在这种情况下,采取行动与其他代理或真实的人进行通信,以共享信息或协作。例如,ChatDev 中的代理可以彼此通信以共同完成软件开发任务。在内心独白中,代理积极地与人类进行交流,并根据人类的反馈调整其行动策略。③环境探测。在这个例子中,代理的目标是探索不熟悉的环境,以扩大其感知,并在探索和利用之间取得平衡。例如,Voyager 中的代理可能会在任务完成过程中探索未知技能,并通过试错法根据环境反馈不断完善技能执行代码。

行动产生(Action Production)。与普通的 LLM 不同,行动产生中模型输入和输出直接关联,代理可以通过不同的策略和来源采取行动。下面,我们介绍两种常用的策略。①通过记忆执行。在该策略中,行动是根据当前任务从 Agent 内存中提取信息生成的。任务和提取的记忆用作触发代理动作的提示。②通过计划执行。在这种策略中,代理按照其预先生成的计划采取行动。

行动空间(Action Space)。行动空间指的是代理可以执行的一组可能的动作。一般来说,我们可以将这些操作大致分为两类:外部工具和 LLM 的内部知识。接下来,我们将详细地介绍这些操作。

外部工具(External Tools)。虽然 LLM 已被证明在完成大量任务方面是有效的,但它们可能不适合需要全面专业知识的领域。此外,LLM 也可能遇到幻觉问题,这些问题自己很难解决。为了缓解上述问题,代理被赋予调用外部工具执行动作的能力。主要的工具有 APIs、Databases & Knowledge Bases 和 External Models。

内部知识(Internal Knowledge)。除了利用外部工具外,许多代理商仅依赖 LLM 的内部知识来指导他们的行动。①规划能力。LLM 已被证明可以用作体面的规划器,将复杂的任务分解为更简单的任务。②对话能力。LLM 通常可以生成高质量的对话,这种能力使代理的行为更像人类。在之前的工作中,许多代理根据大语言模型(LLM)的强对话能力采取行动。③常识理解能力。LLM 的另一个重要能力是他们能够很好地理解人类常识。基于这种能力,许多代理可以模拟人类的日常生活,并做出类似人类的决策。

行动影响(Action Impact)。行动影响是指行动的后果。事实上,行动影响可以包含许多实例,但为了简洁起见,我们只提供几个示例。①改变环境。代理可以通过行动直接改变环境状态,例如,移动位置,收集物品,建造建筑物等。例如,在 GITM 和 Voyager 中,环境通过代理在任务完成过程中的行动而改变。例如,如果代理开采三个树林,那么它们可能在环境中消失。②改变内部状态。代理采取的行动也可以改变代理本身,包括更新记忆、形成新计划、获取新知识等。例如,在生成代理中,内存流在系统内执行操作后更新。SayCan 使代理能够采取行动来更新对环境的理解。③触发新的行动。在任务完成过程中,一个代理动作可以由另一个代理动作触发。例如,Voyager 在收集了所有必要的资源后建造建筑物。差分环境代理仿真(Differentiable Environment Proxies for Simulation, DEPS)模型将计划分解为连续的子目标,每个子目标都可能触发下一个子目标。

## 5.8.2 代理能力的获取

在 5.8.1 节中,我们主要介绍代理的结构,以更好地激发 LLM 的能力,使其能够像人类一样完成任务。体系结构充当代理的“硬件”。然而,仅仅依靠硬件不足以实现有效的任务性能。这是因为代理可能缺乏必要的特定任务的能力,技能和经验,这些可以视为“软件”资源。为了使代理拥有这些资源,已经设计了各种策略。一般来说,将这些策略按照是否需要对 LLM 进行微调,分为两类。

通过微调的能力获取(Capability Acquisition with Fine - Tuning),在完成任务的基础上,通过对与任务相关的数据集进行微调,以提高代理的能力。通常,数据集可以基于人类注释、LLM 生成或从现实世界的应用程序中收集来构建。①使用人类注释数据集进行微调。为了微调代理,利用人工注释数据集是一种通用的方法,可以在各种应用场景中使用。在这种方法中,研究人员首先设计注释任务,然后招募工人来完成它们。②使用 LLM 生成的数据集进行微调。构建人工注释数据集需要招募人员,这可能是昂贵的,特别是当需要注释大量样本时。考虑到 LLM 可以在广泛的任务中实现类似人类的功能,一个自然的想法是使用 LLM 来完成注释任务。虽然这种方法产生的数据集可能不像人类注释的那样完美,但它要便宜得多,并且可以用来生成更多的样本。③使用真实世界数据集进行微调。除了基于人类或 LLM 注释构建数据集外,直接使用真实世界的数据集来微调代理也是一种常见的策略。例如,在 MIND 2 WEB 中,作者收集了大量真实世界的数据集,以增强 Web 域中的代理能力。

无须微调的能力获取(Capability Acquisition without Fine - Tuning),在传统的机器学习时代,模型的能力主要是通过对数据集的学习来获得的,其中知识被编码到模型参数中。在 LLM 时代,可以通过训练/微调模型参数或设计精细提示(即快速工程师)。在提示工程(Prompting Engineering)中,需要将有价值的信息写入提示符中,以增强模型功能或释放现有的 LLM 功能。在 Agent 时代,模型能力的获取主要通过三种策略实现:①模型微调;②提示工程;③设计合适的 Agent 进化机制(我们称为机制工程)。机制工程是一个广泛的概念,涉及开发专门的模块,引入新的工作规则和其他策略,以提高代理的能力。

提示工程由于强大的语言理解能力,人们可以直接使用自然语言与 LLM 进行交互。这引入了一种用于增强代理能力的新策略,也就是说,可以使用自然语言描述所需的能力,然后将其用作影响 LLM 动作的提示。Retroformer 提出了一个回顾模型,使代理能够对其过去的失败进行反思。反射集成到 LLM 的提示,以指导代理的未来行动。此外,该模型利用强化学习来迭代地改进回顾模型,从而改进 LLM 提示。

机械工程(Mechanism Engineering)。与模型微调和快速工程不同,机械工程是提高代理能力的独特策略。接下来,我们将介绍几种有代表性的机械工程方法:

不断探索(Trial - and - Error)。在这种方法中,代理首先执行一个动作,然后调用一个预定义的评论家来判断动作。如果行动被认为是不满意的,那么代理人的反应包括批评者的反馈。在重新分配主机代理(Reassign Host)中,代理在推荐系统中充当用户助手。代理的关键角色之一是模拟人类行为并代表用户生成响应。为了实现这一目标,代理首先生成预测响应,然后将其与真实的人类反馈进行比较。如果预测的响应和真实的人的反馈不同,则批评者生成失败信息,该失败信息随后被并入代理的下一个动作中。

经验积累(Experience Accumulation)。在全球互联网传输代理(Global Internet Traffic Manager,GITM)中,代理一开始并不知道如何解决任务。然后,它进行探索,一旦成功完成任务,该任务中使用的动作将存储到代理内存中。在未来,如果代理遇到类似的任务,则提取相关记忆以完成当前任务。在这个过程中,代理能力的提高来自于专门设计的内存积累和利用机制。

自我驱动进化(Self - Driven Evolution)。在智能自适应大语言模型管理系统(SALLM - MS)中,通过将先进的大型语言模型(如GPT -4)集成到多代理系统中,代理可以适应和执行复杂的任务,展示先进的通信能力,从而在与环境的交互中实现自我驱动的进化。

通过比较上述代理能力获取策略,可以发现微调方法通过调整模型参数来提高代理能力,该方法可以包含大量特定任务的知识,但只适用于开源的LLM。这种没有微调的方法通常是基于精细的提示策略或机械工程来增强代理的能力。它们既可以用于开源LLM,也可以用于闭源型LLM。然而,由于LLM输入上下文窗口的限制,它们不能包含太多的任务信息。此外,提示器和机械工程的设计空间非常大,很难找到最优解。

### 5.8.3 基于LLM的自治代理应用

由于强大的语言理解能力,复杂的任务推理和常识理解能力,基于LLM的自治代理已显示出巨大的潜力。根据它们在三个不同领域的应用将它们分类为:社会科学,自然科学和工程学。基于LLM的代理的应用和评估策略如图5 -21所示。

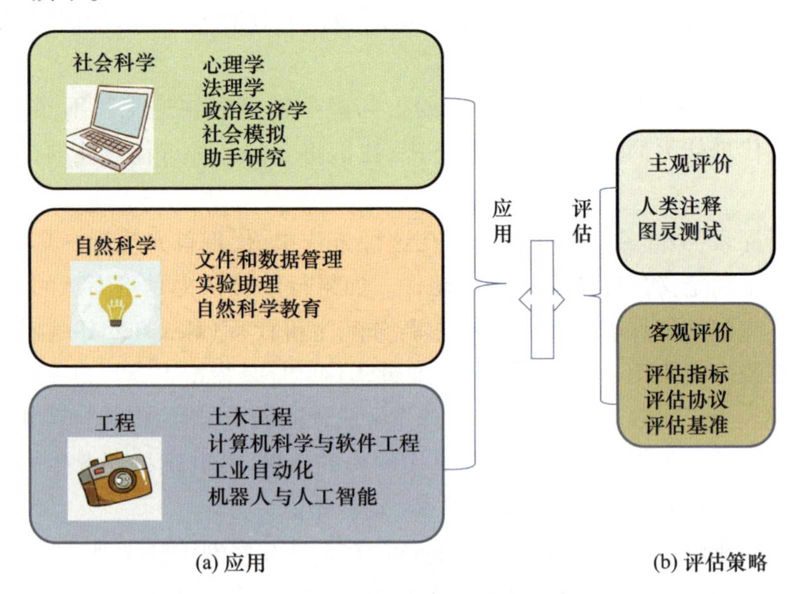


图5 -21 基于LLM的代理的应用和评估策略

#### 1. 社会科学

社会科学是科学的一个分支，致力于研究社会和这些社会中个人之间的关系。基于 LLM 的自治代理通过利用他们人类般的理解，思考和任务解决能力可以促进这一领域。基于 LLM 的自治代理可能影响的几个关键领域包括心理学（Psychology）、政治学与经济学（Political Science and Economy）、社会模拟（Social Simulation）、法理学（Jurisprudence）和研究治理（Research Assistant）。

#### 2. 自然科学

自然科学是科学的一个分支，涉及描述，理解和预测自然现象，基于观察和实验的经验证据。随着 LLM 的不断涌现，基于 LLM 的代理在自然科学中的应用越来越广泛。我们列举几个代表性的领域，基于 LLM 的代理可以发挥重要作用。如文件和数据管理（Documentation and Data Management）、实验助理（Experiment Assistant）、自然科学教育（Natural Science Education）。

#### 3. 工程

基于 LLM 的自主代理在协助和加强工程研究和应用方面显示出巨大的潜力。在本部分，我们总结了基于 LLM 的代理在几个主要工程领域的应用。在土木工程（Civil Engineering）中，基于 LLM 的代理可以用于设计和优化复杂的结构，如建筑物、桥梁、水坝、道路。在计算机科学和软件工程（Computer Science & Software Engineering）领域，基于 LLM 的代理提供了自动化编码、测试、调试和文档生成的潜力。在工业自动化（Industrial Automation）领域，基于 LLM 的智能体可用于实现生产过程的智能规划和控制。最近的工作已经为机器人和具体的人工智能（Robotics & Embodied Artificial Intelligence）开发了更有效的强化学习代理。重点是增强自主代理的规划，推理和协作的能力体现在环境中。

### 5.8.4 基于 LLM 的自治代理评估

与 LLM 本身类似，评估基于 LLM 的自治代理的有效性是一项具有挑战性的任务。本节介绍两种常用的评价策略，即主观评价和客观评价。

#### 1. 主观评价

主观评估基于人类判断来衡量代理能力，它适用于没有评估数据集或很难设计定量指标的场景,如评估代理的智能或用户友好性。接下来,我们介绍两种常用的主观评价策略。第一种为人类注释(Human Annotation),在这种方法中,人类评估人员直接对不同代理产生的结果进行评分或排名。在社交情境下,人工智能能够从人类互动中学习,在 Ranjay krishna 发表的文章《社交情境下人工智能能够从人类互动中学习》中,通过要求人类对模型的无害性、诚实性、帮助性、参与性和无偏见性进行评分来评估模型的有效性,然后比较不同模型的结果。第二种为图灵测试(Turing Test),在这种方法中,人类评估者需要区分代理和真实人类产生的结果。如果在一个给定的任务中,评估者不能将代理和人工结果分开,这表明代理可以在这个任务上实现类似人类的性能。基于 LLM 的代理通常是为人类服务的。因此,主观主体评价起着关键作用,因为它反映了人的标准。然而,这一策略也面临着成本高、效率低和人口偏差等问题。

### 2. 客观评价

客观评估是指使用可以随时间计算、比较和跟踪的定量指标来评估基于 LLM 的自治代理的能力。与主观评价相反,客观指标旨在提供对代理性能的具体、可衡量的见解。要进行客观的评估,有三个重要方面,即评估指标、协议和基准。

指标(Metrics)。为了客观地评价代理的有效性,设计合适的指标是非常重要的,这可能会影响评价的准确性和全面性。理想的评估指标应该准确地反映代理的质量,并在现实世界的场景中使用它们时与人类的感受保持一致。在现有的工作中,我们可以总结出以下代表性的评估指标。①任务成功指标:这些指标衡量代理完成任务和实现目标的程度。常见指标包括成功率、奖励/得分、覆盖率和准确性,值越高表示任务完成能力越强。②人类相似性度量:这些度量量化了代理行为与人类行为相似的程度。典型的例子包括轨迹/定位精度、对话相似性和人类反应的模仿。更高的相似性意味着更好的人类模拟性能。③效率指标:与上述用于评估代理有效性的指标相反,这些指标评估代理效率。典型的指标包括规划长度、开发成本、推理速度和澄清对话的数量。

协议(Protocols)。除了评估指标外,客观评估的另一个重要方面是如何利用这些指标。在已有的基础上,我们可以确定以下常用的评估协议。①真实世界的模拟:在这种方法中,代理在沉浸式环境中进行评估,如游戏和交互式模拟器。代理需要自主执行任务,然后利用任务成功率和人类相似性等指标来评估代理的能力。②社会评估:这种方法利用指标来评估基于模拟社会中的代理交互的社会智能。通过使代理人进行复杂的交互设置,社会评价提供了有价值的见解代理人更高层次的社会认知。③多任务评估：在该方法中，人们使用来自不同领域的一组不同的任务来评估代理，这可以有效地测量开放域环境中的代理泛化能力。④软件测试：在这种方法中，研究人员通过让他们执行如软件测试任务之类的任务来评估代理，例如，生成测试用例、复制错误、调试代码，以及与开发人员和外部工具进行交互。然后，可以使用测试覆盖率和错误检测率等指标来衡量基于 LLM 的代理的有效性。

基准(Benchmarks)。考虑到衡量标准和协议，剩下的一个关键方面是选择适当的基准进行评价。在过去，人们在实验中使用了各种基准。例如，目前使用较多的 ALFWorld，IGLU 和 Minecraft 等模拟环境作为基准来评估代理能力。

客观评估允许使用不同的指标定量评估基于 LLM 的代理能力。虽然目前的技术不能完美地衡量所有类型的代理能力，但是客观评价提供了必要的见解，补充了主观评估。客观评估基准和方法的持续进展将进一步推动基于 LLM 的自治代理的发展和理解。

### 5.8.5 基于 LLM 的自治代理挑战

虽然以前基于 LLM 的自治代理已经取得了许多显著的成功，但是这一领域仍处于起步阶段，有几个重大的挑战，仍需要去解决。

(1)角色扮演能力(Role - Playing Capability)。与传统的 LLM 不同，自治代理通常必须扮演特定的角色(例如，程序编码员、研究员和化学家)来完成不同的任务。因此，代理的角色扮演能力非常重要。虽然 LLM 可以有效地模拟许多常见的角色，如电影评论家，但仍然有各种角色和方面，他们很难准确地捕捉。开始，LLM 通常是基于 Web 语料库的训练，因此对于在 Web 上很少讨论的角色或新出现的角色，LLM 可能无法很好地模拟它们。此外，现有的 LLM 可能无法很好地模拟人类的认知心理特征，导致会话场景中缺乏自我意识。这些问题的潜在解决方案可能包括微调 LLM 或仔细设计代理提示/架构。例如，人们可以首先收集不常见角色或心理角色的真实人类数据，然后利用它来微调 LLM。然而，如何确保微调后的模型仍然能够很好地执行常见的角色，可能会带来进一步的挑战。除了微调外，还可以设计定制的代理提示/架构，以增强 LLM 在角色扮演方面的能力。然而，找到最佳的提示/架构并不容易，因为它们的设计空间太大。

(2)广义人类对齐(Generalized Human Alignment)。对于传统的 LLM，已经讨论了很多人类对齐。在基于 LLM 的自治代理领域，特别是当代理用于仿真时，为了更好地为人类服务，传统的 LLM 通常会进行微调，以符合正确的人类价值观。例如,代理人不应该计划制造炸弹来报复社会。然而,当代理用于真实世界的模拟时,理想的模拟器应该能够诚实地描绘各种人类特征,包括具有不正确的价值观。实际上,模拟人类的消极方面可能更重要,因为模拟的一个重要目标是发现和解决问题,没有消极方面就意味着没有问题要解决。例如,为了模拟真实世界的社会,我们可能必须允许代理计划制造炸弹,并观察它将如何执行计划以及其行为的影响。基于这些观察,人们可以采取更好的行动来阻止现实社会中的类似行为。受此启发,基于代理仿真的一个重要问题就是如何进行广义人类对齐,即对于不同的目的和应用,代理应该能够与不同的人类价值观对齐。

(3)提示稳健性(Prompt Robustness)。为了确保代理的合理行为,设计人员经常将额外的模块,如内存和规划模块,纳入 LLM。然而,要纳入这些模块,就必须开发更多的提示,以促进一致地操作和有效地沟通。构建自治代理,因为它们包括的不是一个单一提示,但是提示框架,要考虑所有模块,其中一个模块的提示有可能影响其他。此外,提示框架在不同的 LLM 中可能会有很大差异。开发一个统一和强大的提示框架,可以应用于各种 LLM 是一个尚未解决的问题。对于上述问题,有两种可能的解决方案:①通过反复试验手动制作基本提示元素;②使用 GPT 自动生成提示。

(4)幻觉(Hallucination)。幻觉对 LLM 提出了根本性的挑战,其中模型错误地、自信地输出错误信息。这个问题在自治代理中也很普遍。例如,有人观察到,当在代码生成任务中遇到简单化的指令时,代理可能会表现出幻觉行为。幻觉会导致严重的后果,如错误或误导性的代码、安全风险和道德问题。为了解决这个问题,一种可能的方法是将人类纠正反馈纳入人类-代理交互的循环中。

(5)知识边界(Knowledge Boundary)。基于 LLM 的自主代理的一个重要应用是模拟不同的现实世界人类行为。人类模拟的研究有着悠久的历史,最近的兴趣激增可以归因于 LLM 所取得的显著进步,这些 LLM 在模拟人类行为方面表现出了显著的能力。然而,重要的是要认识到,LLM 的力量可能并不总是有利的。具体来说,理想的模拟应该准确地复制人类知识。在这方面,LLM 可以表现出过度的权力,因为他们是在一个广泛的网络知识库,超越了普通人的范围训练。例如,当试图模拟用户对各种电影的选择行为时,假设 LLM 没有这些电影的先验知识是至关重要的。然而,有一种可能性是,LLM 已经获得了有关这些电影的信息。如果没有实施适当的策略,LLM 可能会根据他们广泛的知识做出决定,即使现实世界的用户事先无法访问这些电影的内容。基于上述实例,我们可以得出结论,为了构建可信的代理仿真环境,一个重要的问题是如何约束用户未知的 LLM 知识的使用。

（6）效率（Efficiency）。由于其自回归架构，LLM 通常具有缓慢的推理速度。然而，代理可能需要多次查询 LLM 来确定每个动作，如从记忆模块中提取信息、制定行动计划等，因此 LLM 推理的速度极大地影响了代理行动的效率。使用相同的 API 密钥部署多个代理会进一步显著增加时间成本。

## 5.9 AutoGen 框架

### 5.9.1 AutoGen 框架概述

AutoGen 是 Microsoft 团队开发的一个开源框架，它使我们能够利用 LLM 的强大功能，使用多个代理来创建应用程序，这些代理可以相互对话来成功执行所需的任务。AutoGen 中的代理是可对话的、可定制的，并且可以结合工具、人工输入和 LLM 以不同的模式进行操作。还可以使用 AutoGen 框架来定义代理的交互行为，并且可以使用计算机代码和自然语言来编写部署在各种应用程序中的灵活对话模式。AutoGen 作为一个通用框架，用于构建具有各种复杂性和 LLM 能力的各种应用程序，AutoGen 框架如图 5－22 所示。

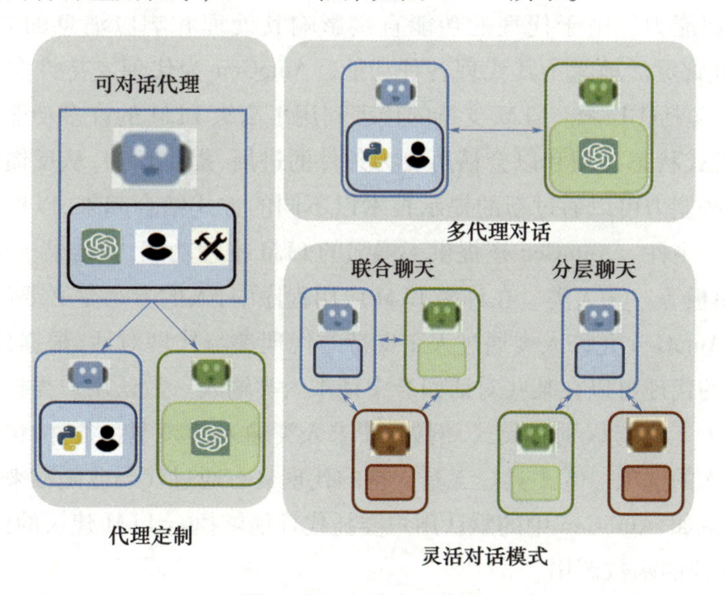


图 5－22　AutoGen 框架

大型语言模型在开发代理方面发挥着至关重要的作用,这些代理利用 LLM 框架来适应众多现实应用中的新观察、工具使用和推理。但是,开发这些可以充分利用 LLM 潜力的应用程序是一件复杂的事情,并且考虑到 LLM 的需求和应用程序不断增加以及任务复杂性的增加,通过使用多个代理来扩展这些代理的功能至关重要。AutoGen 框架试图通过使用多代理对话方法来开发基于 LLM 的应用程序,然后将其应用于具有不同复杂性的广泛领域。

### 5.9.2 AutoGen 组件和框架

为了减少在各个领域创建复杂的 LLM 应用程序所需的工作量,AutoGen 的核心设计原则是使用多代理对话简化和整合多代理工作流。这种方法还旨在最大限度地提高已实现代理的可重用性。本节介绍 AutoGen 的两个关键概念:可对话代理和会话编程。

#### 1. 可对话代理

在 AutoGen 中,可对话代理(Conversable Agents)是具有特定角色的实体,可以传递消息以向其他可对话代理发送信息或从其他可对话代理接收信息,如开始或继续对话。它基于发送和接收的消息来维护其内部上下文,并且可以配置为拥有一组能力。由于代理的功能直接影响其处理和响应消息的方式,因此 AutoGen 允许灵活地赋予其代理各种功能。AutoGen 为代理支持许多常见的可组合功能,包括①LLM。LLM 支持的代理利用了高级 LLM 的许多功能,例如,角色扮演,隐式状态推理和以会话历史为条件的进展,提供反馈,从反馈中适应和编码。这些能力可以通过新的提示技术以不同的方式结合起来,以提高代理人的技能和自主性。AutoGen 还提供了增强的 LLM 推理功能,如结果缓存,错误处理,消息模板等。②人类。在许多 LLM 应用程序中,人的参与是必要的,甚至是必要的。AutoGen 允许人类通过人工支持的代理参与代理对话,根据代理配置,人工支持的代理可以在某些对话回合中请求人类输入。默认用户委托代理允许可配置的人工参与级别和模式,例如,请求人类输入的频率和条件,包括人类跳过提供输入的选项。③工具。工具支持的代理具有通过代码或函数来执行工具的能力。例如,AutoGen 中的默认用户委托代理能够执行 LLM 建议的代码,或进行 LLM 建议的函数调用。

代理定制与合作。根据特定于应用程序的需求,每个代理都可以配置为具有基本后端类型的混合,以显示多代理会话中的复杂行为。AutoGen 允许通过重用或扩展内置代理轻松创建具有专门功能和角色的代理。图 5－23 的黄色阴影区域提供了 AutoGen 中内置代理的草图。ConversableAgent 类是最高级别的代理抽象，默认情况下，可以使用 LLM、人类和工具。AssistantAgent 和 UserProxyAgent 是两个预配置的 ConversableAgent 子类，每个子类表示一种通用使用模式，即充当 AI 助手（由 LLM 支持），并充当人类代理以请求人类输入或执行代码/函数调用（由人类和/或工具支持）。

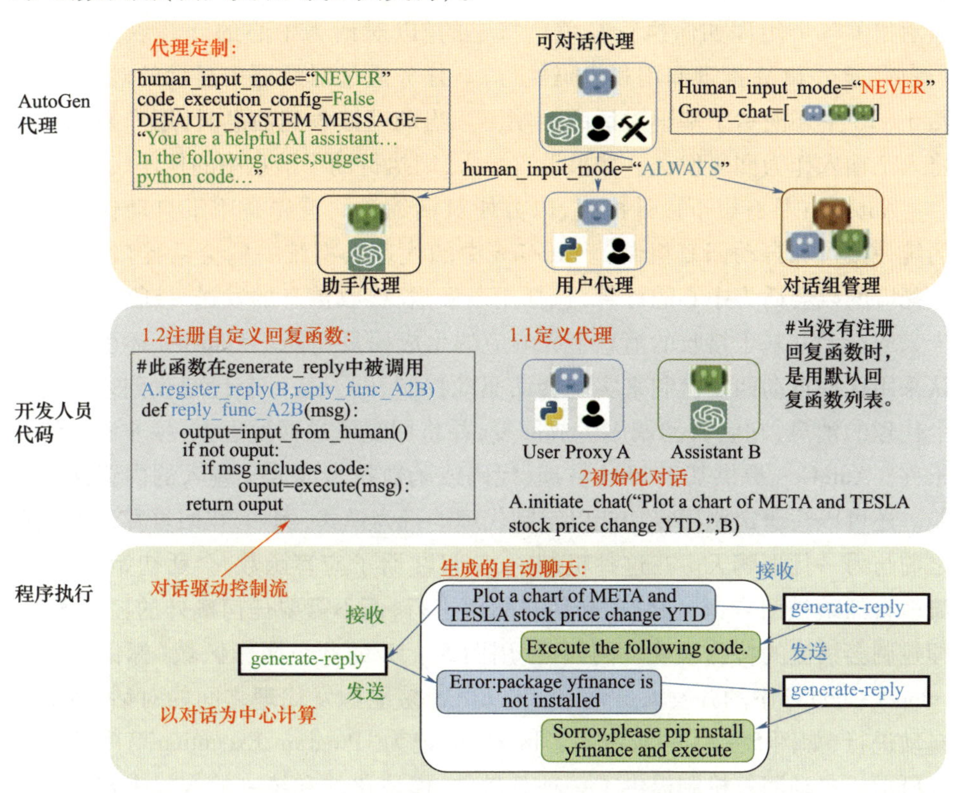


图 5－23　使用 AutoGen 多代理会话进行编程

通过允许自定义代理可以相互对话，AutoGen 中的可对话代理可以作为有用的构建块。然而，要开发代理在任务上取得有意义进展的应用程序，还需要能够指定和塑造这些多代理对话。

### 2. 会话编程

作为上述问题的解决方案，AutoGen 利用对话编程，这是一种考虑两个概念的范式。第一个是计算－代理在多代理对话中计算其响应所采取的行动，第二个是控制流——计算发生的顺序（或条件）。正如我们将在应用程序部分中展示的那样,对这些进行编程的能力有助于实现许多灵活的多代理会话模式。在AutoGen中,这些计算是以对话为中心的。代理采取与它所涉及会话相关的动作,并且其动作导致后续会话的消息传递(除非满足终止条件)。类似地,控制流是对话驱动的,参与代理关于向哪些代理发送消息的决策以及计算过程是代理间对话的函数。这种范式有助于人们直观地将复杂的工作流推理为代理人采取行动和代理人之间的对话消息传递。图5-23提供了一个简单的说明,图中显示出了各个代理如何执行其角色特定的、以对话为中心的计算以生成响应(例如,通过LLM推理调用和代码执行)。任务通过对话框中显示的对话进行。图5-23中还演示了基于对话的控制流。当助理接收到消息时,用户委托代理将人工输入作为回复发送。如果没有输入,则执行助手消息中的任何代码。

AutoGen具有以下设计模式,以方便对话编程。首先是用于自动代理聊天的统一接口和自动回复机制。AutoGen中的代理具有统一的会话接口,用于执行相应的以会话为中心的计算,包括用于发送/接收消息的发送/接收功能和用于采取行动并基于接收的消息生成响应的生成回复功能。AutoGen还引入并默认采用代理自动回复机制来实现会话驱动控制,即一旦一个代理收到来自另一个代理的消息,它会自动调用生成回复,并将回复发送回发送方,除非满足终止条件。AutoGen提供基于LLM推理、代码或函数执行或人工输入的内置回复功能。还可以注册定制回复功能以定制代理的行为模式,例如,在回复发送方代理之前与另一代理聊天。在这种机制下,一旦注册了应答函数,会话初始化,会话流就自然地被引导,从而代理会话自然地进行,而不需要任何额外的控制平面,即控制会话流的特殊模块。例如,使用图5-12的蓝色阴影区域(标记为"Developer Code")中的开发人员代码,可以很容易地触发代理之间的对话,对话将自动进行,如图5-23的灰色阴影区域(标记为"Program Execution")中的对话框所示。自动回复机制提供了一种分散的、模块化的和统一的方式来定义工作流。其次是编程与自然语言融合控制。AutoGen允许在各种控制流管理模式中使用编程和自然语言。①通过LLM进行自然语言控制。在AutoGen中,可以通过使用自然语言提示LLM支持的代理来控制会话流。例如,AutoGen中内置AssistantAgent的默认系统消息使用自然语言来指示代理修复错误,并在先前的结果指示存在错误时再次生成代码。它还指导代理将LLM输出限制在某些结构中,使其他工具支持的代理更容易使用。②编程语言控制。在AutoGen中,Python代码可用于指定终止条件、人工输入模式和工具执行逻辑,例如,自动回复的最大数量。还可以注册编程的自动回复函数,以使用Python代码控制会话流。③控制自然语言和编程语言之间的转换。AutoGen还支持自然语言和编程语言之间的灵活控制转换。可以通过在定制的应答函数中调用包含某些控制逻辑的LLM推断来实现从代码到自然语言控制的转换或者通过LLM提出的函数调用实现从自然语言到代码控制的转换。

### 5.9.3 AutoGen特性与优势

AutoGen框架的独特之处在于它的创新性。传统的编程方式需要程序员手动编写大量的代码,而AutoGen则能够根据用户的需求自动生成相应的代码。这种自动化的编程方式不仅节省了大量的时间和精力,还能够提高代码的质量和可维护性。此外,AutoGen还具备智能纠错和优化功能,能够自动检测和修复代码中的错误,并提供性能优化的建议。AutoGen框架的优势主要体现在以下几个方面。①自动化生成代码。AutoGen框架的最大优势就是能够自动生成代码。这意味着开发者不再需要手动编写大量的代码,大大节省了开发时间,提高了工作效率。②提高代码质量。由于AutoGen框架能够自动生成高质量的代码,因此使用它编写的代码通常具有较高的质量。这有助于减少代码中的错误和漏洞,提高软件的稳定性和可靠性。③易于维护。AutoGen框架生成的代码结构清晰,易于理解和维护。这使得在后期对代码进行修改和升级时,开发者能够更快地找到问题所在,降低了维护成本。④跨平台支持。AutoGen框架通常具有良好的跨平台支持,可以在不同的操作系统和硬件平台上运行。这使得开发者能够更容易地将软件部署到各种环境中,提高了软件的通用性。⑤丰富的功能库。AutoGen框架通常具有丰富的功能库,涵盖了各种常见的功能需求。这使得开发者能够快速地实现所需的功能,无须从头开始编写代码。⑥社区支持。AutoGen框架通常拥有庞大的用户社区,开发者可以在社区中寻求帮助、分享经验和获取最新的技术动态。这有助于开发者更好地学习和掌握AutoGen框架,提高开发能力。⑦可定制性。AutoGen框架通常具有一定的可定制性,开发者可以根据自己的需求对框架进行定制和扩展。这使得AutoGen框架能够满足不同项目的特殊需求,提高了软件的灵活性。⑧良好的文档支持。AutoGen框架通常具有完善的文档支持,包括详细的使用说明、示例代码和API文档等。这有助于开发者更快地上手和使用AutoGen框架,提高开发效率。

### 5.9.4 基于AutoGen框架进行军事情报分析

#### 1. 背景及数据介绍

$JADC^2$(联合全域指挥与控制)是美国国防部提出的一个战略概念,旨在实现跨领域、全域指挥与控制,来应对现代化战争中涉及多领域和多军种的复杂挑战,包括科技威胁、网络攻击、太空战争等。在现代化战争中,JADC² 在军事战略和军事作战方面具有十分重要的意义。JADC² 有助于提高军队整体的战斗绩效,确保各个军种和领域之间能够共享信息、资源和决策;JADC² 能够实时获取、共享和分析信息,更快适应变化的战场环境;JADC² 强调太空和网络领域的战力,可以进行卫星通信、导航、情报收集等;JADC² 有助于提高军队的辨识和弹性,根据不同的战场条件灵活地调整战略和姿势。基于以上特点和优势,我们对 JADC² 相关内容进行情报分析是十分必要的。

本案例我们使用三篇开源英文 PDF 文档作为数据资料,分别为《T1 - IE_JADC² 全域联合指挥控制策略综述》《进入 JADC²:以相关速度进行实时决策》《使命司令部:陆军部队的指挥和控制》。

### 2. 情报分析流程

首先需要我们安装一些要使用的插件。

```
#安装必要的插件,包括 AutoGen 框架、Langchang 框架、文件读取包等
pip install pyautogen langchain openai tiktoken chormadb pypdf
```

环境准备为 AutoGen 框架提供必要的模型和 API key,这里我们使用"GPT - 4"模型。

```
#导入 AutoGen 框架
import autogen

#配置环境列表
config_list = autogen.config_list_from_json(
    "OAI_CONFIG_LIST", #存储模型和密钥
    filter_dict = { #过滤模型列表
        "model":["gpt - 4"],
    },
)
```

OAI_CONFIG_LIST 文件里面储存我们的 API key,格式如下。

```
[
   {
    "model":"gpt - 4",                          #模型名称
```

```
    "api_key":"your openai api key"    #API 密钥
}
]
```

读取 API key 并设置为环境变量,使得 LangChain 框架能够使用 API key。

```
gpt4_api_key = config_list[0]["api_key"]  #获取密钥

#导入 os 库
import os
#将密钥配置为环境变量
os.environ['OPENAI_API_KEY'] = gpt4_api_key
```

加载 LangChain 框架中需要使用的类。

```
#导入 Langchain 框架提供的类和函数,它们的作用已经在第 3 章中进行介绍,这里不再赘述
from langchain.vectorstores import Chroma
from langchain.embeddings import OpenAIEmbeddings
from langchain.text_splitter import RecursiveCharacterTextSplitter
from langchain.document_loaders import PyPDFLoader
from langchain.memory import ConversationBufferMemory
from langchain.llms import OpenAI
from langchain.chains import ConversationalRetrievalChain
```

加载文档并进行切分(这里我们将前面获取的文档重命名为 01. PDF,方便使用)。

```
from langchain.document_loaders import PyPDFLoader

#读取文件
loaders =[ PyPDFLoader(file_path = './01.pdf') ]
docs = []

#遍历文件中的每一页内容
for l in loaders:
    docs.extend(l.load())

#创建分割器
```

```
text_splitter = RecursiveCharacterTextSplitter(chunk_size = 1000)

#分割文档
docs = text_splitter.split_documents(docs)
```

创建向量数据库,使用 OpanAI 提供的 Embeddings 模型。

```
#创建向量数据库,内存使用 Chroma
vectorstore = Chroma(
    collection_name ="full_documents",
    embedding_function=OpenAIEmbeddings()
)
vectorstore.add_documents(docs)
```

成功创建后,就会出现如下结果。

```
['c2b10aa0-81f3-11ee-a9db-28c63f82abf4',
'c2b10aa1-81f3-11ee-9a4a-28c63f82abf4',
'c2b10aa2-81f3-11ee-95b3-28c63f82abf4',
'c2b10aa3-81f3-11ee-82a0-28c63f82abf4',
'c2b10aa4-81f3-11ee-ba7d-28c63f82abf4',
'c2b10aa5-81f3-11ee-9506-28c63f82abf4',
'c2b10aa6-81f3-11ee-9510-28c63f82abf4',
'c2b10aa7-81f3-11ee-87aa-28c63f82abf4',
'c2b10aa8-81f3-11ee-8d0d-28c63f82abf4',
'c2b10aa9-81f3-11ee-9f3d-28c63f82abf4',
'c2b10aaa-81f3-11ee-85fa-28c63f82abf4',]
```

构建 LangChain 提供的问答检索链。

```
#创建问答检索链
qa = ConversationalRetrievalChain.from_llm(
    OpenAI(temperature = 0),            #对话模型
    vectorstore.as_retriever(),         #检索器
    memory=ConversationBufferMemory(memory_key="chat_history",return_
messages=True)                          #内存模式
)
```

通过简单的问答示例,判断问答检索链是否成功构建。

```
result = qa(({"question":"What is Mission Command"}))
result['answer']
```

构建成功后,就会返回问题的答案。

```
" Mission command is the Army's approach to command and control. It is based
on the principles of competence, mutual trust, shared understanding,
commander's intent, mission orders, disciplined initiative, and risk ac-
ceptance. It allows commanders to focus on their intent and subordinates to
make ethical and effective decisions in the absence of further guidance. "
```

定义函数供 AutoGen 的代理使用。

```
#定义问答函数,为 AutoGen 代理提供问答功能
def answer_commandAndcontrol_question(question):
    response = qa({"question":question})
    return response["answer"]
```

大语言模型配置,供 AutoGen 代理使用。

```
llm_config={
    #请求时间
    "request_timeout":600,
    #种子数
    "seed":42,
    #模型和 API key
    "config_list":config_list,
    #温度系数
    "temperature":0.1,
    #函数调用
    "functions":[
        {
            "name":"answer_commandAndcontrol_question",
             "description":"Answer any Command and Control related ques-
tions",
            "parameters":{
                "type":"object",
                "properties":{
```

```
                    "question":{
                            "type":"string",
                             "description":"The question to ask in relation
to Command and Control"
                    }
               },
               "required":["question"],     #必须参数
          },
     }
  ],
}
```

创建助手代理和用户代理。AssistantAgent 充当人工智能助手，它可以编写 Python 代码供用户在收到消息（通常是需要解决任务的描述）时执行。UserProxyAgent 是人类代理，默认情况下在每次交互时征求人类输入作为代理的回复，并且具有执行代码和调用函数的能力。

```
#助手代理
assistant = autogen.AssistantAgent(
    #名称
    name = "assistant",
    #模型配置
    llm_config = llm_config,
)

#用户代理
user_proxy = autogen.UserProxyAgent(
    #名称
    name = "user_proxy",
    #人类输入模式
    human_input_mode = "NEVER",
    #最大交互轮次
    max_consecutive_auto_reply = 10,
    #代码执行
    code_execution_config = {"word_dir":"."},
    #模型配置
```

```
    llm_config = llm_config,
    #系统消息
    system_message = """Reply TERMINATE if the task has been solved at full
satisfaction. Otherwise, reply CONTINUE, or the reason why the task is not
solved yet. """,
    #调用前面定义的问答函数
    function_map = {"answer_commandAndcontrol_question":answer_comman-
dAndcontrol_question}
)
```

使用用户代理提问问题。

```
user_proxy.initiate_chat(
    assistant,
    message = """

    1. What is Command & Control?
    2. What are the elements and nature of command?
    3. What are the elements and nature of control?
    4. What is a command and control system?

    Based on the answers to the above questions, write a summary.

    Start the work now.
    """
)
```

查看回复的结果。

```
user_proxy (to assistant):

    1. What is Command & Control?
    2. What are the elements and nature of command?
    3. What are the elements and nature of control?
    4. What is a command and control system?

    Based on the answers to the above questions, write a summary.
```

```
Start the work now.

--------------------------------------------------------------------------------

assistant (to user_proxy):

* * * Suggested function Call: answer_commandAndcontrol_question * * *
Arguments:
{
  "question": "What is Command & Control?"
}
****************************************************************************


--------------------------------------------------------------------------------


>>>>>>>> EXECUTING FUNCTION answer_commandAndcontrol_question...
user_proxy (to assistant):

* Response from calling function "answer_commandAndcontrol_question" *
The Army's approach to Command & Control is mission command, which is based
on the Army's view that war is inherently chaotic and uncertain. It empha-
sizes rapid decision making and execution, including rapid response to chan-
ging situations, mutual trust and shared understanding among superiors and
subordinates, and seizing, retaining, and exploiting the initiative.
****************************************************************************


--------------------------------------------------------------------------------

assistant (to user_proxy):

***** Suggested function Call: answer_commandAndcontrol_question *
****
```

```
Arguments:
{
  "question": "What are the elements and nature of command?"
}
*************************************
***************************

-------------------------------------
---------------------------

>>>>>>>> EXECUTING FUNCTION answer_commandAndcontrol_question...
user_proxy (to assistant):

** Response from callingfunction "answer_commandAndcontrol_question"
*****
The elements of mission command include commander's intent, mission or-
ders, mutual trust, shared understanding, disciplined initiative, and
risk acceptance. The nature of mission command is that it requires tacti-
cally and technically competent commanders and subordinates with a shared
understanding of purpose who can be trusted to make ethical and effective
decisions in the absence of further guidance.
*************************************
***************************

-------------------------------------
---------------------------
assistant (to user_proxy):

*****  Suggested function Call: answer_commandAndcontrol_question *
****
Arguments:
{
  "question": "What are the elements and nature of control?"
}
*************************************
***************************
```

```
--------------------------------------------------------------------------------

>>>>>>>> EXECUTING FUNCTION answer_commandAndcontrol_question...
user_proxy (to assistant):

** Response from calling function "answer_commandAndcontrol_question"
*****
The elements of mission command include commander's intent, mission or-
ders, mutual trust, shared understanding, disciplined initiative, and
risk acceptance. The nature of mission command is that it requires tacti-
cally and technically competent commanders and subordinates with a shared
understanding of purpose who can be trusted to make ethical and effective
decisions in the absence of further guidance.
****************************************************************************

--------------------------------------------------------------------------------
assistant (to user_proxy):

***** Suggested function Call: answer_commandAndcontrol_question *
****
Arguments:
{
 "question": "What is a command and control system?"
}
****************************************************************************

--------------------------------------------------------------------------------

>>>>>>>> EXECUTING FUNCTION answer_commandAndcontrol_question...
user_proxy (to assistant):
```

```
* * Response from callingfunction "answer_commandAndcontrol_question"
* * * * *
A Command & Control system is the arrangement of people, processes, net-
works, and command posts that enable commanders to conduct operations. It
consists of all the resources used to support command and control and en-
hances the commander's ability to conduct operations.
* * * * * * * * * * * * * * * * * * * * * * * * * * * * * * * * * * * * * *
* * * * * * * * * * * * * * * * * * * * * * * * * * *


- - - - - - - - - - - - - - - - - - - - - - - - - - - - - - - - - - - - - -
- - - - - - - - - - - - - - - - - - - - - - - - - - -
assistant (to user_proxy):

Based on the answers to theabove questions, here is a summary:

Command & Control is the Army's approach to mission command, which is based
on the view that war is inherently chaotic and uncertain. It emphasizes
rapid decision making and execution, including rapid response to changing
situations, mutual trust, and shared understanding among superiors and
subordinates, and seizing, retaining, and exploiting the initiative.

The elements of command include the commander's intent, mission orders,
mutual trust, shared understanding, disciplined initiative, and risk ac-
ceptance. The nature of command is that it requires tactically and techni-
cally competent commanders and subordinates with a shared understanding of
purpose who can be trusted to make ethical and effective decisions in the
absence of further guidance.

Similarly, the elements and nature of control are the same as those of com-
mand. It also includes the commander's intent, mission orders, mutual
trust, shared understanding, disciplined initiative, and risk acceptance.
It requires tactically and technically competent commanders and subordi-
nates with a shared understanding of purpose who can be trusted to make eth-
ical and effective decisions in the absence of further guidance.
```

```
A Command & Control system is the arrangement of people, processes, net-
works, and command posts that enable commanders to conduct operations. It
consists of all the resources used to support command and control and en-
hances the commander's ability to conduct operations.

TERMINATE

-----------------------------------------------------------------------
user_proxy (to assistant):

TERMINATE

-----------------------------------------------------------------------
```

第二篇提问问题如下。

```
user_proxy.initiate_chat(
    assistant,
    message ="""

    1. What is JADC2?
    2. How to build JADC2?
    3. Who are the participants in JADC2?

    Based on the answers to the above three questions, write a Summary on
JADC2.

    Start the work now.
    """
)
```

查看回复的内容。

```
user_proxy (to assistant):

    1. What is JADC2?
```

```
    2. How to build JADC2?
    3. Who are the participants in JADC2?

    Based on the answers to the above three questions, write a Summary on
JADC2.

    Start the work now.


- - - - - - - - - - - - - - - - - - - - - - - - - - - - - - - - - - - - - - -
- - - - - - - - - - - - - - - - - - - - - - - - - - -
assistant (to user_proxy):

* * * * * Suggested function Call: answer_JADC2_question * * * * *
Arguments:
{
"question": "What is JADC2?"
}
* * * * * * * * * * * * * * * * * * * * * * * * * * * * * * * * * * * * * *
* * * * * * * * * * * * * * * * * * * *


- - - - - - - - - - - - - - - - - - - - - - - - - - - - - - - - - - - - - - -
- - - - - - - - - - - - - - - - - - - - - - - - - - -

> > > > > > > > EXECUTINGFUNCTION answer_JADC2_question.
user_proxy (to assistant):

* * * * * Response from calling function "answer_JADC2_question" * * * * *
JADC2 is a joint all - domain command and control (C2) framework that ena-
bles the Joint Force to share intelligence, surveillance and reconnais-
sance data in real - time and make decisions and responses in seconds to mi-
nutes. It is intended to produce the warfighting capability to sense, make
sense, and act at all levels and phases of war, across all domains, and with
designated partners.
```

```
*************************************
**************************

--------------------------------------
-----------------------------
assistant (to user_proxy):

***** Suggested function Call: answer_JADC2_question *****
Arguments:
{
"question": "Howto build JADC2?"
}
*************************************
*******************

--------------------------------------
-----------------------------

>>>>>>>> EXECUTING FUNCTION answer_JADC2_question...
user_proxy (to assistant):

***** Response from calling function "answer_JADC2_question" *****
JADC2 can be built by the U. S. Air Force, U. S. Army, and U. S. Navy through
projects such as the Advanced Battle Management System (ABMS) project,
Project Convergence, and Project Overmatch. The DOD JADC2 Cross - Function-
al Team (CFT) is also driving multi - pronged efforts across data standardi-
zation, optimized human responses with AI/ML, resilient transport layers,
mission partner data sharing, and more.
*************************************
**************************

--------------------------------------
-----------------------------
assistant (to user_proxy):
```

```
* * * * *  Suggested function Call: answer_JADC2_question * * * * *
Arguments:
{
"question": "Who are the participants in JADC2?"
}
* * * * * * * * * * * * * * * * * * * * * * * * * * * * * * * * * * * * * * *
* * * * * * * * * * * * * * * * * * * *

- - - - - - - - - - - - - - - - - - - - - - - - - - - - - - - - - - - - - - -
- - - - - - - - - - - - - - - - - - - - - - - - - - -


> > > > > > > > EXECUTING FUNCTION answer_JADC2_question...
user_proxy (to assistant):

* * * * *  Response from calling function "answer_JADC2_question" * * * * *
All Joint Force members, including regional and coalition partners, across
all warfighting domains.
* * * * * * * * * * * * * * * * * * * * * * * * * * * * * * * * * * * * * * *
* * * * * * * * * * * * * * * * * * * * * * * * * * *

- - - - - - - - - - - - - - - - - - - - - - - - - - - - - - - - - - - - - - -
- - - - - - - - - - - - - - - - - - - - - - - - - - -

assistant (to user_proxy):

Based on the answers to the above questions, here is a summary of JADC2:

Joint All - Domain Command and Control (JADC2) is a framework that allows
the Joint Force to share intelligence, surveillance, and reconnaissance
data in real - time. This enablesdecisions and responses to be made in sec-
onds to minutes. JADC2 is designed to enhance warfighting capabilities at
all levels and phases of war, across all domains, and with designated part-
ners.

The construction of JADC2 involves multiple branches of theU. S. military,
```

```
including the Air Force, Army, and Navy. They are working on projects such
as the Advanced Battle Management System (ABMS), Project Convergence, and
Project Overmatch. The Department of Defense's JADC2 Cross-Functional Team
(CFT) is also contributing to the effort, focusing on areas such as data stand-
ardization, optimizing human responses with AI/ML, creating resilient trans-
port layers, and facilitating mission partner data sharing.

The participants in JADC2 include all members of the JointForce, which en-
compasses regional and coalition partners across all warfighting domains.

TERMINATE

---------------------------------------------------------------------------

user_proxy (to assistant):

TERMINATE

---------------------------------------------------------------------------
```

第三篇提问内容如下。

```
user_proxy.initiate_chat(
    assistant,
    message="""

    1. What is JADC2?
    2. What is the specific approach to JADC2?
    3. What is the workflow of JADC2?
    4. What are the competency guidelines for JADC2?

    Based on the answers to the above questions, write a summary.

    Start the work now.
    """
)
```

查看回复的结果。

```
user_proxy (to assistant):


    1. What is JADC2?
    2. What is the specific approach to JADC2?
    3. What is the workflow of JADC2?
    4. What are the competency guidelines for JADC2?

    Based on the answers to the above questions, write a summary.

    Start the work now.


--------------------------------------------------------------------------------
assistant (to user_proxy):

***** Suggested function Call: answer_JADC2_question *****
Arguments:
{
 "question": "What is JADC2?"
}
**************************************************************


--------------------------------------------------------------------------------

>>>>>>>> EXECUTING FUNCTIONanswer_JADC2_question...
user_proxy (to assistant):

***** Response from calling function "answer_JADC2_question" *****
JADC2 is an approach for developing warfighting capabilities to sense,
make sense, and act at all levels and phases of war, across all
```

```
*************************************************************************

--------------------------------------------------------------------------------

assistant (to user_proxy):

***** Suggested function Call: answer_JADC2_question *****
Arguments:
{
  "question": "What is the specific approach to JADC2?"
}
*****************************************************************

--------------------------------------------------------------------------------

>>>>>>>> EXECUTING FUNCTION answer_JADC2_question...
user_proxy (to assistant):

***** Response from calling function "answer_JADC2_question" *****
JADC2 provides an approach for developing the warfighting capability to
sense, make sense, and act at all levels and phases of war, across all do-
mains, and with partners, to deliver information advantage at the speed of
relevance.
*************************************************************************

--------------------------------------------------------------------------------
assistant (to user_proxy):

***** Suggested function Call: answer_JADC2_question *****
```

```
Arguments:
{
  "question": "What is the workflow of JADC2?"
}
**************************************
*********************

------------------------------------------
----------------------------

>>>>>>>> EXECUTING FUNCTION answer_JADC2_question...
user_proxy (to assistant):

***** Response from calling function "answer_JADC2_question" *****
JADC2 provides an approach for developing the warfighting capability to
sense, make sense, and act at all levels and phases of war, across all do-
mains, and with partners, to deliver information advantage at the speed of
relevance.
**************************************
*****************************

------------------------------------------
----------------------------
assistant (to user_proxy):

***** Suggested function Call: answer_JADC2_question *****
Arguments:
{
  "question": "What are thecompetency guidelines for JADC2?"
}
**************************************
*********************
```

```
------------------------------------------------------------------------
>>>>>>>> EXECUTING FUNCTION answer_JADC2_question...
user_proxy (to assistant):

***** Response from calling function "answer_JADC2_question" *****
JADC2 is guided by the principles of enterprise designed and scaled information sharing, secure operations, resilient in a degraded environment, unity of effort in capability development, and delivering JADC2 capabilities with speed.
******************************************************************

------------------------------------------------------------------------
assistant (to user_proxy):

Based on the answers to the above questions, here is asummary:

JADC2, or Joint All-Domain Command and Control, is an approach for developing warfighting capabilities to sense, make sense, and act at all levels and phases of war, across all domains. It aims to deliver information advantage at the speed of relevance.

The specific approach to JADC2 involves developing the capability to sense, make sense, and act at all levels and phases of war, across all domains, and with partners. This is done to deliver an information advantage at the speed of relevance.

The workflow of JADC2 follows the same approach, focusing on sensing, making sense, and acting across all levels, phases, and domains of war, with the goal of delivering an information advantage at the speed of relevance.
```

```
The competency guidelines for JADC2 are guided by the principles of enter-
prise designed and scaled information sharing, secure operations, resili-
ence in a degraded environment, unity of effort in capability development,
and delivering JADC2 capabilities with speed.

TERMINATE

-----------------------------------------------------------
-------------------------------
user_proxy (to assistant):

TERMINATE

-----------------------------------------------------------
-------------------------------
```

从上面的回复可以看出,助手代理对每个问题进行了回答,并对所有问题的回答进行了总结。

## 参考文献


[1] WEI J,WANG X Z,SCHUURMANS D,et al. Chain – of – thought prompting elicits reasoning in large language models[J]. Advances in Neural Information Processing Systems,2022,35:24824 – 24837.

[2] LISA P A,ETHAN C B,NANCY F,et al. Out of one,many: using language models to simulate human samples[J]. Political Analysis,2023,31(3):337 – 351.

[3] MNIH V,KAVUKCUOGLU K,SILVER D,et al. Human – level control through deep reinforcement learning[J]. Nature,2019,518(7540):529 – 533.

[4] HUANG W,ABBEEL P,PATHAK D,et al. Language models as zero – shot planners: extracting actionable knowledge for embodied agents[C]//International Conference on Machine Learning,2022:9118 – 9147.

[5] GROSSMANN I,FEINBERG M,PARKER D C,et al. AI and the transformation of social science research[J]. Science,2023,380(6650):1108 – 1109.

[6] KOJIMAN T,GU S S,REID M,et al. Large language models are zero – shot reasoners[J]. Advances in neural information processing systems,2022,35:22199 – 22213.

[7] TORANTULINO. Auto – GPT[CP/OL]. (2023 – 9 – 21)[2023 – 10 – 21]. https://github.com/Significant – Gravitas/ Auto – GPT,2023.

[8] JALIL S,RAFI S,LATOZA T D,et al. ChatGPT and software testing education: promises & perils[J]. In 2023 IEEE International Conference on Software Testing,Verification and Validation Workshops (ICSTW),2023:4130 – 4137.

[9] GEKHMAN Z,OVED N,KELLER O,et al. On the robustness of dialogue history representation in conversational question answering: a comprehensive study and a new prompt – based method [J]. Transactions of the Association for Computational Linguistics,2023,11:351 – 366.

# 第6章

# 低轨卫星情报分析

06

本章将利用 Langchain 这个快速构建大语言模型应用的开源框架，探索框架中的一些新的组件和功能，构建出一个低轨卫星情报分析的案例应用，展示大语言模型强大的情报分析和处理能力。

## 6.1 低轨卫星背景介绍

人造卫星是由人类制造并将其放置到地球轨道或其他天体周围的航天器飞行器，它们通常被载具（如火箭）送入轨道，可以围绕地球、其他行星或太阳运行，以执行各种任务。目前，对地卫星在通信、地球观测、科学研究、导航、军事等等领域中发挥着举足轻重的作用。对于环绕地球飞行的人造卫星，根据其距离地面的轨道高度，大体上可以分为五类：低地球轨道卫星、中地球轨道卫星、地球静止轨道卫星、太阳同步轨道卫星和地球静止转移轨道卫星。本案例将关注低地球轨道卫星的情报分析。

低地球轨道（Low Earth Orbit，LEO）人造卫星简称为低轨卫星，大部分运行在地球表面上方大约 160 ~ 1500 千米的低地球轨道上。它们的轨道周期很短，大约在 90 ~ 120 分钟之间，每天最多可以环绕地球 16 圈。一方面，低轨卫星距离地球表面非常近，所以信号的传播时延低、路径损耗小，数据可以快速地获取和传输，这使得它们特别适合实时通信、所有类型的遥感、高分辨率地球观测、科学研究和卫星互联网。另一方面，由于低轨卫星靠近地球，所以单个低轨卫星的覆盖范围比其他类型的卫星要小。通常，称为“卫星星座”的多颗低轨卫星会一起发射，形成某种类型的环绕地球的网络。这些低轨卫星星座之间相互合作，从而实现对更广阔区域的全面覆盖。

低轨卫星广泛应用于各种领域，包括地球观测（如气象卫星和地球资源卫星）、科学研究（如空间实验室和天文观测卫星）、通信（如全球定位系统和互联网通信）、防御和情报收集等。近年来，随着技术的不断进步，尤其是小型卫星和可重复使用火箭的出现，低轨卫星的制造、发射和维护成本大幅下降，使得基于大规模低轨卫星星座的卫星互联网建设成为可能。卫星互联网利用这些低轨卫星作为中继站，进行通信和数据传输，从而向用户终端提供宽带互联网接入服务，具有覆盖范围广、通信容量大、传输质量稳定等优点。因此，各科技大国越来越重视低轨卫星星座建设，类似于美国 SpaceX 公司的“星链”计划、英国 One-Web 公司的“一网”计划等的全球低轨星座计划接连涌现，使得低轨卫星数量迅速攀升。忧思(UCS)统计的 LEO 卫星数量如图 6-1 所示。

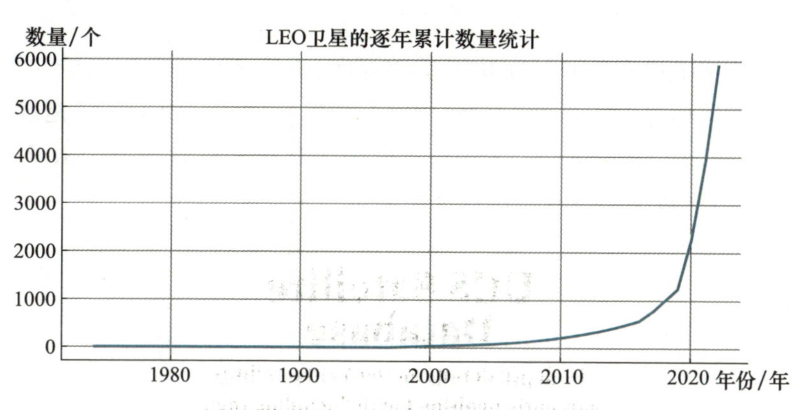


图 6-1 UCS 统计的 LEO 卫星数量(按年份累积)

激增的低轨卫星数量使得相关情报分析工作面临着前所未有的挑战。大量的卫星数据涌入,使得情报分析人员不得不应对数据获取、处理和分析方面的困难。一方面,关于低轨卫星的各类信息复杂且多样,包括在轨低轨卫星的参数信息、相关星座建设计划的进展报道、各类技术论文等,而且这些情报广泛分布在互联网中,难以集中统一获取。另一方面,繁杂的信息导致了有用信息的挖掘变得格外困难,不易对情报进行专业的解读和分析。因此,我们尝试将大语言模型应用于低轨卫星情报分析中,为这些困难的解决提供一些新的可能的思路。

## 6.2 低轨卫星多源情报数据获取

首先我们需要获取到各类低轨卫星的数据,作为情报分析的对象。根据数据类型的不同,本案例所使用的低轨卫星情报数据可以分为两类:结构化数据和非结构化数据。

### 6.2.1 结构化数据

结构化数据是一种以明确定义的方式组织和存储的数据,每一条数据记录都遵循着某种固定的格式,清晰直观。它们通常采用表格、数据库或其他数据模型来呈现,包括我们常见的 Excel 文件、CSV 文件、关系型数据库(如 MySQL、Oracle、PostgreSQL 等)中的数据表。这些数据以二维表格的形式存储,包括行和列，每一列对应于不同的数据字段或数据属性，而每一行则代表一个数据记录或实例。

目前，国际上已有公开的在轨卫星数据库，统计了目前在轨卫星的编号、类型、各类参数等信息，并且持续更新。其中，UCS Satellite Database[①] 是忧思科学家联盟(Union of Concerned Scientists)下属的卫星数据网站，具有 Excel、TXT 等格式的太空卫星数据。UCS 卫星数据库网站如图 6－2 所示。

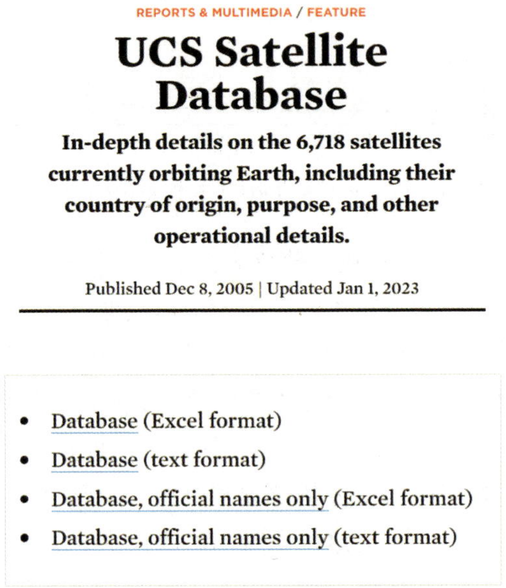

REPORTS & MULTIMEDIA / FEATURE

**UCS Satellite Database**

**In-depth details on the 6,718 satellites currently orbiting Earth, including their country of origin, purpose, and other operational details.**

Published Dec 8, 2005 | Updated Jan 1, 2023

- Database (Excel format)
- Database (text format)
- Database, official names only (Excel format)
- Database, official names only (text format)

图 6－2　UCS 卫星数据库网站

本案例的结构化数据将使用从 UCS 网站上下载得到的在轨卫星数据库 Excel文件，其中，每行描述了一颗在轨运行卫星的基本信息和参数，而各列的含义在表 6－1 中列出。

表 6－1　在轨卫星 Excel 数据字段含义对照表

| 列名 | 中文含义 | 示例 |
|---|---|---|
| Name of Satellite or Alternate Names | 卫星的名称或备用名称 | 1HOPSAT－TD (1st－generation High Optical Performance Satellite) |
| Current Official Name of Satellite | 卫星当前的官方名称 | 1HOPSAT－TD |
| Country/Org of UN Registry | 联合国登记处的国家/组织 | NR |

① https://www.ucsusa.org/resources/satellite－database.

续表

| 列名 | 中文含义 | 示例 |
| --- | --- | --- |
| Country of Operator/Owner | 卫星运营者/所有者的所在国 | USA |
| Operator/Owner | 卫星的运营者/所有者 | HeraSystems |
| Users | 使用者 | Commercial |
| Purpose | 用途 | Earth Observation |
| Detailed Purpose | 详细用途 | Infrared Imaging |
| Class of Orbit | 卫星所在的轨道高度类别 | LEO |
| Type of Orbit | 卫星的轨道类型 | Non – Polar Inclined |
| Longitude of GEO (degrees) | 地球同步轨道卫星的经度位置 | 0 |
| Perigee (km) | 轨道的近地点/千米 | 566 |
| Apogee (km) | 轨道的远地点/千米 | 576 |
| Eccentricity | 轨道的离心率 | 0. 00151 |
| Inclination (degrees) | 轨道倾角/(°) | 36. 9 |
| Period (minutes) | 运行周期/分钟 | 96. 08 |
| Launch Mass (kg. ) | 卫星发射的总质量/千克 | 22 |
| Dry Mass (kg. ) | 卫星没有燃料和流体物质下的总质量/千克 | |
| Power (watts) | 卫星在太空中所消耗或产生的电功率/瓦 | |
| Date of Launch | 发射时间 | 2019/12/11 |
| Expected Lifetime (yrs. ) | 预期寿命/年 | 0. 5 |
| Contractor | 承包商 | Hera Systems |
| Country of Contractor | 承包商所在国 | USA |
| Launch Site | 发射场所 | Satish Dhawan Space Centre |
| Launch Vehicle | 运载火箭 | PSLV |
| COSPAR Number | 宇宙太空计划和空间研究协会编号(用于标识和跟踪地球轨道上的卫星) | 2019 – 089H |
| NORAD Number | 北美航空防务司令部编号(同样用于标识和跟踪) | 44859 |
| Comments | 评论 | Pathfinder for planned earth observation constellation |
| Source Used for Orbital Data | 轨道数据来源 | JMSatcat/3_20 |
| Source | 该卫星的相关资源网站 | https://spaceflightnow. com/2019/12/11/indias – 50th – pslv – lifts – off – with – satellites – from – five – nations/ https://www. herasys. com/ |

### 1. 结构化数据读取与预处理

我们从 UCS 网站上下载得到了原始的 Excel 数据,需要对这些原始数据进行进一步的预处理,并保存到本地的 MySQL 数据库中,便于之后利用大语言模型对数据库中的结构化数据进行分析。

我们新建一个 Jupyter Notebook 文件,利用 Python 代码进行这一步的数据读取、预处理和转存。再使用 Pandas 库这个数据处理和分析的 Python 工具包进行 Excel 数据的读取和后续预处理。首先使用 pip 命令安装第三方库。

```
! pip install pandas
```

使用 Pandas 库的 read_excel 方法加载数据,并打印查看。

```
#代码功能:读取本地 CSV 文件
import pandas as pd
df = pd.read_excel("UCS-Satellite-Database-1-1-2023.xlsx")
print(df)
```

输出结果:

```
 Current Official Name of Satellite Country/Org of UN Registry  \
0                              1HOPSAT-TD                    NR
1                                Aalto-1                Finland
2                                  AAt-4                Denmark
3                                  ABS-2                 NR
4                                 ABS-2A                    NR
...                                  ...                   ...
6713                          Ziyuan 1-2D                    NR
6714                            Ziyuan 3                  China
6715                          Ziyuan 3-2                  China
6716                          Ziyuan 3-3                  China
6717                               Z-Sat          NR (1/22)

     Class of Orbit        Type of Orbit  ...  Unnamed: 58  Unnamed: 59  \
0               LEO  Non-Polar Inclined  ...          NaN          NaN
1               LEO      Sun-Synchronous  ...          NaN          NaN
2               LEO     Sun-Synchronous  ...          NaN          NaN
```

```
3           GEO              NaN ...          NaN        NaN
4           GEO              NaN ...          NaN        NaN
...         ...           ......              ...        ...
6713        LEO   Sun - Synchronous  ...      NaN        NaN
6714        LEO   Sun - Synchronous  ...      NaN        NaN
6715        LEO   Sun - Synchronous  ...      NaN        NaN
6716        LEO   Sun - Synchronous  ...      NaN        NaN
6717        LEO   Sun - Synchronous  ...      NaN        NaN
```

输出结果即为加载的 Excel 文件中的信息，第一行为表格的表头，代表了卫星的基本属性（我们在表 6-1 中已经详细列出）。从第二行开始，每一行代表一颗特定的卫星基本信息。不难发现，我们初步加载得到的数据存在一些问题。

（1）除了原文件中的字段属性外，多出了很多“Unamed”列，这些列的值显示为“NaN”，含义是无效或未定义的数值。这可能是由于 Excel 文件中包含了空白列、特殊字符或空格、合并单元格等问题所造成的。

（2）文件中的卫星轨道类型除了 LEO，还有 GEO、MEO 等，而我们只关心 LEO 卫星，所以还需要对“Class of Orbit”列进行过滤，保留 LEO 类型的卫星数据。

（3）我们计划将文件内容持久化保存进本地的 MySQL 数据库，而数据库表的字段名必须以字母开头，且只能包含字母、数字和下划线，不允许使用空格或特殊字符。而当前数据的列名包含了不少的空格和“/”符号，需要替换。

于是，我们需要对初步读取的数据进行进一步的预处理。

```
#代码功能:对原始 excel 数据进行预处理,删去不必要的列,修改列名


#删去 Unamed 列
df = df.loc[:, ~df.columns.str.contains('^Unnamed')]
#对“Class of Orbit”列进行过滤,只保留 LEO 卫星的数据
df = df.loc[(df['Class of Orbit'].str.match('LEO')), :]
#获取列名字
col_names = df.columns.tolist()
#把列名中的空格替换为下划线
for index,value in enumerate(col_names):
col_names[index] = value.replace("","_")
#把列名中的“/ ”替换为“_or_”
```

```
for index,value in enumerate(col_names):
    col_names[index] = value.replace("/","_or_")
#修改列名
df.columns = col_names
#打印查看修改后的列名
print(df.columns)
```

输出结果为每一列的名称,可以看到成功地将许多无用的 Unnamed 列去掉,并替换了空格和“/”符号。

```
Index(['Name_of_Satellite,_Alternate_Names',
       'Current_Official_Name_of_Satellite','Country_or_Org_of_UN_Reg-
istry',
       'Country_of_Operator_or_Owner', 'Operator_or_Owner', 'Users',
    'Purpose','Detailed_Purpose', 'Class_of_Orbit',
    'Type_of_Orbit',
       'Longitude_of_GEO_(degrees)', 'Perigee_(km)', 'Apogee_(km)',
       'Eccentricity', 'Inclination_(degrees)', 'Period_(minutes)',
       'Launch_Mass_(kg.)', 'Dry_Mass_(kg.)', 'Power_(watts)',
       'Date_of_Launch', 'Expected_Lifetime_(yrs.)', 'Contractor',
       'Country_of_Contractor', 'Launch_Site', 'Launch_Vehicle',
       'COSPAR_Number', 'NORAD_Number', 'Comments',
       'Source_Used_for_Orbital_Data', 'Source', 'Source.1', 'Source.2',
       'Source.3', 'Source.4', 'Source.5', 'Source.6'],
      dtype='object')
```

### 2. 数据持久化

我们将上一步已经读取到内存中的数据,保存进本地的 MySQL 数据库中,便于后续对这些结构化情报数据进行分析与读取。本案例中的 MySQL 版本为 8.0.21,并提前创建一个名为“leo_satellite”的数据库。

为了将 Pandas 读取的数据直接导入 MySQL,我们使用 SQLAlchemy 这个 Python 数据库工具库,它能够简化与关系型数据库的交互和操作,提供高度抽象的对象关系映射(Object - Relational Mapping, ORM)功能,并且支持多种不同的关系型数据库,包括 MySQL、PostgreSQL、SQLite、Oracle 等。

首先运行以下命令安装 SQLAlchemy 库:

```
! pip install mysql
! pip install SQLAlchemy
```

然后,利用 SQLAlchemy 创建一个数据库连接引擎,并配合 Pandas 库的 to_sql 方法,直接将预处理后的低轨卫星数据导入数据库中。

```
#代码功能:导入本地 MySQL 数据库
#初始化数据库连接,使用 pymysql 模块
engine = create_engine('mysql+pymysql://root:123456@ localhost:3306/leo_satellite')

#将新建的 DataFrame 储存为 MySQL 中的数据表,表名为"satellite_data",不储存 index 列
df.to_sql('satellite_data', engine, index= False)

#关闭本地数据库连接
engine.dispose()
```

我们可以创建一个会话,对刚才插入的数据进行查询,验证数据已经成功保存。

```
#代码功能:查询刚才保存的数据,验证是否保存成功
from sqlalchemy import MetaData, Table
from sqlalchemy.orm import sessionmaker

#创建一个引擎实例,连接到数据库
engine = create_engine('mysql+pymysql://root:123456@ localhost:3306/leo_satellite')
#创建一个元数据实例
metadata = MetaData()
#加载表格
table = Table('satellite_data', metadata, autoload_with=engine)
#创建一个 Session
Session = sessionmaker(bind=engine)
session = Session()
#查询表格中的第一行数据,并打印显示
result = session.query(table).first()
print(result)
```

输出结果：

```
('1HOPSAT - TD (1st - generation High Optical Performance Satellite)',
'1HOPSAT-TD', 'NR', 'USA', 'Hera Systems', 'Commercial', 'Earth Observa-
tion', 'Infrared Imaging', 'LEO', 'Non-Polar Inclined', Decimal('0E-10'),
566, 576, Decimal('0.0015100000'), '36.9', Decimal('96.0800000000'),
Decimal('22.0000000000'), None, None, '2019-12-11 00:00:00', Decimal
('0.5000000000'), 'Hera Systems', 'USA', 'Satish Dhawan Space Centre', 'PSLV',
'2019-089H', 44859, 'Pathfinder for planned earth observation constella-
tion.', 'JMSatcat/3_20', 'https://spaceflightnow.com/2019/12/11/indi-
as-50th-pslv-lifts-off-with-satellites-from-five-nations/',
'https://www.herasys.com/', None, None, None, None, None)
```

## 6.2.2 非结构化数据

非结构化数据顾名思义就是没有固定结构组织的数据，这也是我们日常生活中更为常见的数据类型，包括所有格式的办公文档（Word 文档、PDF 文档、Markdown 文档）、文本、图片、网页、各类报表、图像和音频/视频信息等。

本案例将要分析的非结构化数据主要有两类：一类是低轨卫星的专业技术论文，另一类是“星链”计划相关报道的开源网页内容，下面将分别介绍这两类数据的获取与处理。

### 1. 低轨卫星技术论文获取与数据处理

arXiv. org[①] 是一个收集物理学、数学、计算机科学、生物学与数理经济学的论文预印本的网站，提供了一种快速、开放的方式来分享和获取最新的科学研究技术论文。同时，arXiv 网站提供了免费的论文搜索 API，可以用来搜索和获取论文的元数据。

1）技术论文获取

首先，我们新建一个 JupyterNote Book 文件，编写如下的 Python 程序，通过 arXiv 提供的论文搜索 API，搜索关键字“LEO Satellite”，获取到论文的信息。注意到调用 API 后返回的信息中，包括了论文 PDF 文档的地址，于是我们可以利用 urllib. request 方法，向这个地址发送请求，从而将文件下载到本地的指定路径，形成一个原始的技术论文库。

① https://arxiv. org/.

```
#代码功能:获取低轨卫星技术论文文件,保存在本地

import urllib
import feedparser
import os
import time

#定义一个函数来清理文件名
def clean_filename(filename):
    #删除或替换文件名中的不合法字符
    for char in ['\\', '/', ':', '*', '?', '"', '<', '>', '|', '\n']:
        filename = filename.replace(char,"_")
    #检查文件名的长度,如果超过255个字符,则截取前255个字符
    if len(filename) > 255:
        filename = filename[:255]
    return filename

#定义搜索参数
search_query = 'all:LEO Satellite'# 搜索的关键字
start = 0  # 搜索结果中,开始查看的位置
max_results = 10  # 一次获取的最多论文元数据数量

#由于参数中存在空格,需要使用urllib.parse.quote()函数对搜索查询进行编码
search_query = urllib.parse.quote(search_query)

while(start < 200): # 下载200篇论文
    query = 'http://export.arxiv.org/api/query?search_query=%s&start
=%i&max_results=%i' % (search_query, start, max_results)
    #发送请求并解析返回的RSS feed
    response = urllib.request.urlopen(query).read()
    feed = feedparser.parse(response)
    #遍历所有的论文
    for entry in feed.entries:
        print('Title: %s' % entry.title)
        print('Authors: %s' % ', '.join(author.name for author in
entry.authors))
```

```
        print('Published: % s' % entry.published)
        print('Summary: % s' % entry.summary)
        print('Link: % s' % entry.link)
        print('\n')
        #下载论文 PDF
        pdf_link = entry.link.replace('abs', 'pdf')
        pdf_data = urllib.request.urlopen(pdf_link).read()
        filename = entry.title
        filename = clean_filename('% s.pdf' % filename)

        filename = os.path.join("data/satellite_papers/", filename) # 此处函数的第一个参数为你想要保存的原始数据存储路径
        print(filename)
        print('\\n')
        with open(filename, 'wb') as f:
            f.write(pdf_data)
    start + = max_results
    #为了防止请求过于频繁,每次循环暂停 30 秒
    Time.sleep(30)
```

值得注意的是,我们获取到的论文标题可能存在一些不能作为 Windows 系统中的文件名的字符,如“:”“/”“\n”(这是一个表示换行的字符,使后面的文本在下一行显示)等,所以定义了一个 clean_filename 函数,用来对论文标题进行处理,把非法字符全部替换成下划线“_”。

我们先把 while 循环中的边界条件设为 10(下载 10 篇检索得到的论文),运行后的输出结果如下:

```
Title: QoS - Aware Resource Placement for LEO Satellite Edge Computing
Authors: Tobias Pfandzelter, David Bermbach
Published: 2022 - 01 - 15T15:32:52Z
Summary: With the advent of large LEO satellite communication networks
to provide
global broadband Internet access, interest in providing edge computing
resources within LEO networks has emerged. The LEO Edge promises low - latency,
high - bandwidth access to compute and storage resources for a global
base of
```

```
clients and IoT devices regardless of their geographical location......
Link:http://arxiv.org/abs/2201.05872v2

data/satellite_papers/ QoS - Aware Resource Placement for LEO Satellite
Edge Computing.pdf

Title: LEO Satellite Access Network (LEO - SAN) Towards 6G: Challenges and
  Approaches
Authors: Zhenyu Xiao, Junyi Yang, Tianqi Mao, Chong Xu, Rui Zhang, Zhu Han,
Xiang - Gen Xia
Published: 2022 -07 -25T03:56:02Z
Summary: With the rapid development of satellite communication technolo-
gies, the
space - based access network has been envisioned as a promising complementary
part of the future 6Gnetwork. Aside from terrestrial base stations, satel-
lite
nodes, especially the low - earth - orbit (LEO) satellites, can also serve
as base
stations for Internet access, and constitute the LEO - satellite - based ac-
cess
network (LEO - SAN)......
Link:http://arxiv.org/abs/2207.11896v1

data/satellite_papers/LEO Satellite Access Network (LEO - SAN) Towards 6G_
Challenges and_Approaches.pdf

......
```

我们在 Python 程序同级目录下的“data/satellite_papers/”文件中可以看到下载的十篇低轨卫星技术论文,如图 6 -3 所示。

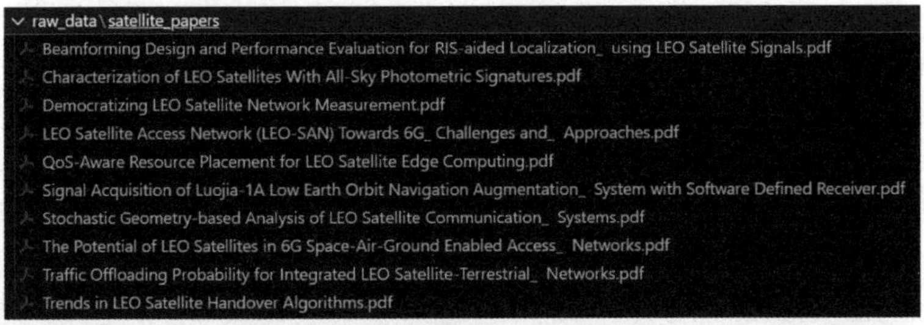

```
raw_data\satellite_papers
  Beamforming Design and Performance Evaluation for RIS-aided Localization_ using LEO Satellite Signals.pdf
  Characterization of LEO Satellites With All-Sky Photometric Signatures.pdf
  Democratizing LEO Satellite Network Measurement.pdf
  LEO Satellite Access Network (LEO-SAN) Towards 6G_ Challenges and_ Approaches.pdf
  QoS-Aware Resource Placement for LEO Satellite Edge Computing.pdf
  Signal Acquisition of Luojia-1A Low Earth Orbit Navigation Augmentation_ System with Software Defined Receiver.pdf
  Stochastic Geometry-based Analysis of LEO Satellite Communication_ Systems.pdf
  The Potential of LEO Satellites in 6G Space-Air-Ground Enabled Access_ Networks.pdf
  Traffic Offloading Probability for Integrated LEO Satellite-Terrestrial_ Networks.pdf
  Trends in LEO Satellite Handover Algorithms.pdf
```

图 6 -3 批量下载得到的技术论文

然后，我们可以修改程序代码中的 while 循环边界条件，批量下载足够多的低轨卫星技术论文，保存在本地。注意，频繁地向 arXiv 发送查询和下载请求可能会被中断连接，所以代码最后，每次循环结束都使用 time. sleep(30) 来暂停 30 秒。

2) 本地向量数据库建立

我们收集了一定数量的低轨卫星技术论文后，需要考虑对这些原始文本数据进行进一步处理。因为 GPT 提供的 API，一次调用只能处理固定长度的 Token (例如，"GPT -3.5 - turbo"模型一次处理的 Token 数量是 4096)，显然我们不能一股脑地将所有这些技术论文的文本内容都发送给大语言模型。和上一个案例类似，我们很容易能想到可以对这些技术论文的原始文档进行分割，拆成长度固定的分片。然后，利用自然语言处理的嵌入(Embedding)技术，将文本数据映射到低维度向量空间，便于比较各个分片文本之间的特征和相似程度，再将向量化后的数据保存近本地的一个向量数据库，形成一个完整的低轨卫星技术论文知识库，有效地存储、索引和查询向量数据，以支持后续开发过程中我们进行相似性搜索，大大缩小了发送给大语言模型 API 的 Token 数量，提高数据分析的效率。

考虑到论文数量庞大，如果一次性加载文档、文本分割、建立向量数据库，将会占用大量的计算机内存空间，甚至会造成程序崩溃。所以我们使用分批加载的策略，先使用一小部分的文档数据进行本地向量数据库的初始化，之后不断向数据库中添加新数据直到所有论文数据添加完毕，循环地完成整个知识库的创建。

(1) 源文档加载。

首先，我们遍历论文保存的本地路径，获取其中所有的 PDF 文档并使用 LangChain 框架中集成的 PyPDFLoader 工具进行加载。

```
#代码功能:加载论文源文档

import os
from langchain.document_loaders import PyPDFLoader

#加载刚才下载的所有 pdf 文档
loader = []
for root, dirs, files in os.walk("data/satellite_papers"):
    for file in files:
```

```
        if file.endswith('.pdf'):
                filename = os.path.join("data/satellite_papers/", file)
                loader.append(PyPDFLoader(filename))

#分批加载,先加载前20个
test_loader = loader[:20]
documents   = []# 新建一个列表用来保存加载的文档,列表的每个元素为一个文档
for l in test_loader:
    documents.extend(l.load())
```

我们可以查看一下所有PDF文档的数量,以及加载的第一个文档。

```
#查看pdf文档的总数量
print(len(loader))
#查看加载的第一篇pdf文档
print(documents[0])
```

输出结果如下。第一行的“193”表示我们下载的PDF文档数量,接下来的部分都为加载的第一个文档对象。文档对象拥有两个属性,“page_content”为文档本身的文本内容,“metadata”为文档的元数据,包括了源文件的名称(Source)以及该部分在源文件中的页码(Page)。

```
193
page_content='[SSC21-X-03]\n5G NB-IoT via low density LEO Constella-
tions\nRen'e Brandborg Sørensen, Henrik Krogh Møller, Per Koch\nGateHouse
SatCom\nStrømmen 6, 9400 Nørresundby, Denmark;\n+4520994382, rbs@ gate-
house.com\nABSTRACT\n5G NB-IoT is seen as a key technology for providing
truly ubiquitous, global 5G
coverage (1.000.000\\ndevices/km2) for machine type communications in the
internet of things.(此处省略全文内容)' metadata={'source':
'data/satellite_papers/ 5G NB-IoT via lowdensity LEO Constellations.pdf',
'page': 0}
```

(2)文本分割。

然后,我们使用递归字符文本分割器,对加载的文档数据进行分割。

```
#代码功能:对加载的文档进行文本分割


from langchain.embeddings.huggingface import HuggingFaceEmbeddings
```

```
from langchain.text_splitter import RecursiveCharacterTextSplitter

chunk_size = 1000        #设置块大小
chunk_overlap = 300      #设置块重叠大小

#初始化递归字符文本分割器
r_splitter = RecursiveCharacterTextSplitter(
    chunk_size=chunk_size,
    chunk_overlap=chunk_overlap
)
split_text = r_splitter.split_documents(documents)
```

(3)向量化与存储。

考虑到我们的文档数据较为庞大,而如果和第四章的案例一样,使用OpenAI公司提供的词向量嵌入模型"text-embedding-ada-002",会出现API调用超过文本长度和请求次数限制的问题,所以我们考虑使用HuggingFace网站上开源的M3E模型①来进行文本向量化。M3E(Moka Massive Mixed Embedding)文本嵌入模型通过千万级(2200万以上)的中文句对数据集进行训练,支持中英双语的同质文本相似度计算,将自然语言转换成稠密的向量。

我们运行如下代码,安装HuggingFace的相关依赖。

```
! pip -q install huggingface_hub transformers sentence_transformers
```

对于向量数据库的选择,我们也要考虑其对大量数据的存储和检索性能。LangChain框架中继承了FAISS(Facebook AI Similarity Search)向量数据库,这是Facebook AI团队开发的一个库,用于有效地处理大规模相似性搜索和密集向量聚类,包含算法集合,可以在大规模数据集上快速找到与查询向量最相似的向量,比较适合我们对于大量低轨卫星论文数据的向量存储与处理。我们需要先安装FAISS库。

```
! pip install faiss-cpu
```

然后我们定义本地向量数据库的路径,定义词向量嵌入模型Embeddings,并初始化FAISS向量数据库。

① https://huggingface.co/moka-ai/m3e-base.

```
#代码功能:将分割后的文档数据进行词向量嵌入,保存在本地,形成向量数据库

from langchain.embeddings.huggingface import HuggingFaceEmbeddings
from langchain.vectorstores import FAISS

#本地向量数据库的路径
vector_store_path = 'FAISS/satellite_paper_store'
#定义 embeddings 模型
embeddings = HuggingFaceEmbeddings(model_name = 'moka-ai/m3e-base')
#创建 FAISS 向量数据库
vector_store = FAISS.from_documents(split_text, embeddings)
vector_store.save_local(vector_store_path) # 保存在本地
```

(4)向量数据库的加载与更新。

完成了向量数据库的初始化后,我们尝试向其中添加新的向量数据。首先修改 loader[ ]中截取的文档下标,加载新的文档,然后对这些文档进行文本分割。接着使用 FAISS 对象的 load_local 方法,加载指定路径的本地向量数据库。最后,使用 add_documents 方法添加新的文档数据,并使用 save_local 方法重新保存在本地,实现对本地向量数据库的更新。

```
#代码功能:向已经初始化的本地向量数据库中添加新的文档内容

#修改 loader[ ]的截取下标,加载新的文档
test_loader = loader[20:40]
new_documents  = []
for l in test_loader:
    new_documents.extend(l.load())
#分割新加载的文档
chunk_size = 1000#设置块大小
chunk_overlap = 300#设置块重叠大小
#初始化递归字符文本分割器
r_splitter = RecursiveCharacterTextSplitter(
    chunk_size=chunk_size,
    chunk_overlap=chunk_overlap
)
split_text = r_splitter.split_documents(new_documents)
```

```
#加载原有的向量数据库
vector_store_path ='FAISS/satellite_paper_store'
embeddings = HuggingFaceEmbeddings(model_name='moka-ai/m3e-base')
db =FAISS.load_local(vector_store_path, embeddings)
#添加新的文档
db.add_documents(split_text)
#重新保存在本地
db.save_local(vector_store_path)
```

当我们将所有的低轨卫星技术论文文档加载到向量数据库中,我们就初步构建出了一个本地的低轨卫星知识库,作为后续进行技术分析的数据依赖。

### 2. “星链”计划开源网页数据获取与处理

“星链”计划是美国 SpaceX 公司首席执行官马斯克于 2015 年 1 月宣布的一个项目。该项目拟于 2019 年至 2024 年间在太空搭建一个由 1.2 万颗卫星组成的网络,其中 1584 颗将部署在地球上空 550 千米处的低地球轨道,最终将所有卫星形成一个庞大的互联网络,目标是为整个地球(包括南极)提供全天候高速低成本的卫星互联网。截至 2023 年 9 月 16 日,SpaceX 公司累计发射 108 次共 5111 颗星链卫星,在轨活跃卫星 4721 颗,已部署共计 7 个壳层。

星链计划的提出和大力推进令世人瞩目,各个科技大国也越来越重视低轨卫星通信互联网建设,先后出现了诸如英国 OneWeb 公司主导的“一网”全球卫星通信网络、中国航天科工集团有限公司的“虹云”星座系统等大规模的低轨卫星星座建设项目。星链计划可以说是现在热度最高、发展建设最为成功的那一个,目前已经开放了接入应用,且在俄乌战争中也展现出了强大的通信能力。网络上充满了相关的分析和报道,新情报层出不穷。于是,我们希望能借助大语言模型的文本分析能力,从这些数量众多、分布广泛的开源报道中,挖掘出我们感兴趣的情报。

本节我们将重点介绍星链计划的开源网页数据爬取、文本处理与本地向量化,形成一个小型的本地新闻知识库,作为后续构建大语言模型情报分析应用的数据基础。

1)开源网页数据获取

首先,我们使用 Serper API,根据关键词搜索谷歌新闻,获取到一系列和星链相关的新闻结果元数据,从中提取出网页的 url 地址。

Serper① 是一个低成本的 Google 搜索 API，首先需要在它的官方网站上注册免费账户并获取 API 密钥。我们新建一个 Jupyter Notebook 程序文件，根据网站的提示编写下面的代码块，使用关键词“Starlink”来搜索谷歌新闻。

```
#代码功能：使用 Serper API，搜索谷歌新闻，并获取到元数据

import requests
import json

result_list = []
for i in range(2):# 循环两次，爬取两页的内容
  url = "https://google.serper.dev/news"
  payload = json.dumps({
    "q": "Starlink",# 搜索的关键字
    "page": i+1,# 页码
    "num": 100 # 每页显示的数据条数
  })
  headers = {
    'X-API-KEY': SERPER_API_KEY,# 此处填入您自己的 Serper API 密钥
    'Content-Type': 'application/json'
  }

  response = requests.request("POST", url, headers=headers, data=pay-
load)
  results = json.loads(response.text)
  result_list.append(results)
```

我们使用 pprint 库，查看得到的搜索结果的结构。

```
import pprint
pprint.pp(result_list)
```

部分输出如下：

```
[{'searchParameters': {'q': 'Starlink',
                       'num': 100,
```

① https://serper.dev/.

```
                'page': 1,
                'type': 'news',
                'engine': 'google'},
  'news': [{'title': "Ron Baron expects SpaceX's Starlink to go public around "
                '2027',
          'link': 'https://www.cnbc.com/2023/11/10/ron-baron-expects-spacexs-starlink-to-go-public-around-2027.html',
            'snippet': 'Billionaire investor Ron Baron toldCNBC on Friday '
                'that he expects SpaceX to IPO its Starlink satellite '
                'internet service in 2027 or so.',
          'date': '7 hours ago',
          'source': 'CNBC',
          'imageUrl':
'https://encrypted-tbn0.gstatic.com/images?q=tbn:ANd9GcQdzY-oksT60NI4mnIYaqQdhvlGI5XStsvAnw9YjoSqP19KtUiJD9ClXOsebw&s',
          'position': 1},
          {'title': 'Semi-Private Airline Aero Signs Deal with SpaceX for '
                'Starlink IFC',
          'link': 'https://www.satellitetoday.com/mobility/2023/11/09/semi-private-airline-aero-signs-deal-with-spacex-for-starlink-ifc/',
          'snippet': 'Aero, a semi-private airline based in the U.S., has '
"tapped SpaceX to equip its fleet with Starlink's "
                'in-flight connectivity service,...',
          'date': '1 day ago',
          'source': 'Via Satellite',
            'imageUrl': 'https://encrypted-tbn0.gstatic.com/images?q=tbn:ANd9GcRCIRH4F39ujFyHD1HBIzMeMkLIUCMalK09-T0jbr_5MafhYxKCat1-NybJ1g&s',
          'position': 2},
......
```

我们爬取了两页的搜索结果，每一页都返回一个 Python 字典对象，包括了 searchParameters 和 news 两个字段。searchParameters 表示本次搜索的一些关键字，而 news 则是搜索结果的一个列表，列表中的每个元素即为新闻的元数据，包括新闻的标题（Title）、网页链接（Link）、内容的摘要（Snippet）、网页发布的时间（Date）、来源的机构和摘要中的图片地址（ImageUrl）。我们从中提取到每一篇新闻元数据中的网址，即“link”属性，形成一个网址集合 urls。

```
#提取出这些新闻结果的网址(link),形成一个 url 集合 urls
urls = []
for i, result in enumerate(result_list):
    for j, val in enumerate(result['news']):
        urls.append(val['link'])

pprint.pp(urls)
len(urls)# 查看总数量

['https://www.cnbc.com/2023/11/10/ron-baron-expects-spacexs-starlink-to-go-public-around-2027.html',
'https://www.satellitetoday.com/mobility/2023/11/09/semi-private-airline-aero-signs-deal-with-spacex-for-starlink-ifc/',
'https://www.mynews13.com/fl/orlando/space/2023/11/07/spacex-starlink-6-27',
'https://astanatimes.com/2023/11/kazakhstan-introduces-spacex-starlink-internet-accelerates-5g-regionally/',
'https://spaceflightnow.com/2023/11/07/live-coverage-spacex-to-launch-falcon-9-rocket-with-23-starlink-satellites-from-cape-canaveral/',
......]

199
```

至此，我们获取到了一系列新闻报道的网址。下一步我们考虑如何加载得到网站上的文本数据。LangChain 框架提供了多种文档加载器，其中，包括了一种专门加载网页内容的组件——WebBaseLoader，它接受单个网址 url 或一个网址列表作为输入参数，实现网页内容的自动爬取。我们先尝试加载前 5 个网页内容。

```
#代码功能:通过获取到的网页 url,加载网页的文本内容

from langchain.document_loaders import WebBaseLoader
#总共 199 个网址
documents = []
loader = WebBaseLoader(urls[:5])    # 先加载前 5 个网页
loader.requests_per_second = 1      # 限制每秒发送一个 http 请求
sample_documents = loader.load()    # 加载爬取到的数据

sample_documents
```

结果如下:

```
[Document(page_content='Ron Baron expectsSpaceX\'s Starlink to go public around 2027Skip NavigationwatchliveMarketsPre - MarketsU.S. MarketsCurrenciesCryptocurrencyFutures…… ', metadata={'source': 'https://www.cnbc.com/2023/11/10/ron-baron-expects-spacexs-starlink-to-go-public-around-2027.html', 'title': "Ron Baron expects SpaceX's Starlink to go public around 2027", 'description': "Baron is a major backer of Elon Musk's companies. Tesla and SpaceX rank as two of Baron Capital's largest holdings. ", 'language': 'en'}),
Document(page_content='\n\n\n\n\n\n\n\n\n\n\n\n\n\n\n\n\n\n\n\n\n\n\n\nSemi-Private Airline Aero Signs Deal with SpaceX for Starlink IFC……', metadata={'source': 'https://www.satellitetoday.com/mobility/2023/11/09/semi-private-airline-aero-signs-deal-with-spacex-for-starlink-ifc/', 'title': 'Semi-Private Airline Aero Signs Deal with SpaceX for Starlink IFC - Via Satellite', 'description': "Aero, a semi-private airline based in the U.S., has tapped SpaceX to equip its fleet with Starlink's in-flight connectivity service, the company announced", 'language': 'en'}),

Document(page_content="\n\nSpaceX launches another batch of Starlink satellites\n\n\n\n\n\n\n\n……", metadata={'source': 'https://www.mynews13.com/fl/orlando/space/2023/11/07/spacex-starlink-6-27', 'title': 'SpaceX launches another batch of Starlink satellites', 'description': 'More than 20 satellites were sent to orbit as part of the Starlink 6-27 mission. ', 'language': 'en'}),
```

```
Document(page_content='\n\n\n\n\n\nKazakhstan Introduces SpaceX Starlink Internet, Accelerates5G Regionally\xa0\xa0 - The Astana Times\n\n\n\n\n\……', metadata={'source': 'https://astanatimes.com/2023/11/kazakhstan-introduces-spacex-starlink-internet-accelerates-5g-regionally/', 'title': 'Kazakhstan Introduces SpaceX Starlink Internet, Accelerates 5G Regionally\xa0\xa0 - The Astana Times', 'language': 'en'}),

Document(page_content='\n\n\n\n\n\n\n\n\n\n\n\n\n\nSpaceX Falcon 9 rocket lifts off on 80th orbital launch of the year – Spaceflight Now\n\n\n\n\……', metadata={'source':
'https://spaceflightnow.com/2023/11/07/live-coverage-spacex-to-launch-falcon-9-rocket-with-23-starlink-satellites-from-cape-canaveral/', 'title': 'SpaceX Falcon 9 rocket lifts off on 80th orbital launch of the year-Spaceflight Now', 'language': 'en-US'})]
```

我们发现,文档的文本内容中,有很多重复的“\n”和“\t”等字符。先前的内容中已经介绍过“\n”,这是一个文本换行的转义字符。而“\t”则为水平制表符,作用是对齐同一行中的各列数据,使得每一列数据都占8个字符。显然,“\n”和“\t”字符是为了网页文本显示的美观而存在的,而它们本身并不具备有意义的含义。于是我们可以对获得的原始数据做进一步处理,去掉这些字符,保留文档中有用的文本内容。

```
#代码功能:删去网页文本中过多的换行符、制表符等字符

import re # Python 的正则表达式库,主要用来对字符串进行匹配
from langchain.document_loaders import WebBaseLoader

#自定义一个函数,用来清楚多余的换行符和制表符
def clean_content(content):
    #利用 Python 的正则表达式匹配,替换一些控制输出的转义字符,比如'\n', '\t'等
    content = re.sub(r'\s+', ' ', content)
    return content
#重新加载页面内容
loader = WebBaseLoader(urls[:5])
loader.requests_per_second = 1
```

```
sample_documents = loader.load()
#使用 clean_content 函数,去掉过多的制表符
for i in range(len(sample_documents)):
    sample_documents[i].page_content = clean_content(sample_documents[i].page_content)

sample_documents
```

处理后的结果如下：

```
[Document(page_content='Ron Baron expects SpaceX\'s Starlink to go public around 2027Skip NavigationwatchliveMarketsPre-MarketsU.S. MarketsCurrenciesCryptocurrencyFutures & CommoditiesBondsFunds & ETFsBusinessEconomyFinanceHealth & ScienceMediaReal……', metadata={'source': 'https://www.cnbc.com/2023/11/10/ron-baron-expects-spacexs-starlink-to-go-public-around-2027.html', 'title': "Ron Baron expects SpaceX's Starlink to go public around 2027", 'description': "Baron is a major backer of Elon Musk's companies. Tesla and SpaceX rank as two of Baron Capital's largest holdings.", 'language': 'en'}),

Document(page_content='Semi-Private Airline Aero Signs Deal with SpaceX for Starlink IFC - Via Satellite Become a Member Log In Become a Member Log In Latest News Business November 10, 2023 Spire Reports a Record $27M in Revenue in Q3 Business November 10, 2023 Avanti Looks to a LEO and Multi-Orbit Future Government/Military November 10, 2023 Spectra Group Orders $20M of Troposcatter Systems from Comtech Business November 9, ……', metadata={'source': 'https://www.satellitetoday.com/mobility/2023/11/09/semi-private-airline-aero-signs-deal-with-spacex-for-starlink-ifc/', 'title': 'Semi-Private Airline Aero Signs Deal with SpaceX for Starlink IFC - Via Satellite', 'description': "Aero, a semi-private airline based in the U.S.,has tapped SpaceX to equip its fleet with Starlink's in-flight connectivity service, the company announced", 'language': 'en'}),

Document(page_content=" SpaceX launches another batch of Starlink satellites Open in Our App Get the best experience and stay connected to your community with our Spectrum News app. Learn More Open in Spectrum News App
```

```
Continue in Browser Toggle navigation Orlando EDIT LOG IN Watch ……",
metadata = {'source': 'https://www.mynews13.com/fl/orlando/space/2023/
11/07/spacex-starlink-6-27', 'title': 'SpaceX launches another batch
of Starlink satellites', 'description': 'More than 20 satellites were sent
to orbit as part of the Starlink 6-27 mission.', 'language': 'en'}),
Document(page_content=' Kazakhstan Introduces SpaceX Starlink Internet,
Accelerates 5G Regionally - The Astana Times Saturday, 11 November, 2023
Almaty 46 °F / 8 °C Astana 43 °F / 6 °C Open Menu Subscribe Facebook Twitter
Telegram Instagram YouTube TikTok LinkedIn Contact RSS Subscribe Facebook
Twitter Telegram Instagram YouTube TikTok LinkedIn Contact RSS Sections
All Stories Nation Astana Culture Sports People Kazakhstan Region Pro-
files:……', metadata = {'source': 'https://astanatimes.com/2023/11/ka-
zakhstan-introduces-spacex-starlink-internet-accelerates-5g-re-
gionally/', 'title': 'Kazakhstan Introduces SpaceX Starlink Internet, Ac-
celerates 5G Regionally\xa0\xa0 - The Astana Times', 'language': 'en'}),

Document(page_content=' SpaceX Falcon 9 rocket lifts off on 80th orbital
launch of the year-Spaceflight Now November 11, 2023 Search for: Home News
Archive
Launch Schedule Mission Reports Antares Launcher Ariane 5 Atlas 5 Delta 4
Falcon 9 Falcon Heavy H-2A Soyuz Space Station Members Sign in Become a
member Members Content Live Shop Breaking News [ November 11, 2023 ]……',
metadata = {'source': 'https://spaceflightnow.com/2023/11/07/live-
coverage-spacex-to-launch-falcon
-9-rocket-with-23-starlink-satellites-from-cape-canaveral/',
'title': 'SpaceX Falcon 9 rocket lifts offon 80th orbital launch of the
year-Spaceflight Now', 'language': 'en-US'})]
```

由于内容过长我们仅展示 page_content 中的前面部分内容,可以明显看到去掉了很多无用的符号。最后,我们再把先前获取到的所有网页数据爬取下来并运行代码,得到 documents。

```
#加载 urls 中的所有网页的内容
loader = WebBaseLoader(urls)
loader.requests_per_second = 1
documents = loader.load()
```

```
for i in range(len(documents)):
  documents[i].page_content = clean_content(documents[i].page_content)
```

2)长文本分割与本地向量化

和低轨卫星技术论文分析类似,我们需要将上一步获取到的较长网页文本内容进行分割,然后使用文本嵌入模型转化为词向量,并建立起一个本地的 FAISS 向量数据库。

```
from langchain.text_splitter import RecursiveCharacterTextSplitter
from langchain.vectorstores import FAISS
from langchain.embeddings.huggingface import HuggingFaceEmbeddings

chunk_size = 1000        #设置块大小
chunk_overlap = 100      #设置块重叠大小
#初始化递归字符文本分割器
r_splitter = RecursiveCharacterTextSplitter(
    chunk_size=chunk_size,
    chunk_overlap=chunk_overlap
)
split_text = r_splitter.split_documents(documents)
#本地向量数据库的路径
vector_store_path = 'FAISS/starlink_web_store'
#定义 embeddings 模型
embeddings = HuggingFaceEmbeddings(model_name='moka-ai/m3e-base')
#创建 FAISS 向量数据库
vector_store = FAISS.from_documents(split_text, embeddings)
#保存在本地
vector_store.save_local(vector_store_path)
```

## 6.3 低轨卫星数据与项目的情报分析

### 6.3.1 低轨卫星结构化基本信息分析

本节将基于 LangChain 框架,对大语言模型分析低轨卫星结构化情报数据的能力进行探索。首先，我们对5.2节中准备好的卫星Excel文件数据进行读取和预处理，然后，将数据持久化存储进本地（或者远程）的MySQL数据库中，最后，利用LangChain框架，实现大语言模型与SQL数据库的交互，对数据库中的结构化情报信息进行分析和问答。

在大语言模型还未成熟的时候，传统的数据库应用都需要用户学习使用SQL脚本来和数据库进行交互，需要花费不少的时间和精力去学习。而且，随着时代的发展，数据库版本不断升级迭代和新的数据库产品不断诞生，都需要用户去快速地适应。

现在，大语言模型的出现与成熟，使得利用自然语言和数据库进行交互变成了可能。大语言模型就像一个智能助理，帮助用户将自然语言转化为高质量的SQL脚本或者数据库指令，同时能对查询得到的结果做进一步分析，以自然语言的形式返回给用户，更加直观、高效。

LangChain框架提供了两种通过自然语言提示来构建和运行SQL查询语句的组件：SQL Chain和SQL Agent，它们与SQLAlchemy支持的任何SQL方言都是兼容的。基于LangChain框架的LLM与SQL数据库交互如图6-4所示。

图6-4　基于LangChain框架的LLM与SQL数据库交互

### 1. SQL Chain

LangChain提供的SQLDatabaseChain组件可以通过链的方式，创建和执行SQL查询。

为了使用SQLDatabaseChain组件，我们需要先安装langchain_experimental库：

```
! pip install langchain_experimental
```

接着，我们导入相关的包，创建一个与本地数据库的连接，并且使用include_tables参数，指定对数据库进行查询的时候模型能够观察到的数据库表：

```
#代码功能:创建本地数据库的连接

from langchain.utilities import SQLDatabase
from langchain.chat_models import ChatOpenAI
from langchain_experimental.sql import SQLDatabaseChain

#本地数据库连接的相关配置
db_user = "root"
db_password = "123456"
db_host = "localhost"
db_name = "leo_satellite"
db_table_name = "satellite_data"

#使用 LangChain 提供的 SQLDatabase 组件,通过 uri 连接到本地数据库
db = SQLDatabase.from_uri(
    f"mysql+pymysql://{db_user}:{db_password}@{db_host}/{db_name}",
    include_tables=[db_table_name]
    )
```

然后,我们定义一个用于情报分析的大语言模型:

```
#注意这里需要填入自己的 OpenAI API Key
llm = ChatOpenAI (model_name="gpt-3.5-turbo",
                  openai_api_key=OPENAI_API_KEY,
                  temperature=0)
```

至此,我们便能够创建出一个 SQLDatabaseChain 的实例,来创建和执行 SQL 查询:

```
# SQLDatabaseChain 的实例,通过大语言模型和本地数据库进行交互
db_chain = SQLDatabaseChain.from_llm(llm, db, verbose=True)
#尝试执行一条自然语言的查询
res =db_chain.run("低轨卫星数量最多的 5 个国家或地区是哪里? 这些国家或地区分别有多少个低轨卫星?")
#输出结果
print(res)
```

运行后的输出结果如下,其中第一段绿色斜体内容即为大模型根据用户输入的自然语言问题,生成对应的 SQL 查询语句,淡蓝色斜体内容为数据库执行 SQL 查询后得到的结果,第二段绿色斜体内容即大语言模型根据查询结果,进一步使用自然语言总结后给出的最终回答。

```
> Entering new SQLDatabaseChain chain…
低轨卫星数量最多的 5 个国家或地区是哪里? 这些国家或地区分别有多少个低轨卫星?
SQLQuery:SELECT Country_of_Operator_or_Owner, COUNT(* ) AS Satellite
_Count
FROM satellite_data
WHERE Class_of_Orbit = 'LEO'
GROUP BY Country_of_Operator_or_Owner
ORDER BY Satellite_Count DESC
LIMIT 5;
SQLResult:[('USA', 4266), ('United Kingdom', 521), ('China', 475), ('Rus-
sia', 100), ('Japan', 61)]
Answer:低轨卫星数量最多的 5 个国家或地区是 USA、United Kingdom、China、Russia
和 Japan。这些国家或地区分别有 4266、521、475、100 和 61 个低轨卫星。
> Finished chain.
低轨卫星数量最多的 5 个国家或地区是 USA、United Kingdom、China、Russia 和 Ja-
pan。这些国家或地区分别有 4266、521、475、100 和 61 个低轨卫星。
```

可见,通过一个 SQLDatabaseChain 实例,大语言模型能够将用户输入的自然语言转化为对应的 SQL 查询语句并执行,再将返回的查询结果重新组织成自然语言,返回给用户,使得整个交互过程清晰简洁。

### 2. SQL Agent

LangChain 框架还提供了一个 SQL 代理(SQL Agent)的组件,相比于 SQLDatabaseChain,SQL 代理能够更加灵活地和 SQL 数据库进行交互,主要表现为以下两个方面。

(1)SQL 代理可以根据数据库的模式和数据库的内容(如描述特定的表)来回答用户的问题;

(2)SQL 代理可以通过运行生成的查询、捕获回溯并重新生成正确的查询语句来从错误中恢复。

于是,我们将尝试使用 SQL 代理来实现大语言模型和本地低轨卫星数据库的交互,从而进行情报数据分析。

首先,我们需要创建一个和数据库的连接:

```
db = SQLDatabase.from_uri(

f"mysql+pymysql://{db_user}:{db_password}@{db_host}/{db_name}",
    include_tables=['satellite_data']
    )
```

然后,设置 LLM 模型、SQL 工具包和代理执行器,对 SQL 代理进行初始化。其中,SQLDatabaseToolkit 是 LangChain 预先提供的代理工具包,其中包括创建并执行查询、检查查询语法、检索数据表的描述等预先实现的工具。

```
#代码功能:创建 SQL Agent
from langchain.agents import create_sql_agent
from langchain.agents.agent_toolkits import SQLDatabaseToolkit
from langchain.agents.agent_types import AgentType.

#注意这里需要填入自己的 OpenAI API Key
llm = ChatOpenAI (model_name="gpt-3.5-turbo",
                  openai_api_key=OPENAI_API_KEY,
                  temperature=0)
# SQLDatabaseToolkit 工具包
toolkit =SQLDatabaseToolkit(db=db, llm=llm)
#初始化代理
agent_executor = create_sql_agent(
    llm=llm,
    toolkit=toolkit,
    verbose=True,
    agent_type=AgentType.ZERO_SHOT_REACT_DESCRIPTION,
)
```

我们尝试执行一个自然语言查询:

```
result = agent_executor.run("低轨卫星数量最多的 5 个国家或地区是哪里? 这些
国家或地区分别有多少个低轨卫星?")
print(result)# 打印结果
```

执行后的控制台输出如下:

```
> Entering new AgentExecutor chain...
Action: sql_db_list_tables
Action Input: ""
Observation:satellite_data
Thought:The table "satellite_data" seems relevant to the question. I
should query its schema to see what columns are available
Action:sql_db_schema
Action Input:"satellite_data"
Observation:
CREATE TABLE satellite_data (
        'Name_of_Satellite,_Alternate_Names' TEXT,
        'Current_Official_Name_of_Satellite' TEXT,
        'Country_or_Org_of_UN_Registry' TEXT,
        'Country_of_Operator_or_Owner' TEXT,
        'Operator_or_Owner' TEXT,
        'Users' TEXT,
        'Purpose' TEXT,
        'Detailed_Purpose' TEXT,
        'Class_of_Orbit' TEXT,
        'Type_of_Orbit' TEXT,
        'Longitude_of_GEO_(degrees)' DOUBLE,
        'Perigee_(km)' BIGINT,
        'Apogee_(km)' BIGINT,
        'Eccentricity' DOUBLE,
        'Inclination_(degrees)' TEXT,
        'Period_(minutes)' DOUBLE,
        'Launch_Mass_(kg )' DOUBLE,
        'Dry_Mass_(kg )' TEXT,
        'Power_(watts)' TEXT,
        'Date_of_Launch' TEXT,
        'Expected_Lifetime_(yrs )' DOUBLE,
        'Contractor' TEXT,
        'Country_of_Contractor' TEXT,
        'Launch_Site' TEXT,
        'Launch_Vehicle' TEXT,
```

```
        'COSPAR_Number' TEXT,
        'NORAD_Number' BIGINT,
        'Comments' TEXT,
        'Source_Used_for_Orbital_Data' TEXT,
        'Source' TEXT,
        'Source 1' TEXT,
        'Source 2' TEXT,
        'Source 3' TEXT,
        'Source 4' TEXT,
        'Source 5' TEXT,
        'Source 6' TEXT
)ENGINE=InnoDB DEFAULT CHARSET=utf8
/*
3 rows from satellite_data table:
        ……
*/
Thought:The "satellite_data" table contains information about satellites, including the number of low Earth orbit (LEO) satellites I can query this table to find the countries or regions with the highest number of LEO satellites.
Action:sql_db_query
Action Input:"SELECT Country_of_Operator_or_Owner, COUNT(*) AS Num_of_Satellites FROM satellite_data WHERE Class_of_Orbit = 'LEO' GROUP BY Country_of_Operator_or_Owner ORDER BY Num_of_Satellites DESC LIMIT 5"
Observation:[('USA', 4266), ('United Kingdom', 521), ('China', 475), ('Russia', 100), ('Japan', 61)]
Thought:The countries or regions with the highest number of low Earth orbit satellites are the USA, United Kingdom, China, Russia, and Japan.
The number of low Earth orbit satellites for each country or region are 4266, 521, 475, 100, and 61 respectively.
Final Answer:The countries or regions with the highest number of low Earth orbit satellites are the USA, United Kingdom, China, Russia, and Japan.
The number of
low Earth orbit satellites for each country or region are 4266, 521, 475, 100, and 61 respectively.
```

```
> Finished chain.
The countries or regions with the highest number of low Earth orbit satellites are the USA, United Kingdom, China, Russia, and Japan. The number of low Earth orbit satellites for each country or region are 4266, 521, 475, 100, and 61 respectively.
```

结果中,我们将代理执行的不同阶段用不同颜色的字体进行了标记,绿色斜体内容代表代理的思考以及决定执行的动作,蓝色斜体内容代表代理观察到的内容(可以立即为代理执行动作后得到的结果),紫色斜体内容代表代理最终给出的最终回答。在本章后续的章节中,都会使用这些颜色标记来指明代理的执行过程。

观察这个运行结果,我们可以看到 LangChain 提供的 SQL 代理使用了 ReAct 风格的提示词构建方法。ReAct(Reason + Act)方法的主要思想是令 LLM 以交替的方式生成推理追踪和任务特定的行动,并且 LLM 可以与外部工具互动,以获取额外的信息,从而生成更加可靠真实的响应。

具体来说,SQL 代理的响应过程如下:

(1)首先,代理使用“sql_db_list_tables”工具,查看数据库中有哪些表格:

```
Action:sql_db_list_tables
Action Input:""
```

(2)代理观察到的数据库中存在一个 satellite_data 表格,或许能够帮助解决用户的提问,于是确定下一步的行动,进一步查看该表中有哪些可用的列:

```
Observation:satellite_data
Thought:The table "satellite_data" seems relevant to the question. I should query its schema to see what columns are available.
Action:sql_db_schema
Action Input:"satellite_data"
```

(3)代理观察到 satellite_data 表中的各个字段名和类型,并附带返回了 3 条记录作为参考。获取了足够的信息后,LLM 就能够构建出 SQL 语句,然后利用 sql_db_query 工具执行查询:

```
Observation:
CREATE TABLE satellite_data (
    ......
    'Country_of_Operator_or_Owner' TEXT,
```

```
    ......
    'Class_of_Orbit' TEXT,
    ......
)ENGINE = InnoDB DEFAULT CHARSET = utf8
/*
3 rows from satellite_data table:
    ......
* /
Thought:The "satellite_data" table contains information about satel-
lites, including the number of low Earth orbit (LEO) satellites.
I can query this table to find the countries or regions with the highest
number of LEO satellites.
Action:sql_db_query
Action Input:"SELECT Country_of_Operator_or_Owner, COUNT( * ) AS Num_of_
Satellites FROM satellite_data WHERE Class_of_Orbit = 'LEO' GROUP
BY Country_of_Operator_or_Owner ORDER BY Num_of_Satellites DESC LIMIT 5"
```

(4)最后,代理将 SQL 执行得到的结果,整理为自然语言,形成最终的回答:

```
Observation:[('USA', 4266), ('United Kingdom', 521), ('China', 475),
('Russia', 100), ('Japan', 61)]
Thought:The countries or regions with the highest number of low Earth or-
bit satellites are the USA, United Kingdom, China, Russia, and Japan.
The number of low Earth orbit satellites for eachcountry or region are
4266, 521, 475, 100, and 61 respectively.
Final Answer:The countries or regions with the highest number of low Earth
orbit satellites are the USA, United Kingdom, China, Russia, and Japan.
The number of low Earth orbit satellites for each country or region are
4266, 521, 475, 100, and 61 respectively.

 > Finished chain.
```

然而,我们也发现 SQL 代理最后给出的结果是英文,而我们希望能够以中文的自然语言形式输出,因此需要对初始化代理时的默认提示词做出改进:

```
#代码功能:修改代理的提示词前缀来改善代理给出的最终结果

#重新定义的提示词前缀
```

```
custom_prefix = """
你的角色是一个与 SQL 数据库进行交互、分析数据库中的信息的情报分析助手。

根据用户输入的问题,创建一个语法正确的数据库查询语句{dialect}并执行,然后根据
查询得到的结果,整理成中文回答,返回给用户。

记住,使用中文进行回答。

除非用户制定了想要获取的示例数量,总是将你的查询结果限制在最多 {top_k} 个。

你可以按照相关列对结果进行排序,以返回数据库中你最感兴趣的记录。

不要查询某个表的所有列,只查询和问题相关的字段。

你可以使用用来和数据库进行交互的工具。

仅使用以下提供的工具。仅使用下面工具返回的信息来构建您的最终答案。

在执行查询之前,您必须仔细检查您的查询。如果在执行查询时出现错误,请重写查询然
后重试。

不允许执行任何会修改数据库的 SQL 语句,例如,INSERT、UPDATE、DELETE、DROP 等
语句。

如果你认为用户提出的问题似乎和该数据库没有关联,请回答"您的问题似乎与当前数据
库没有关联,很抱歉我无法给出相应回答。"
"""
#重新初始化 SQL Agent
agent_executor = create_sql_agent(
    llm = llm,
    toolkit = toolkit,
    verbose = True,
    agent_type = AgentType.ZERO_SHOT_REACT_DESCRIPTION,
    prefix = custom_prefix,
    top_k = 10
```

```
)
#执行查询
result = agent_executor.run("低轨卫星数量最多的 5 个国家或地区是哪里? 这些国家或地区分别有多少个低轨卫星?")
print(result) # 查看结果
```

最终的输出内容如下(此处省去了代理具体的推理、行动步骤):

```
低轨卫星数量最多的 5 个国家或地区分别是美国(4266 颗)、英国(521 颗)、中国(475 颗)、俄罗斯(100 颗)和日本(61 颗)。
```

至此,我们探索了基于 LangChain 框架与 SQL 数据库交互的两种组件。通过这种灵活的方式,我们可以直接用自然语言查询数据库的内容,充分发挥大语言模型的文本生成能力,并通过 ReAct 风格的提示词提高大语言模型的推理能力,实现对本地数据库中的低轨卫星信息的统计、分析。

### 6.3.2 低轨卫星技术论文分析

本节中,我们将实现对低轨卫星技术论文分析的功能,借助于数据获取阶段形成的本地知识库,让大语言模型分析这些论文的技术要点、技术进展,并总结出技术发展趋势。

#### 1. 检索式问答链

我们尝试使用 LangChain 的检索式问答链组件(RetrievalQA),基于 6.2.2 节的本地知识库,进行低轨卫星技术论文分析。

首先,我们从本地路径加载向量数据库,然后定义一个检索器,使用相似性检索:

```
from langchain.embeddings.huggingface import HuggingFaceEmbeddings
from langchain.vectorstores import FAISS

#本地向量数据库存储的路径
vector_store_path = 'FAISS/satellite_paper_store'
embeddings = HuggingFaceEmbeddings(model_name = 'moka-ai/m3e-base')
#加载向量数据库
db = FAISS.load_local(vector_store_path, embeddings)
#定义检索器,使用相似性检索
retriever = db.as_retriever(search_type = "similarity", search_kwargs = {"k": 4})
```

然后，我们使用 gpt-3.5-turbo 模型，定义出用于分析的大语言模型：

```
from langchain.chat_models import ChatOpenAI
#定义 LLM
llm_model_name ='gpt-3.5-turbo'
llm = ChatOpenAI(model_name = llm_model_name,openai_api_key = OPENAI_
API_KEY, temperature = 0)
```

为了提高 LLM 对文档分析的准确度，我们引入了自定义的提示词模板，告诉大语言模型它的角色和任务：

```
from langchain.prompts import PromptTemplate

#定义 Prompt 模板
template ="""
你的角色是一个低轨卫星技术情报分析助手，请根据以下的上下文片段，使用中文回答最
后的问题。

注意，你必须使用中文进行回答。

如果你不知道答案，只需说不知道，不要试图编造答案。

答案最多使用五个句子。尽量简明扼要地回答。

在回答的最后一定要说"感谢您的提问！"

上下文片段：{context}

问题：{question}

有用的回答：
"""
QA_CHAIN_PROMPT = PromptTemplate.from_template(template)
```

最后就可以使用 RetrievalQA，构建出一个检索问答链。

```
#定义一个检索式问答链
qa_chain = RetrievalQA.from_chain_type(
```

```
    llm=llm,
    return_source_documents=True,
    retriever=retriever,
    chain_type_kwargs={"prompt": QA_CHAIN_PROMPT}
)

#进行低轨卫星技术分析
question ="高频段的低轨卫星网络有哪些关键技术?"
result = qa_chain({"query": question})
print(result["result"])
```

在代码的后半段,我们尝试让大语言模型分析高频段的低轨卫星网络的关键技术,可以得到如下的结果:

```
高频段的低轨卫星网络的关键技术包括:
1. 较高的传输功率和天线增益:在高频段,VSAT 或 ESIM 设备可以提供比传统设备更高的传输功率和天线增益,以增强信号传输能力。
2. 大型空间天线:为了在低频段下降功率时减小对用户设备的影响,需要在空间中使用较大的天线,以提供与下行链路相当的上行链路接收功率。
3. 高效的卫星载荷设计:由于不同频段的技术限制和设计参数不同,目前在卫星载荷中同时覆盖两个频段被认为是不切实际的。因此,需要根据所选频段的特点,设计相应的卫星载荷。
4. 高速的星间链路(ISLs):通过使用高速的星间链路,可以实现卫星之间的直接通信,减少地面网关的数量,降低基础设施和运营成本,并为远离沿海地区的海洋提供服务。
5. 太阳能电池板:为了满足卫星的能源需求,需要使用太阳能电池板进行充电。

感谢您的提问!
```

基于本地已有的知识库,我们也可以询问 LLM,未来的技术发展和应用趋势:

```
question = "未来低轨卫星通信技术在哪些领域会有更强大的应用?"
result = qa_chain({"query": question})
print(result["result"])
```

输出结果:

```
未来低轨卫星通信技术将在以下领域有更强大的应用:
```

```
1. 互联网接入:低轨卫星通信技术可以提供全球范围内的高速互联网接入,尤其是在偏远地区和发展中国家,填补数字鸿沟。

2. 物联网(IoT):低轨卫星通信技术可以支持大规模的物联网应用,实现智能城市、智能交通、智能农业等领域的连接和数据传输。

3. 紧急救援和灾害响应:低轨卫星通信技术可以提供快速、可靠的通信网络,用于紧急救援和灾害响应,帮助救援人员进行协调和救援行动。

4. 科学研究和探索:低轨卫星通信技术可以支持科学研究和探索任务,如天文观测、地球观测和空间探测,提供高质量的数据传输和通信能力。

5. 军事和国防:低轨卫星通信技术可以用于军事和国防应用,提供安全、抗干扰的通信网络,支持军事指挥、情报收集和战场通信。

感谢您的提问!
```

### 2. 使用代理

我们使用检索式问答链的时候不难发现,大语言模型只是对本地的知识库进行检索分析,自身不能获取到新的论文知识。它对于逻辑推理、计算和检索外部信息的能力较弱。对于这一点,LangChain 提供了强大的代理模块,允许大语言模型使用一些外部工具来克服自身存在的缺陷,更加灵活地实现情报分析功能。代理作为语言模型的外部模块,可提供计算、逻辑、检索等功能的支持,使语言模型获得异常强大的推理和获取信息的超能力。

本节我们将定义一个能够连网查找 arXiv 论文网站的代理,用户通过这个代理,一方面可以直接对本地知识库进行分析查询,另一方面也能实时搜索新的论文,对新的论文进行分析。实现一个智能代理,至少需要构建出三个部分:一个基本的 LLM、LLM 能够使用并进行交互的工具集合 Tools,以及一个控制语言模型和工具集合交互的代理。除此以外,我们对代理执行体增加了记忆和系统消息提示词,帮助其更准确地和用户交互。

注意,这里的所有代码都定义在了一个 Jupyter Notebook 程序文件中,每段代码即为一个代码块。

1)定义基本的 LLM

我们尝试使用 OpenAI 的“GPT-4”模型的 API,相对于原先使用的“GPT-3.5-turbo”模型,能够处理更长的上下文信息,对提示词的理解能力也更加强大。

```
from langchain.chat_models import ChatOpenAI
#定义 LLM
llm_model_name ='gpt-4'
llm = ChatOpenAI(model_name = llm_model_name, openai_api_key=OPENAI_
API_KEY, temperature = 0)# 填入您自己的 openai api key
```

2)定义工具集合 Tools

LangChain 提供了多种自定义工具的方式,本节我们使用了两种方式。第一种是使用 Tool 数据包,直接初始化工具类的实例。第二种就是使用 LangChain tool 函数装饰器,可以应用于任何函数,将函数转化为 LangChain 工具,使其成为可以被代理调用的工具。为此,我们需要给函数加上非常详细的描述字符串,让代理能够清楚地知道在什么情况下、如何使用该工具。

```
#导入 tool 函数装饰器
from langchain.agents import tool
#导入 Tool 数据包
from langchain.tools import Tool
```

实现这些工具之前,我们先考虑需要实现的功能。第一,和应用检索式问答链的情景一样,代理可以检索本地的知识库,对用户提出的问题进行初步回答,所以需要有一个能构造出这个检索式问答链的工具。第二,如果用户不满足于本地数据库中已有的论文,想要查看最新的一些技术论文,我们就需要定义一个可以调用 arXiv 查询 API 的工具,能根据用户输入的关键词进行检索,并返回部分文章内容供用户参考。第三,用户也会想对某一篇特定论文进行查询和提问,这篇论文可能已经在我们前面构建出的本地知识库中,也可能不存在,所以我们应当先有一个查询本地论文数据库的工具,如果不在本地,那么我们再用一个 arXiv 单篇论文检索的工具,并将这篇论文下载后保存在本地,扩展我们的本地知识库。

基于以上的思考,我们便可以定义出以下一些工具。

(1)leo_satellite_papers_QA 工具:加载本地的向量数据库,并使用相似性检索来回答用户的提问。我们先定义出一个检索式问答链,其中的语言模型就使用前一步定义出的 LLM:

```
#代码功能:构建加载本地向量数据库进行问答的工具,使用一个检索式问答链

from langchain.embeddings.huggingface import HuggingFaceEmbeddings
from langchain.vectorstores import FAISS
from langchain.chains import RetrievalQA
from langchain.prompts import PromptTemplate
from langchain.chat_models import ChatOpenAI

vector_store_path = 'FAISS/satellite_paper_store'# 此处换成您自己的本地向量数据库路径
embeddings = HuggingFaceEmbeddings(model_name='moka-ai/m3e-base')
#加载向量数据库
db = FAISS.load_local(vector_store_path, embeddings)
#定义检索器,使用相似性检索
total_retriever = db.as_retriever(search_type="similarity", search_kwargs = {"k": 4})
#定义 Prompt 模板
template ="""
你的角色是一个低轨卫星技术情报分析助手,请根据以下的上下文片段,使用中文回答最后的问题。

注意,你必须使用中文进行回答。

如果输入中有指明论文标题,尽量选择 metedata 和论文标题相符合的上下文片段进行参考。

如果你不知道答案,只需说不知道,不要试图编造答案。

答案最多使用五个句子。尽量简明扼要地回答。

上下文片段:{context}

问题:{question}

有用的回答:
"""
```

```
QA_CHAIN_PROMPT = PromptTemplate.from_template(template)
#定义一个检索式问答链
qa_chain = RetrievalQA.from_chain_type(
    llm=llm,
    return_source_documents=True,
    retriever=total_retriever,
    chain_type="stuff",
    chain_type_kwargs={"prompt": QA_CHAIN_PROMPT}
)
```

然后利用 Tool 数据包的初始化函数，将问答链封装成一个 Tool 类型的对象：

```
#代码功能：将前一段代码中的检索式问答链封装为代理可以使用的工具(Tool 类型)

from langchain.tools import Tool
qa_tool  =Tool (
                func=qa_chain,
                name="leo_satellite_papers_QA",
                description="你应当使用这个工具来加载本地向量数据库的检索
器，进行增强式检索，回答低轨卫星相关的技术问题。输入必须是一个完整的问题。")
```

(2) search_arxiv_by_keyword 工具：该工具可以根据输入的关键词搜索 arXiv 论文网站，打印并返回前 5 个搜索结果。使用 Tool 函数装饰器，这样我们可以直接将函数名作为一个工具类的实例对象进行调用。

```
#代码功能：构建通过关键词检索 arXiv 论文网站的工具

import feedparser
import urllib.request

@ tool
def search_arxiv_by_keyword(key: str) ->list:
    """
    用户如果输入某些技术关键词(不是论文标题)，想要获取相关的参考论文时，你应当使
用这个工具，根据关键词搜索 arxiv，返回前 5 个搜索结果。\
    该函数调用 arXiv 论文网站的检索 API，返回多个检索结果的列表。\
```

```
    函数的输入一定是一个非空的字符串,代表要搜索的关键词。记得将关键词提前翻译
成英文。\
    函数的输出是一个搜索结果的列表,包括 5 个元素。
    """
    #定义搜索参数
    search_query = key
    print(search_query)
    start = 0
    max_results = 5
    #搜索结果
    search_result = []
    #使用 urllib.parse.quote()函数对搜索查询进行编码
    search_query = urllib.parse.quote(search_query)
    query = f'http://export.arxiv.org/api/query?search_query=all:
{search_query}&start={start}&max_results={max_results}'
    print(query)
    #发送请求并解析返回的 RSS feed
    response = urllib.request.urlopen(query).read()
    feed = feedparser.parse(response)
    print("以下是搜索的结果:\n")
    #遍历所有的论文
    for entry in feed.entries:
        r = {
            'title': entry.title,
            'authors': [author.name for author in entry.authors],
            'published': entry.published,
            'summary': entry.summary,
            'link': entry.link
        }
        search_result.append(r)
        print('论文标题: %s' % entry.title)
        print('作者: %s' % ', '.join(author.name for author in entry.au-
thors))
        print('出版时间: %s' % entry.published)
        print('摘要: %s' % entry.summary)
```

```
        print('链接: %s' % entry.link)
        print('\n')
    return search_result
```

(3)find_paper_in_local_database 工具:根据论文的标题来检索本地是否存在某一篇论文。如果存在,则返回 True,如果不存在则返回 False。

```
#代码功能:构建根据论文标题查找本地知识库的工具

import os
import difflib

@tool
def find_paper_in_local_database(filename: str) -> bool:
    """
    用户输入某个文章的标题,你应当先使用这个函数,查找本地是否已经存在这篇文章
    该函数返回 bool 值,用于判断输入的文件名是否在本地数据库中。\
    输入应当是一个非空的字符串。\
    如果返回'True',说明查找的文件已经在本地数据库中,\
    如果返回'False',说明查找的文件不在本地数据库中。
    """
    #加载下载目录中的所有 pdf 文档
    files = []
    #存储匹配度最高的文件名和相似度
    best_match = ""
    best_similarity = 0.0
    for root, dirs, files in os.walk("data/satellite_papers"):  #此处更改
为您自己的论文保存到本地的路径
        for file in files:
            if file.endswith('.pdf'):
                similarity = difflib.SequenceMatcher(None, filename,
file).ratio()
                #更新匹配度最高的文件名和相似度
                if similarity > best_similarity:
                    best_similarity = similarity
                    best_match = file
```

```
    #输出匹配度最高的文件名
    if best_similarity > 0.8:
        print(f"最匹配的文件是: {best_match},相似度: {best_similarity}")
        return True
    else:
        print("未找到匹配的文件。")
        return False
```

(4)search_arxiv_by_title 工具:实现根据标题搜索 arXiv 网站,将第一篇论文(也就是最匹配的一篇论文)保存到本地,并向本地向量数据库中添加对应的新数据。

首先,和数据获取阶段类似,我们额外定义了一个 clean_filename 函数用来处理下载的文档标题和文件命名规则冲突的问题。

```
#代码功能:定义一个函数来清理文件名
def clean_filename(filename):
    #删除或替换文件名中的不合法字符
    for char in ['\\', '/', ':', '*', '?', '"', '<', '>', '|', '\n']:
        filename = filename.replace(char,"_")
    #检查文件名的长度,如果超过255个字符,则截取前255个字符
    if len(filename) > 255:
        filename = filename[:255]
    return filename
```

然后,我们也额外定义了一个对新下载的文档进行文本分割、向量化,并更新本地向量数据库的函数 update_loacal_faiss_by_new_file。

```
#代码功能:将新下载的文档数据更新到本地向量数据库中
from langchain.document_loaders import PyPDFLoader
from langchain.embeddings.huggingface import HuggingFaceEmbeddings
from langchain.text_splitter import RecursiveCharacterTextSplitter
from langchain.vectorstores import FAISS

def update_loacal_faiss_by_new_file(new_file):
    loader = PyPDFLoader(new_file)
    document = loader.load()
    chunk_size = 1000#设置块大小
```

```
    chunk_overlap = 300#设置块重叠大小
    #初始化递归字符文本分割器
    r_splitter = RecursiveCharacterTextSplitter(
        chunk_size=chunk_size,
        chunk_overlap=chunk_overlap
    )
    split_text = r_splitter.split_documents(document)
    #加载原有的向量数据库
    vector_store_path = 'FAISS/satellite_paper_store'
    embeddings = HuggingFaceEmbeddings(model_name='moka-ai/m3e-base')
    db = FAISS.load_local(vector_store_path, embeddings)
    #添加新的文档
    db.add_documents(split_text)
    #重新保存在本地
    db.save_local(vector_store_path)
```

最后我们利用 Tool 函数装饰器定义出该工具：

```
#代码功能:构建从 arXiv 网站上查找论文并将第一篇结果下载到本地的工具
@tool
def search_arxiv_by_title(paper_title: str) -> bool:
    """
    如果你调用'find_paper_in_local_database'时返回 false,那么你应当使用这个工具,根据标题搜索 arxiv,获得的第一篇论文并保存到本地,并将文本加入本地的向量数据库中。\
    函数的输入一定是一个非空字符串,代表要搜索的论文的标题。\
    该函数会调用 arXiv 的检索 API,进行搜索,并将第一个搜索结果保存在本地中。\
    同时,还会对新的文档内容进行分割、向量化,加入本地的向量数据库,更新本地的向量数据库。\
    函数的返回值是 bool 类型,如果在 arXiv 上找到了论文且成功下载,将返回 True,否则返回 False。
    """
    #你的搜索关键词,这里假设为论文标题
    search_query = paper_title
    #下载的论文的路径,未找到的话就是 None
    filename_1 = None
    #使用 urllib.parse.quote()函数对搜索查询进行编码
```

```
    search_query = urllib.parse.quote(search_query)
    #构造 API URL
    url = f"http://export.arxiv.org/api/query?search_query=all:{search_query}"
    #发送 GET 请求
    response = urllib.request.urlopen(url).read()
    #解析响应内容
    feed = feedparser.parse(response)
    #获取第一篇论文
    if len(feed.entries) > 0:
        entry = feed.entries[0]
        #打印论文的基本信息
        print('论文标题: %s' % entry.title)
        print('作者: %s' % ', '.join(author.name for author in entry.authors))
        print('出版时间: %s' % entry.published)
        print('摘要: %s' % entry.summary)
        print('链接: %s' % entry.link)
        print('\n')
        Filename = entry.title
        filename = clean_filename('%s.pdf' % filename)
        filename = os.path.join("data/satellite_papers/", filename)
        #获取 PDF 链接
        for link in entry.links:
            if link.rel == "related" and "pdf" in link.title:
                pdf_url = link.href
                print("PDF URL:", pdf_url)
                #下载 PDF
                response = urllib.request.urlopen(pdf_url)
                file_data = response.read()
                with open(filename,'wb') as file:
                    file.write(file_data)
                print(f"下载第一篇论文到 {filename}")
                #更新本地的 FAISS 向量数据库
                update_loacal_faiss_by_new_file(filename)
```

```
        return True
    else:
        print("未找到相关论文")
        return False
```

综合以上的4个工具,我们定义出tools集合:

```
tools = [
    find_paper_in_local_database,
    search_arxiv_by_keyword,
    search_arxiv_by_title,
    qa_tool
]
```

3)定义代理Agent——加入记忆模块和系统消息

为了进一步增强代理的功能,我们加入记忆模块和系统消息的提示词。前者可以让代理把之前的对话内容作为上下文消息,作为大语言模型本轮回答的参考,后者可以给代理一些全局的指导,帮助它更好地理解自定义工具的使用场景和输入输出要求。

记忆和系统消息都需要定义如下的memory_key:

```
#记忆和提示词均需要这个属性
memory_key = "history"
```

(1)记忆。

我们不仅想要代理能够记住之前和用户的对话,也要能记住之前执行的各个动作(调用工具的过程),因此可以使用AgentTokenBufferMemory类,参数为memory_key和llm:

```
from langchain.agents.openai_functions_agent.agent_token_buffer_memory
import (
    AgentTokenBufferMemory,
)
#定义存储模块
memory = AgentTokenBufferMemory(memory_key=memory_key, llm=llm)
```

(2)提示词模板。

首先,我们定义出系统消息system_message,用于给代理下达全局的指导:

```
from langchain.schema.messages import SystemMessage
#重新定义系统消息,指导语言模型
system_message = SystemMessage(
    content = (
        """
        你的角色是一个低轨卫星技术论文的分析人员。\
        尽最大努力回答用户的提问。\
        你可以使用工具中对回答有帮助的函数,但是要注意工具的调用顺序。\
        如果用户询问比较普遍的技术问题,而没有指明“最新的”、“最近的”等字眼,你
要优先使用'leo_satellite_papers_QA'工具检索本地的知识库,将用户最开始的完整
提问作为工具的输入,尽力给出回答。\
        如果用户指定询问某一篇论文,无论 histrory 上下文中是否有相关信息,你都
需要先使用'find_paper_in_local_database'工具了解该文章是否在本地数据库
中。\
        如果你发现这篇论文并不在本地的数据库中时,请使用'search_arxiv_by_ti-
tle'工具,从网络上获取到论文并保存在本地,更新本地向量数据库。\
    然后使用'leo_satellite_papers_QA'工具加载本地的向量数据库,将用户最开始
的完整提问作为工具的输入。\
        """
    )
)
```

接着,我们需要使用 OpenAIFunctionsAgent 类来创建代理,因为它有一个 create_prompt 方法来创建完整的提示词,可以传入我们定义的系统消息以及内存存储的占位符。

```
from langchain.agents.openai_functions_agent.base import OpenAIFunction-
sAgent
from langchain.prompts import MessagesPlaceholder
#对提示词进行封装,extra_prompt_messages 参数中使用了存储的占位符,会将存储的
过程作为上下文信息,和系统消息一起发给大模型,以指导其生成答案
prompt = OpenAIFunctionsAgent.create_prompt(
    system_message = system_message,
    extra_prompt_messages = [MessagesPlaceholder(variable_name = memory_
key)],
)
```

(3)代理。

我们使用一开始定义的语言模型 llm、工具集合 tools 和提示词 prompt,构建出一个 OpenAIFunctionsAgent 代理:

```
#使用 OpenAIFunctionsAgent
agent = OpenAIFunctionsAgent(llm=llm, tools=tools,prompt=prompt)
```

4)代理执行器 Agent Executor

最后,我们低轨卫星技术分析代理的各个部件已经定义完毕,就可以创建一个代理执行器(Agent Executor)。代理执行器是代理的运行环境,能够调用代理并执行代理选择的动作,同时负责处理一些出错的复杂情况,记录决策和工具调用的观察和日志。

注意,我们传入 return_intermediate_steps 参数为 True,表示在最后返回代理决策、推理和执行的中间步骤,以及最终输出,因为我们正在使用内存对象记录这个过程。

```
agent_executor = AgentExecutor(
    agent=agent,
    tools=tools,
    memory=memory,  #使用内存对象,保存用户对话历史和执行动作的历史
    handle_parsing_errors=True,  #处理解析错误
    verbose=True,  #在控制台显示推理和决策过程
    return_intermediate_steps=True,  #在最后返回代理的中间步骤轨迹,以及最终输出。
    max_iterations=5,  #最大迭代次数(执行动作的次数)
)
```

5)测试我们的代理

至此,我们已经定义出了一个低轨卫星技术分析代理,可以尝试对它进行一些提问:

```
result = agent_executor({"input":"高频段的低轨卫星网络有哪些关键技术?"})
```

日志输出如下:

```
> Entering new AgentExecutor chain...

Invoking:'leo_satellite_papers_QA' with '高频段的低轨卫星网络有哪些关键技术?'
```

```
{'query':'高频段的低轨卫星网络有哪些关键技术？ ', 'result': '高频段的低轨卫星网络的关键技术包括设计能覆盖两种不同频谱范围(即,低于6吉赫和Ku/Ka频段)的卫星载荷,这在可预见的未来被认为是不切实际的。在6吉赫以下的应用场景中,为了最小化对用户设备的影响,空间中相对较大的天线是第一个关键技术,它可以提供相当的上行和下行接收功率。另一方面,即使VSAT或ESIM设备可以在高频段提供比传统设备更高的传输功率和天线增益。', 'source_documents':(此处过长省略)})]}

高频段的低轨卫星网络的关键技术包括设计能覆盖两种不同频谱范围(即,低于6吉赫和Ku/Ka频段)的卫星载荷,这在可预见的未来被认为是不切实际的。在6吉赫以下的应用场景中,为了最小化对用户设备的影响,空间中相对较大的天线是第一个关键技术,它可以提供相当的上行和下行接收功率。另一方面,即使VSAT或ESIM设备可以在高频段提供比传统设备更高的传输功率和天线增益。这些信息来自以下论文:

1. [On-board Federated Learning for Satellite Clusters with Inter-Satellite Links](https://arxiv.org/abs/2305.04059)
2. [Performance Analysis of Novel Direct Access Schemes for LEO Satellites Based IoT Network](https://arxiv.org/abs/2305.04059)
3. [Distributed Massive MIMO for LEO Satellite Networks](https://arxiv.org/abs/2305.04059)
4. [On the Path to 6G: Embracing the Next Wave of Low Earth Orbit Satellite Access](https://arxiv.org/abs/2305.04059)

> Finished chain.

{'input': '高频段的低轨卫星网络有哪些关键技术？ ', 'history': [HumanMessage(content='高频段的低轨卫星网络有哪些关键技术？ '), AIMessage(content='', additional_kwargs={'function_call': {'name': 'leo_satellite_papers_QA', 'arguments': '{\n  "__arg1": "高频段的低轨卫星网络有哪些关键技术?"\n}'}}), FunctionMessage(content="{'query': '高频段的低轨卫星网络有哪些关键技术？ ', 'result': '高频段的低轨卫星网络的关键技术包括设计能覆盖两种不同频谱范围(即,低于6吉赫和Ku/Ka频段)的卫星载荷,这在可预见的未来被认为是不切实际的。在6吉赫以下的应用场景中,为了最小化对用户设备的影响,空间中相对较大的天线是第一个关键技术,它可以提供相当的上行和下行接收功率。另一方面,即使VSAT或ESIM设备可以在高频段提供比传统设备更高的传输功率和天线增益。', 'source_documents': [……]}", name='leo_satellite_papers_QA'), AIMessage(content=
```

'高频段的低轨卫星网络的关键技术包括设计能覆盖两种不同频谱范围(即,低于 6 吉赫和 Ku/Ka 频段)的卫星载荷,这在可预见的未来被认为是不切实际的。在 6 吉赫以下的应用场景中,为了最小化对用户设备的影响,空间中相对较大的天线是第一个关键技术,它可以提供相当的上行和下行接收功率。另一方面,即使 VSAT 或 ESIM 设备可以在高频段提供比传统设备更高的传输功率和天线增益。这些信息来自以下论文:\n \n1. [On - board Federated Learning for Satellite Clusters with Inter - Satellite Links](https://arxiv.org/abs/ 2305.04059) \n2. [Performance Analysis of Novel Direct Access Schemes for LEO Satellites Based IoT Network](https://arxiv.org/abs/ 2305.04059) \n3. [Distributed Massive MIMO for LEO Satellite Networks](https://arxiv.org/abs/ 2305.04059) \n4. [On the Path to 6G: Embracing the Next Wave of Low Earth Orbit Satellite Access](https://arxiv.org/abs/ 2305.04059)')], 'output': '高频段的低轨卫星网络的关键技术包括设计能覆盖两种不同频谱范围(即,低于 6 吉赫和 Ku/Ka 频段)的卫星载荷,这在可预见的未来被认为是不切实际的。在 6 GHz 以下的应用场景中,为了最小化对用户设备的影响,空间中相对较大的天线是第一个关键技术,它可以提供相当的上行和下行接收功率。另一方面,即使 VSAT 或 ESIM 设备可以在高频段提供比传统设备更高的传输功率和天线增益。这些信息来自以下论文:\n \n1. [On - board Federated Learning for Satellite Clusters with Inter - Satellite Links](https://arxiv.org/abs/ 2305.04059) \n2. [Performance Analysis of Novel Direct Access Schemes for LEO Satellites Based IoT Network](https://arxiv.org/abs/ 2305.04059) \\n3. [Distributed Massive MIMO for LEO Satellite Networks](https://arxiv.org/abs/ 2305.04059) \n4. [On the Path to 6G: Embracing the Next Wave of Low Earth Orbit Satellite Access](https://arxiv.org/abs/ 2305.04059)', 'intermediate_steps': [(AgentActionMessageLog(tool = 'leo_satellite_papers_QA', tool_input = '高频段的低轨卫星网络有哪些关键技术?', log = '\nInvoking: 'leo_satellite_papers_QA' with '高频段的低轨卫星网络有哪些关键技术?'\n \n \n', message_log = [AIMessage(content = '',
additional_kwargs = {'function_call': {'name': 'leo_satellite_papers_QA', 'arguments': '{\n "_arg1": "高频段的低轨卫星网络有哪些关键技术?"\n}'}})]),
{'query': '高频段的低轨卫星网络有哪些关键技术?', 'result': '高频段的低轨卫星网络的关键技术包括设计能覆盖两种不同频谱范围(即,低于 6 GHz 和 Ku/Ka 频段)的卫星载荷,这在可预见的未来被认为是不切实际的。在 6 吉赫以下的应用场景中,为了最小化对用户设备的影响,空间中相对较大的天线是第一个关键技术,它可以提供相当的上行和下行接收功率。另一方面,即使 VSAT 或 ESIM 设备可以在高频段提供比传统设备更高的传输功率和天线增益。', 'source_documents': []})]}

链结束后的 result 输出中，input 为此次用户输入的问题，history 为我们加入的记忆模块，它记忆了每次代理执行动作的过程和日志记录，不仅包括用户的输入 Human Message，还包括了大模型执行过程中的信息 AI Message 和工具执行的信息 Function Message。我们可以查看 result 中的 output 字段，来准确显示出代理最终给出的结果：

```
result["output"]
```

```
'高频段的低轨卫星网络的关键技术包括设计能覆盖两种不同频谱范围(即,低于 6 吉赫和 Ku/Ka 频段)的卫星载荷,这在可预见的未来被认为是不切实际的。在 6 吉赫以下的应用场景中,为了最小化对用户设备的影响,空间中相对较大的天线是第一个关键技术,它可以提供相当的上行和下行接收功率。另一方面,即使 VSAT 或 ESIM 设备可以在高频段提供比传统设备更高的传输功率和天线增益。这些信息来自以下论文:\n \n1. [On-board Federated Learning for Satellite Clusters with Inter-Satellite Links](https://arxiv.org/abs/2305.04059)\n2. [Performance Analysis of Novel Direct Access Schemes for LEO Satellites Based IoT Network](https://arxiv.org/abs/2305.04059)\n3. [Distributed Massive MIMO for LEO Satellite Networks](https://arxiv.org/abs/2305.04059)\n4. [On the Path to 6G: Embracing the Next Wave of Low Earth Orbit Satellite Access](https://arxiv.org/abs/2305.04059)'
```

进一步地，我们再询问代理“推荐一些有关的高频段的低轨卫星网络的论文”，输出中可以看出代理调用了 search_arxiv_by_keyword 这个工具，并且工具的输入参数为“low earth orbit satellite network architecture”，自动地将输入的中文关键词转为了英文关键词，并返回了 5 篇相应的论文。

```
result = agent_executor({"input": "推荐一些有关的高频段的低轨卫星网络的论文"})

> Entering new AgentExecutor chain...

Invoking: `search_arxiv_by_keyword` with `{'key': 'high frequency band LEO satellite network'}`


high frequency band LEO satellite network
http://export.arxiv.org/api/query?search_query=all:high%20frequency%20band%20LEO%20satellite%20network&start=0&max_results=5
```

以下是搜索的结果:

论文标题: Economic Theoretic LEO Satellite Coverage Control: An Auction - based Framework
作者: Junghyun Kim, Thong D. Ngo, Paul S. Oh, Sean S. - C. Kwon, Changhee Han, Joongheon Kim
出版时间: 2020 - 09 - 21T05:37:35Z
摘要: Recently, ultra - dense low earth orbit (LEO) satelliteconstellation over high - frequency bands has considered as one ofpromising solutions to sup-ply
coverage all over the world. Givensatellite constellations, efficient beam coverage schemes should beemployed at satellites to provide seamless services and full - viewcoverage. In LEO systems, hybrid wide and spot beam coverageschemes are generally used, where the LEO provides a widebeam for large area coverage and additional several steering spotbeams for high speed data access. In this given setting, schedulingmultiple spot beams is essentially
required. In order to achievethis goal, Vickery - Clarke - Groves (VCG) auction - based trustfulalgorithm is proposed in this paper for scheduling multiple spotbeams for more efficient seamless services and full - view coverage.
链接: http://arxiv.org/abs/2009.09619v1

论文标题: Enabling Resilient and Real - Time Network Operations in Space: A Novel
Multi - Layer Satellite Networking Scheme
作者: Peng Hu
出版时间: 2022 - 12 - 07T15:47:09Z
摘要: ……

……

[{'title': 'Economic Theoretic LEO Satellite Coverage Control: An Auction -based \n Framework', 'authors': ['Junghyun Kim', 'Thong D Ngo', 'Paul S Oh', 'Sean S. -C. Kwon', 'Changhee Han', 'Joongheon Kim'], 'published': '2020-09-21T05:37:35Z', 'summary': 'Recently, ultra-dense low earth orbit (LEO) satelliteconstellation over \nhigh-frequency bands has considered as one ofpromising solutions to supply \ncoverage all over the world ……', 'link': 'http://arxiv org/abs/2009 09619v1'}, ……]

以下是一些与高频段的低轨卫星网络相关的论文:

1. [Economic Theoretic LEO Satellite Coverage Control: An Auction-based Framework](http://arxiv org/abs/2009 09619v1) -该论文讨论了高频段的超密集低轨道(LEO)卫星星座作为提供全球覆盖的有希望的解决方案。

2. [Enabling Resilient and Real-Time Network Operations in Space: A Novel Multi - Layer Satellite Networking Scheme] (http://arxiv org/abs/2212 03729v1) - 这篇论文提出了一个基于多层卫星网络的新方案,考虑了卫星平台上的先进 Ka 波段和光通信有效载荷。

3. [Caching Through the Skies: The Case of LEO Satellites Connected Edges for 6G and Beyond](http://arxiv. org/abs/2303 12895v1) -这篇论文讨论了低轨道(LEO)卫星与地面网络的部署,可以提高从数据中心到由 6G 及更高版本的宏基站托管的边缘缓存的数据中继的效率,并降低成本。

4. [A Graph-Based Customizable Handover Framework for LEO Satellite Networks](http://arxiv org/abs/2211 07872v1) -这篇论文提出了一个基于图的可定制的 LEO 卫星网络切换框架,该框架在选择保持 QoS 的切换序列时,同时考虑了切换时机和目标。

5. [Reconfigurable Intelligent Surfaces Empowered THz Communication in LEO Satellite Networks](http://arxiv. org/abs/2007. 04281v5) - 这篇论文讨论了如何利用可重构智能表面(RIS)来控制太赫兹(THz)带的传播条件,以充分利用其潜力。

以上论文都可以在 arXiv 上免费获取。

> Finished chain.

根据代理给出的结果,我们对其中的某一篇文章进行提问:

```
result = agent_executor({"input": "详细介绍一下"Enabling Resilient and Real-Time Network Operations in Space: A Novel Multi-Layer Satellite Networking Scheme"这篇论文中提出的多层卫星网络"})
```

得到的日志输出如下:

```
> Entering new AgentExecutor chain...

Invoking: `find_paper_in_local_database` with `{'filename': 'Enabling Resilient and Real-Time Network Operations in Space: A Novel Multi-Layer Satellite Networking Scheme'}`

最匹配的文件是: Enabling Resilient and Real-Time Network Operations in Space_ A Novel_Multi-Layer Satellite Networking Scheme.pdf, 相似度: 0.9642857142857143
True
Invoking: `leo_satellite_papers_QA` with `详细介绍一下"Enabling Resilient and Real-Time Network Operations in Space: A Novel Multi-Layer Satellite Networking Scheme"这篇论文中提出的多层卫星网络`

{'query': '详细介绍一下"Enabling Resilient and Real-Time Network Operations in Space: A Novel Multi-Layer Satellite Networking Scheme"这篇论文中提出的多层卫星网络', 'result': '这篇论文提出了一种基于多层卫星网络的新方案,以应对低轨道(LEO)卫星实时、可靠、弹性运行的紧迫需求。这个新方案考虑了卫星平台上先进的Ka波段和光通信载荷。提出的方案可以实现高效和弹性的工作操作。此外,论文还提出了两种基于多层卫星网络的卫星网络操作方法,称为LEO-LEO MLSN(LLM)和GEO-LEO MLSN(GLM)。这两种方案的性能在模拟中进行了评估,其中包括24小时的卫星场景和典型的载荷设置,关键指标如延迟和可靠性也在评估中。', 'source_documents': [Document(page_content='Enabling Resilient and Real-Time Network\n\nOperations in Space: A Novel Multi-Layer Satellite\n\nNetworking Scheme\n\nPeng Hu\n\nDigital Technologies Research Center, National Research Council of Canada\n\n1200 Montreal Road, Ottawa, ON K1A 0R6 Canada\n\nFaculty of Mathematics, University of Waterloo\n\n200 University Ave W., Waterloo, ON N2L 3G1 Canada\n\nAbstract—Recently advanced low-Earth-orbit (LEO) satellite\n\nnetworks represented by large constellations and advanced pay-\n\nloads provide great promises for enabling high-
```

```
quality Internet \n \nconnectivity to any place on Earth  ……', metadata =
{'source': 'data/satellite_papers/Enabling Resilient and Real - Time Net-
work Operations in Space_ A Novel_  Multi - Layer Satellite Networking
Scheme pdf'}),……]}

这篇论文提出了一种基于多层卫星网络的新方案,以应对低轨道(LEO)卫星实时、可靠、弹
性运行的紧迫需求。这个新方案考虑了卫星平台上先进的 Ka 波段和光通信载荷。提出
的方案可以实现高效和弹性的工作操作。

此外,论文还提出了两种基于多层卫星网络的卫星网络操作方法,称为 LEO - LEO MLSN
(LLM)和 GEO - LEO MLSN(GLM)。这两种方案的性能在模拟中进行了评估,其中包括 24
小时的卫星场景和典型的载荷设置,关键指标如延迟和可靠性也在评估中。

这篇论文的主要贡献在于提出了一种新的多层卫星网络方案,以满足 LEO 卫星的实时、可
靠和弹性运行需求。这个方案考虑了卫星平台上的先进 Ka 波段和光通信载荷,可以实现
高效和弹性的操作。此外,论文还提出了两种基于多层卫星网络的卫星网络操作方法,称
为 LEO - LEO MLSN(LLM)和 GEO - LEO MLSN(GLM)。这两种方案的性能在模拟中进行了
评估,其中包括 24 小时的卫星场景和典型的载荷设置,关键指标如延迟和可靠性也在评
估中。

> Finished chain.
```

从输出中可以看见,代理首先使用了 find_paper_in_local_database 工具,查找本地知识库发现该论文已经存在(返回 True),于是代理调用 leo_satellite_papers_QA 工具,检索本地向量数据库。最后一段内容就是我们在工具中定义的检索式问答链的执行结果,包括了用户的提问 query、大语言模型整理总结得到的结果 result 以及检索器进行相似性检索得到的源文档 source_documents。然而我们必须提出,由于加载的本地知识库数据较大,且代理与用户交互的过程中,难以根据用户输入的论文标题对相似性检索时的源文档提前进行元数据过滤,所以对文本向量进行检索的时候很可能会检索到其他论文中类似的部分,导致代理最终给出的分析有一些偏差。

我们可以对代理给出的答案中感兴趣的方面继续询问:

```
result = agent_executor({"input": "论文提出的方案是如何使用 Ka 波段和光通
信负载的?"})
result["output"]
```

```
> Entering new AgentExecutorchain...

Invoking:`leo_satellite_papers_QA` with `论文"Enabling Resilient and Real-Time Network Operations in Space: A Novel Multi-Layer Satellite Networking Scheme"是如何使用Ka波段和光通信负载的?`

{'query': '论文"Enabling Resilient and Real-Time Network Operations in Space: A Novel Multi-Layer Satellite Networking Scheme"是如何使用Ka波段和光通信负载的?', 'result': '这篇论文提出了一种基于多层卫星网络的新方案,该方案考虑了卫星平台上的先进Ka波段和光通信负载。由于射频(RF)和光信号关于大气效应的特性,RF和FSO负载预计将互补未来的网络,如6G。这种新的SatNetOps方案可以显著提高TC任务在时序性能、弹性和可靠性方面的效果,并且可以利用LEO/MEO/GEO层的适用卫星网以确保弹性。', 'source_documents': [Document(page_content='Enabling Resilient and Real-Time Network \n \nOperations in Space: A Novel Multi-Layer Satellite \n \nNetworking Scheme \n \nPeng Hu \n \nDigital Technologies Research Center, National Research Council of Canada \n \n1200 Montreal Road, Ottawa, ON K1A 0R6  Canada \n \nFaculty of Mathematics, University of Waterloo \n \n200 University Ave W , Waterloo, ON N2L 3G1  Canada. \n \n……', metadata={'source': 'data/satellite_papers/Enabling Resilient and Real-Time Network Operations in Space_ A Novel_ Multi-Layer Satellite Networking Scheme pdf'}),……]}

这篇论文提出的多层卫星网络新方案,考虑了卫星平台上的先进Ka波段和光通信负载。由于射频(RF)和光信号关于大气效应的特性,RF和FSO负载预计将互补未来的网络,如6G。这种新的SatNetOps方案可以显著提高TC任务在时序性能、弹性和可靠性方面的效果,并且可以利用LEO/MEO/GEO层的适用卫星网以确保弹性。

具体来说,Ka波段和光通信负载的使用主要是为了提高卫星网络的通信效率和可靠性。Ka波段是一种射频通信方式,具有高频率、大带宽的特点,可以提供高速的数据传输服务。而光通信则是利用光信号进行数据传输,具有速度快、抗干扰能力强的优点。这两种通信方式的结合,可以使卫星网络在复杂的空间环境中实现高效、可靠的数据传输。
```

接着我们尝试询问"*Reconfigurable intelligent surfaces empowered THz communication in LEO satellite networks*"这篇文章的关键方法。

```
result = agent_executor({"input": "“Reconfigurable Intelligent Surfaces Empowered THz Communication in LEO Satellite Networks”这篇论文提出的关键方法是什么?"})
```

得到的日志输出如下:

```
> Entering new AgentExecutor chain...

Invoking: `find_paper_in_local_database` with `{'filename': 'Reconfigurable Intelligent Surfaces Empowered THz Communication in LEO Satellite Networks'}`

未找到匹配的文件。
False

Invoking: `search_arxiv_by_title` with `{'paper_title': 'Reconfigurable Intelligent Surfaces Empowered THz Communication in LEO Satellite Networks'}`

论文标题: Reconfigurable Intelligent Surfaces Empowered THz Communication in LEO
  Satellite Networks
作者: Kürşat Tekbıyık, Güneş Karabulut Kurt, Ali Rıza Ekti, Halim Yanikomeroglu
出版时间: 2020-07-08T17:32:26Z
摘要: The revolution in the low Earth orbit (LEO) satellite networks will bring
changes on their communicationmodels and a shift from the classical bent-pipe
architectures to more sophisticated networking platforms. Thanks to
technological advancements in microelectronics and micro-systems, the
terahertz (THz) band has emerged as a strong candidate for inter-satellite
links (ISLs) due to its promise of high data rates. Yet, the propagation
conditions of the THz band need to be properly modeled and controlled by utilizing reconfigurable intelligent surfaces (RISs) to leverage their
full potential. In this work, we first provide an assessment of the use of
```

```
the THz band for ISLs, and quantify the impact of misalignment fading on error performance. Then, in order to compensate for the high path loss associated with high carrier frequencies, and to further improve the signal-to-noise ratio (SNR), we propose the use of RISs mounted on neighboring satellites to enable signal propagation. Based on a mathematical analysis of the problem, we present the error rate expressions for RIS-assisted ISLs with misalignment fading. Also, numerical results show that RIS can leverage the error rate performance and achievable capacity of THz ISLs.
链接: http://arxiv.org/abs/2007.04281v5

PDF URL: http://arxiv.org/pdf/2007.04281v5
下载第一篇论文到 data/satellite_papers/Reconfigurable Intelligent Surfaces Empowered THz Communication in LEO_Satellite Networks.pdf
True

Invoking: `leo_satellite_papers_QA' with '"Reconfigurable Intelligent Surfaces Empowered THz Communication in LEO Satellite Networks"这篇论文提出的关键方法是什么? `

{'query': '"Reconfigurable Intelligent Surfaces Empowered THz Communication in LEO Satellite Networks"这篇论文提出的关键方法是什么? ', 'result': '这篇论文提出的关键方法是利用可重构智能表面(RISs)来最大化低地球轨道(LEO)卫星的覆盖范围,以应对在亚太赫兹(THz)频率下的传播衰减、分子吸收和空间损失等问题。', 'source_documents': [Document(page_content='……', metadata={'source': 'data/satellite_papers/SpaceRIS_ LEO Satellite Coverage Maximization in 6G Sub-THz Networks by_MAPPO DRL and Whale Optimization.pdf'}), Document(page_content='……', metadata={'source': 'data/satellite_papers/Energy-Efficient RIS-Enabled NOMA Communication for 6G LEO Satellite_Networks.pdf'}), Document(page_content='……', metadata={'source': 'data/satellite_papers/Intelligent Reflecting Surface-Aided LEO Satellite Communication_Cooperative Passive Beamforming and Distributed Channel Estimation.pdf'}), Document(page_content='……', metadata={'source': 'data/satellite_papers/RIS-Assisted Energy-Efficient LEO Satellite Communications with NOMA.pdf'})]}
```

```
这篇论文提出的关键方法是利用可重构智能表面(RISs)来最大化低地球轨道(LEO)卫星的覆盖范围,以应对在亚太赫兹(THz)频率下的传播衰减、分子吸收和空间损失等问题。

> Finished chain.
```

日志输出结果中,代理首先使用 find_paper_in_local_database 工具,查找本地数据库发现没有这篇论文。于是它调用 search_arxiv_by_title 工具,从 arXiv 网站上检索得到这篇论文然后下载到本地。根据我们之前编写的函数,新的论文下载到本地的同时,也会更新本地的向量数据库。但其实,笔者尝试之后很难做到代理在和用户交互、迭代推理的过程中重新加载新的向量,因为使用检索问答链的工具时是需要提前加载一个检索问答链实例对象的。所以在之后的一次迭代中,代理进行相似性检索,最后一段输出即为本次相似性检索得到的结果,返回的源文档中并不存在询问的论文的 Document 数据。尽管如此,我们能看到代理依然给出了答案,这可能得益于我们在定义代理执行器的时候,引入了记忆模块,它记住了之前查找 arXiv 网站时,获取到的这些论文的摘要信息,根据摘要得到了答案。

我们可以重新运行一下进行测试之前的所有代码,以重新加载新的向量数据库和代理执行器,再运行一次上述的用户询问,会发现代理给出了有点不同的回答。同时输出的结果中,在代理执行完 leo_satellite_papers_QA 工具输出的检索问答链的结果中,第一个源文档即来自本地保存的"Reconfigurable Intelligent Surfaces Empowered THz Communication in LEO Satellite Networks"这篇文章。

```
result = agent_executor({"input": "“Reconfigurable Intelligent Surfaces Empowered THz Communication in LEO Satellite Networks”这篇论文提出的关键方法是什么?"})
result["output"]
> Entering new AgentExecutor chain...

Invoking:`find_paper_in_local_database` with `{'filename': 'Reconfigurable Intelligent Surfaces Empowered THz Communication in LEO Satellite Networks'}`

最匹配的文件是: Reconfigurable Intelligent Surfaces Empowered THz Communication in LEO_Satellite Networks.pdf,相似度: 0.967391304347826
True
```

```
Invoking: `leo_satellite_papers_QA` with `"Reconfigurable Intelligent Surfaces Empowered THz Communication in LEO Satellite Networks"这篇论文提出的关键方法是什么?`

{'query': '"Reconfigurable Intelligent Surfaces Empowered THz Communication in LEO Satellite Networks"这篇论文提出的关键方法是什么?', 'result': '这篇论文提出的关键方法是利用可重构智能表面(RISs)来模拟和控制太赫兹(THz)频段的传播条件,以充分发挥其在低地球轨道(LEO)卫星网络中的高数据传输率的潜力。', 'source_documents': [Document(page_content='1 \nReconfigurable Intelligent Surfaces Empowered\\nTHz Communication in LEO Satellite Networks\\nKürşat Tekbıyık, Graduate Student Member, IEEE, Günes, Karabulut Kurt, Senior Member, IEEE, \\nAli Rıza Ekti, Senior Member, IEEE, Halim Yanikomeroglu, Fellow, IEEE\\nAbstract—The revolution in the low Earth orbit (LEO) satellite\\nnetworks will bring changes on their communication models\\nand a shift from the classical bent-pipe architectures to more\\nsophisticated networking platforms ……', metadata={'source': 'data/satellite_papers/Reconfigurable Intelligent Surfaces Empowered THz Communication in LEO_ Satellite Networks pdf', 'page': 0}), Document(page_content='……', metadata={'source': 'data/satellite_papers/SpaceRIS_ LEO Satellite Coverage Maximization in 6G Sub-THz Networks by_ MAPPO DRL and Whale Optimization pdf'}), Document(page_content='……', metadata={'source': 'data/satellite_papers/Energy-Efficient RIS-Enabled NOMA Communication for 6G LEO Satellite_ Networks pdf'}), Document(page_content='……', metadata={'source': 'data/satellite_papers/Intelligent Reflecting Surface-Aided LEO Satellite Communication_ Cooperative Passive Beamforming and Distributed Channel Estimation pdf'})]}

这篇论文提出的关键方法是利用可重构智能表面(RISs)来模拟和控制太赫兹(THz)频段的传播条件,以充分发挥其在低地球轨道(LEO)卫星网络中的高数据传输率的潜力。

> Finished chain.

'这篇论文提出的关键方法是利用可重构智能表面(RISs)来模拟和控制太赫兹(THz)频段的传播条件,以充分发挥其在低地球轨道(LEO)卫星网络中的高数据传输率的潜力。'
```

最后，我们尝试让代理基于现有的知识库，对一些技术趋势进行预测。

```
result = agent_executor({"input":"总结一下高频段低轨卫星网络的技术发展趋势"})
result["output"]

> Entering newAgentExecutor chain...

Invoking:`leo_satellite_papers_QA`with`总结一下高频段低轨卫星网络的技术发展趋势`

{'query':'总结一下高频段低轨卫星网络的技术发展趋势','result':'高频段低轨卫星网络的技术发展趋势主要表现在以下几个方面:首先,低轨卫星网络被认为是一种有效的卫星通信手段,其特点是功率低、速度快,平均信号延迟仅为5到10毫秒。其次,建立链接的成本较低,射频功率预算低至100毫瓦,预计平均功率约为0.5瓦。此外,低轨卫星的制造可能提供一种更具可扩展性和经济性的解决方案,因为与传统的地球静止轨道卫星相比,实现低轨道需要的发射器功率更小、体积更小。','source_documents':[(此处省略)]}

高频段低轨卫星网络的技术发展趋势主要表现在以下几个方面:

1 低轨卫星网络被认为是一种有效的卫星通信手段,其特点是功率低、速度快,平均信号延迟仅为5到10毫秒。

2 建立链接的成本较低,射频功率预算低至100毫瓦,预计平均功率约为0.5瓦。

3 低轨卫星的制造可能提供一种更具可扩展性和经济性的解决方案,因为与传统的地球静止轨道卫星相比,实现低轨道需要的发射器功率更小、体积更小。

以上信息来源于以下论文:
- "Distributed Massive MIMO for LEO Satellite Networks"
- "On-board Federated Learning for Satellite Clusters with Inter-Satellite Links"
- "Low Earth Orbit Satellites Provide Continuous EnterpriseData Connectivity"
- "Performance Analysis of Novel Direct Access Schemes for LEO Satellites Based IoT Network"
```

```
> Finished chain.

'高频段低轨卫星网络的技术发展趋势主要表现在以下几个方面：\n \n1. 低轨卫星网络被认为是一种有效的卫星通信手段，其特点是功率低、速度快，平均信号延迟仅为 5 到 10 毫秒。\n \n2. 建立链接的成本较低，射频功率预算低至 100 毫瓦，预计平均功率约为 0.5 瓦。\n \n3. 低轨卫星的制造可能提供一种更具可扩展性和经济性的解决方案，因为与传统的地球静止轨道卫星相比，实现低轨道需要的发射器功率更小、体积更小。\n \n 以上信息来源于以下论文：\n - "Distributed Massive MIMO for LEO Satellite Networks"\n - "On-board Federated Learning for Satellite Clusters with Inter-Satellite Links"\n - "Low Earth Orbit Satellites Provide Continuous Enterprise Data Connectivity"\n - "Performance Analysis of Novel Direct Access Schemes for LEO Satellites Based IoT Network"'
```

## 6.3.3 星链计划开源情报分析

目前，大部分的大语言模型无法连接互联网，模型在回答用户的问题时都是基于预存的语料库，而不是实时数据。例如，我们如果尝试询问 ChatGPT3.5 最新的低轨卫星发射报道，会出现如下的结果，如图 6-5 所示。

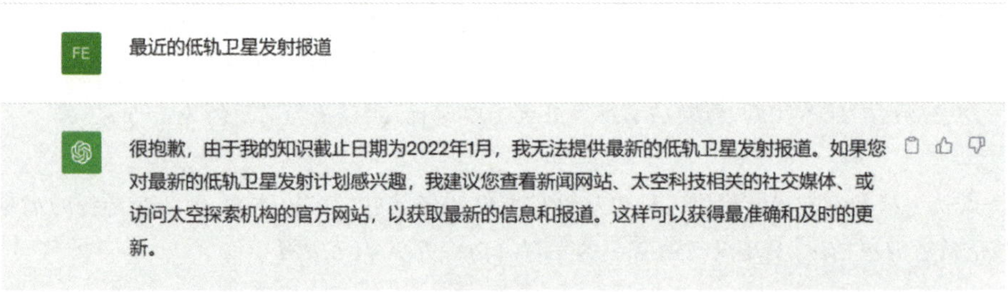

FE 最近的低轨卫星发射报道

很抱歉，由于我的知识截止日期为2022年1月，我无法提供最新的低轨卫星发射报道。如果您对最新的低轨卫星发射计划感兴趣，我建议您查看新闻网站、太空科技相关的社交媒体、或访问太空探索机构的官方网站，以获取最新的信息和报道。这样可以获得最准确和及时的更新。

图 6-5 向 ChatGPT3.5 询问最新的低轨卫星发射报道结果

而在 6.3.1 节中，我们基于已经下载的卫星基本信息 Excel 文件来构建的本地的结构化数据，这些文件缺乏时效性，难以应对现在低轨卫星星座快速的发展和层出不穷的情报信息。更多的时候，我们希望能抓取某个感兴趣的网页内容，分析网页上较新的新闻报道，来掌握当前的低轨卫星发展现状。

本节我们将以目前最热门的低轨卫星星座建设项目——“星链”计划为分析对象，继续扩展大语言模型的应用。通过 LangChain 框架调用外部的工具，实现网页信息抓取(图6-6)和网络搜索,再利用LLM的自然语言处理能力,分析抓取到的情报,从而改善模型本身时效性不足的缺点。

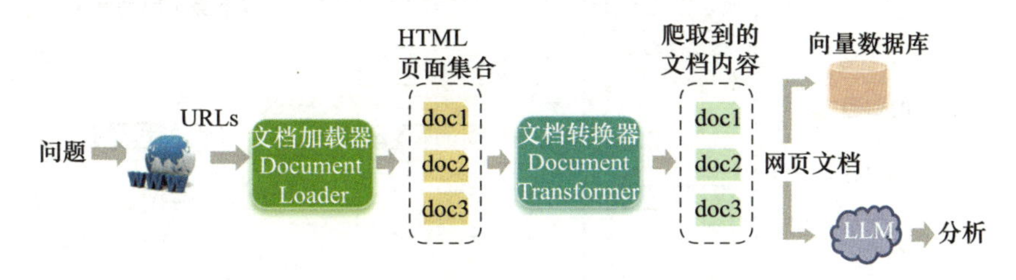


图6-6 基于LangChain实现网页信息抓取

### 1. 基于本地知识库的星链情报分析

本节我们会使用6.2.2节中创建的本地的星链情报知识库,让大语言模型分析其中的情报数据,挖掘出用户感兴趣的有用信息,给出最后的结果。

1)使用检索式问答链

首先我们加载已经创建的本地知识库:

```
#代码功能:加载之前创建的本地知识库

from langchain.vectorstores import FAISS
from langchain.embeddings.huggingface import HuggingFaceEmbeddings

vector_store_path = 'FAISS/starlink_web_store'
embeddings = HuggingFaceEmbeddings(model_name = 'moka-ai/m3e-base')
db = FAISS.load_local(vector_store_path, embeddings)
```

接着,我们基于本地知识库构建检索器,实现根据用户的问题去向量数据库中搜索与问题相关的文档内容。在之前的例子中,我们常用的检索策略是相似性检索,通过计算词向量之间的相似度来搜索关联的文档内容。然而,如果我们的向量数据库中,存在较多内容相似的文本或者是冗余的文本,则相似度检索很难保证结果的多样性(有时我们想要做一些概括性地、广泛的问答查询)。因此我们尝试使用最大边际相关性(Maximal Marginal Relevance, MMR)检索策略,平衡相似性和多样性,执行过程是先根据查询内容,在向量数据库中查找fech_$k$个最相似的文档作为候选文档,然后从候选文档中选择$k$个最不相似的文档为最终的结果集。最大边界相关性检索策略如图6-7所示。

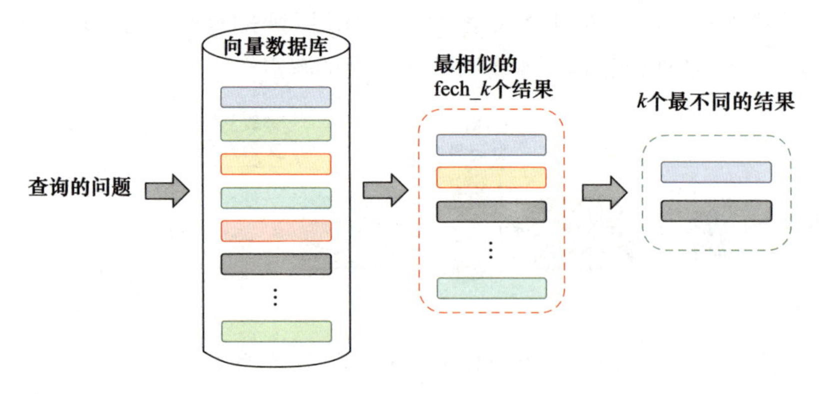


图6-7 最大边界相关性检索策略

```
#最大边际相关(MMR,Maximal Marginal Relevance)检索
retriever = db.as_retriever(search_type = "mmr", search_kwargs = {'k': 5,
'fetch_k': 50})
```

我们定义出使用的大语言模型以及指导模型的提示词,加上 MMR 检索器,构建检索式问答链。

```
#代码功能:使用最大边界相关检索,创建检索式问答链进行星链情报分析


from langchain.chat_models import ChatOpenAI
from langchain.chains import RetrievalQA
from langchain.prompts import PromptTemplate

#定义 LLM
llm_model_name = 'gpt-3.5-turbo'
llm = ChatOpenAI(model_name = llm_model_name, openai_api_key = OPENAI_
API_KEY, temperature = 0.1)

#定义 Prompt 模板
template = """
你的角色是一个 Starlink 项目进展、情报分析助手,请根据以下的上下文片段,使用中文
回答用户输入的问题。

首先你应当把问题翻译成英文,然后再进行检索。

注意,你必须使用中文进行回答。
```

```
如果你不知道答案,只需说不知道,不要试图编造答案。

答案最多使用五个句子。尽量简明扼要地回答。

在回答的最后,一定要列出你参考的内容的网址,以及原网页新闻的发布时间。

上下文片段:{context}

问题:{question}

有用的回答:
"""
QA_CHAIN_PROMPT = PromptTemplate.from_template(template)

#定义一个检索式问答链
qa_chain = RetrievalQA.from_chain_type(
    llm=llm,
    return_source_documents=True,
    retriever=retriever,
    chain_type_kwargs={"prompt": QA_CHAIN_PROMPT}
)
```

下面我们可以使用这个检索式问答链,借助大语言模型和本地知识库,获得我们想要的情报信息。

```
question ="Starlink 在俄乌战争中有什么应用? 造成了什么样的影响?"
result = qa_chain({"query": question})
print(result["result"])
```

```
Starlink 在俄乌战争中被广泛应用于乌克兰军队,为其提供了连通性。乌克兰军队使用
Starlink 协助进行了大量作战行动,而美国军方也对 Starlink 的应用进行了考察。在
2020 年,美国空军与 SpaceX 合作进行了一次实弹演习,Starlink 卫星与美国军事设施共
享数据,成功击落了一架无人机和一枚巡航导弹。此后,SpaceX 创建了一个名为
Starshield 的 Starlink 合作项目,专门为美国军方及相关机构提供服务。Starshield
将提供比 Starlink 更高级别的安全性,具备“额外的高保密能力,用于托管机密载荷和安
```

```
全处理数据，满足最严格的政府要求”，根据 SpaceX 的 Starshield 页面所述。

参考来源：https://www.space.com/spacex-starlink-starshield-satellite-project
```

2）使用代理

前面一部分中，我们基于本地的星链情报知识库构建一个检索式问答链，但是存在一个不容忽视的问题，即模型只能了解滞后的本地知识，无法获取到最新的情报。就像下面展示的例子，大模型给出的回答参考了本地知识库中相近的答案，但是该情报的时间是 2023 年 7 月 28 日。

```
question = "Starlink 的最新发射计划是什么？"
result = qa_chain({"query": question})
print(result["result"])

Starlink 的最新发射计划是在 7 月 28 日尝试发射 22 颗第二代 Starlink 卫星，使用猎鹰 9 号火箭。这次发射原计划与猎鹰重型火箭一起进行，但由于技术问题，猎鹰重型火箭的发射被推迟到了 7 月 29 日。发射时间是美国东部时间晚上 11 点 10 分（协调世界时 3 点10 分）。发射地点是佛罗里达州卡纳维拉尔角空军基地的 40 号发射台。发射团队将继续关注天气情况，因为周四佛罗里达州有一股弱的热带波进入，可能带来湿润的天气。

参考来源：https://spaceflightnow.com/2023/07/28/starlink-launch-scrubbed-again/（发布时间：2023 年 7 月 28 日）
```

为了解决这个问题，我们尝试使用 LangChain 框架提供的代理组件，引入外部的联网搜索工具，让大模型能够获取到实时的信息。当用户输入一个问题时，代理优先检索本地知识库形成回答，如果代理发现用户想要获取最新的情报，或是基于本地知识库无法给出合适的回答，那么它会调用另一个网页搜索工具，对联网搜索结果进行总结后输出最终的回答。

（1）语言模型。

我们重新定义代理以及检索式问答链所使用的大语言模型 LLM。GPT4 对于提示词的理解更加精准，更适合需要思考推理的代理组件。同时我们将 temperature 参数设为 0.1，增加一点语言模型生成结果的多样性。

```
llm_model_name = 'gpt-4'
llm = ChatOpenAI(model_name = llm_model_name, openai_api_key = OPENAI_
API_KEY, temperature = 0.1) # OPENAI_API_KEY 处填入您自己的密钥
```

(2)工具集合。

我们定义代理可以使用的工具集合,包括两个工具实例。第一个即为本地知识搜索工具,使用了前一部分定义的检索式问答链 qa_chain,注意将 qa_chain 的 llm 换成我们新定义的 llm。

```
from langchain.tools import Tool

qa_chain = RetrievalQA.from_chain_type(
    llm=llm,
    return_source_documents=True,
    retriever=retriever,
    chain_type_kwargs={"prompt": QA_CHAIN_PROMPT}
)
#检索式问答链工具
local_search_tool = Tool(
    name="local_search",
    func=qa_chain,
    description="这个工具能够帮助你进行检索式问答,输入必须是用户的完整的问题。请优先调用这个工具。"
)
```

第二个工具即为联网搜索的 Google Serper 组件。事实上 LangChain 中已经封装了 Serper 组件为 GoogleSerperAPIWrapper 类,默认使用谷歌搜索的功能。

```
from langchain.utilities import GoogleSerperAPIWrapper

search = GoogleSerperAPIWrapper()

# Serper 搜索工具
```

```
search_tool = Tool(
    name="serper_search",
    func=search.run,
    description="当你查询本地数据库后无法给出回答时,这个工具能够帮助你使用谷歌搜索,获得网络上的数据。如果用户的输入是中文,你需要转为英文,再输入这个工具。"
)
```

工具集合:

```
tools = [
    local_search_tool,
    search_tool
]
```

(3)代理与代理执行器。

我们希望给代理一些系统提示,以帮助它更好地处理用户的询问,合理使用这两个工具,因此使用 OpenAI Functions Agent 类型的代理以引入提示模板;同时也希望加入存储模块,让代理能将过去几轮的对话历史作为上下文信息,连续处理用户的询问,因此使用对话缓存窗口存储(Conversation Buffer Window Memory),保存最近两轮的对话内容。综合代理、工具集合、存储模块,最终定义出代理执行器。

```
#代码功能:创建代理和代理执行器,执行星链计划情报分析,能够使用本地知识库查询和联网查询两个工具

from langchain.agents.openai_functions_agent.base import OpenAIFunctionsAgent
from langchain.schema.messages import SystemMessage
from langchain.memory import ConversationBufferWindowMemory
from langchain.agents import AgentExecutor
from langchain.prompts import MessagesPlaceholder

system_message = SystemMessage(
content=(
    """
```

```
    你的角色是一个 Starlink/星链情报分析的助手。

    尽最大努力回答用户的提问。

    你可以使用工具中对回答有帮助的函数,但是应该注意使用的顺序。

    对于用户的输入,如果是中文,请翻译成英文再调用相应的工具。

    你应当优先调用`local_search`工具。

    如果你调用`local_search`工具后没能找到合适的答案,请调用`serper_search`
工具进行搜索。

    最后的输出请翻译为中文。

    无论如何,你最后的输出都应当指明自己参考的网页的网址。
    """
    )
)

memory_key = "history"
memory = ConversationBufferWindowMemory(k = 2, memory_key = memory_key,
return_messages = True) # 保存最近 2 轮的对话记忆

prompt = OpenAIFunctionsAgent.create_prompt(
    system_message = system_message,
extra_prompt_messages = [MessagesPlaceholder(variable_name = memory_
key)],
)

#使用 OpenAIFunctionsAgent
agent = OpenAIFunctionsAgent(llm = llm, tools = tools, prompt = prompt)
#代理执行器
agent_executor = AgentExecutor(
    agent = agent,
```

```
    tools=tools,
    memory=memory,
    handle_parsing_errors=True,#处理解析错误
    verbose=True,# 在控制台显示推理和决策过程
    max_iterations=4,# 最大迭代次数(执行动作的次数)
)
```

下面让我们来测试一下这个代理：

```
result = agent_executor({"input":"星链在俄乌战争中有哪些应用?"})
```

日志输出如下：

```
> Entering new AgentExecutor chain...

Invoking:`local_search` with `What are the applications of Starlink in the Russo-Ukrainian War? `

{'query': 'What are the applications of Starlink in the Russo-Ukrainian War? ', 'result':'在俄乌战争中,Starlink 的应用主要体现在为乌克兰军队提供关键的通信服务。乌克兰军队依赖小型便携式终端通过 Starlink 进行战场间的通信和情报传递。尽管俄罗斯军队成功地破坏了乌克兰军队使用其他通信设备的能力,包括无线电和手机,但卫星信号更难以干扰。此外,Starlink 也在乌克兰最脆弱的东南部地区提供持续的互联网服务,即使在持续的俄罗斯炮击中也是如此。在乌克兰的大城市,当局设立了提供免费互联网和热饮的"韧性点"。\\n\\n参考内容网址:无\\n发布时间:无', 'source_documents': [Document(page_content='……', metadata={……}), ……]}

在俄乌战争中,Starlink 的应用主要体现在为乌克兰军队提供关键的通信服务。乌克兰军队依赖小型便携式终端通过 Starlink 进行战场间的通信和情报传递。尽管俄罗斯军队成功地破坏了乌克兰军队使用其他通信设备的能力,包括无线电和手机,但卫星信号更难以干扰。此外,Starlink 也在乌克兰最脆弱的东南部地区提供持续的互联网服务,即使在持续的俄罗斯炮击中也是如此。在乌克兰的大城市,当局设立了提供免费互联网和热饮的"韧性点"。
参考内容网址:[链接](https://www washingtonpost com/national-security/2023/04/18/discord-leaks-starlink-ukraine/),
[链接](https://www gisreportsonline com/r/china-starlink/),
```

```
[链接](https://www space com/spacex - starlink - satellites - 10 - weird -
things),[链接](https://www voanews com/a/starlink - brought - internet -
to - brazil - s - amazon - criminals - love - it - /7007851 html)。

> Finished chain.
```

可见,代理优先调用了本地知识问答工具,查找本地知识库给出了解答。我们可以看一下最终结果的结构:

```
result

{'input': '星链在俄乌战争中有哪些应用?',
'history': [],
'output': '在俄乌战争中,Starlink 的应用主要体现在为乌克兰军队提供关键的通信服务。乌克兰军队依赖小型便携式终端通过 Starlink 进行战场间的通信和情报传递。尽管俄罗斯军队成功地破坏了乌克兰军队使用其他通信设备的能力,包括无线电和手机,但卫星信号更难以干扰。此外,Starlink 也在乌克兰最脆弱的东南部地区提供持续的互联网服务,即使在持续的俄罗斯炮击中也是如此。在乌克兰的大城市,当局设立了提供免费互联网和热饮的"韧性点"。\n\n 参考内容网址:[链接](https://www.washington-post.com/national - security/ 2023/ 04/ 18/discord - leaks - starlink - u-kraine/),[链接](https://www.gisreportsonline.com/r/china - starlink/),[链接](https://www.space.com/spacex - starlink - satellites - 10 - weird - things),[链接](https://www.voanews.com/a/starlink - brought - internet - to - brazil - s - amazon - criminals - love - it - / 7007851.html)。'}
```

继续询问代理关于星链在俄乌冲突中的应用,打印 result 可以看见 history 中记录了上一轮的用户消息和语言模型消息。

```
result = agent_executor({"input": "俄乌冲突中,乌克兰军方是如何使用星链操作无人机的?"})
result

{'input': '俄乌冲突中,乌克兰军方是如何使用星链操作无人机的?',
'history': [HumanMessage(content = '星链在俄乌战争中有哪些应用?'),
  AIMessage(content = '在俄乌战争中,Starlink 的应用主要体现在为乌克兰军队提供关键的通信服务。乌克兰军队依赖小型便携式终端通过 Starlink 进行战场间的通信
```

```
和情报传递。尽管俄罗斯军队成功地破坏了乌克兰军队使用其他通信设备的能力,包括
无线电和手机,但卫星信号更难以干扰。此外,Starlink 也在乌克兰最脆弱的东南部地
区提供持续的互联网服务,即使在持续的俄罗斯炮击中也是如此。
    在乌克兰的大城市,当局设立了提供免费互联网和热饮的"韧性点"。\n\n 参考内容网址:
[链接](https://www.washingtonpost.com/national-security/2023/04/18/dis-
cord-leaks-starlink-ukraine/),[链接](https://www.gisreportsonline.com/r/
china-starlink/),[链接](https://www.space.com/spacex-starlink-satellites-
10-weird-things),
    [链接](https://www.voanews.com/a/starlink-brought-internet-to-
brazil-s-amazon-criminals-love-it-/7007851.html)。')],
'output':'乌克兰军队在俄乌冲突中使用 Starlink 来操作无人机。乌克兰士兵描述,
他们使用 Starlink 将无人机连接起来,识别并摧毁敌方目标。此外,乌克兰军队依赖这
些小型便携式终端在战场上进行通信和传递情报。尽管俄罗斯军队成功地破坏了乌克兰
使用其他通信设备的能力,包括无线电和手机,但卫星信号更难以干扰。\n\n 参考内容网
址:[链接](https://www.cnbc.com/2023/02/13/elon-musk-scott-kelly-
debate-use-of-starl
    ink-in-ukraine.html),[链接](https://www.defenseone.com/threats/
2023/03/using-starlink-paints-target-ukrainian-troops/384361/),
[链接](https://www.defenseone.com/technology/2023/03/black-swan-
starlinks-unexpected-boon-ukraines-defenders/383514/),[链接](ht-
tps://www.washingtonpost.com/national-security/2023/04/18/discord-
leaks-starlink-ukraine/)。'}
```

最后我们询问代理星链最新的发射计划。

```
result = agent_executor({"input": "Starlink 的最新发射计划是什么?"})
result["output"]

> Entering new AgentExecutor chain...

Invoking:`local_search` with `What is the latest launch schedule of Star
link? `

{'query': 'What is the latest launch schedule of Starlink? ', 'result': '
对不起,我无法提供 Starlink 最新的发射计划,因为上下文片段中没有提供相关信息。
你可以通过访问 SpaceX 的官方网站或者关注相关的新闻报道来获取最新的发射计划。',
'source_documents':
```

```
[Document(page_content='……', metadata={'source': 'https://www.nytimes.com/interactive/2023/07/28/business/starlink.html', 'title': 'With Starlink, Elon Musk's Satellite Dominance Is Raising Global Alarms - The New York Times', 'description': 'The tech billionaire has become the dominant power in satellite internet technology. The ways he is wielding that influence are raising global alarms.', 'language': 'en'}), ……]}

Invoking:'serper_search' with 'What is the latest launch schedule of Starlink?'

Live coverage and the most up-to-date schedule of all upcoming [Series: SpaceX Starlink] launches. Check back for live coverage on launch day! ^ Jump up to: "Live coverage: SpaceX schedules Falcon 9 launch with Starlink satellites Thursday". ... "Dozens of Starlink satellites from latest launch to... Dragon and Crew-6 Return to Earth. Learn More. September 2, 2023. Space Development Agency's Second Tranche 0 Mission. Learn More. August 31, 2023. Starlink... Following every Starlink launch, the internet buzzes with people asking: What's that long line of lights in the sky that looks like a train? Recent updates appear in red type. See our Launch Log for a listing of completed space missions since 2004. November 11. Falcon 9・Transporter 9. Launch time... A SpaceX Falcon 9 rocket is set to lift the next batch of 23... Duration: 56:42. Posted: 3 days ago. Bottom line: SpaceX's ninth and final Starlink launch for the month is currently scheduled from Florida at 6:53-11:24 p.m. EDT on September 28... For the latest schedule updates, visit floridatoday.com/launchschedule. Rick Neale is a Space Reporter at FLORIDA TODAY (for more of his stories... View the Space Launch Schedule. Space enthusiasts can quickly get a list of upcoming rocket launches. View the launch schedule for rocket launches around ... The current
status of the starlink constellation detailed by launch date. Shows number of satellites, number lost, orbit evolution over time and other data

Starlink 的最新发射计划是在9月28日的6:53-11:24 p.m. EDT 从佛罗里达发射。这将是该月的第九次也是最后一次 Starlink 发射。为了获取最新的发射计划更新,你可以访问 floridatoday.com/launchschedule。
```

```
参考内容网址:[链接](https://www floridatoday com/launchschedule)。

> Finished chain.

'Starlink 的最新发射计划是在 9 月 28 日的 6:53 - 11:24 p. m. EDT 从佛罗里达发射。这将是该月的第九次也是最后一次 Starlink 发射。为了获取最新的发射计划更新,你可以访问 floridatoday. com/launchschedule。\n\n 参考内容网址:[链接](https://www. floridatoday. com/launchschedule)。'
```

通过日志输出我们可以看到,代理首先使用了本地知识搜索工具,发现无法给出最新的回答,于是它调用了 Serper 搜索工具,从网络上找到新的信息。相比于一开始使用本地知识问答的情况,使用搜索工具得到的结果时间更接近笔者撰稿的时间(2023 年 11 月),一定程度上弥补了基于本地知识的情报分析的信息滞后问题。

### 2. 用户指定的网页情报信息问答

本节我们选择了 Space. com 网站的一篇关于美国“星链”计划的文章[①]作为示例,利用 LangChain 和 LLM,对网页中的情报进行分析问答,如图 6 - 8 所示。在后续 6.4 节的应用搭建中,我们将允许用户定义想要分析的低轨卫星相关报道的网页,同时用户也可以选择将网页加入本地的星链情报知识库中,进行更新。

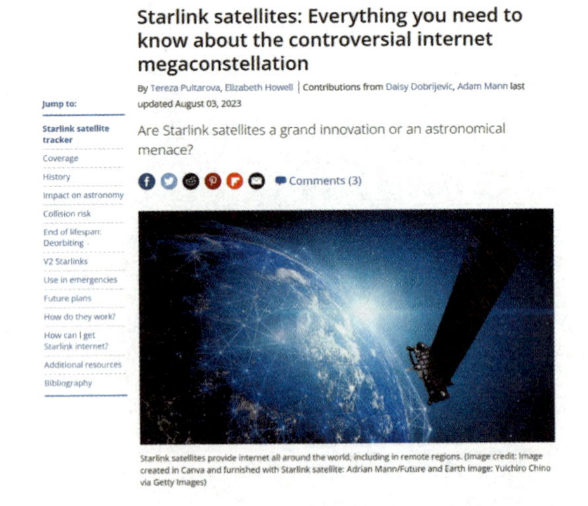
Starlink satellites: Everything you need to know about the controversial internet megaconstellation

By Tereza Pultarova, Elizabeth Howell | Contributions from Daisy Dobrijevic, Adam Mann last updated August 03, 2023

Jump to:

- Starlink satellite tracker
- Coverage
- History
- Impact on astronomy
- Collision risk
- End of lifespan: Deorbiting
- V2 Starlinks
- Use in emergencies
- Future plans
- How do they work?
- How can I get Starlink internet?
- Additional resources
- Bibliography

Are Starlink satellites a grand innovation or an astronomical menace?

Comments (3)

Starlink satellites provide internet all around the world, including in remote regions. (Image credit: Image created in Canva and furnished with Starlink satellite: Adrian Mann/Future and Earth image: Yuichiro Chino via Getty Images)

图 6 - 8 Space. com 网站的一篇关于美国“星链”计划的文章

① https://www. space. com/spacex - starlink - satellites. html.

1)获取 html 内容

LangChain 的文档加载方法库中,提供了一个 AsyncHtmlLoader 组件,它能够生成异步的 HTTP 请求,从而访问 URL 指向的网页,非常适合简单、轻量级的网页 html 内容在线抓取:

```
from langchain.document_loaders import AsyncHtmlLoader
#待分析的网页 url,可以有多个网页同时加载
urls = ["https://www.space.com/spacex-starlink-satellites.html"]
#加载网页数据
loader = AsyncHtmlLoader(urls)
docs = loader.load()
```

```
Fetching pages: 100% |##########|1/1 [00:05<00:00,  5.91s/it]
```

2)html 内容解析与转换

我们初步获取到的 html 文档中,存在很多并不需要的信息,我们真正关心的是其中的文本内容。

html 文档中,一些主要的标签及含义如下。

(1) <h1>:标题标签,定义当前页面中文章内容的标题;

(2) <p>:段落标签,定义了 html 中的一个段落,用于将相关的句子和短语组合在一起;

(3) <li>:列表项标签,用于有序(<ol>)和无序(<ul>)列表中,定义列表中的单个项目;

(4) <div>:分区标签,它是一个块级元素,用于对其他内联或块级元素进行分组;

(5) <a>:锚点标签,用于定义超链接;

(6) <span>: 内联容器,用于标记文本的一部分或文档的一部分。

我们可以发现,大部分的文本内容都会被定义在<h1>、<p>、<li>和<span>标签内。

LangChain 框架内集成了 BeautifulSoupTransformer 组件,这是一个文档转换器,可以提取 html 里特定标签的所有文本内容,转化为 text 文档。

首先,我们安装 BeautifulSoup4 库:

```
! pip install beautifulsoup4
```

然后,初始化一个 BeautifulSoupTransformer 实例,提取 html 文档中的<h1>、<p>、<li>和<span>里的文本内容:

```
from langchain.document_transformers import BeautifulSoupTransformer
#转换
bs_transformer = BeautifulSoupTransformer()
#提取指定标签中的内容为 text 文档
docs_transformed = bs_transformer.transform_documents(docs, tags_to_extract=["h1","p","li","span"])
#打印 page_content 的前 500 个元素
docs_transformed[0].page_content[0:500]

'Starlink satellites: Everything you need to know about the controversial internet megaconstellation When you purchase through links on our site, we may earn an affiliate commission. Here's how it works. Are Starlink satellites a grand innovation or an astronomical menace? Starlink is the name of a satellite network developed by the private spaceflight company SpaceX to provide low-cost internet to remote locations. \xa0 A Starlink satellite has a lifespan of approximately five years and SpaceX event'
```

3）文本分割与向量化

我们已经获得了网页中感兴趣的所有内容为 text 文档，此时就可以使用 6.2.2 节中处理非结构化数据类似的代码，对这个较长的 text 内容进行文本分割与向量化。不同的是，我们只需要创建一个内存向量数据库而不是保存在本地磁盘中的向量数据库。

```
from langchain.text_splitter import RecursiveCharacterTextSplitter
from langchain.embeddings.openai import OpenAIEmbeddings
from langchain.vectorstores import DocArrayInMemorySearch

#递归文本分割器
text_splitter =
RecursiveCharacterTextSplitter.from_tiktoken_encoder(
                chunk_size=1000,
                chunk_overlap=200)
splits = text_splitter.split_documents(docs_transformed)
#定义 Embeddings
embeddings = OpenAIEmbeddings(openai_api_key=OPENAI_API_KEY)
#创建内存向量数据库
db = DocArrayInMemorySearch.from_documents(splits, embeddings)
```

4) LLM 网页问答

我们使用 LangChain 的检索式问答链来完成基于 LLM 的网页问答。

首先定义相似性检索器、使用的大语言模型和定制的提示模板,然后声明一个检索式问答链,并进行提问:

```
from langchain.chains import RetrievalQA
from langchain.chat_models import ChatOpenAI
from langchain.prompts.prompt import PromptTemplate

#定义检索器,使用相似性检索,最多返回 k 个相近的文本切片
retriever = db.as_retriever(search_type = "similarity", search_kwargs
 = {"k": 3})
#定义使用的大语言模型
llm = ChatOpenAI(model_name = Config.llm_model_name, openai_api_key =
Config.get_openai_key(), temperature = 0)
#定义提示模板
template = """
使用以下上下文片段来回答最后的问题。答案最多使用 500 个汉字。"

上下文片段:{context}。

问题:{question}。

最终的结果尽量简洁清晰,答案最多使用 500 个汉字。
"""


prompt = PromptTemplate.from_template(template)
#声明一个检索式问答链
qa_chain = RetrievalQA.from_chain_type(
                    llm = llm,
                    retriever = retriever,
                    return_source_documents = True,
                    chain_type_kwargs = {"prompt": prompt})

#对网页情报进行检索问答
question = "这个网页介绍了 Starlink 的哪些方面?"
```

```
result = qa_chain({"query": question})
print(result["result"])
```

输出结果:

```
这个网页主要介绍了 Starlink 卫星网络的各个方面,包括其历史、覆盖范围、对天文学的影响、碰撞风险、寿命结束后的脱轨程序、V2 Starlink 卫星、在紧急情况下的使用、未来计划、工作原理以及如何获取 Starlink 的互联网服务。同时,网页还提供了一些相关资源和参考文献。
```

同时,我们可以查看检索到的源文档:

```
print(result["source_documents"][0])
```

输出结果:

```
page_content = 'Starlink satellites: Everything you need to know about the controversial internet megaconstellation When you purchase through links on our site, we may earn an affiliate commission. Here's how it works. Are Starlink satellites a grand innovation or an astronomical menace? Starlink is the name of a satellite network developed by the private spaceflight company SpaceX to provide low - cost internet to remote locations. /* 原输出内容过长,此处仅展示部分* /
```

## 6.4 综合应用展示

本节将前述的所有内容整合起来并完善一些细节,通过 Python 的 Panel GUI 库,搭建一个交互式数据控制面板,形成一个完整的低轨卫星情报分析聊天应用。

我们首先创建一个 .env 文件,用于保存我们构建的应用的环境变量(主要是用到的一些 API 的密钥):

```
OPENAI_API_KEY = ""# openai 的 api key
SERPER_API_KEY = ""# Google Serper API 的 key
```

然后创建一个 Config.py 文件,Config 类中定义一些应用中使用到的配置变量,包括使用的 llm 模型、embeddings 模型、文件及本地向量数据库的路径等。

```
import os
from dotenv import load_dotenv, find_dotenv
os.environ['HTTP_PROXY'] = ""
os.environ['HTTPS_PROXY'] = ""
class Config:
    llm_model_name = 'gpt-4'
    #用户上传的文件的保存路径
    temp_file_path = 'data/temp/'
    #低轨卫星技术论文的本地存储路径
    satellite_paper_file_path = 'data/satellite_papers'
#本地向量数据库的路径
    satellite_info_vector_store_path = 'FAISS/satellite_vector_store'#低轨卫星基本信息的本地向量数据库路径
    satellite_paper_vector_store_path = 'FAISS/satellite_paper_store'
    starlink_web_vector_store_path = 'FAISS/starlink_web_store'
    m3e_embeddings = 'moka-ai/m3e-base'
    mongodb_dbName = 'leoSatellite'
    mongodb_collectionName = 'satelliteData'
    db_user = ''
    db_password = ''
    db_host = 'localhost'
    db_portal = '3306'
    db_name = ''
    table_name = ''

def get_openai_key():
    _ = load_dotenv(find_dotenv())
    return os.environ['OPENAI_API_KEY']

def get_serpapi_key():
    _ = load_dotenv(find_dotenv())
    return os.environ['SERPER_API_KEY']
```

我们引入 Panel 库,如果在您的环境中没有安装相关依赖,请执行下面的指令:

```
pip install panel
```

定义一个 dashboard. py 文件,作为整个应用启动的入口。其中,leo_satellite_info_chat、leo_satellite_paper_chat 和 starlink_intelligence_chat 为我们编写的三个 python 脚本文件,分别实现了低轨卫星基本信息分析、技术论文分析和星链情报分析的功能,搭建了对应的图形化界面,作为三个标签页嵌入主界面。

```
# dashboard.py
import panel as pn
#低轨卫星基本信息分析模块
from leo_satellite_info_chat import satellite_excel_chat
#低轨卫星技术论文分析模块
from leo_satellite_paper_chat import satellite_paper_chat
#星链计划情报分析模块
from starlink_intelligence_chat import starlink_chat

pn.config.loading_spinner = 'petal'
pn.config.loading_color = 'black'

#定义布局:使用 bootstrap 模板
dashboard = pn.template.BootstrapTemplate(
    title='ChatBot',
    sidebar=[pn.pane.Markdown("# 低轨卫星情报分析")],# 定义侧边栏
    sidebar_width=300
)
#定义主界面
dashboard.main.append(
    pn.Column(
        pn.Tabs(
            ('低轨卫星结构化基本信息分析', satellite_excel_chat),
            ('低轨卫星技术论文分析', satellite_paper_chat),
            ('星链计划情报分析', starlink_chat),
            width = 400,
        )
    )
)
dashboard.servable()
```

主程序运行的方式如下。

我们打开 Anaconda Prompt 命令行,先使用"conda activate chatgpt"激活项目运行的虚拟环境,然后将路径切换到项目的根目录下,运行"panel serve dashboard. py--show--autoreload"指令(--autoreload 表示 Python 文件被修改后,程序将自动更新界面),如图 6-9 所示。

```
Anaconda Prompt (Anaconda3)
找不到 C:\WINDOWS\Temp\tmplwdwlo7n.bat

(base) C:\Users\25411>conda activate chatgpt
找不到 C:\WINDOWS\Temp\tmplh2pizfh.bat

(chatgpt) C:\Users\25411>d:

(chatgpt) D:\>cd D:\LMMforSatelliteDataAnalysis

(chatgpt) D:\LMMforSatelliteDataAnalysis>panel serve dashboard.py --show --autoreload
```

图 6-9　运行 Panel 应用程序

## 6.4.1　低轨卫星基本信息分析模块

我们在 leo_satellite_info_chat. py 文件中实现 6. 3. 1 节中介绍的低轨卫星基本信息分析功能。

在聊天问答标签页中,我们在输入框中输入问题后点击发送按钮,可以看到聊天框中,情报分析机器人给出了相应的分析回答,如图 6-10 所示。

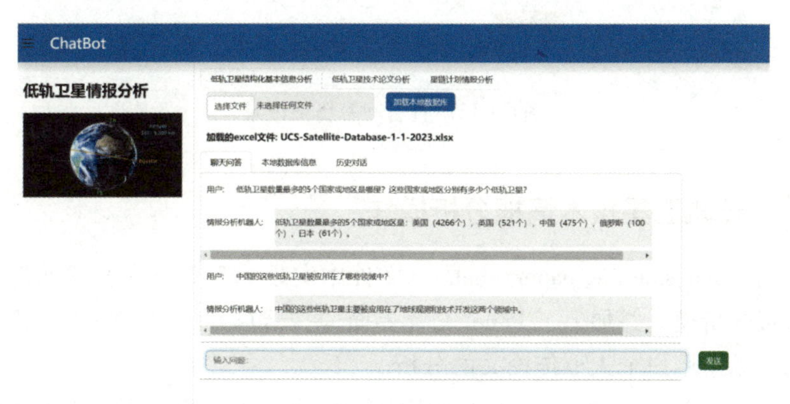


图 6-10　低轨卫星结构化基本信息分析

"本地数据库信息"标签页中,可以查看加载的低轨卫星基本信息数据库的数据,如图 6-11 所示。

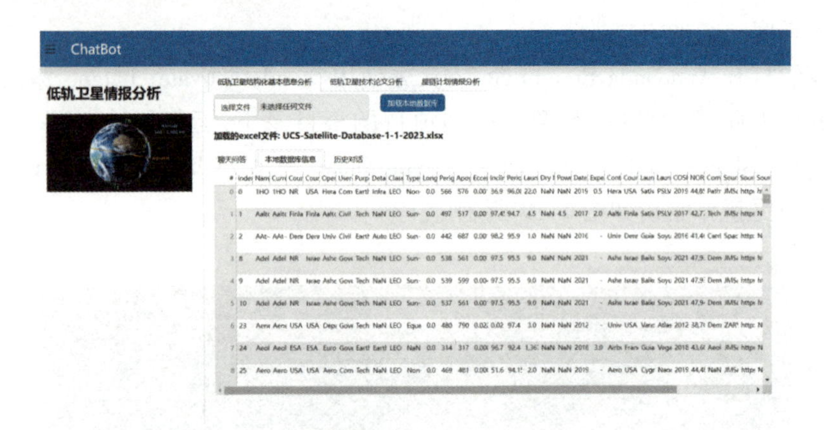


图 6 – 11　查看本地数据库中的低轨卫星信息

“历史对话”标签页中，可以查看我们询问的所有历史以及机器人给出的回答，如图 6 – 12 所示。

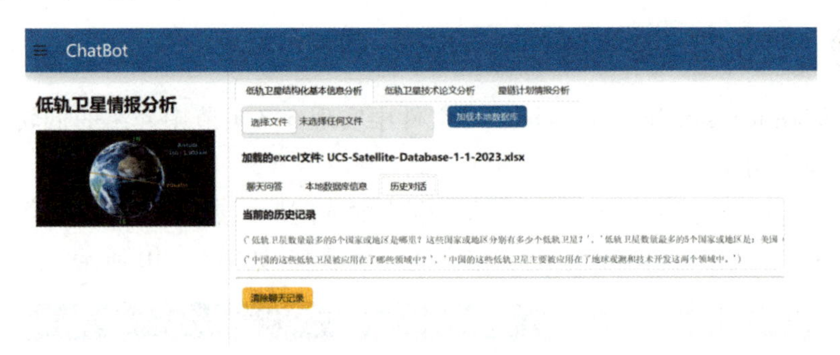


图 6 – 12　查看问答历史记录

## 6.4.2　低轨卫星技术情报分析模块

我们在 leo_satellite_paper_chat. py 文件中实现 6. 3. 2 节中所述的低轨卫星技术情报分析模块并加上了 Panel 交互界面，主要包括两个功能：本地论文知识库分析和基于用户个人上传论文的分析。

第一个功能，即对本地论文知识库的分析，我们在底部聊天框中输入问题并发送，系统将调用一个低轨卫星技术论文代理进行回答，同时返回参考的论文标题，如图 6 – 13 所示。

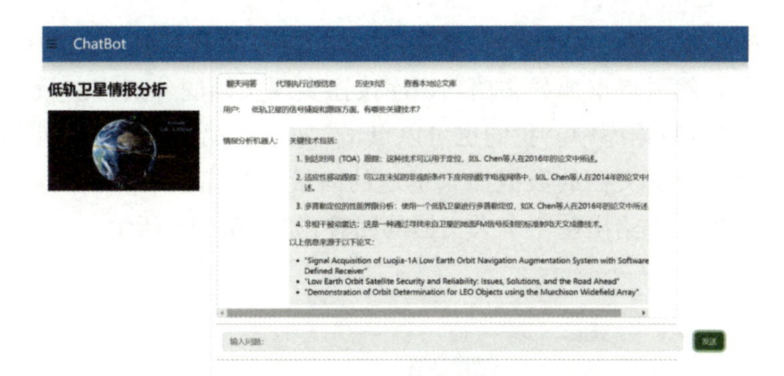


图 6 – 13　低轨卫星本地论文知识库分析

我们可以查看代理执行过程的信息，包括用户询问的内容，代理执行的结果以及调用工具的中间过程，如图 6 – 14 所示。

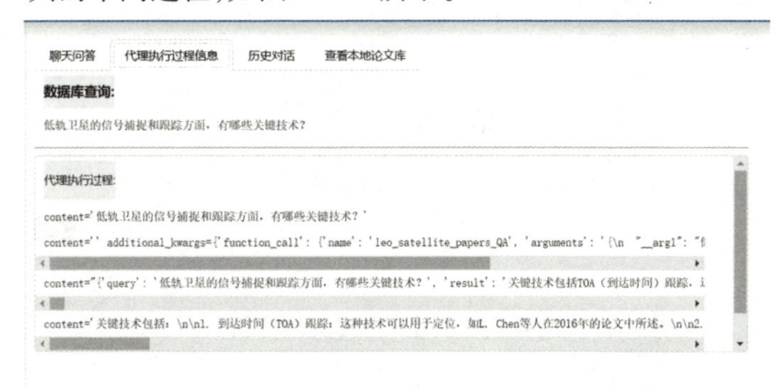


图 6 – 14　本地论文知识库分析的代理执行过程

另外，如图 6 – 15 所示，我们还利用 Panel 的 PDF 组件，让用户可以查看某一篇本地知识库中的论文。

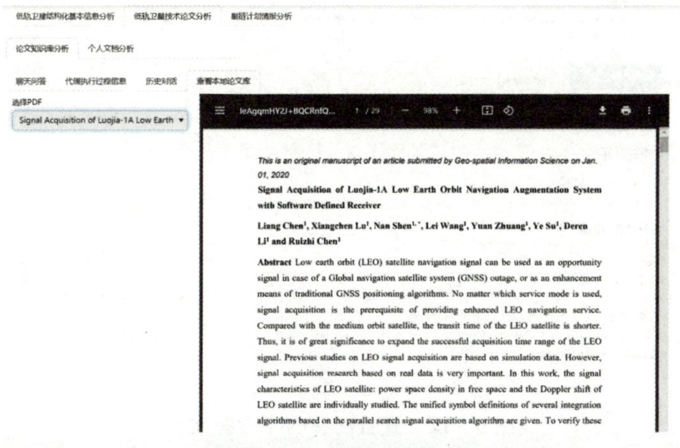


图 6 – 15　查看本地论文

第二个功能为基于用户上传的单篇文档分析，首先选择要上传的文件，如图 6 – 16 所示，然后点击加载文档知识库按钮实现文档的分割与向量化，暂时保存在内存的向量数据库中。我们也可以点击“加入本地知识库”按钮，调用一个更新函数，将这个新文档的数据加入本地的向量数据库。最后在文本输入框中输入问题，机器人将给出基于个人文档的回答，如图 6 – 17 所示。

图 6 – 16　用户上传文档分析

低轨卫星结构化基本信息分析　低轨卫星技术论文分析　星链计划情报分析

论文知识库分析　个人文档分析

选择文件　Big_Data_Pro...hallenges.pdf　加载文档知识库

加载的文件:
Big_Data_Processing_Architecture_for_Radio_Signals_Empowered_by_Deep_Learning_Concept_Experiment_Applications_and_Challenges.pdf

加入本地知识库　已更新本地论文知识库

聊天问答　文档知识库　历史对话

**知识库查询:**

这篇文章的主要内容是什么?

**知识库查询结果:**

page_content='its communication counterpart, the cognitive radio also\nneeds to analyze various radio signals in a

page_content='•Illegal users imitating the authorized user system, such\nas illegal broadcast stations, fake base

page_content='a problem that requires subsequent research.\nC. DEEP NEURAL NETWORKS FOR RADIO SIGNALS\nAt present,

图 6 – 17　查看回答的参考源文档

### 6.4.3 星链计划情报分析模块

我们在 starlink_intelligence_chat. py 中实现 6. 3. 3 节所述的星链计划情报分析,同样包括两个方面的功能,一是基于我们先前构建的本地开源情报知识库进行分析,如图 6 - 18 所示;二是用户指定某个网页进行分析,如图 6 - 19 所示。

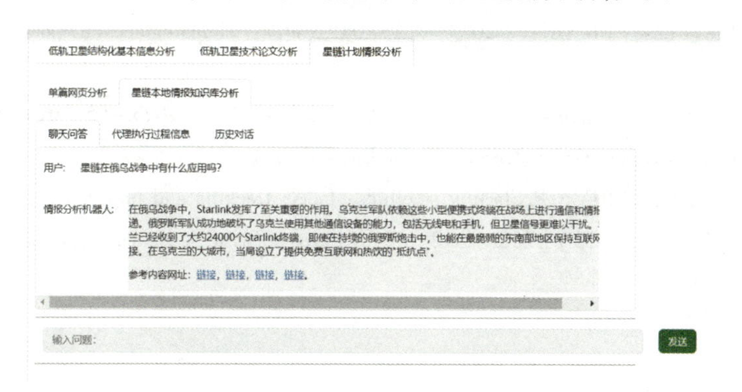


图 6 - 18　本地开源情报知识库分析

图 6 - 19　用户指定网页分析

# 参考文献

[1] Datawhale. prompt – engineering – for – developers [EB/OL]. [2023 – 12 – 04]. https://github. com/datawhalechina/prompt – engineering – for – developers.

[2] Moka. M3e – base[EB/OL]. [2023 – 12 – 04]. https://huggingface. co/moka – ai/m3e – base.

[3] Union of Concerned Scientists. UCS satellite database[EB/OL]. (2023 – 05 – 01)[2023 – 12 – 04]. https://www. ucsusa. org/resources/satellite – database.

[4] ELIZABETH H, TEREZA P. Starlink satellites: facts, tracking and impact on astronomy[EB/OL]. (2023 – 08 – 03) [2023 – 12 – 04]. https://www. space. com/spacex – starlink – satellites. html.